U0236145

海峡两岸及港澳地区建筑遗产

再利用研讨会论文集

及案例汇编（上）

国家文物局 编

文物出版社

封面设计：周小玮
责任印制：张道奇
责任编辑：孙　霞

图书在版编目（CIP）数据

海峡两岸及港澳地区建筑遗产再利用研讨会论文
集及案例汇编／国家文物局编．－北京：文物出版社，
2013.7
　ISBN 978-7-5010-3782-7

　Ⅰ.①海… Ⅱ.①国… Ⅲ.①建筑－文化遗产－资源
利用－中国－学术会议－文集 Ⅳ.①TU-87

　　中国版本图书馆CIP数据核字(2013)第157196号

海峡两岸及港澳地区建筑遗产再利用研讨会论文集及案例汇编（上、下）

主　　编　国家文物局
出版发行　文物出版社
地　　址　北京市东直门内北小街2号楼
　　　　　邮政编码　100007
　　　　　http://www.wenwu.com
　　　　　E-mail：web@wenwu.com

制版印刷　北京全景印刷有限公司
经　　销　新华书店
版　　次　2013年7月第1版　2013年7月第1次印刷
开　　本　787×1092　1/16
印　　张　36.25
书　　号　ISBN 978-7-5010-3782-7
定　　价　188.00元（全二册）

序

　　当今中国，无论在城市还是乡村，建筑遗产的保护都面临着挑战。一方面是建筑遗产数量急剧增加，另一方面是其保护与利用存在着种种现实的困难。如何在经济快速增长和大规模城市化进程中让千百年来沉淀下来的建筑遗产免遭破坏，既是对文化遗产主管部门、相关领域专家学者的重大挑战，也是对各级政府、社会公众的巨大考验。

　　2012年，我在台湾、香港、澳门三地参观了多处"古迹活化"项目，这些项目的共性特点，譬如利用方式以研究为基础，富于创意；管理运作公开透明；社会广泛参与；以服务民众为目标给我留下深刻印象，也启发我思考一些问题。于是我和我的同事们在大陆一些省份进行了调研。我注意到近些年来，大陆与台湾及港澳地区在建筑遗产保护与再利用领域，借鉴和学习其他国家的经验，结合各自实际情况，从规划到设计，从技术到管理都进行了许多有益的尝试，积累了一定的经验。海峡两岸及港澳地区在此领域开展交流与合作，无疑将会对有效保护、合理利用我们共同的建筑遗产起到积极的推动作用，并因此丰富世界文化遗产保护的理论和实践。

　　本次研讨会，以"建筑遗产再利用"为主题，是试图对海峡两岸及港澳地区建筑遗产保护与再利用的现状、问题以及破解之道做出分析、总结与反思。本次研讨会，会聚了海峡两岸及港澳地区这一领域诸多专家、学者以及管理者。他们的实践成果、真知灼见以及问题困惑，在本论文集中都有较充分的体现。相信本次研讨会的召开及论文集的出版，将对深化这一领域的研究，指导和推动建筑遗产再利用实践，起到积极的促进作用。

　　鉴此，乐于为序。

励小捷

文化部副部长、国家文物局局长

目　录

城市遗产

案例

理论

论文

遗产

城市

天津保护和利用历史文化遗产的工作和探索

天津市文物局

　　天津有一万年以上的人文史，一千余年的城市史，一百余年的近代史，不可移动文物的年代序列完整，从距今万年以上的旧石器到距今百年的近现代建筑和工业遗产，真实地记录了天津地区人类从山地向海洋不断拓展生产生活空间的历史过程，记录了天津城市发展的空间演变过程及城市发展与环境变迁的关系。独特的地理区位和历史进程，使天津成为中国历史文化名城。

　　迄今为止，经市文物局登记备案的不可移动文物达2082处，其中世界文化遗产1处，全国重点文物保护单位15处，省（直辖市）级文物保护单位258处。蓟县为天津市历史文化名城。杨柳青为国家历史文化名镇，蓟县西井峪村为国家历史文化名村。经天津市历史风貌建筑保护专家咨询委员会审查，天津市政府确认公布了历史风貌建筑615幢、95.5万平方米，分布在全市15个区县。

一、天津历史文化遗产的特色

　　近代百年是天津城市的一个转折点。在此以前，天津是一个封建性质的城市，城市主要职能是为北京的封建王朝服务；以后则沦为半殖民地、半封建性质的城市，主要职能是为帝国主义、封建主义、官僚买办资产阶级服务。突出表现在天津有九国租界，在中国以及世界各大城市中都是少见的，给后来天津城市发展格局、风貌都带来了极其深刻的影响。

　　近百年来天津城市形成以下特色：具有不同时期的传统商业街；各具特色的风貌区；近代优秀建筑的集中地；具有丰富的近现代史迹和文物古迹；风格独特的城市空间形态（沿海河发展产生于不同历史时期）。同时天津是中国为数不多的沐浴了近代工业文明的城市之一，工业发展历史悠久，工业生产门类齐全，工业化经历丰富。天津还得天独厚地拥有以长城、大运河、海防三大工程为代表的跨区域的大型文化遗产。天津三大遗产兼备，在全国独一无二。

二、天津在历史文化遗产保护与利用方面的探索

天津位于九河下梢、渤海之滨，特定的地理环境，使之成为多元文化的交汇点。在外来与本土文化的碰撞和交融过程中，逐渐形成由码头文化、市井文化与外来文化有机构成的历史文化底蕴，并塑造出淳朴、豪爽、开放、兼收并蓄的民风，这些均是当代城市精神风貌建设的重要基础。在努力做好历史文化遗产保护工作的同时，天津也积极探索文化遗产的利用问题，坚持贯彻保护为主，抢救第一，合理利用，加强管理的文物工作方针，做到保护与利用的有机结合，实现两者的互利共赢。

（一）历史街区保护及利用方面的探索（以五大道为例）

城市现代化建设与城市文化传统的继承和保护之间，不是相互割裂，更不是相互对立的，而是有机关联、相得益彰的。继承和保护城市的历史建筑与文化遗产，本身就是现代化城市建设的重要内容，也是城市现代化文明进步的重要标志。所以，我们要坚持可持续发展思想，运用有机更新的方法来保护和改造天津的历史文化街区，让天津这个开埠城市海纳百川，留给后人万国建筑博览的宝贵遗产。

五大道风貌保护区内共有23条道路，建筑1625栋，总建筑面积约为135万平方米。其中历史风貌建筑397栋、建筑面积约38.6万平方米；建国后建设的建筑244栋、建筑面积约60万平方米；其他建筑1036栋、建筑面积约35万平方米；从现状分析来看，建国后的建筑约占总建筑栋数的15%，其他建筑约占总建筑数的63%，二者约占总建筑栋数的80%，由此分析，从积极保护的角度出发，应对上述二类建筑给以足够的认识和研究，为历史风貌保护区持续发展提供技术保证。

1. 整体协调、分类研究

对五大道风貌保护区内的组成元素整体规划，根据不同的现状情况和区位关系，采取动态保护和静态保护的方法进行城市发展，以创造良好的风貌环境。

2. 整合用地、激发活力

五大道地区现状用地性质混杂，相互之间干扰较多，旧的住区环境不适应现代生活的需求，故规划中对用地进行整合，加入新的内容。将商务办公、休闲娱乐用地相对集中的布置于规划区的东、西两头，这样，既可充分利用小白楼、佟楼的辐射形成规模，同时，又可减少对中

部居住区的干扰。

3. 挖掘历史，延续文脉

五大道地区浓缩着天津近代城市发展的历程，应重视非物质文化遗产的挖掘。因此，规划中应充分研究五大道地区的历史沿革、生活习惯、居住模式、文化特征等，挖掘特色，在设计中对其加以提炼和综合，以适应现代生活。

4. 情感设计，人文关怀

通过调查研究，综合分析，对五大道地区的风貌保护与利用应特别注重以人为本，塑造环境精致宜人、尺度宜人富有亲和力的人性空间。

五大道地区久负盛名，通过改造，浓郁的西洋古典风貌和丰富的人文景观以及历史文化遗产得到保护和延续。随着天津城市建设改造的飞速发展，该地区已成为房地产业开发改造建设的热点地区，控制与管理、保护与开发就愈发显现其重要的地位和作用。

(二)天津的历史工业建筑的保护与开发

天津素有"中华百年看天津"的美誉，而近代天津的历史发展中工业则扮演着不可缺少的角色。天津从一个为京都提供军事防御与商业服务的"卫星"城市发展到一度与北京上海并驾齐驱的北方第一大城市，工业的兴旺对天津繁荣的作用是不言而喻的。

历史工业建筑的诸多价值和不完善的保护现状致使天津亟需采取有效的保护措施。而将工业遗产，包括工厂车间、矿山和机械等开发为旅游资源的工业遗产旅游无疑是合适的选择。近年来这一策略被越来越多的城市所采用，以其旅游产业的特点和优势逐渐成为了保护历史建筑的有力手段。

1. 物质形态的保护与开发

尽量保证工业建筑的完整性是再开发的前提。天津的工业建筑大多保存较好，可采用的改造策略：

完全保持原貌——适合整套工业生产保存完好的工业建筑，如北洋大沽船坞，天津动力机厂等。

保持外形，置换功能——适合保存完好，但已丧失原有功能的建筑，如天津制碱厂，金城银行大楼，外贸地毯六厂等。

保留部分，另外新建——适合损毁严重的建筑，可保留结构另外添加表皮或主体，如天津造币厂等。

保留特殊工业设备——厂区中的烟囱，冷水塔，管道，铁轨等可保留为建筑小品，刻意暴露原有结构也能形成独特的景观，如天津制碱厂。

2. 功能开发

结合天津旅游的需求与定位和不同工业建筑的历史特征与现状，综合已有的改造与开发，提出以下几种开发意象：

(1) 主题博物馆

具有重要历史意义的工业建筑可开发为主题博物馆。除了能直接展示在现代工业中已失去作用的生产工具和生产过程，博物馆还能通过影音或发行纪念品等渠道帮助游客深入了解企业的背景和发展。天津的北洋大沽船坞遗址已作出博物馆开发的典范。

(2) 与当地文化结合的民俗艺术区

工业建筑宽大的厂房适合改造成任意大小的表演舞台，既能容纳较多的观众，也可以通过灵活的空间分隔创造合适的亲民尺度。明亮的厂房适合举办自由的文化交流，相声沙龙等。

(3) 集中的公共艺术区

城区外围的废弃的工业区可开发为公共艺术区，为艺术家提供创作的场所，形成城市的公共艺术聚集地。如已开发的红桥区意库创意产业园。

(4) 城市里的工业公园

废弃的工业区也可改造为城市公园，既面向外地游客，也能吸引天津本地的居民。典型的开发对象是位于塘沽即将搬迁的大津制碱厂。这所创建于1916年中国最早的制碱厂，由于新城发展而迁出塘沽，留下完整的工业厂区，在此工业遗址上若保留原有的建筑而开发成以工业为背景的城市公园是环保且行之有效的保护方式。

(5) 直接开发为工业游览

仍然投入使用的工业建筑可直接开发工业游览，使旅游单位和企业同时获利。如天津动力机厂和天津第一丝绸厂。

(6) 商业服务设施

旅游游览中游客的吃住行是需要考虑的重点，因此直接将工业建筑开发为商场，酒店，餐厅等均是可行的方式，尤其是当建筑处于城市中心地段时。

综上所述，天津开展工业遗产旅游，在保护历史工业建筑和旅游产业两方而都能获益，是长期可行，前景光明的保护手段。

三、天津保护工作面临的新情况、新问题

当前基本建设特别是城市改造迅猛发展，与文物保护的矛盾日益突出，有些开发商急功近利，片面追求经济效益，不负责任的肆意毁坏

文物；有的地方只注重经济建设和旅游开发，对文物建筑盲目改造，拆毁历史文化街区、毁坏文物的现象时有发生；还有部分建设单位和个人缺乏文物保护意识，不遵守法律法规的规定，违法施工，造成文物建设性破坏。

（一）在注重经济建设的形势下，许多地方政府对文物工作的重视程度不够，由于文物保护经费短缺，许多文物不能进行有效的管理、年久失修，保护措施不能落实，文物安全隐患无法及时排除，有的只能任其损坏，甚至无存。

天津五大道地区庄王府

（二）由于文物不可再生、不可复制，历史街区的建筑应基本保持原状，保留历史的真实性和延续性，这导致社会上很多人片面的认为历史文化名城只是一个景观，对其所蕴涵的深刻文化内涵不能了解，在对文物建筑和历史街区的整修过程中，缺乏深入的调查和研究，只做表面文章，建了不少"假古董"。由于缺乏对文化遗产的了解，资金投入很大，但没达到目的，造成了不少遗憾。

（三）宣传和政策支持力度不够，历史文化遗产保护工作不能有效开展。历史文化遗产的保护需要全社会的共同参与，在很大程度上，这是一项公益性工作，缺乏宣传，没有政策的扶植，难以调动各行各业人士投身其中，难以形成全社会共同参与的良好氛围。

四、处理好保护与利用关系的几点思考

（一）保护历史文化遗产必须要有过硬的措施

一是要建立和完善保护文化遗产的法律体系。二是各级政府要把保护人类文化遗产同环境保护、生态保护、经济发展的整体规划结合起来，根据各自历史和自然环境的实际状况，对每一处文化遗产都要制定出相应的保护措施，规范保护程序，建立和健全保护机构，落实保护责任制，促使文化遗产保护工作健康有序地进行。三是各级政府要加大对保护文化遗产的资金投入。四是要充分利用现代科学技术手段。五是要切实加强无形文化遗产的保护工作。

天津市红桥区意库创意产业园

（二）利用历史文化遗产必须合法、合理、科学

文化遗产具有"不可再生"的属性，因此，利用历史文化遗产必须做到合法、合理、科学。其一，利用文化遗产必须合法。任何单位或个人，都必须在法律的框架范围内开展利用文化遗产的活动。坚决反对扯着发展经济的幌子，置国家法律于不顾，破坏文化遗产的行为。其二，利用文化遗产必须合理。"有效保护，合理利用，加强管理"是文物保护的原则，也是一切历史文化遗产保护的原则。我们不能把目光局

限在旅游业的开发上，应广开思路，充分发挥历史文化遗产的价值。其三，利用文化遗产必须科学。历史文化遗产本身储存着大量的信息，但对这种信息及其价值的认识不是一次能够完成的，随着研究的深入，科学技术不断发展所提供的技术手段的进步，对历史文化遗产价值的认识也会越来越深化。

（三）正确处理好文化遗产的保护和利用的关系

我们在保护和利用文化遗产上必须处理好以下三个方面的关系：一是要处理好眼前利益与长远利益的关系。任何人对资源的占有和利用都不能采取掠夺的、破坏的方式，不能只顾眼前利益，不顾自己的生存和发展条件，有意或无意地剥夺后人对资源的享用权，要采取可持续发展的思路。二是要处理好经济建设与遗产保护的关系。三是要处理好社会效益与经济效益的关系。任何地方都不能把文化遗产当做一般的经济资源进行开发，把经济效益视为唯一目的，不能只顾赚钱而不顾它的社会功能、社会效益。

科学保护 适宜利用 延续文脉
——以钮氏状元厅保护再利用设计为例探讨历史建筑保护与发展对策

弓箭　李蓺楠

摘要

本文通过介绍湖州小西街历史街区中钮氏状元厅建筑群的保护再利用设计方案，探索立足街区乃至城市层面的思考，平衡历史建筑保护与再利用之间的关系，细化历史建筑从原真保护至局部复建及风貌协调等不同层次的保护要求，确定今后各部分使用的最恰当的强度和方式。既保证历史建筑的修缮和日常维护，也满足其中使用者的需要，并推动周边历史环境的可持续发展，从而使历史建筑在延续城市文脉中获得其应有的地位。

关键词：钮氏状元厅，科学保护，适宜利用，延续文脉

Abstract

Representing the protection and utilization program of Nu's Zhuangyuan Hall situated in Xiaoxi road of Huzhou, this article try to seek a solution of historical architectures' protection so as to balance their protection and utilization; recognize the requires of historical architectures' protection based on its level defined such as original shielding, part rebuilding, or style & features harmonization etc.; then decide the most appropriate use of each parts. A solution meets the requirements of daily maintenance, satisfying the needs of people who is living inside, while contributes a continues development of historical environment surrounding as to lead the historical architectures a deserved position for continuing the culture of the city.

Keywords: Nu's Zhuangyuan Hall, Scientific Conservation, Moderate Using, Continuing Context

一、钮氏状元厅研究

（一）历史沿革及建筑特色

钮氏状元厅是湖州省级文保单位，位于湖州市两片历史街区之一的小西街历史街区北部核心地带。

该片区有着深厚的历史文化积淀，除钮氏状元厅之外还有花园弄钮宅、沈氏晓荫山庄及木桥北弄吴宅三个市级文物保护点，较完整地保留了一批清末、民国时期积淀下来的建筑群体，特别是以院落为单元的民居建筑，无论其格局、街道、建筑等均完整地保存着晚清及民国时期的风貌，有着浓郁的市井生活气息。其中花园弄钮宅的走马楼，钮氏状元厅的理德堂均体现了江浙民居的风格和特色。

钮氏状元厅在花园弄1号（含花园弄3号、眺谷桥弄42～46号、木桥河头1～4号），是吴兴望族"花林钮氏"湖州西支的宅院之一，名"理德堂"，因钮福保于清道光十八年（1838）高中状元（湖州最后一位状元），遂将其宗祠正厅改建为"状元厅"而得名。1998年3月，由市政府公布为"湖州市文物保护单位"。2005年3月，由省政府公布为"浙江省文物保护单位"，同时将其位于小西街的"本仁堂"及连接两堂的"永安桥"一并归入该文保单位之中。[1]至2007年，经省人民政府批复划定的钮氏状元厅的保护范围变更为："东至眺谷桥弄，南至市河北岸，西至花园弄，北至勤劳街南侧道路红线"。建设控制地带则在保护范围外各有拓展，北至勤劳街北侧，南至市河南岸，东向外20米，西侧延伸至木桥弄北侧。

钮氏状元厅本体，即"理德堂"部分，是钮氏于清乾隆中后期从一徽商手中购得的一所俗称"三埭九进十三间连后花园"的大宅院。屡经沧桑，现存建筑占地约1050平方米，其主体建筑正厅采用"七架梁"构造，为湖州现存最高规格的民居厅堂建筑实例。

钮氏状元厅作为湖州唯一与中国科举文化（即湖州"状元文化"）有关的清代厅堂建筑及湖州仅存的状元府邸，具有极高的历史价值，在所属片区内占有重要历史和文化地位，以其为代表建筑的勤劳街历史文化街区，形成了以"状元文化"为主要特色的历史街区氛围和湖州传统水乡街巷空间特点的街巷风貌。

（二）现状调研及测绘成果

2010年4月，对湖州小西街历史街区中的民居建筑做了实地调研，

---

[1] 参见参考文献[2]。

钮氏状元厅建筑组群鸟瞰图

并对钮氏状元厅等文保单位进行了建筑测绘，完成测绘图，确定了钮氏状元厅保护的建筑及院落的原始范围、布局，为后续设计工作提供依据。

钮氏状元厅整个院落平面呈矩形，院内建筑共分中、东、西三条轴线。中轴线为理德堂主体建筑，"自南向北依次为夹弄、照壁、理德堂、歇山顶小厅，小厅北侧原有后花园，因年久已毁"，现被改建成民居住宅。"照壁与理德堂之间有天井，西侧设有砖雕仪门与西轴线建筑相连接，理德堂梁架内六界，前轩廊，后双单步连歇山顶小厅。小厅两面设小天井，理德堂东西两侧有耳房。"

钮氏状元厅理德堂调研现场照片（砖雕仪门）

"东轴线临河原有建筑已废，仅存阶沿石，后有楼厅三开间，梁架为内四界，前单步后单步。楼下设副檐，明间梁架抬梁式，边间用中柱，副檐额枋与檐檩枋之间用草龙雕饰的梁垫。西设备弄，架楼梯，后接披屋，有火烧痕迹。"

"西轴线沿河筑有八字照壁，现仅存台基；正对三开间楼厅的明间台门。楼厅东侧有备弄，现均已改建成居民住宅，后有天井。内筑单坡顶平房，并有花坛痕迹，其后还有三开间楼厅，系钮氏私塾，东设备弄，梁架楼梯，外墙用九皮侧塘石，楼下设船篷轩。"

在调研基础上,完成了钮氏状元厅测绘图。

根据实地调研及测绘结合该片区的整体规划,确定钮氏状元厅的设计任务和需要着重解决的问题如下:

1. 现存建筑(即钮氏状元厅的核心区域)的修缮整饬、现状不存部分的复建及建筑组群内和周边风貌恢复。

钮氏状元厅现存历史建筑因年久失修,破损严重,亟待整修。院落内加建虽不严重,但历史建筑保存完好且具有相当文物价值的仅有中轴线及西轴线主体建筑,其余部分已拆除不存或改建严重,后花园和东侧院前厅等多处建筑不存,内部空间划分混乱,损伤了原建筑组团完整性和建筑肌理。

钮氏状元厅理德堂调研现场照片(正屋北立面、门厅局部)

因此,钮氏状元厅面临的修缮整饬目标不仅在于对现存建筑物的加固维修以及风貌整饬,更重要的是通过可掌握的资料及相关研究,恢复东侧前厅等重要缺失建筑、复建后花园等原有院落的组成部分,恢复其原有风貌和空间体验,提升建筑的文化价值和艺术价值,使之能够充分体现湖州的厅堂建筑特色及"状元文化"特色。

2. 延续历史建筑和城市文脉,带动周边院落和街区文化的发展。

钮氏状元厅为省级文保单位,又是湖州市"状元文化"和"厅堂文化"的代表建筑,钮氏状元厅的历史文化价值很高,本应在其所处的地段中占有重要的文化地位,然而由于长年移作他用,导致状元厅在街区内的原有地位长期得不到支撑和凸显,建筑的文脉濒临断裂。建筑在城市中的以及市民心目的角色已经有所变化。

钮氏状元厅理德堂调研现场照片(正屋北立面、门厅局部)

因此,要想从建筑本身及城市文脉的角度双重恢复其作为状元文化和厅堂文化代表性建筑的地位,就必须对保护修复后的使用功能做出适宜的考量,配合勤劳街历史街区的整体规划构想,使之重新加入地区历史演化,不断发展,达到以点带面,提升整个街道区文化和历史品质的目标。

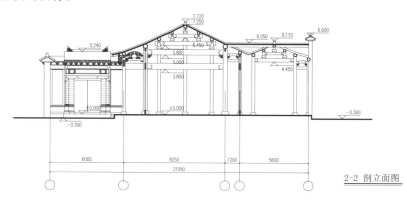

2-2 剖立面图

钮氏状元厅中轴线(理德堂主体)剖面图

3.建筑环境满足相应的使用需求。

必须完善其基础设施建设，保证防水防潮、保温等现代建筑使用的基本要求，这同时也是保证古建筑能够长期维持良好状态的基础。同时，也要根据功能定位，对建筑空间和室内流线做出适度调整，使其既具有原来的历史风貌保护其安全；又能够更好地满足新的使用需要。使其在修复后保持良好的运营状态，历史文脉得以延续。

二、保护方式的探讨

在对钮氏状元厅的现状研究后，设计者对于其修缮保护和具体操作方式，进行了更进一步的思考，力争取得更好的效果。

目前国内对历史建筑的保护目前国内对类似建筑的保护还大多是将修复后的建筑用于博物馆、展览馆等社会公益事业。这种做法对建筑本身的使用负荷不大，通过政府拨款基本满足日常维护，主要目的在于规避使用带来的风险和意外事故，但是具体操作中，这种方式的局限性也很明显：

第一，国内历史建筑数量很大，不可能都作为展览馆及类似的公益建筑使用。仅靠政府拨款维持公益建筑，分配到每栋历史建筑的资金有限。

第二，目前保留下来的历史建筑很大一部分为民居建筑，布局和空间并不适用于作为展览建筑或公共建筑。勉强植入这类功能，可能既达不到预期的使用效果也对历史建筑本身造成破坏。

第三，小型博览建筑互动性较弱，能够吸引的外来游客有限，很容易从城市生活中孤立出来，自身活力降低的同时，更成为了街区内的"盲点""冷点"。仅靠博展收入无法自给自足，盲目开展其他经营又会导致建筑文化档次降低，建筑本身更有遭到二次破坏和二次改建可能。

如果只是以维持现状甚至只是维持其存在为目的，消极的保护维修，那么历史建筑的人文价值发挥有限，甚至会随着时间的流逝再度丧失其历史价值。因此，使历史建筑能够通过适宜的利用方式重获新生，成为其所在区域发展中的重要部分，历史文脉得以延续，为城市文化的发展做出贡献，同周边环境一起共生共荣，共同发展，才是历史建筑保护再利用所要追求的目标。

在空间布局的层面，对历史建筑组群内的单体建筑物，如为文物建筑则必须严格按照文物保护法的规定采取保护行为，优秀的历史建筑也应采取慎重严谨的保护态度予以修复，而对于建筑控制地带内的建筑物，则需考虑核心区域同城市文脉的交接和融合，可遵循原有肌

钮氏状元厅西轴线调研现场照片（西侧楼厅南立面、与西侧晓茵山庄夹弄—自北向南）

钮氏状元厅西轴线调研现场照片（西侧楼厅南立面、与西侧晓茵山庄夹弄——自北向南）

理，较为灵活的布局，使之更为贴合现代城市生活，成为核心保护区和城市空间之间的缓冲及黏合区域，避免生硬的交接和转化对彼此的气氛和使用造成相互间的消极影响。

在文脉延续的层面，在保证自身存在和发展的同时，必须看到大部分历史建筑，特别是民居类建筑并非孤立存在，而是以一定的社会角色和文化地位存在于城市环境中。因此，无论从使用层面还是从文化、社会层面，都不能同所处街区的文脉完全割裂。一方面历史建筑理应成为当地——街区、片区甚至整个城市文化的精粹和集中体现的场所；另一方面历史建筑也需要同周围环境融合共生，相互促进，而不是成为孤立于周围环境之外的失去活力的历史展示场所。同时，历史建筑所代表的珍贵的历史价值与文化传统，需要延续和发扬。因此，对历史建筑的保护再利用，应以保护为最终目标，适宜为原则，同时兼顾与周边街区及附近居民的互动性，避免孤立。可引入些使用强度较低，对建筑本身及建筑气氛影响较小的经营功能作为辅助。

具体到钮氏状元厅的保护再利用设计，由现状调研可以看出，使其在街区中重新获得应有地位的设计目标，除了对现存文物建筑本身的修缮外，复原其建筑院落的完整性，体现钮氏状元厅应有的文化和艺术水准；修复之后的各部分功能规划，保证其在街区内获得与之历史文化价值相符的城市角色，更是需要慎重考虑的。

若将钮氏状元厅作为只有单一展示功能的公共建筑，缺乏同街区同步发展的活力。而想要突破这种保守的形式，则需要重新定位此次保护设计的目标：不是简单保存其状态和保护其不再受到破坏，而是通过保护及再利用的方式，使得钮氏状元厅建筑历史和文化价值充分发挥，在街区中获得其应有的地位，从而使历史文脉得以延续。

三、钮氏状元厅的保护再利用设计

根据调研和分析，确定钮氏状元厅保护再利用设计的原则为科学保护，适宜利用，延续文脉。即以文脉得以保存和延续为最终目标，对文物建筑和保护的核心区域，采取科学的态度，严谨考证，修缮复建钮氏状元厅。深入思考，选择适宜的使用方式，并做出同定位相匹配的建筑功能空间的调整和设计方案。

（一）功能定位

功能定位，其主要依据为钮氏状元厅的历史文脉及其建筑自身的空间形态，同时需兼顾现代使用需要和街区的整体规划。

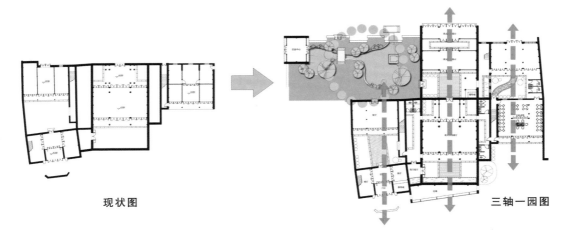

现状图　　　　　　　　　　　　　　　　　　　　三轴一园图

钮氏状元厅平面空间梳理

钮氏状元厅为清末状元钮福保家宅，且是典型的厅堂建筑，因此将修缮改造后的钮氏状元厅院落的主要使用功能定位为展示湖州"状元文化"和"厅堂文化"的展览馆。中轴线和东、西轴线现存主体建筑，均作为展厅使用，以满足保护的要求。周边复建建筑可植入咖啡厅的等展览馆配套的营业和服务功能。符合当前博览建筑经营的理念的发展方向，提升经营档次，又能够引入民间资本，为院落提供一部分修缮和保护经费，同时也和街区整体氛围有所协调。后花园本为私人园林，复建后作为城市公共绿地，对市民开放，增加院落活力和同周边的联系。

（二）空间梳理

拆除核心区域的加建部分，在核心区外围，钮氏状元厅院落历史地段内，以恢复状元厅的三轴一园的原有建筑布局为目标，复建、新建建筑及花园，使其室内外空间与室内空间、明与暗、开敞与封闭不断交替，形成了虚实相生的空间系列。以天井院落作为基本的空间母题，使状元厅建筑空间的组织更为有机而具有逻辑性。为状元文化、厅堂文化建筑研究提供了很好的范本。同时，结合功能定位，加强建筑之间的联系，组织人员流线。

（三）修缮保护

对建筑本身的修缮和设计目标：一方面保留能代表当地历史的建筑特色，一方面又尽量满足当前及今后使用的需要。修复方式以保护、揭瓦修复为主，避免落架、迁建。在不改变原建筑内部格局、结构形式及历史风貌的情况下增设必要的现代生活设施。维护维修主要原构件，对破损厉害的构件要根据原有构件形态进行更替。

具体修缮整饬措施有：

平面：首先根据现场调研和测绘结果以及相关资料，整理建筑平面，拆除加建部分，恢复状元厅的三轴一园的原有建筑布局。同时也为后续通过建筑空间设计提升建筑品质，提供基础。

立面：立面上拆除加建门窗及墙体，根据资料及现状恢复传统木门窗，并修复了入口及台阶。并对墙面进行粉刷，恢复原有白墙。使整体氛围更具文化和历史特色。

屋顶：修复原有的屋顶形式，保持原有的倾斜度。恢复屋脊叠瓦脊势。修复原有屋面瓦，并增设保温层、防水层。修复檐口的构造，颜色与现状保持一致。

细部：屋面应用新构造做法，铺设防水、保温材料。新建部分门窗采用保温门窗，既节能又保持原有风格的样式。墙体做防水防潮技术。

（四）风貌恢复

建筑修缮及复建的主要根据是历史资料和现场遗存。

根据建筑现状及历史调研资料对重点建筑的立面和内部进行分析，拆除加建部分，损毁严重的或被改建的部位如有资料留存则恢复原有样式和风貌。

新建建筑的设计运用当地历史建筑语汇，采用当地民居的建筑结

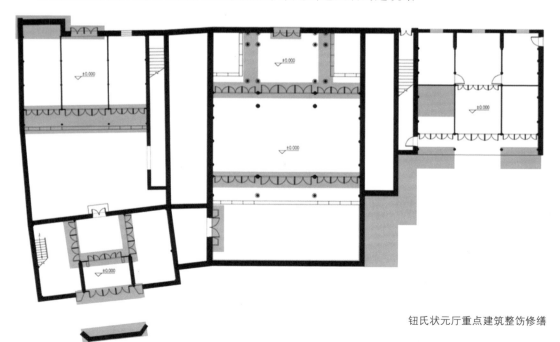

钮氏状元厅重点建筑整饬修缮

构、符号和建筑材料：如石材、青砖、木材等。建筑色彩多采用白色、深灰和木色。在复建花园的临街界面采用了一些比较现代的建筑语汇，如隔墙等。旨在体现江浙民居，特别是大宅院的建筑及空间风格和特色。

四、总结

目前历史建筑保护面临的困难，主要体现在保护技术、经费和使

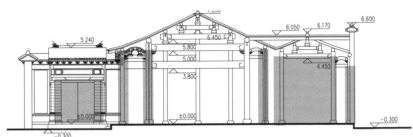

理德堂损坏严重和需拆除加建部位示意图（图中带颜色部位）

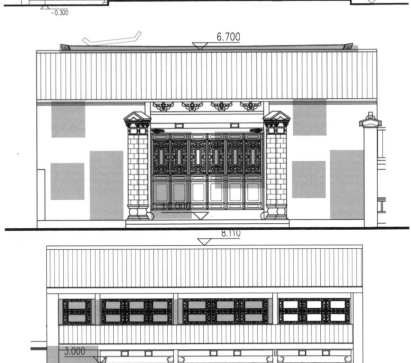

西侧楼厅损坏严重活需拆除加建部位示意图（图中带颜色部位）

东侧楼厅损坏严重活需拆除加建部位示意图（图中带颜色部位）

钮氏状元厅整饬修缮方案——首层平面图

钮氏状元厅整饬修缮效果图（西北角）

用三个方面：第一，历史建筑砖木结构较多，保存不易，年久失修，一次性修缮费用较高，日常维护则更加困难；第二，现存历史建筑民居建筑居多，体量小，空间细碎不利于用作公共建筑国家保护；大部分文保等级不高，国家经费有限，不能完全满足修缮和日常维护的需要；

第三，由于历史原因和国情，现存的历史建筑，特别是历史街区内的民居建筑产权问题复杂，难以解决，现状拥挤，住户多，衍生问题严重。

同时，空置房屋的老化速度加快，年久失修，无人养护，更容易产生坍塌事故，也不利于历史建筑的保护。因此，虽然租借给单位使用仍然会给历史建筑带来一定的安全隐患，但相较房屋空置自然老化的情况而言，对保护历史建筑还是有一定益处的。因此，对历史建筑的保护再利用，是势在必行的。关键在于一旦引入了新的功能，就必须一方面要保护历史建筑，一方面照顾所有目前居住、工作在其中的人的利益。

历史建筑保护和使用之间的关系和相互作用机制，参见下图表1：

历史建筑的价值和状态决定了保护是耗资费力的长期工作。保护和利用可互相制约也可互相促进。因此如果过分偏重解决其中的任何一个问题，都会加剧其他情况的恶化。当前情况下，很多历史建筑因为

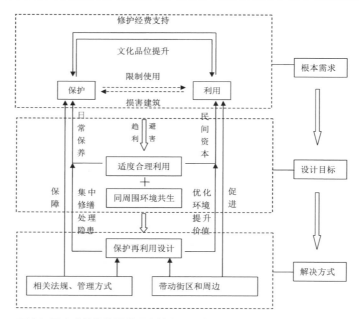

图表1 历史建筑保护再利用良性发展示意图

空置过久或维护不当，建筑质量和内部环境相对较差，维持不易，更谈不上对所处街区的发展发挥作用。这同其在历史、文化层面上的优势地位不相匹配，价值也难以体现。修缮整饬仅仅能够使这类建筑在物质上、形象上获得新生，而赋予其更加合理的使用功能和运营方式，提高历史建筑同街区、同当地市民生活的交互性，使其真正成为城市文脉中不可或缺的场所，才是发挥其文化、历史价值及其对周边的带动作用，化潜力为实际动力，延续其文脉的基础。

在条件允许的情况下，能达到理想的状态当然最好，如按照建筑物原有的使用功能重新安排或者利用充足的政府经费维持纯公益性的博展活动。但并非所有的历史建筑都能够满足这样的条件，大多数情况下历史建筑的使用功能，还是会随着时代的发展而有所改变，在缺乏引导和设计的情况下，往往会造成不可挽回的损害甚至破坏。因此，要想解决困难，就需要恰当平衡历史建筑保护和使用的关系，使得对历史建筑的保护与利用活动之间，进入相互促进的良性关系，相互促进，通过有效保护提升建筑本身和周边地区的文化和历史价值；而良好的使用状况，又为历史建筑的保护和日常维护提供更加充足的经费和更大的操作空间。

对于实际的项目来说，以钮氏状元厅为例的对历史建筑的保护同利用相互促进的运作方式的探索，仅仅是一种做法，对于其他相类似的历史建筑，则要根据具体情况，深入思考切合的方式方法。但共通之处在于，对于此类历史建筑，设计者不仅要完成一次性的修缮和保护或是复原设计，更需要考虑修缮复建后的历史建筑的发展问题：赋予其何种使用功能，引导其今后的发展方向，以减少建筑保护和利用中的冲突，缓解两者之间的相互损害作用，使历史建筑的活力得以焕发，在街区中获得与其历史与文化价值相符的地位，历史文脉能够延续和发展。

弓　箭　北京华清安地建筑设计事务所有限公司历史与文化建筑研究所
李蕺楠　北京华清安地建筑设计事务所有限公司历史与文化建筑研究所

参考文献：
1 浙江省湖州市文化局：《传统街区民居调查（小西街）》，1999年10月。
2 湖州市人民政府：《第五批省级文物保护单位推荐材料——钮氏状元厅》，2003年3月。
3 湖州市社科院课题组：《湖州状元街（勤劳街）区建设研究报告》，2010年3月。

苏州市控制保护建筑钮家巷方宅再利用案例剖析

尹占群　钱兆悦

摘要

本文以苏州市控制保护建筑——钮家巷方宅保护利用项目作为案例，从纳入控制保护、社会力量参与、技术实施要点、管理运营情况和社会经济效益等方面，阐述了方宅在保护和利用过程中的原则和方法，介绍了苏州建筑遗产保护利用的多元化模式，探讨了建筑遗产再利用的概念界定、技术规范和保护利用权衡等问题，旨在与海峡两岸及港澳地区同行交流、分享苏州经验，为建筑遗产再利用这一重要而又极具意义课题贡献应有的力量。

关键词：苏州市控制保护建筑，方宅，建筑遗产，保护，再利用

Abstract

This paper takes the protection and utilization project in Suzhou protected architecture – Niu Jia Xiang Fang Zhai as a case. It covers various aspects in details, including being incorporated into protection, participation of social forces, key points of technology implementation, situation in management operations and social and economic benefit, to expound the principles and methods of protecting and utilizing Fang Zhai. It also introduces the diversity of protection and utilization mode on Suzhou architectural heritages, defines the concept of reusing them, and states the technical specifications and the way to balance protection and utilization as well. The purpose of the paper is to share Suzhou's experience with fellow experts in both sides of the Taiwan Straits, Hong Kong and Macao regions, and also make contributions to the important and meaningful re-use research project in architectural heritages.

一、保护利用原则与方法

建筑遗产保护利用是文物工作的重要内容。苏州建筑遗产面广量

大，在保护利用方面，苏州以"加强保护、科学管理、合理利用、改善民生"为原则，提高文物建筑完好率，保存和延续建筑历史信息，整治周边环境，完善使用功能和基础设施，使之融入地方经济社会发展，满足合理利用需求。

在具体实践中，苏州积极探索国家保护与社会保护相结合的多元化模式，在政策体系、管理服务和合作机制三个方面逐步形成了建筑遗产再利用工作方式：

第一，政策体系。近年来，苏州相继出台《苏州市古建筑保护条例》《苏州市城市紫线管理办法》《苏州市区古建筑抢修贷款贴息和奖励办法》等近20部文物保护地方性法规规章，初步形成与国家、省相配套的地方性法规体系，加强国家保护，同时积极鼓励社会力量参与文物建筑保护和利用。

第二，管理服务。在日常管理中，文物部门与管理使用单位签订保护管理责任书，落实保护责任；在文物保护工程中，文物部门在方案审批、工程跟踪和竣工验收各个环节严格管理，确保工程质量；在文物建筑使用上，文物部门配合业主单位做好技术指导，在保护的基础上实现文物建筑的合理利用。

第三，合作机制。苏州借助政府、社会、业主和社会公众的优势和特点，形成政府主导、社会参与、业主激励和公众监督的多方位合作机制，发挥政府组织引导能力，鼓励社会力量参与，调动业主积极性，结合志愿者及社会公众的日常监督，形成合力，共同做好建筑遗产保护利用工作。

二、方宅保护利用项目分析

（一）纳入控制保护

方宅位于苏州市平江路钮家巷33号，坐北朝南，东依平江河，四路四进，占地2091平方米，建筑格局基本完好，是较为典型的清代苏式传统民居建筑。方宅建筑组群保存着丰富的建筑历史信息，中路第二进纱帽大厅建于清代早期，中路第三进楼厅底层梁架是清代中期苏式做法，东路第二进船厅方柱与桁架式木屋架为清末民国初形制，东路第三进为砖木结构西洋民国建筑。方宅经过沧桑变迁，各个单体建筑微缩了苏州传统建筑风格的演变进程，是研究苏州明清及民国时期建筑历史发展和临水生活状态的实例。1983年，方宅列为苏州市控制保护建筑，得到有效保护。

苏州建筑遗产数量众多，除了各级文物保护单位，还有大量的不可移动文物需要保护。1986年，苏州建城2500周年之际，苏州市文物部门在两次大规模普查的基础上，经过调查、审核，将252处具有一定历史文化与建筑艺术价值的不可移动文物列为控制保护建筑。2003年，苏州市人民政府颁布实施《苏州市古建筑保护条例》，正式将控制保护建筑写入条例，纳入依法保护范畴。控制保护建筑的设立，有利于古城风貌的整体保护，也为扩展文物保护单位提供了预备资源，保证了苏州建筑遗产的可持续发展。

方宅的建筑格局为四路四进，占地2091平方米，主体建筑主要分布于东路和中路。

东路第一进为边门厅，进深六界，穿斗式梁架，方砖地坪，新作海棠格门窗。东路第二进为船厅，五开间。第三进三间二层民国洋楼，保存较好。东路第四进为面阔三间楼厅。

中路第一进门厅，穿斗式梁架，面阔三间，进深五界，圆作承重。中路第二进纱帽大厅，面阔三间，进深六界，大梁上有山雾云、抱梁云。大厅前天井内有砖雕门楼一座。中路第三进面阔三开间楼厅，楼下鹤胫轩，天井内有砖雕门楼一座。中路第四进为面阔四开间楼厅。

（二）社会力量参与

1. 项目背景

方宅所处的平江历史街区是苏州古城风貌和传统人居环境保存最为完整的历史文化保护区。在1986年国务院批准的苏州市城市总

方宅鸟瞰图（东路第四进之后隔小巷另有两间平房在整体使用范围内）

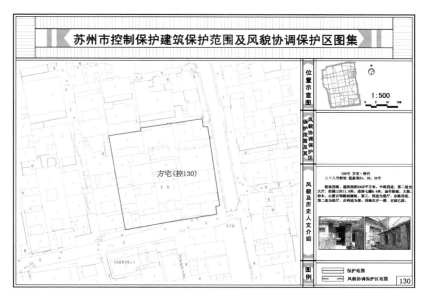

苏州市控制保护建筑保护范围及风貌协调保护区图集

位置示意图

1:500

风貌协调保护区
保护范围界定

方宅(控130)

130号 方宅·唐代
二八八号衙坊 砥泰巷51、32、33号

朝南四路。建筑面积2402平方米。中路四进，第二进为大厅，前圆三问11.9米，进探七檩6.4米，扁作架梁，大梁、脊木、山雾云等雕刻雕细。第三、四进为楼厅，东路四进，第二进为楼厅，后两进为楼，西两仅存一楼、也园已毁。

风貌及历史人文介绍

图例

保护范围
风貌协调保护区范围

130

保护区示意图

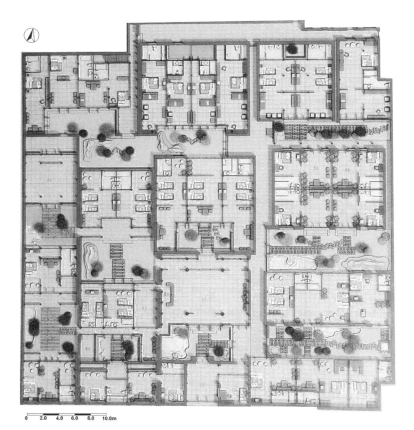

0 2.0 4.0 6.0 8.0 10.0m

方宅一层平面图

体规划中，平江历史街区就已列入绝对保护区。2002年，以迎接第28届世界遗产大会在苏州召开为契机，苏州市委、市政府启动了平江路风貌保护与环境整治工程，邀请历史文化名城保护专家阮仪三教授领衔编制街区保护整治规划。按照"改善民生、更新设施、修缮古建、整治环境、拆除违建"的原则，平江路动迁的居民扩大了居住面积，提高了生活质量；原址居住的居民生活设施得到改进，扔掉了"三桶一炉"（马桶、浴桶、吊桶和煤球炉）；区域内文保单位和历史建筑进行了修缮整治，历史风貌得到保护。国家文物局、世界遗产组织的领导、专家先后考察了平江历史街区，对保护整治工作给予了充分肯定和较高评价。2009年，平江历史街区被国家文物局评选为中国历史文化名街。

平江路风貌保护与环境整治工程的建设实施、用地规划以及动迁工作都经过相关主管部门的审批，手续齐全。建设项目批准文件：苏州市[2003]苏地书字第6号；建设用地规划许可证：苏规[2002]地字第186号；国有土地使用权批准文件：苏地批复[2003]第10号；动迁许可证：苏建拆许字[2003]第17号。

2. 项目实施单位

为切实做好平江历史街区保护整治工作，苏州市政府成立平江路风貌保护与环境整治工程领导小组，下设办公室，综合协调政府部门共同推进各项工作，同时明确苏州平江历史街区保护整治有限责任公司为工程实施主体。苏州平江历史街区保护整治有限责任公司是由苏

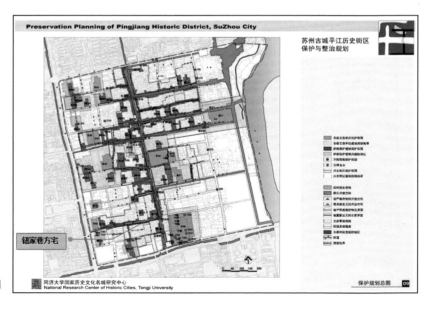

钮家巷方宅位置图

州市城投公司和平江区国资公司共同组建的国有企业，一方面发挥政府主导能力，确保各项工程按照规划实施，另一方面通过市场运作，引导社会力量参与街区保护利用，从而创造更富活力和创造力的区域文化经济。

3. 引入港资实现再利用

2003年，平江路保护整治工程启动之时，方宅内有21户居民和1个旅游鞋帽厂仓库（非居住），公房、私房、厂房混杂，产权复杂。方宅建筑由于年久失修，破损较为严重，急需维修保护。方宅内住户密集、负荷超载，生活环境急需改善。违章搭建、乱拉电线等不合理使用情况严重，急需整治改善。根据平江历史街区保护与整治规划，苏州平江历史街区保护整治有限责任公司前期动迁了方宅内所有居民，安置了新房，改善了生活环境，同时搬迁了方宅内厂房。动迁后，方宅各类产权统一转移为苏州平江历史街区保护整治有限责任公司国有产权，为方宅整体保护利用打下了基础。

平江历史街区内需要修缮整治的历史建筑数量众多，方宅建筑修缮资金预算巨大，光靠政府投入远远不够。苏州平江历史街区保护整治有限责任公司按照延续建筑历史风貌、激发建筑文化活力的原则，有条不紊地展开吸引民间资本参与保护的工作。苏州市荣誉市民王敏刚是香港刚毅集团董事长，作为一名中国传统文化的追随者，先后开设了北京侣松园酒店、青海宗喀宾馆等极具地方传统特色的酒店宾馆。2004年，王敏刚受邀来到平江路考察，被平江路河街相邻的苏式建筑风貌和亲水人居环境打动，出资3000万元签订保护利用合作协议，租赁方宅使用权，进行全面修缮保护和基础设施改造，开设平江客栈，并购置大量传统木家具进行内部装饰展陈。方宅得以恢复历史风貌，重现文化活力。

平江客栈是苏州市首个外资投资的文物保护利用项目，王敏刚是第一个进驻平江路的业主，方宅保护利用成为民间资本参与苏州建筑遗产保护的一个成功案例。同年，苏州市人民政府颁布实施《苏州市区古建筑抢修贷款贴息和奖励办法》，进一步鼓励社会力量参与文物建筑保护。截至2012年，共有18个项目先后得到政府奖励，奖励金额达653.6万元，吸引社会资金近7000万元用于古建本体修缮，一批文物古建筑得到修缮保护和合理利用。

（三）技术实施要点

2008年，在中国期刊协会和南方报业传媒集团联合主办的《商务旅行》杂志上，苏州平江客栈入选"中国最不能错过的10个客栈"排行榜，进入榜单的还有北京福舍客栈、四川布衣客栈、安徽宏村徽州客栈等极具地方特色的传统民居客栈。平江客栈之所以能受到专业编辑的青睐，得到公务、商务差旅者和背包客的好评，一方面是项目实施单位和业主充分把握了方宅和客栈在"居住"功能上的共同点，通过营造苏式传统居住环境，让住客体会到与普通宾馆、酒店不同的文化气息。另一方面，在方宅保护利用过程中，文物部门在修缮保护、基础设施改造提升和内部装饰展陈上，与业主一起沟通讨论，做好相关技术指导，既使方宅历史风貌得以全面保护，又使平江客栈能提供舒适的生活设施，满足现代人群住店需求。

1. 修缮保护

开设平江客栈的第一步是对方宅进行全面修缮保护，以恢复方宅原有历史风貌和建筑格局。在引入港资后，苏州平江历史街区保护整治有限责任公司在2004年委托苏州太湖古建研究所、苏州科技大学建筑系联合编制了《钮家巷方宅修缮工程方案》。方案对方宅东路、中路、西一路和西二路共15个单体建筑保存现状进行了详细勘查、测绘和残损原因分析，按照不改变文物原状和尽可能保存历史信息的原则，从基础、阶台、大木构架、墙体、砖细、屋面、油饰等方面制定了合理可行的保护措施，绘制了设计图纸，并作了设计说明。该方案经苏州市文物局组织专家评审通过后批准实施（苏文物批字[2004]36号）。在批复

方宅中路一、二进维修前现状

方宅中路一、二进维修前
现状

中，文物部门结合业对主方宅建筑使用的思路，在修缮原则、文物安全
和管线铺设方面提出了具体要求。方宅修缮工程由苏州太湖古典园林
建筑有限公司负责实施，工程严格按照修缮方案施工，于2005年竣工
并通过验收。

2. 基础设施改造与环境提升

基于业主将方宅建筑作为客栈使用的思路，实施单位、设计单位会
同文物部门经过多次探讨，在方宅修缮方案的基础上，制定了方宅改造
设计方案。方案以遵循文物保护和平江历史街区总体规划要求为前提，
充分考虑业主利益，在建筑保护与客栈使用、居住建筑与旅馆客房以及
砖木机构与新增设施等方面综合权衡，主要体现在以下三个方面：

（1）在保留原有建筑格局的基础上进行功能分区。方宅原中路门
厅因南临钮家巷，出入方便，用作客栈入口。门厅左右次间作为门房、
会客场所。中路第二进大厅设为总服务台，由此可以较为方便地前往
各个不同区域。中路第三进楼厅为商务中心，底层设商务间，二层为客
栈办公室。中路第四进、东路及西二路均为客房区域，通过隔断等可逆
装修方法组成51间客房，面积26至70平方米不等。每一进建筑的天
井都精心设计成苏式庭院，每一个客房都面向庭院，优化了客房居住
环境。

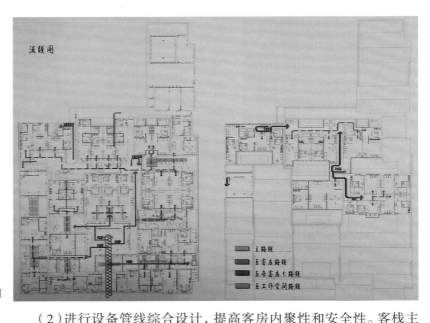

方宅功能分区及路线图

（2）进行设备管线综合设计，提高客房内聚性和安全性。客栈主要的水、电、通讯终端设备均集中于方宅东路第四进后小巷对面的两间平房，使方宅与设备间相对独立，同时封闭东、西三路的原有入口，以提高方宅内客房的内聚性和安全性。由于方宅内建筑大多为客房，原先四路四进的人行路线需要进行调整：旅客由中路门厅进入大厅（服务总台），由此分为五条主要路线，分别从大厅东南、正北、东北、西南、西北进入相关客房和商务办公楼，除西二路楼层楼梯独立上下外，其余均将原楼层的后廊、备弄相互贯通，作为楼上客房的人行路线。

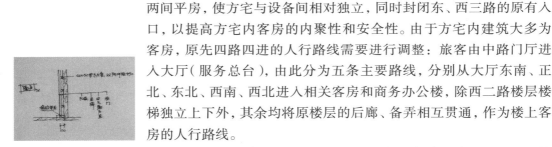

（3）在保护木结构的前提下，运用新材料提高客房和卫生设施的舒适度。为提高方宅建筑使用功能，满足客栈居住需求，在保护原有砖木结构的基础上，结合新材料对方宅建筑进行了装修改造，主要做法有：一是客房隔音。在客房内原有建筑墙体上，由外到里用FC板、岩棉、空气隔声层和板门四层加固，以起到隔声作用，同时加厚墙体，用以保温节能。二是部分吊顶。在客房内采用部分吊顶方式，既有利于欣赏古建筑具有特色的屋面结构，又有利于水、电、通讯管线的铺设，保持整洁的建筑外观。三是卫生间设计。方宅在修缮时充分考虑了使用功能，开挖了地坪，铺设了排水管道，使住客在古宅内能享受现代化卫生设施。客房内卫生间采用轻钢毛面玻璃，重量轻，可定制拼装，维护拆卸方便，准透明的材质也可以调和古宅内偏重的色彩风格，玻璃外采用硬木框架，板片围合，整体风貌与古宅木结构相协调。

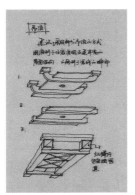

（4）喷淋系统。古建筑容易发生火灾，消防安全是古建筑保护最为重要的内容。方宅在维修和设施改造过程中安装了简易自动喷水灭火系统，有效防范了火灾给古建筑带来的损害，这也为苏州古建筑设计、安装和使用喷淋系统作了探索和实践。

3. 内部装饰展陈

投资人王敏刚是古典家具收藏爱好者，他将自己收藏的传统家具，结合改良的中式风格家具，布置在每一个平江客栈的客房内，连浴具也备有阔大木桶，营造了极具传统特色的室内环境，以让旅客进一步感受到传统的居住文化。同时，由于家具多为收藏品，非批量定制，平江客栈内每一个客房内设都不尽相同，这使平江客栈的居住感受更为丰富、更具特色。此外，在客栈内的公共空间内，装饰也具有传统文化内涵。例如，带有中式风格的迎宾台、用红色灯笼装点的灯饰以及用青砖围合的空调外机挡护等。

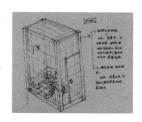

（四）运营管理情况

传统文化项目投资大、回报慢是普遍特点。修缮后开放的平江客栈，最令人关注的还是经营情况。平江客栈开设之初，传统居住文化体验的品牌吸引了不少海外游客，但客源量仍然较为狭窄，加上租赁协议的古建保护条款，每年须拿出营业额的5%作为保护维修费用，这使平江客栈经济效益增幅较小。

近年来，随着平江历史街区保护整治工程的稳步推进，最大限度地保留历史风貌，同时严格甄选符合条件的商家入驻，保证了整个历史街区的整体品质。平江客栈总经理梁毓豪说："王敏刚先生的任何投资都带有文化色彩，他始终坚信中国的传统文化里蕴藏着潜在的商机。不过销售确实是经营者面临的最大难题，当时（2004年）我们的销售渠道主要是在香港。随着苏州市各级政府对平江路宣传力度的不断加大，其魅力越来越彰显出来，这也给入驻的商家带来利好，入住平江客栈的境内旅客的比例明显上升。"2011年，平江历史街区获得国家4A级景区称号，"文化人气"持续高涨，平江历史街区不仅成为苏州古城文化旅游的热点，其创意产业更是成为青少年休闲聚集地。平江客栈也在近几年迎来了住客高峰，国内外背包客、各类参观、考察、培训团体络绎不绝，平江客栈掌柜王艳说："这里客房仿江南民居模样，两间客房形成一个独立小院，每个房间又是别具一格的江南卧房，最便宜的380元一间，已经预订到今年'十一'黄金周。"平江客栈已经成为平江路最负盛名的苏式民居旅店。

家具来自业主收藏，非批量定制，每间客房内设均不相同，各具特色

中式风格，苏州味道

5. 社会经济效益

文化资源与自然资源一样，都是相对于特定的利用技术而存在的，文化遗产只有经过一定形式的再创造，才能成为具有丰厚内涵的文化品牌。在文化资源和文化竞争日益激烈的今天，平江客栈在实现业主经济效益的同时，也产生了巨大的社会效益，一方面向海内外游客、苏州市民提供了体验苏州传统民居生活的机会，一方面也对游人和社区居民开放参观，这些都从文化的角度宣传和延续了苏州这座古老的历史文化名城的魅力。正如苏州市旅游部门负责人所说："这些祖屋、老宅，为什么可贵？因为住在里面，你会感觉到它不仅是建筑，而且是苏州历史，让你和苏州历史有了一种亲密的联系。"平江历史街区保护整治有限公司董事长陈建平则强调道："这里不仅仅是酒店，更是一处鲜活的苏州传统文化样本。"

苏州建筑遗产中作为旅店使用还有很多，比如北半园，修缮后北半园提升了酒店文化品质，2011年，平江府荣膺苏州好生活大赏的"最具苏州特色的酒店"称号。又如蒋纬国故居，故居又名丽夕阁，建于1928年，楼房四周有池塘、假山之属，松柏茂盛，花木扶疏，有园林之趣。2007年，南园宾馆投入200多万元对故居进行修缮保护，作为宾馆7号楼使用。袁学澜故居、任道镕故居、圆通寺等建筑，经过修缮、修复后，目前都已经成为广大市民和游客广泛享用的文化场所，从而为创造了和谐的社区环境起到了积极作用。

三、项目总结及展望

（一）成功经验

方宅建筑保护利用是苏州建筑遗产再利用的一个较为成功的案例，文物建筑得到修缮保护，投资方或业主收获经济效益，社区居民的生活环境得到改善，平江历史街区保护整治工作也取得良好的社会效益。作为苏州建筑遗产多元化保护利用的探索与实践，该项目的成功经验主要有以下几点：

1. 规划管理先行。首先，委托同济大学编制的《平江历史街区保护整治规划》，对街区内建筑遗产现状、街巷河道空间、风貌形式控制、用地性质优化和基础设施改造等方面都作了详细规划，其中对方宅的建筑、使用、装饰和设施情况进行了详细调查，确定了方宅修缮总体原则。文物部门在方宅修缮方案的审批上严格把关，对方宅改造设计方案和施工过程进行技术指导和服务，为方宅作为客栈使用管理打下了良好基础。

2. 多方合作，复活古宅。2004年方宅全面修缮，是自列入控制保护建筑后21年来的首次大修。苏州建筑遗产面广量大，依靠政府投入难以解决保护上的资金压力。香港刚毅集团的董事长王敏刚的参与，不仅投入资金维修保护了方宅，而且带来了先进的经营理念，从文化旅馆的角度恢复了方宅的活力，在为苏州建筑遗产保护利用作出贡献的同时，也收获了社会经济效益。此外，苏州平江历史街区保护整治有限责任公司作为国有企业充分发挥政府主导优势，在前期搬迁方宅内工厂、动迁改善居民生活方面起到了积极作用。上海阮仪三城市遗产保护基金会与法国遗产保护组织REMPART合作，从2011年开始在平江历史街区连续开展中法遗产保护志愿者工作营活动，志愿者们与在专业工作人员一起，参与了街区历史建筑测绘和潘祖荫宅和卫道观等历史古建的修复工作。方宅乃至平江路历史建筑都是在这样的多方合作机制下得到了有效保护和合理利用。

3. 定位准确，民居特色鲜明。方宅是传统民居建筑，其使用定位最合适的莫过于仍然用于居住。通过旅客对建筑风格、空间形式和内部陈设的亲身感受，体验苏州地区临水生活的传统居住状态，这是平江客栈能吸引广大国内外游客的主要因素。另一方面，平江客栈面向的用户是背包族和普通游客，房价与普通快捷型酒店相似，降低部分经济效益换来的是更多的旅客和更好的口碑。同时，在不影响住店客人休息的前提下，平江客栈对游客和社区居民开放参观，体现了遗产属于全社会的共享理念，更易于被区域居民和社会公众所接收。

4. 居住设施舒适，历史环境优越。由专业单位编制、文物部门参与指导的方宅改造设计方案，很好地解决了古建筑与新需求之间的矛盾。方案在准确评估建筑历史价值和利用价值的基础上，充分考虑了业主和旅客需求，从整体布局、客房分布、内部陈设、庭院环境和基础设施等方面进行了认真研究和设计，保证了旅客在室内格局、起居空间和卫生设施上的舒适感，这是平江客栈能屡获好评的原因。此外，平江客栈东依平江河，地处平江历史街区核心地段，外围历史文化环境优越，在平江客栈居住，不仅是苏式生活的体验，更是一次苏州古城风貌的文化之旅。

（二）问题探讨

1. 建筑遗产合理利用的概念界定问题。大陆的文物保护法律法规都明确了文物工作贯彻保护为主、抢救第一、合理利用、加强管理的方针。过去，在文物保护单位保护利用工作实践中，合理利用以不破坏文物建筑主体和风貌为主要标准。随着世界遗产事业在大陆的引进、发展和壮大，文物保护开始向遗产保护发展，保护利用的思路和方法也在不断拓展和更新，合理利用的概念也在原有保护为主的基础上，向挖掘和展示历史文化内涵、提供社区共享和社会参与渠道、发挥社会经济效益等方面扩展。合理利用的概念如何进一步解读和界定，是建筑遗产再利用可持续发展中需要研究的一个重要课题。

2. 建筑遗产再利用的技术规范问题。大陆在文物保护规划编制以及文物保护工程勘察设计、施工、监理上的相关技术规范和标准已较为完善，绝大多数文物保护单位都能得到有效保护。但是，木结构历史建筑在如何使用、如何改造以满足现代生活需求的问题上，相关技术规范研究尚处在起步阶段。例如：现代建筑的无障碍通道如何在历史建筑中实现；传统砖木结构材料如何满足日常消防、安防要求；在传统建筑中安置现代化设施，相关用水、强电、弱电工程涉及的管线铺设如何与避免对砖木结构产生影响，如何与历史建筑风貌相协调等问题，都是建筑遗产在再利用过程中会经常碰到的具体技术细节，需要有针对不同地区建筑遗产特性的相关技术利用导则来进行规范和指导。

3. 保护和利用之间的权衡问题。与西方的砖石结构建筑不同，两岸及港澳地区历史建筑多为木结构，保养维护周期短，使用功能改造难度高，修缮资金需求量大。在一些先进的遗产保护利用理念是只适用于西方石质建筑，还是具有普世价值仍处在讨论和实践的时候，如何把握木结构建筑在保护和利用之间的尺度，也是一个值得研究的课题。例如，方宅安装空调设备能提高客栈居住舒适度，但对建筑风貌和木结构承重会产生不利影响，空调安装的数量和方式是需要权衡的问题。又如，苏州传统大中型宅第民居的居住特点是在路进畅通、院落通透中感受舒适生活和文化情趣，而客栈需要采用隔断、遮挡等方法，局部调整方宅原有建筑格局，以增加客房数量，提高住客私密性，满足业主的经济效益。虽然改造方法是可逆的、具有保护性的，但在方宅再利用的定位上，又产生了在"传统居住文化"和"现代旅馆环境"之间的权衡问题。

建筑遗产再利用是一个重要而又激动人心的课题，希望通过方宅建筑保护利用案例的介绍，能与业界的各位同行、专家和学者一起探讨历史建筑保护利用中遇到的问题，交流实际工作中的体会，总结出好的经验和做法。同时，也希望通过本次研讨会，能让大家与苏州结缘，并以文化遗产事业为纽带，更为紧密地联系在一起，共同为建筑遗产再利用这项极具意义和使命感的事业继续作出我们应有的努力。

尹占群　苏州市文物局
钱兆悦　苏州市文物局

塔与仓的对话
——广州荔湾文塔的展现与龙津仓的再造

冯江 杨颋

摘要

始建于明代的荔湾文塔位于广州荔枝湾涌边，20世纪50年代后四周陆续建成宿舍和仓库，文塔渐被遮蔽.荔枝湾涌于1992年被覆盖上混凝土梁板成为道路，沿路建成古玩街，文塔的历史脉络被完全切断。2010年，荔枝湾涌揭盖复涌，文塔的保护融入了城市公共空间体系重建，包围文塔的宿舍被拆除，同时启动了龙津仓共七座仓库和住宅的改造，由政府与供销社合作出资进行，再造为文津古玩市场，多栋建筑通过空中连廊连成一体，并与文塔形成对话。本文将回顾这一次通过积极的历史文物保护激活周边社区复兴、一举而三役济的成功实践，并从观念、机制、空间和建筑技术上进行分析。

关键词：荔湾文塔，龙津仓，荔枝湾涌，再造，激活

Abstract

Liwan Liberal Pagoda is located at the riverside of Lychee Bay Canal. It was surrounded by several dormitory buildings since 1950s and could not be seen from the street. Although the pagoda is listed as heritage later, but the citizens did not familiar with it anymore, and the canal was even covered by concrete panels in 1992 and became a road, along which soon shaped an antiques market. In 2010, The concrete panel was discovered and the canal reappeared. The re-opened Xiguan Pagoda became an important node of public space system. Longjin Warehouse then was renovated as Wenjin Antiques City to accommodate the former shops along the road. The project was put into reality by the cooperation of local government and the owner of Longjin Warehouse, and revitalize the area successfully. The article makes a review of whole process, and make analysis from different viewpoints.

Keywords: Liwan Liberal Pagoda, Longjin Warehouse, Lychee Bay Canal, Renovation, revitalization

一、被覆盖的荔枝湾涌与被围困的文塔

荔湾文塔位于广州城西的荔枝湾涌畔，是广州市历史城区内现存的唯一一座文塔。这座文塔在常见的古代地方文献中并无记载，从材料和形制来看，现存的塔身当为清代建造。有趣的是，这座青砖砌筑的六边形文塔高仅两层。底层开门朝向东北，面对河涌，门额上题有"南轴"，二层题有"云津阁"。内有木梯通向二楼，楼上供奉手执文笔的魁星。

文塔坐落在泮塘村之南、荔枝湾涌的东南侧，荔枝湾涌是西关诸水通珠江之脉，旧时为市民划艇游河的所在，临涌多有园林、公馆和西关大屋。因为明清时期的广州既是广东省城，也是广州府城和番禺、南海的县治之坐在，院试、府试和乡试均在广州举行，历史上荔湾文塔不仅是沿北江而下前来省城参加科举的学子们登岸祈求中试的地方，也是一处独立的地标，正面开敞，背后有树丛围绕，四周并无建筑。

历史上的文塔照片

从上二十纪五十年代开始，文塔被划入广州市供销社日杂仓的用地范围，四周先后建起四座多层仓库、办公楼和多栋职工宿舍、住宅楼，文塔逐渐陷入其他建筑的包围，也慢慢淡出了公众的视野。1992年，因为水质日益恶化散发臭味，整条荔枝湾涌被整体覆盖上了混凝土的梁板，河涌成为污水渠，路面取代水面并被命名为荔枝湾路。其后沿路修建了单层和两层为主的商铺，形成西关古玩一条街，文塔的环境脉络至此被完全切断，仅剩下建筑本体相对保存较好。

文塔也曾引起过政府的重视，二十世纪六十年代进行过周边环境的整治，八十年代对建筑主体进行了修缮，2002年9月，文塔被公布为广州市登记文物保护单位，之后再次进行了修缮，但未注意到周边地面标高已经高出原来许多，塔基和部分塔身被埋入地面以下。当时只是简单改造了室内，重绘了檐口等处的装饰纹样，但难以展现其历史上的风采。

被宿舍围困的文塔

二、荔枝湾涌揭盖与文塔的展现

2010年，在广州亚运会举办前夕，荔湾区人民政府决定将荔枝湾涌揭盖复涌，其中第一段呈东北至西南走向，东北至逢源路边，立大

被覆盖之后的荔枝湾涌

石为起点，上书黄永玉先生题写的"荔枝湾"三个大字，西南至广医三院，长约660米。沿驳岸修建了污水管涵收集原本直接排向河涌的污水，历史上沿涌而筑的文塔、陈廉伯公馆、陈廉仲公馆、小画舫斋、梁家祠等建筑都进行了局部的整饬，户外景观也进行了较为系统的设计。

荔枝湾涌揭盖工程为文塔的保护和周边地区的复兴提供了一次绝佳的机遇，文塔的保护被置于城市公共空间体系重建的视野之中。文塔和周边的开敞空间被视为涌边最重要的节点之一进行设计，包围文塔的宿舍被拆除，以文塔为中心形成了一处小广场。文塔与水面、龙津桥、大榕树和龙津仓共同构成了一副充满西关风情的画面。

文塔本身只有两层，猜测也许是最初建造时资金不足的结果。即便如此，其比例也不应像现场时所看到的那样古怪，而且也没有塔基，因此沿着勒脚的麻石边缘清除泥土，发现原来塔有着完整的六边形基座，用材亦为麻石，只是已经被埋入土中。继续清除泥土时发现在高约55厘米的六边形基座底部的外侧，还有白麻石和红砂岩两层铺地（广州传统上称白麻石为白石，红砂岩为红石（图5），从其材料和铺砌的方式来看，这一层白麻石的表面应该就是历史上文塔地面的位置，大致对应于珠基高程5.90米，这为设计提供了重要的依据。

但是，受市政管涵、防空洞和地表排水等因素的影响，加上荔枝湾涌的水面设计标高为5.50米，文塔四周的地形已不能完全恢复至历史上的标高。因此，设计决定将一定范围内（塔身外约1.5米）的地面标高降至原基座的底部，而露出麻石台基和四周原有的白麻石和红砂岩铺地，使得文塔的塔身净高增加。虽然和历史上的情况相比仍然留有遗憾，但总体上已经尽量表达文塔的历史原真性，尤其是在近距离观看时会发现塔的比例重回修长，文塔的整体形象也完整起来。如此，一座挺拔秀丽、具有浓郁西关风味的文物建筑，在新的荔枝湾涌畔得到了相对充分的展现。

文塔成为一个面积约2000平方米的小型广场的中心，围绕文塔设计了向外逐渐螺旋升高的多级圈层，在每一级台地上设置了用青砖和麻石砌成的固定座椅，但在地面的铺地设计上刻意避免以文塔为圆心的放射形设计，而更多选择了沿切线方向铺砌。在文塔广场，无障碍设计不仅是一种公共空间中的必要功能，而且成为设计的重要因素。在靠近龙津西路的西侧设计了一个特别的多折坡道，其转折处结合正好是台阶的平台，同时配以随地形跌落的花池，形成了尺度适宜且充满趣味的空间，吸引许多儿童在此玩耍。东侧设计了一处缓坡，联系不同

揭盖之后的荔枝湾涌

施工中被挖出的塔基

标高的圈层。在文塔大门所朝向的东北方向，适度展宽了荔枝湾涌，在此设置了泊船的码头，游船也可在此调头。

因为同时毗邻龙津西路和荔枝湾涌，加之原来遮蔽文塔的建筑被拆除，文塔广场成为荔枝湾涌边最为重要的公共空间节点，文塔再次回到了相对开阔的视野之中，成为市民和游客关注的焦点之一（图6）。而这为周边建筑尤其是龙津仓的改造提供了十分有利的契机。

接近完工时的文塔广场鸟瞰

三、以文塔为核心的龙津仓再造

结合文塔广场的整理，龙津仓共七座仓库和住宅的改造得以同时开启。龙津仓的改造由政府与供销社合作出资进行，再造为文津古玩市场，其中建筑外立面的整饰由政府负责，而龙津仓建筑结构的加固和室内空间的设计则由供销社出资。

由于原来的西关古玩城沿荔枝湾路而建，因此在揭盖复涌之后需要安置原来经营古玩的商户，这就给龙津仓的改造提供了明确的功能。但在改造开始之前，就有许多商户担心龙津仓并不适于被改造为古玩市场，因为在拆除包围文塔的建筑之后，龙津仓尚有四层高的仓库一座（A栋）、五层高的仓库一座（B栋）、两层高的仓库两座（C、D栋）、九层高的宿舍两栋（E、F栋，其中一楼和二楼用作仓库）、两层高的小楼一座（G栋），其中A、B两栋相邻，C、D两栋相连，这些建筑大多建于二十世纪五十年代至八十年代，而商户们都相信"古玩不上楼"的说法，认为多层建筑内的古玩市场将会影响他们的生意，以至于有部分商户在荔枝湾涌揭盖施工期间拉标语反对。如何使多层建筑适应古玩市场成为改造的关键问题之一。

文塔广场与龙津仓总平面图

而政府、媒体和市民更加关心的是另外一个问题，龙津仓A栋山墙面正对文塔，其建筑外观怎样才能与文塔相协调？这成为政府、供销社和商户们共同关心的另一个难题。在之前的各种方案中，有人提出要仿照明清西关古建筑的风格改造仓库的立面，也有方案建议在顶部加建岭南式样的亭子来与文塔相呼应。仓库建筑本身体量较大、造型较为单一，即便在材料、色彩和装饰上文塔采用与文塔相似或者相同的做法，也很难在尺度和造型上取得协调。此外，7栋建筑并不是同一时期建成的，相互之间在外观、材料、结构形式等方面有着明显的差异，很难通过简单的方式获得整体的印象。

此外，龙津仓的改造还面临着一些共同性的问题，例如结构、消防等方面难以契合当前建筑法规和规范的要求，而要满足要求则需要花费大量资金，使得旧建筑改造在经济上失去意义。根据《建筑法》，建筑改造的设计机构将承担所有设计责任,因为图纸档案不全乃至遗失,无法确知原有建筑的设计年限,这将结构工程师置于巨大的压力之中。而且这些建筑是按照当年的标准设计和建造的,采用了很经济的结构形式和构造做法,即使新建成之时都不能满足现行的结构设计规范,尤其是抗震方面的要求。

最后的设计分别针对这三个关键问题进行了重点的思考,寻找到了相对较好的解决方案。

首先,在总体布局上,以街道为最重要的设计理念。利用建筑之间原有的空地营造街道的氛围,一层的店面充分向街道打开,从而产生了大量的街铺。在二层通过连廊将全部7栋建筑连接成一个整体的建筑群,可以顺畅地完全走通,营造了空中街道的感受和丰富的空间体验。在每栋建筑的内部,都尽量简化平面组织,中间设立一条宽度约为3米的走廊,尽量创造室内街道的印象,使得全部的店铺有充分的展示橱窗或营业面。在A栋增设了包括自动扶梯在内的垂直向交通枢纽,B栋增加了电梯,在五楼设立了多功能展厅和拍卖场,增加人流穿越每一层的机会。

其次,在技术上重点解决了结构安全、消防安全和中央空调等问题。对八十年代之前修建的各栋仓库建筑进行了结构检测,进行了响应的结构加固。消防上增加了消防水池和消防控制室,并确保建筑之间的"街道"可以满足消防通道的高度和宽度要求。古玩市场采用水冷式中央空调系统,外部设备安装在顶层屋面,四周用木色铝合金格栅遮挡。各种技术问题的解决为龙津仓的成功改造奠定了坚实的基础。

但建筑师更为关心的核心问题,则是如何建立起龙津仓与文塔之间的对话。

设计重新定义了龙津仓改造之后如何与文塔在风格上相协调的问题,并不以仓库建筑和文塔在风格上的简单协调为目标,而是强调龙津仓如何围绕文塔进行再造,尽量使得二者相得益彰。

设计最终并未采取在外观上简单协调的做法,而是试图维持龙津仓真实的尺度感和建筑性格,同时与文塔产生对话。由于多栋仓库建筑原来均为黄泥粉刷(广东称批荡),且使用多年,在构造上已经不合适继续使用,因此在改造的时候采用了水泥砂浆粉刷,并直接呈现素水泥砂浆以保持原有仓库建筑的特点,为了弱化A栋大面积水泥砂浆外墙的笨重印象,将主入口设于底层,且沿用仓库建筑的大尺度,二至四层的大部分墙面改成顺砖和丁砖交替砌筑形成的青砖漏花墙,顶层改为水平长窗，素水泥砂浆墙面上采用了分缝和增加纹理，间隔采用竖向斩假线条和用竹笤帚扫出的横纹。

A栋西立面和C栋的北立面上采用多种方式来建立与文塔的关联。位于西侧的A栋楼梯间仍保留原有外形，但将面向文塔一面的材料更换成折线形玻璃，从而可以产生对文塔的镜像，在文塔广场上可以看到其中反射的文塔塔尖。底层的实墙部分利用瓦刀做出横向纹理，其宽度与文塔所用东莞大青砖的高度一致，从而产生尺度和线条感上的配合。顶部的女儿墙上印刻文塔顶部的卍字形纹样。C栋仓库则局部采用碎瓷片拼成装饰图案，暗示这里的仓库以前以存放瓷器为主。7栋建筑的外墙并不统一，而是以原有的灰色、黄色为基调，适当配以白色的饰带，门框、窗框和新加的钢结构构件采用氟碳喷涂的黑色金属。改造完成之后的龙津仓建筑总体上以其中性的色彩成为文塔的背景，围绕着文塔广场，通过门、窗、漏花墙面、镜面材料和纹理等细节，建立起了二者之间的对话。

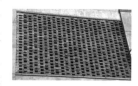

青砖漏花墙局部

四、结语

在亚运会开幕之前，文塔广场的施工全部完成，龙津仓改造的主体工程基本完工。文塔广场不仅在亚运会期间成为市民聚集和游客上下游船的场所，而且还恢复了开笔礼等民俗活动，其文化功能得到延续。在网络上有大量的摄影发烧友和游客拍摄的照片，都是以文塔、古榕、龙津桥为主景进行构图的，表明文塔重新在公众视野中扮演了重要的角色，文塔广场也深受市民和游客的喜爱。

2011年3月29日，由龙津仓而成的文津古玩城正式开业，欧初老人等前来参加了剪彩。文津古玩城共包括了360间商铺，除了以优惠的价格安置西关古玩一条街的商户之外，其他的商铺全部顺利租出，而且价格远高于预期，目前已经成为华南地区规模最大的高端古玩市场，与原来用来存放瓷器的仓库相比，龙津仓的商业和文化活力都大为提升。

改造前后的龙津仓西立面对比

从荔枝湾涌的揭盖复涌，到文塔广场的形成，再到文津仓的再造，环环相扣，依序展开，在文物和仓库建筑的保护与续造上，保持了较为开放和积极的观念，注重发掘空间和形式的内在逻辑而不是停留于外在的相似，并寻求相应的技术解决方案，从而达成激发文化和商业的持久活力的目标。可以说，这是一次通过积极的历史文物保护激活周边社区复兴、一举而三役济的成功实践。

鸣谢

除笔者之外，参与文塔广场及龙津仓建筑改造设计的还有阮思勤、幸晔、邢懿、郑莉、赵峥、黄倩思等，结构设计上得到了方小丹先生的指导，谨致谢忱。

冯江　华南理工大学建筑学院

杨颋　华南理工大学建筑历史文化研究中心

参考文献

1 冯江、杨颋、张振华：《广州历史建筑远观近察》，《新建筑》，2011年第2期。

2《荔枝湾》，黑龙江科学技术出版社，2010年。

旧物新用
——油麻地戏院活化案例

刘荣杰

摘要

油麻地戏院于1930年落成，于1998年7月结束营业，是现时香港市区硕果仅存的战前戏院建筑。改建油麻地戏院这座历史建筑，绝对是一项富挑战性及有意义的工作。在建筑师和工程师的努力下，富传统特色的油麻地戏院活化成设备先进的演艺场地及区内独一无二的文化地标。整个油麻地戏院活化工程亦保留了不少重要的建筑元素以作诠释，为重现历史感。

关键词：历史建筑物活化，历史建筑物诠释

Abstract

Built in 1930 and ceased operation in July 1998, the Yau Ma Tei Theatre is the only surviving pre-war cinema building in the urban area of Hong Kong. The revitalisation of the historic building Yau Ma Tei Theatre is absolutely a challenging and meaningful task. With the effort of the architects and engineers, Yau Ma Tei Theatre is now revitalised into a performance venue fitted with modern equipment and become an unique cultural landmark in the local district. The revitalisation of the historic building Yau Ma Tei Theatre has also preserved some important architectural features for interpreting the history of the building.

Keywords: Revitalisation of Historic Building, Historic Building Explained

一、油麻地戏院历史及建筑特色

位于窝打老道及上海街交界，邻近油麻地果栏的油麻地戏院于1930年落成，是香港市区硕果仅存的战前戏院。戏院见证着香港电影的发展变迁，也为小贩、工人和在避风塘生活的水上人提供大众化娱乐，是这个草根小区的重要部分。油麻地戏院在1998年7月停业后一直空置，该址于1998年获古物咨询委员会首次评为二级历史建筑物，并于2009年，在1444幢历史建筑物的评估中确定其二级评级。

油麻地戏院的建筑风格糅合了古典主义和装饰艺术元素。古典主义源自于古希腊和古罗马建筑美学，强调结构须合乎比例、规律和对称。其建筑元素包括三角楣、拱门和由古希腊人独创的古典柱式等。其他较广为人知的古典建筑物，包括香港大学本部大楼和前立法会大楼。装饰艺术风格自从1925年巴黎举行的"国际现代装饰和工业艺术大展"之后，闻名于世。装饰艺术风格是当时的建筑师首次尝试以几何图形、简洁线条和装饰来展现现代主义的精髓。虽然油麻地戏院是现代建筑物，却保留了重视比例和对称等古典主义元素。

在众多同时期的戏院中，油麻地戏院虽称不上特别华丽，但只要走访一趟，就会了解战前时期的戏院建筑设计，也能让人缅怀传统戏院的黄金岁月。就外观和规模而言，油麻地戏院算不上是大戏院。以当时另一间大戏院丽宫戏院为例，当时大规模的戏院可容纳3000人，而油麻地戏院却只有1000个座位。从戏院的建筑特色也可得知戏院的风格低调。假如把门前装饰拿走，便会发现戏院看起来其实跟旁边果栏的货仓差不多。而且从其地理位置就可知道油麻地戏院是注定要走平易近人的路线。事实上，油麻地戏院主要服务劳工阶层，所以建筑物的装饰不多，最突出的是外墙的两条门柱刻笑相及哭相的面具。在古希腊戏剧中，哭相和笑相面具分别代表悲剧及喜剧，后来被电影业广泛采用。在戏院里，舞台的拱门也是引人注目的设计。除了外观，戏院的建筑物料亦同样平实。油麻地戏院以木材、花岗石和砖块建成，是当年最常见的基本建筑材料。当时较华丽的戏院如利舞台、平安戏院等则是以钢筋混凝土建成，建筑技术较先进，成本也相对较高；相反，油麻地戏院的建筑师则就地取材。当时花岗石能轻易从山边开采得来，香港亦出产石灰，最适合用作花岗石的黏合剂。屋顶的桁架是以钢铁制造的，在当时属于比较昂贵的材料，要从英国或澳洲进口。

油麻地戏院旧貌

二、油麻地戏院的活化

香港一直以来都缺乏固定场地给粤剧团训练和表演，同时传统粤剧表演艺术的承传问题开始引起社会关注。特区政府为推广粤剧，一直在寻找合适地点，给中小形粤剧团做训练和公开表演之用。刚好在这个时期，油麻地戏院已空置了一段时间，需要大规模的复修翻新。因利成便，政府将两个项目整合，既可活化古建筑，同时又可以解决粤剧界表演场地不足问题。政府于2007年宣布计划将油麻地戏院改建成为演艺场地。这个保育工程项目自2009年7月中开始至2011年9月底完工。

三、油麻地戏院活化的前期发现

在活化油麻地戏院的前期过程中，工程团队不时发现让人惊喜的历史建筑构件。当工作人员敲破油麻地戏院正门的红砖时，竟然意外地看见两根刻有哭相和笑相面具的石柱。舞台拱门则是另一个惊喜。戏院侧墙中间有一个阔银幕，原本以为那是后来装上去，并没有历史价值。然而，当拆去银幕之后，一个舞台拱门竟出现在眼前，其美丽花纹和石柱上的图案互相映衬。这项发现实在让人感到意外。当初以为只要把舞台拱门及侧墙拆掉就可腾出更多空间来兴建舞台，才计划将油麻地戏院改造成粤剧表演场地。由于舞台拱门及侧墙是历史建筑物内别具特色的元素，经过建筑师和工程师的努力，改装后的油麻地戏院既拥有符合粤剧演出需要的舞台，同时也让富有历史价值的舞台拱门得以保存。

此外，工作人员还在舞台拱门的两旁发现不为人知的建筑结构。舞台拱门两侧本来是开放式露台，由于戏院开业初期是播放默片，从而推断当时的默片解画员或音乐家伴奏时就坐在那里，但后来又因为有声电影的发展而令露台被围封了。

舞台拱门及侧墙

四、油麻地戏院文物影响评估

为了使油麻地戏院这幢已评级的历史建筑物在工程筹划阶段已得到从保育角度的关注，在工程展开前，油麻地戏院这幢已评级的历史建筑物已进行了文物影响评估研究。进行文物影响评估研究的目的，是鉴定油麻地戏院的历史价值，以及制订缓解措施，以免在改建工程进行期间，对该幢建筑物构成不良影响。文物影响评估为保护油麻地戏院而制订的主要缓解措施，摘录如下：

在工地内安装结构监察系统，确保历史建筑在施工期间结构完整；

在进行建筑设计时，保留所有油麻地戏院重要建筑元素，包括油麻地戏院正门入口两旁支柱、中式屋顶、具装饰艺术主义的正立面及山墙、屋顶的钢桁架及木檩条，和原有舞台的拱廊和侧墙。

新建筑元素须与原有构件互相配合；

新的屋宇设备装置妥为放置，或加以遮蔽，减少对旧建筑物外观的影响。

Illustration by South China Morning Post

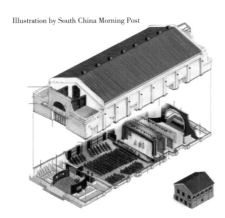

活化后的油麻地戏院

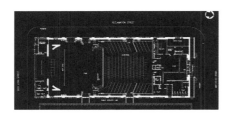

油麻地戏院平面图

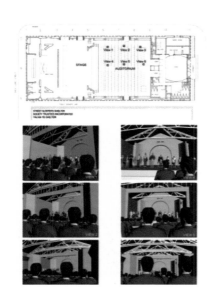

计算机仿真油麻地戏院内座位设计

五、油麻地戏院活化设计

油麻地戏院本身是历史建筑，不能随意改动建筑结构，因此令整个活化改建工程难度大增。另外，保育的一大原则是保持建筑结构完整及尽量减少不必要的改动。除了油麻地戏院内必要的舞台装置及安全设施，如隔音屋面，舞台音响灯光，地底消防系统外，油麻地戏院并未有再加添其他装置，以减少改动。虽然戏院将主要作粤剧演出，但将来可能会有其他用途，更何况保育属于长期工作，所以应尽力保存其原本面貌和结构。由于翻新设计的主要目标是巩固戏曲中心在油麻地区内的地方色彩，故设计会放弃装潢夺目的外表，用平实的手法将传统粤剧表演艺术和油麻地的地方色彩结合。

活化后的油麻地戏院设有 300 个座位的剧院、一个连乐池的舞台、化妆间、灯光及音响控制室、大堂售票处及其他设施， 包括洗手间、无障碍通道、保险箱室、清洁室和机房等。

油麻地戏院戏曲中心平面布局沿用了旧戏院的中轴线，从大门，过廊，观众席到舞台纵向排列。其中最明显的改动，是利用原来观众席前后各三分之一的地方，改作舞台扩展部分和门廊。舞台标高亦特意跟街外路面一致，方便舞台布景搬运。观众席地台斜度也作适当的调整，达到最佳视线角度。为确保所有观众的视线不受遮挡，尽情欣赏表演，座位设计上亦花了不少心思，建筑师利用计算机做了各种不同的模拟座位设计，最后找出将戏院内 300 个座位作扇形排列是最适切的座位安排。

六、设计及施工上的困难

新旧共融是活化的重要目标，但要将油麻地戏院改建成现代化的表演场地之余，同时能够保留重要历史元素，则非易事。由于活化后的油麻地戏院将改变成为现场演出场地，因此在消防和通风等方面必须符合现行的消防及建筑物条例。这方面的要求对于油麻地戏院这类早于有关消防及建筑条例实行前已建成的历史建筑物来说确实是比较困难，因为这些历史建筑物大多数本来的设计并未有顾及有关要求，而且现行的消防及建筑物条例比以往的严谨及复杂，所以油麻地戏院须作一些大规模的改动来符合现行的消防及建筑物条例。这要求往往令设计者在活化历史建筑物成其他新用途时遇到不少困难。

为了符合现行的消防及建筑条例及保障所有现场观众安全的大前提下，油麻地戏院必须加装一套符合现行标准的消防系统包括自动花洒系统。但整个消防系统设计上最困难的部分就是在油麻地戏院内寻找适当的位置摆放一个庞大的消防花洒储水缸。由于油麻地戏院现有空间有限，新的舞台装置及座位已用了油麻地戏院内绝大部分的空间，整个消防花洒储水缸最终只能向下发展，摆放在观众席下新挖掘的地库内。

油麻地戏院剖面图

在观众席下新建的地库是有一定的深度，而且挖掘工程会在油麻地戏院内部进行，因此整项挖掘工程难免会对油麻地戏院的本身结构有所影响，工程或会令历史建筑物发生沉降现象。为了避免影响到历史建筑结构，在整个挖掘工程展开前须进行详细的地质勘察及了解油麻地戏院的本身结构，为油麻地戏院进行临时加固工程。在施工期间须动用到一些能减少震动的挖掘机械，而且挖掘工地内亦会安装结构监察系统，以确保历史建筑在施工期间结构完整。

在施工方面，油麻地戏院屋顶的重建工程可以说是整个项目中难

油麻地戏院内的挖掘工程

玻璃窗内展示原有舞台的前端位置

度最大的任务。钢桁架及木檩条均具有历史建筑特色，必须保留下来，但基于安全理由，屋顶必须重建。早期油麻地戏院的屋顶应该是以瓦片建成，但后来在改建时采用了石棉坑板。由于石棉对人体有害，因此必须拆除整个屋顶。重建屋顶天花板，工程十分浩大及繁复，必须动用起重机等需要停泊在路旁的大型机械。为了减少对附近道路的影响，这类工程通常只会安排在晚间进行。然而，这段时间绝对不适合位于果栏对面的油麻地戏院。因为每晚九点过后，果栏附近的街道将会十分繁忙，窝打老道、上海街和新填地街都会泊了进出果栏的货车，大型机械根本无法找到地方驻扎。因此工程开始前，须与果栏的摊贩商讨，并协调在2010年10月其中一天进行工程。幸好当日天公造美，没有下雨，工作人员连续30个小时顺利安装钢桁架和其他配件。工作人员首先在油麻地戏院旁边预先将全新钢桁架一个一个装嵌好，然后用起重机吊到屋顶安装在现存的钢桁架旁边，再装上隔音屋顶组合。最后，把强化玻璃聚酯波纹板覆盖在屋顶上，既能加强隔音效果，也可发挥装饰功用。维修后的屋顶看上去与原有设计相若。

七、油麻地戏院文物诠释

正门两旁的圆柱及其面目

　　虽然油麻地戏院活化后变成了现地表演场地，为了项目的文物价值及保留油麻地戏院曾作为一间戏院的历史，整个油麻地戏院活化工程保留了不少重要的建筑元素以作展示。为重现历史感，在原舞台扩展的同时，保留了原有舞台的前端位置，并在其上安装了玻璃窗，方便观赏。油麻地戏院天花亦为开放式设计，可以展露旧戏院屋顶的钢架和木桁条结构，而新旧不同的钢架亦被油上不同颜色的油漆，让现场观众在表演开始前望上天花时既可以了解油麻地戏院的旧结构又能分辨新旧屋顶的钢架。一直以来正门两旁未为人知及被砖围封的圆柱及其面目亦被复修及还原，给市民参详柱面图案意义。(图8、图9)

活化后油麻地戏院的外貌

　　油麻地戏院活化工程亦回收了不少以前戏院的物资加以复修并作展示。作为一间戏院的运作，电影投影机可以算是一部非常重要的器材。有见及此，在活化工程展开前已先把存放在投影室内戏院曾用过的一部电影投影机妥善回收及暂时存放在货仓内。由于回收得来的投影机的状况已十分残旧及不能再次使用，工程人员只好参照制造商同型号的照片将其外貌尽量复修及还原，然在油麻地戏院大堂的当眼位置作展示，而在投影机下所铺设的地砖也是从油麻地戏院回收的。

八、总结

保存历史建筑物的最好方法就是找出一个适当的用途然后将它活化再利用。由于油麻地戏院本身就是一座电影院，新的剧院用途与历史建筑物的原有的设计相当切合，以致有关的改建工程可尽量减低对历史建筑物的结构部分和建筑特色部分造成影响。改建及活化后的油麻地戏院亦能成为油麻地区内独一无二的文化地标。

活化后油麻地戏院内部

鸣谢

文章中的部分图片由香港特别行政区政府建筑署提供，特此鸣谢。

刘荣杰　康乐及文化事务署古物古迹办事处　高级文物主任

油麻地戏院乐池

上海城市建筑遗产再利用的探索研究

刘杰　朱颖

摘要

上海是我国著名的历史文化名城。一个半世纪前开埠逐渐形成以兼容为特色的海派文化使得这座城市别具特色；同时它又是中国最早的产业城市，早期的工业活动给这个城市留下了大量的工业建筑遗产。如何保护与利用好这些建筑遗产，日渐成为这座城市严峻的挑战。绝对的保护与纯粹的再利用对建筑遗产而言都是双刃剑，如何趋利避害，既保全了遗产又能让这种受护状况永续，是我们一直关注和探索的课题。尽管，上海市在近二十年来在这方面取得了很大的成绩，但是，在这成绩背后还是隐藏着诸多问题，且大部分问题对大多数城市而言是普遍存在的。本文通过介绍上海市建筑遗产的再利用的情况，并略作分析，将这一时期上海市探索取得的成果与经验，也包括存在问题以及教训与同行们分享。

关键词：上海，建筑遗产，保护，建筑再利用

Keywords: Shanghai, Architectural heritage, Conservation, Building reuse

一、引　言

上海特殊的地理形势，使得这座沿海城市不仅可以广纳南洋的"福船"靠岸，也可以让来自北洋的"沙船"停泊，再兼有贯穿中国大陆东西部的万里长江之入海口，如此的地理便利逐渐让它成为中国东部最优良的港口[1]。

上海作为中西方文化的碰撞、交融之地，早在开埠之前两百年上

---

[1] "福船"是中国古代海船中的一种船型，是福建、浙江一带沿海尖底海船的通称，是中国"四大古船"之一。福船具有坚强的冲击装置，二是吃水深，船体高大，上有宽平的甲板；三是操纵性好，福船特有的双舵设计，在浅海和深海都能进退自如等特点。

海就出现了天主教堂，数十年前就有了以专做洋货买卖的洋行街。但纯正意义上的西方建筑在上海的出现，则是开埠以后的事。[1]开埠以来，中西方建筑在上海各地界（租界与华界）开始了由对峙转而走向互相影响乃至融合的过程。从1850年到1899年不到50年的时间里，上海租界由一片荒凉的滩涂初步发展成为一个初具规模的近代都市。西方真正意义上的建筑建造与管理方式进入中国，与中国传统的营造业结合，形成中国最早的近代建筑业。与此同时，现代意义上的西方建筑师也开始逐步出现在中国的土地上。

1854年7月11日，英美法三国领事召集的会议上，选举产生了由七名董事组成的行政委员会（Executive Committee），旋改为市政委员会（Municipal Council），即华文中大名鼎鼎的工部局[2]。工部局的实质是上海租界内以西方国家为主体的独立行政机构，亦即所谓的"租界政府"。自此，上海出现了租界——工部局与华界——上海县政府并立的双重政权机构。工务处是工部局之下的一个执行部门，主要负责租界内一切市政基本建设、建筑管理等工作。有了先进的城市组织和管理机构后，上海租界的建设无论在市政方面还是建筑方面，都取得了迅速的发展。

早期的西方建筑主要以住宅、洋行和教堂为主。前两者多由外侨自行设计和建造，且以先前在南洋一带的殖民地式建筑经验照搬而来，这类建筑为避免夏日阳光的直射而多建有外廊，其类型涉及领事馆、洋行办公楼及住宅。此类建筑被称为"康白渡式"（Compradoric Style，即买办式风格）。如英国领事馆、法国领事馆等皆是此类。这时期的教堂建筑情况则又不同，它们一般都经过较为正规的设计。如天主教传教士范廷佐（Ferrand Jean）仿照罗马耶稣会大学的圣·依纳爵大教堂设计的方洛奇·沙勿略教堂（Francico Xavier Church），即今俗称董家渡教堂。另一座具有法国建筑影响的是由天主教神父罗礼思（Helot Louis）设计的圣约瑟教堂（St.Josephis Church），俗称洋泾浜天主堂。

1854年，英美法三国租界内由外商开始了中国最早的房地产事业，建住房租赁华人。早期建造的成本低廉的木板房住宅集中在今广东路和福建路一带，是为上海"里弄"住宅之始。由于房地产的日益繁荣，再加上江南一带的富庶人家受清末战乱之影响，[3]纷纷迁入租界定居，

[1]【英】胡夏米著，张忠民译：《"阿美士德号"》1832年上海之行记事，《上海研究论丛》第2辑，上海社会科学院出版社，1989年，第269～287页。
[2] 伍江：《上海百年建筑史（1840~1949）》，同济大学出版社，1997年，第9～12页。
[3] 引自伍江编著《上海百年建筑史（1840~1949）》，同济大学出版社，1997年，第22页。

1870年后，由石库门式里弄住宅代替了原先的简易住宅。此类住宅施工考究，维修费用低而租界较高而风行于上海，并流传到老城厢和其他华界，成为时尚的居住建筑形式。

现代意义的西方建筑师正式登陆上海租界，意味着后来称为"万国建筑博物馆"的外滩建筑群营建的开端。开办于1865年的汇丰银行，其早期大楼筹建于1874年，三年后建成，建筑师是凯德纳（William Kidner）。这是上海租界内第一次由一位正统的欧洲建筑师设计的营业办公类建筑，凯德纳是当时上海唯一的一位具有英国皇家建筑学会（RIBA）会员身份的人。至19世纪末，上海租界的建筑师中具有RIBA会员资格的至少达到6位。[1]就在这一时期，西方出现的许多新结构、新材料、新设备等新兴技术传入上海，并很快应用到公共建筑的设计与建造中。今天的外滩建筑群基本上就是这一时期或稍后时期的产物。这些新建筑技术不仅缩短了中西建筑技术的差距，同时也使上海成为了中国近代建筑业的领头羊地位。

受租界城市与建筑的影响，华界的城市建设也受到租界发展的刺激而逐渐改变。华洋建筑风格与建筑技术方面也因此而产生了互动，加上中国第一代建筑师着力推进中国传统建筑现代化方向的努力，以及部分西方建筑师也在追求建筑设计的地域化风格，上海也出现了一些中西合璧风格的建筑。比如圣约翰大学多数的建筑即是此类风格。[2]

以上通过极短的篇幅来梳理上海华洋各界建筑风格成型以及演变的历程，为下文建筑再利用的论述做一个简单的铺垫。因为今天留存具有代表性的建筑遗产基本上就是在上述历史演变过程中的典型类型。

改革开放以来，上海的建筑遗产也逐渐走上了开发利用的新阶段。古代大型公共建筑遗产较多被利用为博物馆、纪念馆、展示馆等功能，大型私家花园则被再利用为公共园林；近代公共建筑群落——外滩建筑，大都被置换成金融公司总部、银行和高级餐厅等；近代建筑中的花园洋房有不少被改造成企业总部（或会所）、特色餐厅、精品旅馆；近代里弄建筑改造与再利用的代表有新天地、田子坊模式；苏州河码头仓储区有按"苏荷"模式被再利用的莫干山路50号；上海工部局宰牲场被再利用为"1933老场坊"创意园区，成为上海市工业遗产再利用的经典。

---

[1] 这一时期由于太平天国运动以及小刀会事件等造成租界内华人人口大增，这些华人主要来自江南一带的富户。

[2] 引自伍江：《上海百年建筑史（1840~1949）》，同济大学出版社，1997年，第64页。

绝对的保护与纯粹的再利用对建筑遗产而言都是把双刃剑。虽然"对老建筑最有意义的保护是找到它'再利用'的方式"是加拿大建筑师P·M·歌德史密斯广泛强调的观点，但如何趋利避害，既保全了遗产又能够让这种受保护状况永续，则是城市管理者、使用者以及研究者一直在探索的课题。本文试通过介绍上海市建筑遗产的再利用的总体情况，再略作分析，将这一时期上海市探索取得的成果与经验，也包括存在问题以及教训给与业内人士分享。

二、不同视角下的建筑遗产再利用价值评估

一般意义上说，建筑遗产是指具有一定综合价值的历史建筑，其特征主要体现为三个方面：首先，它是介于新生和失传之间的一种存在状态，随着时间的流逝而趋于消亡；其次，这些位于城市、乡村的建筑遗产又往往是一种见证物，凝聚着人们对往昔岁月的追忆，是叠加的历史信息的载体；此外，建筑遗产还具有社会性，即使从物权的角度看，个体对某一建筑遗产拥有所有权，但就文化价值而言，它又为人们的整体利益所系，是人类的共同财富。

城市历史文化遗产保护能够表现城市个性与特征、体现城市丰富性的建筑物和构筑及其类型、城市空间、界面以及其中的社会生活，建筑及城市的人工和自然环境。城市历史文化遗产保护的意义不仅仅在于保存城市历史发展的轨迹，以留存城市的记忆；也不只是继承传统文化，以延续民族发展的脉络，它同时还是城市进一步发展的重要基础和契机之一。

一般地讲，作为遗产的建筑物在其初始功能被改变情况下的利用，我们称之为建筑遗产的再利用。如果这些建筑遗产是属于我国登录的文物保护单位，那么它们的再利用在之前出台的相关政策与法规里是并不被提倡的。[1]当然，建筑遗产的概念比文物建筑的概念要宽泛得多。建筑遗产的再利用一旦获得成功，往往更能带动整个街区的经济活动，使建筑或建筑群落更具生命力，甚至可以焕发第二春。

相对于"建筑遗产"及其"再利用"（即原建筑功能需被改变的利用方式）概念的相对统一，上海建筑遗产再利用呈现出多层面的价值构成。面对这些宝贵的建筑遗产，如何进行价值评估，并建立健全的评估原则，将为老建筑焕发新生命奠定坚实的基础。总体而言，这些建筑遗产再利用的价值可从以下三种视角进行评估：

---

[1] 沈福煦、沈燮癸：《透视上海近代建筑》，上海古籍出版社，2004年，第173页。

第一，历史文化保存视野下的建筑遗产再利用。建筑遗产以特定历史背景下的工程技术，建筑材料和装修工艺等反映时代历史，记忆时代特征。因此能否有机地延续这些宝贵历史文化记忆，尊重原有建筑逻辑，并以活态传承方式体现原有历史文脉，是建筑遗产再利用过程中需要评估的价值。

第二，设计创造视野下的建筑遗产再利用，主要指建筑遗产的再利用过程中，为适应新功能变化，面对无论外观还是内部功能改造的诸多问题，在空间体量关系、建筑材料、技术手段、工程建设等各方面发挥原有建筑潜力，拓展创造性方案所做出的积极贡献。

第三，居住使用人群视野下的建筑遗产再利用，则是从居住人群的角度，来评估建筑遗产的再利用对使用者而言，在空间布局，交通动线和建筑设施及周围环境品质之便利，及因地制宜创造出的新价值等。

因此，建筑遗产的再利用是一个复杂丰富的价值评估体系，立足点不同，观点和结论就不一样。如何平衡建筑遗产保护，居民便利和创意发展，要求我们在不同视角间协调规划形成"合力"，并根据不同建筑遗产的具体特点，综合分析每种价值维度上的潜力，而不仅局限于单一的目标或价值。

三、上海现阶段建筑遗产再利用的方式与困境

简述上海建筑遗产文脉和再利用价值评估的不同视角后，我们以几个典型案例为基础，进一步探讨不同建筑遗产再利用过程中采用的方式方法，及相应困境。

（一）上海现阶段建筑遗产再利用的状况

上海建筑遗产利用情况分类表

类型	直接使用	转换使用	改造利用	概念利用
典型案例	旧有住宅、老饭店	田子坊	莫干山50号	新天地
性质	利用	再利用		
使用状况	延续原有功能	转换原有功能，创造新的使用功能		

如上表所示，建筑遗产的使用如上海大量的旧有住宅洋房、老饭店等如果仍沿用原有居住或饭店功能，都不属于建筑遗产再利用范畴。有别于直接使用的案例，再利用的建筑遗产都将原有功能从居民住宅转换为商业用途（如田子坊）、博物馆（如中共一大会址）或改造工厂为创意园区（如M50，又称上海"苏荷"），或重新改造内部装修，利用原有概念开发创造出新功能等（如新天地）。以下仅以田子坊、莫干山50

号和新天地等几个具代表性的建筑遗产为实例,展开不同视角下再利用的价值评估分析。

位于泰康路210弄的田子坊是上海老法租界遗留下来的空间,作为建筑文化遗产再利用的一种尝试,将原有上海的石库门和里弄文化简单改造后再利用,与创意产业结合,带动了周边地区的经济发展。比起"田子坊"仅将原有建筑群做简单改造,卢湾区的"新天地"则以全新概念将传统石库门进行了整体提升再利用。占地3.22公顷,原隶属法租界,"新天地"曾是典型的旧式石库门里弄住宅区,极具旧上海风情。1997年香港瑞安集团对太平桥地区进行了整体大规模开发,汲取欧美对旧城和历史建筑再利用之各国经验,保存并强调了原有上海石库门里弄传统特色的风貌外,加装了给排水、供电燃气、通讯消防、光纤电缆和空调系统等现代化基础设施,并对石库门建筑单体按不同方式进行了修缮保护,有机改造了内部的结构和布局,并全面改善了环境。[1]而一大批著名品牌的餐厅,咖啡厅和酒吧,娱乐等休闲场所的进驻,对商业带动地区经济发展做出了创造性贡献。

虽然对新天地建筑遗产再利用方面的评价褒贬不一[2],从建筑设计再创造和带动周边社区商业发展的角度,毋庸置疑"新天地"的探索都有很高的借鉴作用。如上图所示,当原有石库门住宅随时间流逝,在使用中设计创造价值逐步下降后;"新天地"以新概念整体再利用原有建筑群,以新设备,建筑材料,空间布局穿插在原有构架和建筑细部中间,再次提升原已消退的设计创新价值, 并为周边环境和社区的再利用了创造条件。

传统石库门建筑的再利用,除结合创意文化产业或用于商业用途外,也可从文物保护角度重塑价值。位于黄陂南路374号的中国共产党"一大"会址纪念馆(原法租界望志路树德里106号)即为一例。"一大"原址是两栋砖木架构的双层石库门楼房,典型上海20年代民居风格。新中国成立后,会址按纪念馆原貌修复,也是"改原有用途为博物馆使用。这种方式最为普遍,也是使其发挥效益的较好使用方式之一"[3]。

[1] http://china.findlaw.cn/data/gsflgw_340/1/2274.html.

[2] 按《关于加强对城市优秀近现代建筑规划保护的指导意见实施手册》一书第五篇《城市历史文化遗产规划保护》指出,利用原则有四条:1. 利用与维护相结合;2. 应尽可能按其功能来利用;3. 应和恢复与营造文物及其周围地段的活力相结合;4. 应在严格控制下合理利用文物。利用方式有五条:1. 继续原有用途这是最有利于文物保护的利用方式;2. 改变原有的用途作为博物馆使用;3. 作为学校、图书馆或其他各种文化、行政机构的办公用地;4.作为旅游设施使用;5. 留作城市的空间标志。(吉林科学技术出版社,2004年。)

[3] 引自阮仪三:《城市遗产保护论》,上海科学技术出版社,2005年,第259页。

如下图所示，因这些建筑遗产特定性历史意义，在文化遗产向度的价值将随时间越来越宝贵。因此，以纪念馆或博物馆形式将类似建筑遗产翻修后进行再利用是很好的选择。

居民住宅外，时代变迁必将导致一些曾经兴盛的行业没落更替，承载这些行业的建筑实体也将因此被其他建筑形式所取代。50年代后工厂的更新换代使世界各国厂房在改建后陆续成为城市新坐标，如伦敦的Tate Modern、美国麻省当代美术馆、悉尼岩石区等；坐落在上海西区的上钢十场旧址上的"红坊"也是其中一座。"红坊"位于淮海西路570~588号，由上钢十厂原轧钢厂厂房改建而成。创意园区8000平方米公共艺术，23000平方米的办公，商业配套设施及其他展示区域。改造过程中"红坊"非常注重公开性与开放性，将旧厂房特有的宏大空间、工业建筑的大桁架结构等特点与现代艺术相结合；又融入许多耐人寻味的设计细部。改造后的园区内配有中央空调、中央监控、红外线报警系统、消防系统、法国新型节能技术的供暖系统等一系列的智能化办公设施，便利的设施大大提升了用户体验。

莫干山路的M50是工厂改建为创意园区的又一尝试，春明工业园区最早是周氏家族的英商信和棉纱厂。1999年资产重组，厂房40000余平方米调整出租。2000年5月画家薛松第一个进驻莫干山路50号。短短两年，莫干山路50号就崛起成为上海最大的艺术仓库群。2002年5月，西苏州河1131号和1133号仓库拆迁，那里的艺术家们和声名鹊起的东廊、香格纳等画廊老板就近搬入莫干山路50号，同时还跟进新的一批当代艺术家。园区紧邻苏州河，质感生动的钢筋水泥建筑材料，保存完好的通风设备、排水管道等，忠实保留了工业时代历史的印痕。旧厂房和仓库里拥有天然巨大空间，大尺寸的效果经过灵活剪裁，和居住其中的现代艺术家们产生良好共鸣。

以上两例从居民使用视角来评估，都有一个在再利用后让居住者们体验提升的过程。对于进驻园区的艺术家和创作者们来说，现代化设备与反映历史时代痕迹的特殊建材与空间的结合提高了建筑作为居住族群的使用价值，并为其创造和传播注入了新活力。

（二）上海现阶段建筑遗产再利用的困境

当然，以上各个实例都存在不少问题，也反映出建筑遗产再利用在现阶段的某些困境。举例来说，"田子坊"在空间塑造上人造环境偏向于营造异国情调，给很多原居民带来生活上的诸多不便，同时逐年高升的房价也使包括尔东强在类的艺术家都被迫纷纷搬离，远离了原来保护传承文化价值的初衷。而上海大小70多个创意园区中，租金也层层加码，便宜的租金价格曾一度成为这些旧厂房改造创意园区的招租"王牌"。而目前却多是谁出钱多就进驻，显然也违背了最初的宗旨。

造成这些困境的原因有很多，包括重新利用时没有充分考虑使用者的视角，公民参与度不高，设计规划师们关于建筑遗产再利用的可持续性发展考虑足，没有得到政府支持和开发商援助等等。而实际上，在经济社会的体制下，对艺术家的扶持如能得到政府政策支持和开发商的道德援助，艺术家的留存完全可以使地段内的艺术氛围焕发新生。Gooderham&Worts曾是Toronto最大的威士忌酿酒厂，遗留厂区是北美保存最完好的19世纪工业建筑群。1990年停产后，在2001年新一轮的再开发过程中，开发商Cityscape就非常重视艺术家工作室在厂区的地位，他们将一定比例旧建筑租给艺术家用于艺术工作室，并确保这些工作室在这里所扮演的角色不是附属性的。Cityscape的政策是，将工作室以明显低于市场价的租金长期租给艺术家，这样即使市场的租金提高了，作为"中产阶级化先锋"的艺术家们也不会像通常那样因为租金过高而被迫离开。Cityscape的观点是，艺术家是根本的力量，他们会吸引大批商家和参观者来到厂区。[1]

四、上海建筑遗产再利用的技术与政策层面的探索

作为著名历史文化名城，海派文化和早期工业活动在百年多历史中给上海留下了大量优秀的建筑遗产。尽管上海市在近二十年来在这方面取得了很大成绩，但是这成绩背后还是隐藏着诸多问题，以下从法规、公共政策、资金保障和借鉴国外先进经验等层面进行梳理。

首先，19至20世纪建筑遗产相对于更古老传统的文化遗产而言，人们较少有重视和保护的意识，尤其涉及20世纪建筑遗产保护和管理的法规制定相对滞后。其次，由于缺乏实施保护的成熟经验，在很多建筑遗产保护上存在着不可避免的技术难题。20世纪建筑遗产的时代特征，使它们相对传统建筑，在保护和维修方面往往面临更大的挑战。特别是建筑材料应用上发生了重大变化，塑料材料、纤维玻璃、合成橡胶和稀有金属等新型建筑材料更替频繁，如何将新旧材料，肌理和空间灵活有机地结合，需要我们从转变观念，提升认识开始，在培训和教育上共同深入探索。

商业社会下，房地产商为短期经济利益而牺牲建筑遗产原有或再

---

[1] 如赵晔、姚萍于2007年《中国建筑学会学术年会论文集》中《从上海新天地看历史遗产的保护利用》一文提出，"新天地"改造违反了代内和代际公平原则。

利用价值的案例频繁发生，整体上严重缺乏全局观和长远规划。以创意产业集聚区这一工业遗产保护模式为例，历史文化经济的综合价值并不仅在于租金，更在于综合效应，如就业、专利、文化交融等。西方国家通过税收减免、资金补助和优惠贷款等经济激励政策来促进遗产的保护。中国关于遗产经济的认识还处在一个初级阶段，也缺乏相应的税收鼓励政策。[1]

在相关法规逐步完善，实施保护的法律保障同时，还需更切实有效的公共政策相配合。1974年，美国颁布实施了住房和社区发展法案（Housing and Community Development Act），强调广泛的"公众参与"，做出相应法律规定鼓励公民参与，并在此后的30多年内以修正案的形式不断完善。"公众参与意识，西欧国家社会公众参与城市建设、旧建筑保护和再利用的意识比较深入人心。政府在做出保护决策前，会对公众进行调查，向公众展示设计方案，听取公众意见。我国的城市建设和发展一直是政府、规划部门的职责，社会公众参与的机会很少。"[2]因此，鼓励广大民众与开发商都积极参与到建筑遗产的保护与再利用过程中，并不断调整不利于建筑遗产保护与再利用的各种法规，从而提供建筑遗产再利用较宽松的可行法规环境势在必行。

更有效保护和再利用建筑遗产需要社会的多方支持。国外大多数通过设立历史环境或自然环境保护基金，来保护自然遗产和文化遗产。1895年，英国设立了历史与自然风景的国家信托基金（National Trust for Places of Historic Interest or Natural Beauty），1957年，设立了公共信托基金（Civic Trust）。1947年，美国设立了国家历史保护信托基金会（National Trust for Historic Preservation）。1968年，日本设立了日本观光资源保护财团（National Trust）。就日本经验看，尽快设立历史建筑保护基金和基金委员会，是切实保护我国近代建筑遗产的需要。[3]

此外，学习国外先进经验也能让我们跳脱固有格局，从建材的运用保护到空间格局更富创造性地再利用建筑遗产，让周围的城市历史环境焕发新生。如参考借鉴日本近代建筑保护与再利用成功实例时，我们看到根据具体环境不同，三种不同的解决方案。第一，立面保存方式：日本火灾保险公司横滨大楼。第二，鞘堂式保存方式：千叶市

[1] 按《关于加强对城市优秀近现代建筑规划保护的指导意见实施手册》一书第五篇"城市历史文化遗产规划保护"指出利用方式的第2条-2.改变原有的用途作为博物馆使用。吉林科学技术出版社，2004年。

[2] 引自侯方伟《中国loft现象的建筑学研究》，东南大学出版社，2006年。

[3] 马云霞：《对上海旧工业遗产保护区——上海创意产业园区现状的反思》，《工业建筑》2009年第39卷第12期，第36～38页。

美术馆，中央区役所综合大厦（将原建筑整体保存下来，赋予新的使用功能并组织到新大楼中。这种方式在日本被称为"鞘堂式保存"）。第三，整体保护方式：东京大学建筑系系馆改扩建。[1]

五、结语

  如何保护与利用好上海的建筑遗产，日渐成为这座城市的严峻挑战。绝对的保护与纯粹的再利用对建筑遗产而言都是双刃剑。怎样趋利避害，既保全了遗产又能让这种保护状况永续，是我们一直关注和探索的课题。尽管上海市在近二十年来在这方面取得了很大的成绩，并总结出一些可推广的经验如"新天地"通过概念翻新，带动周边社区经济发展。但这成绩背后还是隐藏着诸多问题，且大部分问题如加大保护力度，完善相关法规和管理机制，提高公共政策制定执行过程中公民参与度等，对大多数城市而言都普遍存在。本文通过介绍上海市建筑遗产的再利用的情况，略作分析，将这一时期上海市探索取得的成果与经验，也包括存在问题以及教训给与同行们分享。

刘杰 上海交通大学建筑学系副教授、博士
朱颖 佐治亚理工大学建筑系建筑历史博士

---

[1] 陈卓、张炳秀：《西欧产业建筑遗产适应性再利用的启示》，《工业建筑》2008年第38卷第1期，第53页。

关于重庆海峡两岸建筑遗产再利用初探

吴婷　吴涛

摘要

重庆抗战时期的建筑遗产是在20世纪30年代末期到40年代中期形成的历史载体；是中国人民为世界反法西斯战争的胜利、为维护世界和平作出卓越贡献的不可替代的佐证。本文结合第三次全国文物普查成果和重庆历史文化名城保护规划及重庆抗战遗址总体规划，进一步探索了建筑遗产再利用工作的政策保障机制和创新机制，针对重庆市政府支持抗战时期的重庆海峡两岸建筑遗产保护再利用的优惠政策进行诠释。同时根据不同类型的重庆海峡两岸建筑遗产，针对性地提出再利用的原则、指导思想和利用方式。文中结合已开展的再利用几个案例进行分析，总结实践经验，探索可借鉴创新模式，提出再利用的建议意见。

关键词：重庆，海峡两岸，建筑遗产，再利用

Abstract

Chongqing Cross-strait Architectural Heritage was formed as historic carriers between 1930's to 1940's, which is the evidence for the victory of anti-fascist war of Chinese people and excellent contribution for world peace-keeping .This essay explains the preferential policies of Chongqing Cross-strait Architectural Heritage reuse and explore of the policies-safeguard mechanism and innovation of mechanism for the reuse，which is combined with The third national survey of cultural relics data, Conservation Plan of Chongqing Historical and Cultural City and Master Plan of Chongqing Anti-Japanese War Sites. At the same time, Based on different types of Chongqing Cross-strait Architectural Heritage, it makes pertinent principles, guidelines and modes for building reuse. Combined with several case studies, the essay sums up practical experiences, explores innovation model for reference, states recommendations for reuse.

Keywords: Chongqing, Cross-strait Architectural Heritage，Reuse

重庆海峡两岸建筑遗产是在20世纪30年代末期到40年代中期形成的历史载体；是中国人民为世界反法西斯战争的胜利、为维护世界和平作出卓越贡献的不可替代的佐证；是全世界华人华侨伸张正义、救亡图存的民族精神的物化表现；是国共合作、共赴国难、奋力拯救民族危机的生动体现，同时也是凝聚海峡两岸共识的历史见证，具有强烈的时代特征。进一步挖掘重庆海峡两岸建筑遗产的历史文化内涵、保护和利用好重庆海峡两岸建筑遗产，对于弘扬爱国主义精神、实现海峡两岸的和平统一，对体现国家历史文化名城的风貌特色和城市魅力，丰富城市景观，促进城市科学、协调、可持续发展，也都具有重大战略意义和现实意义。

一、重庆海峡两岸建筑遗产的资源与价值分析

重庆海峡两岸建筑遗产是指1937年11月20日国民政府迁都重庆到1946年5月5日国民政府还都南京的八年抗战期间，与海峡两岸相关的历史人物、有关机构、重要历史事件的史迹及代表性建筑，并且本体尚存或有遗迹存在，亦称重庆抗战遗址或抗战建筑遗产。

结合第三次全国文物普查，据调查统计，全重庆市共有抗战遗址767处，其中现存395处，占51.5%；消失372处，占48.5 %。有全国重点文物保护单位6个19处，市级文物保护单位68个163处，区（县）级文物保护单位41处、文物点172处。

从抗战建筑遗产空间结构布局分析，主要集中分布在"一岛"（渝中半岛），"三山"（歌乐山、南山、缙云山），"三坝"（沙坪坝、江津白沙坝、北碚夏坝）。其中，渝中区108处，沙坪坝区79处，南岸区57处，江津区28处，北碚区27处，合川区16处，巴南区14处，江北区14处，万州区13处，渝北区10处。

从建筑遗产类型来看，分别包括重要史迹和重要机构旧址，外事机构，军事建筑及设施，名人故（旧）居，工业遗产建筑及附属物，名人墓、烈士墓及纪念设施，交通道路设施，金融筑及附商贸建筑，文化教育卫生建筑及附属物，石刻题记和其他等11大类不可移动文物。

从建筑遗产保存状况来看，保存较好的177处，占总数的44.8%；保存一般的95处，占总数的24.1%；保存较差的123处，占总数的31.1%。

曾家岩50号

国民政府行政院旧址

八路军重庆办事处旧址

苏军烈士墓

丹麦大使馆

宋庆龄旧居

（一）资源分布具体状况：

1.　"一岛"之渝中半岛：

（1）上清寺片区

该片区包括以全国重点文物保护单位——曾家岩50号周公馆、桂园，市级文物保护单位——重庆谈判旧址、特园等为核心的15处抗战遗址。

（2）红岩村片区

该片区包括以全国重点文物保护单位——八路军重庆办事处旧址，市级文物保护单位——《新华日报》总馆旧址等为核心的9处抗战遗址。

（3）鹅岭片区

该片区包括以市级文物保单位——苏军烈士墓、澳大利亚大使馆旧址、土耳其大使馆旧址、丹麦公使馆旧址等为核心的9处抗战遗址。

（4）两路口片区

该片区包括以全国重点文物保护单位——中共代表团驻地旧址，市级文物保护单位——重庆宋庆龄旧居（图6）、苏联大使馆、美国大使馆、罗斯福图书馆暨中央图书馆旧址等为核心的16处抗战遗址。

（5）李子坝片区

该片区包括以市级文物保单位——大公报社重庆旧址、重庆史迪威旧居，区级文物保护单位——刘湘公馆等为核心的11处抗战遗址。

2.　"三山"之南山：

（6）南山（黄山）片区

该片区包括以市级文物保护单位——黄山陪都抗战遗迹（含云岫楼、云峰楼、松厅、草亭、莲青楼）、南山陪都遗迹（含苏联大使馆、法国大使馆、印度专员公署、空军坟）、英国大使馆、于右任官邸等为核心的38处抗战遗址，是现存抗战遗址中规模最大、保存最完好的抗战遗址片区之一。

3.　"三山"之歌乐山：

（7）歌乐山片区

该片区包括以沙坪坝区级文物保护单位——孔祥熙公馆、冰心寓所、国民政府铨叙部旧址等为核心的25处抗战遗址。

（8）林园片区

该片区包括以市级文物保护单位——林园蒋介石官邸、宋美龄公馆、马歇尔公馆、林森墓等为核心的7处抗战遗址。

（9）山洞片区

该片包括以市级文物保护单位——山洞抗战遗址群（含林森公馆、何应钦公馆、张群公馆……）等为核心的22处抗战遗址。

4. "三山"之缙云山：

（10）缙云山（北温泉）片区

该片区包括以市级文物保护单位——北温泉抗战遗址群（含罄室、数帆楼、农庄、竹楼）、世界佛学院重庆汉藏教理院等为核心的7处抗战遗址。

5. "三坝"之沙坪坝抗战遗址区：

（11）沙磁片区

该片区包括以全国重点文物保护单位——中美合作所杨家山总办公室、政训处、梅园、"四·一"图书馆、气象台，市级文物保护单位——重庆大学近代建筑群（含工学院、理学院、文字斋、寅初亭），南开中学近代建筑群（含津南村、图书馆、水塔、运动场）等为核心的25处抗战遗址。

6. "三坝"之夏坝抗战遗址区：

（12）夏坝（文星湾）片区

该片区包括以全国重点文物保护单位——中国西部科学院旧址，市级文物保护单位——卢作孚旧居、国立复旦大学重庆旧址、峡防局旧址（文昌宫）等为核心的5处抗战遗址。

7. "三坝"之白沙坝：

（13）白沙坝片区

该片区包括以市级文物保护单位——白沙抗战遗址群（含国民政府审计部、夏仲实公馆、"七·七"纪念堂……）、聚奎书院等为核心的21处抗战遗址。

8. 其他片区：

（14）广阳岛片区

该片区包括以市级文物保护单位——广阳岛机场抗战遗址群（含美军招待所、油库……）等为核心的9处抗战遗址。

（15）南泉镇片区

该片区包括以市级文物保护单位——南泉抗战遗址群（含蒋介石校长官邸、林森听泉楼别墅……）、国民党中央政治大学研究部旧址等为核心的9处抗战遗址。

通过上述重点遗址与抗战遗址片区的确立与主题属性的提炼，形成点、面结合层层递进的主题结构，架构丰富的抗战遗址空间保护

国民军事参议院

云岫楼（蒋介石官邸）

松厅（宋美龄旧居）

林园林森官邸

重庆大学工学院

中国西部科学院旧址——
惠宇楼

体系。

（二）价值评估

1. 抗战遗址本体价值

重庆现存抗战遗址类型丰富多样，基本涵盖了当时战时首都的重要史迹和重要机构旧址，外事机构，军事建筑及设施，名人故（旧）居，工业遗产建筑及附属物，名人墓、烈士墓及纪念设施，交通道路设施，金融商贸建筑，文化教育卫生建筑及附属物，石刻题记，其他等。

这些遗址点以其多样性，见证了中国人民为世界反法西斯战争胜利做出的卓越贡献以及国共合作共赴国难的历史；反映了大后方人民在浴血奋战的抗战中创造的独具特色的抗战历史文化；体现了重庆作为中国战时首都，中共中央南方局所在地，抗日民族统一战线的重要政治舞台，中国抗战大后方政治、军事、外交、经济、文化中心，同盟国中国战区最高统帅部所在地的历史地位。

由于外来文化的融合，建筑大师的聚集，直接影响到重庆当时建筑设计风格的变化。三十年代折中主义建筑、复古主义建筑、巴洛克风格建筑、哥特式风格教堂、多立克和爱奥尼克柱式及其变异风格柱式、西班牙的拱廊、北欧的尖顶、西欧的花园洋房和欧洲文艺复兴时期的建筑都相继在重庆出现，这些抗战历史建筑类型丰富、特色突出，不但具有重要的历史价值，更具有建筑科学技术价值和景观艺术价值。

悠久的历史加之多民族的聚居，造就了不仅数量众多而且种类丰富的文物留存。由国务院发展研究中心完成的《2008 中国文化遗产蓝皮书》，对全国文化遗产多样性分析，分析结果认为，重庆文化遗产特别是建筑遗产均匀性指数在全国最高，主要指重庆近代建筑门类齐全，特别是抗战历史建筑数量多、种类齐、均匀性强。

2. 抗战遗址片区价值

重庆抗战遗址在空间上相对集中，显现为 15 个主题特色鲜明，涉及重大史实或重要人物活动，且功能属性相对统一的抗战遗址片区，这些片区以较高的空间聚集度体现了抗战时期重庆的重要活动和重要设施布局；反映了抗战时期在重庆发生的重要历史事件对中国抗战历史进程的影响。

3. 抗战遗址空间结构价值

各类抗战遗址由于历史事件的影响在当今城市中呈现出的点、面结合的遗址空间结构，共同反映了抗战时期重庆的历史地位，见证了抗战时期发生的重大历史事件，体现了抗战时期艰苦卓绝的历史特点。

对于传承城市文脉,尊重城市历史,塑造城市形象,谋求城市创新发展具有重要意义。

重庆市抗战遗址"一岛、三山、三坝"空间格局呈现"重要抗战遗址点＋抗战遗址片区"的遗址空间结构。遗产空间结构留存形态为保护空间结构的划定确立了依据,以尊重和保护遗址现状空间结构的方式,反映历史环境的真实性与完整性,从而体现抗战遗址本身的历史价值。

总之,重庆抗战建筑以多样性和均匀度呈现历史价值和再利用价值,以建筑特色彰显和丰富了城市景观,是国家历史文化名城的精粹,是重庆城市发展史、建筑史学链不可缺少的一环。

二、开展保护基础上再利用机制的探索

英国著名文物保护专家费尔顿博士说过:"维护文物建筑的一个最好办法是恰当地使用它们。"保护文物的目的是为了更好地利用文物,发挥其作用,实现其价值。阮仪三先生在论及城市保护的正确观念与保护原则时明确指出:文物建筑与历史建筑都同样记录着历史,在某种意义上说文物建筑比历史建筑更具有考古价值。但与历史建筑不同之处在于,除了具有观赏价值外,绝大多数建筑依旧具有使用价值,仍然处于使用的状态。

对于重庆市的抗战遗址而言,在保护的前提下合理利用,在利用的过程中加强保护,是应坚持的原则。但如何能在追逐发展和经济利益中求得抗战遗址的保护和合理的再利用,是需要深层次研究的课题。目前从重庆市和全国情况看,保护工作已建立较完备的保护体系和工作机制,而再利用工作尚处于探索阶段。为此,我们认为建筑遗产再利用工作应在政策保障机制和创新机制上两方面进一步探索。

(一) 推进和完善再利用政策保障机制的探索

为调动全社会对抗战建筑遗址再利用的积极性,我们坚持不懈地研究和探索政策保障机制。2010年,重庆市通过专家专题研讨论证,市级各部门取得共识,市政府第71次常务会审议,决定出台相关优惠政策的重大举措。

一是"容积率问题。即在危旧房改造中对具有城市景观效果、实行原地保护的抗战遗址、文物建筑容积率不计入新建筑容积率",这是对城市开发建设和旧城改造中保护建筑文化遗产的奖励政策,即保护建筑遗产的建筑面积不影响规划建设区域内原规划建设的规模指标。保护下来的文物建筑面积相当于新增加建筑面积,其使用功能可以作为

规划区内的历史文物展示、教育场所、文化商务会所、文化创意产业和休闲旅游场所。有利于提高全社会保护和再利用建筑遗产的积极性。

二是"绿地覆盖率问题。即在危旧房改造用地范围内的文物建筑占地面积不纳入绿地指标计算",城市规划条例中规定了对城市开发建设和旧城改造中规划区内的绿化配套指标。而规划区所规划的绿地系统中发现、确认并保护了建筑文化遗产,其占地面积可以作为绿地系统配套设施面积予以认定,同时绿地率指标不扣减,使建筑遗产与环境和谐共生。

三是"关于确权问题。对危旧房改造中保护下来的抗战遗址进行重新确权,所有权归国家。按谁出资,谁受益的原则,出资单位可享有一定年限使用权。具体实施办法另行制定",按照旧城改造和城市开发建设有关房屋拆迁条例规定,纳入开发片区和危改片区内确定房屋拆迁和招、拍、挂的地块,房屋产权均销号。已经发现保护的建筑遗产已经没有产权身份证明。因而为保护这些建筑遗产,必须重新进行房屋产权确认和登记,由文物行政部门认定后在房屋管理部门办理相关产权手续。

由于上述重大优惠政策出台,重庆各区县各部门、社会各阶层、国营企事业、民营企业、社会贤达积极参与抗战建筑遗产的投资保护和再利用工作。如渝中区房管局修复和再利用的李子坝抗战遗址公园的刘湘公馆、高显鉴公馆、国民军事参议院、交通银行等11处抗战文物建筑,协信房屋集团修复和再利用的陈诚公馆,武夷集团正在修复和再利用的中华职业大学与南滨路米市街抗战历史建筑群等。保护和再利用抗战建筑即海峡两岸建筑遗产呈现大好局面。

(二)积极探索再利用创新机制和举措

要发展和巩固机制海峡两岸建筑遗产再利用的大好局面,还需要从以"功能引导"做好以下几方面再利用创新机制的探索:

1. 坚持建筑遗产再利用方针和原则。

坚持"保护为主、抢救第一、合理利用、加强管理"的方针,坚持"保护为主"和"合理利用"相结合的原则,建筑遗产再利用应以保护为前提,在体现真实性、完整性、功能性、协调性、安全性、开放性基础上建立建筑遗产再利用工作创新机制。

2. 要坚持按照《重庆城乡总体规划》和《重庆抗战遗址保护利用总体规划》推进海峡两岸建筑遗产再利用工作。体现策划与规划的原则,点、线、面相结合的原则,突出景观特质与发挥价值效益相结合的原则；保护利用试点工作坚持保护价值、景观价值、经济利用价值相结合，在法律法规的框架下进行探索创新。

3. 制定针对性再利用方式，按建筑遗产的分级分类分项，重点突出、区别利用；确定一批再利用的建筑遗产；不同建筑遗产的再利用范畴；

4. 建立建筑遗产保护与再利用的GIS信息管理系统。形成政府部门之间信息联网系统，建立和完善为公众为社会服务的透明、公正、科学和高效的工作机制，探索政府牵头，部门合作，社会、单位参与，公众受益的保护管理机制。

5. 建筑遗产整合利用一批。要结合留取资料、挂牌保护、遗址修复、风貌改造、环境整治等保护方式，采取陈列展示、景观公园开放、旅游休闲、商业文化利用、社会文化及创意产业、办公写字、传统工艺制造演示等模式整合建筑本体的使用功能。使其发挥更大的历史文化、经济和社会效益，从而提升重庆市的文化品位和文化形象。在整合利用方式上可先选择3~5个抗战遗址和确定1~2个抗战文物资源比较集中而保护利用条件相对较好的抗战遗址片区进行整合利用综合试点，在政策、资金上予以倾斜，使其率先发展，摸索经验，以点带面推动全市抗战文化资源的整合利用工作。建议再利用的抗战遗址75处。（见附表）

6. 展示开放一批，建立各种类型抗战遗址博物、陈列馆。

按照《重庆抗战遗址保护利用总体规划》，由遗址展示、综合陈列、专题陈列等构成展示体系。比如综合陈列馆有重庆红岩革命历史博物馆（已建）、中国民主党派历史陈列馆（已建）等；专题陈列馆有宋庆龄旧居陈列馆、重庆抗战教育陈列馆等；规划陈列馆有重庆谈判陈列馆、重庆《新华日报》陈列馆、重庆抗战文化陈列馆等。

7. 保护与再利用促进渝台交流。

2010年6月，重庆发挥抗战文物资源优势，在全国率先成批确定了空军抗战纪念馆、张自忠烈士陵园、陈诚旧居等10处抗战文化遗址为"海峡两岸交流基地"。两年多来，被首批授予海峡两岸交流基地的10家单位抓住机遇，进一步深度挖掘有关历史史料，不断丰富其内涵，强化渝台两地间记忆和情感纽带，为促进渝台交流、服务重庆经济社会发展发挥了积极作用。重庆抗战遗址博物馆、李子坝抗战遗址公园、卢作孚纪念馆等56处对外开放的抗战遗址，因其特殊的历史渊源，现已成为海峡两岸特别是台湾来渝嘉宾追忆过去、缅怀历史的探访胜地，成为了渝台经济文化合作交流的重要基地之一。

8. 范区完善保护与再利用管理机制。

一是向抗战建筑遗产管理和使用单位发出保护和利用通知书，要求他们履行好《文物保护法》规定的相关法定责任，在确保抗战建筑遗产安全前提下，对现有使用功能和量化指标有明确界定；二是设立抗战遗址保护专项基金，重点用于公益性抗战遗址保护与再利用。三是通过重新确权、产权回购和以地置换等方式，加强重要抗战遗址保护利用；四是在法律法规允许的前提下，鼓励、引导社会投资参与抗战遗址保护，缓解资金矛盾。今年重庆市规划学会、重庆历史文化名城专委会征得市规划局、市文物局等部门意见，开展历史文物建筑包括抗战建筑优秀设计奖和优秀工程奖评选活动，以资鼓励和提高建筑遗产保护再利用的水平和积极性；五是建立动态监控机制，明确近期实施发展重点建筑遗产再利用工作时序，注重解决保护与发展中的突出问题，逐步实现保护结构与利用的调整和优化。

9. 结合文化主题旅游创新抗战建筑遗产再利用工作

重庆抗战遗址已对外开放82处，利用抗战遗址打造了"抗战风云"壮怀之旅，作为重庆十大旅游精品线路向海内外推出。"国共合作遗址及抗日民族统一战线遗址群"已列入国家发改委、中宣部、文化部、旅游局等14部委联合颁布的《全国红色旅游经典景区第二批名录》。打造渝中区曾家岩——化龙桥抗战遗址街区，积极申报中国历史文化名街。渝中区陈诚公馆、南岸空军坟等抗战遗址在多种形式利用方面也做了有益的探索。特别是渝中区在抗战遗址相对集中的李子坝片区投资4亿多元，抢救保护了11处抗战遗址，打造了抗战遗址公园，集中展示了重庆抗战时期的政治、经济、文化、军事、外交、金融等各个方面的历史风貌。同时，李子坝片区抗战遗址保护还改善了600多户困难群众的居住条件，以此为依托建成的全长1.8公里，面积12万平方米的抗战遗址公园，已成为具有巴渝特色的城市景观和外地游客来渝旅游的目的地，实现了文物保护与民生改善和经济社会发展的有机结合。根据市场选择文化旅游主题，形成抗日民族战统一战线、名人旧居、政治风云、外交使馆、抗战军事等主题旅游产品。结合重庆都市旅游体系，与民俗旅游、健身旅游、休闲旅游相结合，扩大抗战文化旅游的活动内容，增加抗战文化旅游的趣味性和参与性，突出与生态旅游结合的特点，形成多项主题旅游产品。2011年至2013年在主城区内结合重庆都市旅游、绿色旅游等，规划五条在西部及全国具有影响的抗战遗址旅游线路，开展抗战主题旅游，满足不同游客的需要。

为使建筑与环境结合文化主题旅游，形成建筑遗产的环境文化氛围。一是增设文化标识。包括增设城市雕塑和说明牌。将历史文化与现代文明相结合，人物雕塑与自然景观相结合，在不同的区域、不同的地貌、不同的氛围，规划不同的雕塑或雕塑群。结合保护和再利用的抗战建筑、遗址和历史事件设置说明牌。

三、结语

建筑遗产的再利用，要传承历史，延续文脉、惠及民生、彰显精粹、名城增辉。建筑遗产从注重保护到关注再利用，开始朝着关注城市传统风貌和城市文化生活延续历史文脉的方向发展。帕特克·盖德斯称此为"历史的情怀、发展的生活"。

正确处理保护和利用的关系，进一步挖掘历史文化的内涵，激活文化的潜力，扩展文化的资本，把城市文化优势转化为产业优势，进而转化为城市品牌优势，形成独具地域特色魅力的巴渝建筑文化，逐渐形成文化投资多元化、经营多样性。因此，在城市文化遗产保护与文化品牌提升的过程中，要坚持经济与文化和谐发展、建筑遗产再利用与机制创新相协调的理念，利用独特的城市文化资源基础和条件，在重庆海峡两岸建筑遗产保护与再利用过程中，使民众真正品尝文化遗产保护利用的成果，使社会各界更好地体味与认同保护城市文化遗产的价值及其重要性。

我们将在建筑遗产的保护与再利用的工作中不断探索前行。

吴婷　中国文化遗产研究院
吴涛　重庆历史文化名城专委会 市文物局

附表：近期重庆市75处抗战遗址再利用建议信息一览表

编号	区县	名　称	预计完成时间	级别	功能利用	使用单位
1	渝中区	李子坝抗战遗址群7处（刘湘公馆、高显鉴旧居、李根固旧居、交通银行印钞厂、交通银行学校、国民政府军事参议院）	2009年	区级、文物点	参议院作展馆、其他建筑作文化及创意产业	渝中区房管局、重庆康翔地产开发有限公司
2		陈诚旧居	2009年	市　级	文化商务会所	重庆协信控股（集团）有限公司
3	北碚区	红楼	2012年	市　级	古籍书阅览、陈列	北碚区图书馆
4		中国乡村建设学院旧址（晏阳初旧居）	2012年	市　级	展览与旅游	北碚区文广新局
5	南岸区	黄山陪都抗战遗址（空军坟）	2013年	市　级	博物馆	黄山抗战博物馆
6	江津区	南京内学院	2009年	市　级	文物办公及展览	江津区文物管理所
7	合川区	钓鱼城抗战遗址摩崖碑刻	2009年	国家级	博物馆	合川钓鱼城风景名胜管理局
8	万州区	库里申科烈士墓	2010年	市　级	公园景点	西山公园
9		抗战阵亡将士纪念碑	2010年	市　级	公园景点	西山公园
10		观音阁	2010年	区　级	乡土教育馆	国本路小学
11		万县大轰炸白骨塔	2010年	市　级	抗战展示	西山公园
12	渝中区	中共代表团驻地旧址	2012年	国家级	革命史迹陈列	重庆红岩联线文化发展管理中心
13		桂园	2012年	国家级	重庆谈判陈列馆	重庆红岩联线文化发展管理中心
14		国民政府军事委员会政治部第三厅旧址暨郭沫若旧居	2014年	市　级	抗战文化陈列馆	渝中区南纪门房管所，私人
15		特园	2011年	市　级	民主党派陈列馆	重庆红岩联线文化发展管理中心
16		跳伞塔	2012年	市　级	抗战国防体育陈列馆	大田湾体育服务管理处
17		戴笠公馆旧址	2010年	区　级	巴愉文化会馆	重庆市国有文化资产经营管理有限责任公司
18		中英联络处旧址	2013年	市　级	文化商务会所	重庆市城市建设发展有限公司

19	江北区	石家花园（徐悲鸿工作室及办公室）	2013年	市　　级	`抗战美术陈列馆	江北区政府国有资产监督管理办公室
20	北碚区	中国西部科学院旧址	2011年	国家级	自然博物馆	重庆自然博物馆
21		抗战时期国立江苏医学院旧址	2011年	区　　级	卫生医疗场地	重庆市第九人民医院
22		国民政府司法行政部旧址	2013年	文物点	陈列、办公	重庆粮食集团北碚分公司
23		峡防局旧址（文昌宫）	2011年	市　　级	区博物馆	北碚区房管局（高世胜等17户居民）
24	巴南区	林森别墅	2012年	市　　级	文化商务会所	巴南区南泉开发建设管理委员会
25	江津区	聚奎书院	2011年	市　　级	学校办公与教育陈列	聚奎中学
26		夏仲实公馆	2014年	市　　级	江津抗战陈列及文化产业	江津区白沙镇政府
27		张爷庙	2012年	市　　级	陈列及文化产业	江津区白沙镇政府
28	合川区	育才学校旧址	2013年	国家级	纪念馆	陶行知纪念馆
29		卢作孚旧居	2012年	区　　级	陈列展示	合川区房管所私人，刘欠隆、王玲英等
30		战时儿童第三保育院旧址	2012年	区　　级	教育陈列	合川区土场小学
31	万州区	瀼渡电厂	2015年	市　　级	工业遗产展示	重庆三峡水利电力（集团）股份有限公司
32		抗日阵亡将士纪念碑	2011年	市　　级	景点展示	万州河口小学
33	渝中区	饶国模旧居	2011年	国家级	抗战陈列	重庆红岩联线文化发展管理中心
34		周公馆	2011年	国家级	革命史迹陈列	重庆红岩联线文化发展管理中心
35		中央图书馆暨罗斯福图书馆旧址（罗斯福图书馆筹备处旧址）	2011年	市　　级	精典图书阅览	重庆市少年儿童图书馆
36		国民政府军委会重庆行营旧址	2013年	市　　级	抗战军事陈列及学校办公	渝中区望龙门房管所，私人
37	江北区	徐悲鸿旧居	2014年	市　　级	美术陈列	长安江陵厂
38		绿川英子、刘仁旧居暨《反攻》杂志旧址	2013年	区　　级	陈列办公	江北区文物管理所

39	沙坪坝区	国民政府蒙藏委员会旧址	2014年	市　级	民族史陈列	私人
40	北碚区	北温泉公园抗战遗址	2011年	市　级	文化旅游产业	温泉城风景管理处
41	巴南区	国民党中央政治大学研究部（彭氏民居）	2014年	市　级	抗战名人展览及文化产业	巴南区文物管理所
42	江津区	七·七纪念堂	2011年	市　级	教育与展览	江津三中
43		朝天咀码头	2014年	文物点	影视场景及展示	江津区港政管理所
44	潼南县	国民党陆军机械化学校旧址（含中正室、将军楼、大礼堂、练兵场、教学楼、营房）	2014年	县　级	文化旅游产业	潼南县闇公职业中学
45	渝中区	国民党左派四川省党部暨重庆高中旧址	2013年	市　级	文物办公及陈列	渝中区文物管理所
46		重庆沈钧儒旧居	2013年	市　级	文化展示与旅游产业	渝中区张家花园房管所，私人使用
47		保卫中国同盟总部旧址暨重庆宋庆龄旧居	2012年	市　级	专题陈列	重庆中国三峡博物馆
48		中苏文协旧址	2014年	市　级	抗战外事陈列	重庆警备区后勤处
49		怡园	2012年	市　级	陈列及文化产业	渝中区上清寺派出所
50		苏军烈士墓	2012年	市　级	景点展示	鹅岭公园
51		美国大使馆	2013年	市　级	陈列及办公	重庆市急救中心
52		法国领事馆	2015年	区　级	陈列及文化产业	重庆塑料公司
53		唐式遵公馆	2014年	区　级	民主党派办公	九三学社重庆市委、民盟重庆市委
54		张骧公馆	2012年	市　级	市委办公	重庆市电信公司上清寺分公司
55		苏联大使馆武官处	2012年	文物点	演艺集团办公	重庆文华置业公司
56		望龙门缆车	2015年	市　级	工业交通遗产利用	湖广会馆实业公司
57		大公报报社旧址	2013年	市　级	陈列及办公	闲置
58		国民政府外交部新华路旧址	2014年	市　级	办公	农联家电有限责任公司

59	江北区	黄生芝公馆	2013年	区 级	医疗办公	解放军第325医院
60		国民党社会部第一育幼院	2012年	文物点	文化旅游产业	邓尚安等3户居民
61		军政部后方医院	2013年	文物点	文化旅游产业	重庆东风造船厂
62		龙章造纸厂办公楼	2013年	文物点	文化旅游产业	重庆龙章纸业有限公司
63	沙区	冯玉祥旧居（上院）	2013年	市 级	文化产业	沙坪坝区文物管理所
64	南岸区	于右任旧居	2015年	市 级	文化旅游产业	重庆市铁路疗养院
65		意大利使馆旧址	2013年	文物点	文化旅游产业	南岸区房屋管理局上新街房管所
66		比利时大使馆旧址	2013年	文物点	文化旅游产业	南岸区房屋管理局上新街房管所
67		美国大使馆武官住处	2014年	区 级	办公及文化产业	南岸区房屋管理局上新街房管所
68		新华信托储蓄银行	2014年	文物点	文化旅游产业	南岸区房屋管理局上新街房管所
69		邮政总局旧址	2014年	文物点	文化旅游产业	重庆长江航运管理局
70	江津区	陈独秀旧居	2012年	市 级	陈列馆	江津区文广新局
71		卞小吾旧居	2013年	市 级	文化旅游产业	江津区白沙镇政府
72		四川省立重庆女子师范学校旧址	2012年	文物点	教育办公	重庆市工商管理学校
73		邓家院子	2013年	文物点	文化旅游产业	重庆市工商管理学校
74		鹤年堂	2012年	市 级	会议及展览	聚奎中学
75	铜梁县	林森公馆	2012年	文物点	文化旅游产业	铜梁县虎峰镇政府

文物再利用——澳门经验

张鹊桥

摘要

随着澳门社会及经济的急速现代化发展，人口增长、土地紧缺及城市功能需求增加等问题日益突出，而这些问题都为澳门的文物保护方式及路向提出了挑战。针对澳门上述的现实状况，对文物实行保护性再利用是一项必要且具有实际意义的研究课题，文物保护应结合城市发展的进程，使得文物在消耗社会资源而得到保护之余，同时也应贴近社会生活并成为城市发展的动力及资源，发挥功能效益，回馈社会，从而实现文物的可持续保护与城市的可持续发展。

关键词：文物保护，文物再利用

Abstract

Due to the rapid development in both social and economic aspects, Macau is facing tremendous pressure from its expanding population, shortage of land and increasing demand in urban facilities. All the above issues have brought challenges to heritage preservation and utilization for this small city. Heritage preservation needs to be in conjunction with the process of urban development. While heritage preservation may make up opportunity cost for social resources, it may also regenerate into new resources and facilities for urban development, making benefit for the society. The purpose of heritage utilization is to achieve sustainable heritage preservation and sustainable urban development.

Keywords：Heritage preservation, Heritage utilization

一、澳门的文物保护简述

澳门于 1976 年 8 月 7 日颁布了第 34/76/M 号法令，这是第一条比较全面的文物保护法令，当中确定了澳门的文物清单及设立了"维护澳门都市、风景及文化财产委员会"，但该法令中基本没有关于文化遗产再利用的控制条文；1984年6月30日，第56/84/M号法令公布，该法令取消了原有的第34/76/M号法令，设立了"保护建筑、景色及文化财产委员会"，把澳门文物的分类修订为"纪念物"、"建筑群"和"地点"，更新了文物清单，同时对每一类文物的保护方法及利用作出了规定；1992年12月31日，第83/92/M号法令公布，该法令对第56/84/M号法令作出了补充修订，增加了一项"具建筑艺术价值之建筑物"的文物分类。目前，澳门的文物保护工作主要是根据第56/84/M号和第83/92/M号法令来执行，而当中四类文物的保护和利用规定主要如下：

纪念物：在未获得行政长官核准之前，不得全部或局部将之摧毁或进行更改、扩建、加固或修葺的任何工程；而且，纪念物的再利用亦应于事前取得文化局的意见。

具建筑艺术价值之建筑物：只要不损害其原有特征，尤其是立面特征，并获得文化局的赞同意见后，则可进行扩建、加固、改建、重建、复原工程或对建筑物内部进行重整。

建筑群：其全部或局部之任何工程的进行需先取得文化局的赞同意见。

地点：在获得文化局的赞同意见后，可进行新楼宇或设施的兴建、或对现有的不动产全部或局部予以重建、改建、扩建、加固、修葺或拆卸。

从上述法令的相关条例中可以看到，澳门早于1984年就已开始对文物的再利用进行探索，努力寻求文物保护与文物再利用的平衡关系。文物的保护和再利用须抓住关键点，对于具有绝对价值的文物，如"纪念物"，对其保护是重点，不能轻易地对其做改造；而对于价值仅体现于建筑物质空间的、不具有深层次历史文化价值的文物，如"具建筑艺术价值之建筑物"和"建筑群"，可因其价值内涵的特征适当地对其作改造利用。只有权衡好文物价值的轻重关系，重点投放资源，才能有效落实文物保护工作，同时才能在文物保护和再利用的两者之间取得平衡，从而实现文物的可持续保护和发展，充分发挥文物的价值。

二、文物再利用的缘起

目前，澳门的法定文物共128项，当中"纪念物"52项，主要为教堂、寺庙和炮台；"具建筑艺术价值之建筑物"44项，主要为昔日较具特色的公共建筑及宅邸；"建筑群"11项，主要为民居；"地点"21项，主要为山体、公园和广场；所有文物共涉及417座建筑物，而当中除了少部分的文物是澳门公共财产外，其他的大部分文物均属于私人产业。

随着澳门社会及经济的急速现代化发展，人口增长、土地紧缺及城市功能需求增加等问题日益突出，而这些问题都为澳门的文物保护方式及路向提出了挑战。在澳门，单纯把文物做冻结式的保护方式并不现实。首先，不是所有的文物都需要采用冻结式的保护方式，只有内外价值都特别突出、且保留完好的文物才应如此；第二，冻结式的保护方式会消耗大量的社会资源，尤其对于土地资源紧缺的澳门来说更是难以负担，此外，因大部分的文物是属于私人产业，冻结式的保护方式会涉及大量的业权人利益赔偿问题，难以符合社会及经济的发展需求；第三，冻结式的保护方式容易造成文物难以被接触、使用，从而使文物脱离社会大众的日常生活，并由此导致文物逐渐失去活力并最终成为社会负担。

针对澳门的现实状况，对文物实行保护性再利用是必要且具有实际意义的。文物不是城市历史进程中一个凝固的瞬间，文物在时间、空间及物质层面都与城市的发展紧密相连。因此，文物保护应结合城市发展的进程，在时间层面让文物保持与时俱进的功能，贴合城市的生活，永保活力；在空间层面要让文物成为城市面貌的有机组成；在物质层面则要使文物在消耗社会资源而得到保护之余，同时也应发挥功能效益，成为城市发展的动力及资源，回馈社会，从而实现文物的可持续保护与城市的可持续发展。

三、文物再利用的原则：保护价值，适当利用，面向公众，融入生活

首先，文物再利用的根本原则是必须以保护文物为大前提，充分保证在再利用的过程中不会损害文物的核心价值，能依然保存文物的固有个性，使得保护与利用两者能相兼容而不存在对立。

第二，文物的再利用应体现当代意义。虽然任何的再利用都必须基于对文物的保护之上，但是，保护并不意味着把文物凝固为一个历史的瞬间，文物不应脱离时代及空间的发展而被一成不变地一代又一代地传承下去，完全忽略各时代所该留下的痕迹。文物是社会的组成，在社会发展的同时，文物亦应同步前进，不断满足当代社会的功能需要，在反映历史文化价值之余同时注入新的当代意义，不断丰富文物的功能价值及内涵，。

第三，文物再利用须保证文物能被善用，确保能把文物用对以及用好。把文物用对指的是要为文物注入合适的功能，既能适应文物的物质环境制约，同时又符合文物的个性特质，不对文物的价值造成损

害；把文物用好则是指注入的新功能应具有良好的社会效益，文物是该具有社会教育意义，而且，文物是属于全社会的，需为公众共享，其使用应以向公众开放为目标，致力使文物融入社会生活。

四、文物再利用的模式

澳门文物再利用的方式可分为两大类。一是为原本功能已荒废的文物置入新功能，让文物焕发新生；二是对需要维持原功能的文物注入额外的合适功能，进一步增加文物价值。

（一）功能置换，焕发新生

随着时代的发展，一些文物的原有功能因已不能适应社会发展需要或其他原因而出现荒废，导致文物因缺乏机能而失去活力、脱离社会生活。对于该等文物，可积极为其寻求与个性相适应的新功能，让其再次焕发生命活力，重新投入服务社会，延续文物价值。

在澳门，例如澳门博物馆、何东图书馆、中央图书馆、历史档案馆、演艺学院音乐学校、金融管理局办公大楼、圣地牙哥酒店以及塔石广场等，都是在文物中注入新功能而使文物得到活化利用的案例，当中，澳门博物馆和圣地牙哥酒店是利用昔日的军事炮台经活化利用而成、何东图书馆的前身则是一座建于1894年之前的葡式住宅、中央图书馆和历史档案馆的前身是建于二十世纪初的带新古典主义的住宅建筑群、而演艺学院音乐学校的前身是约建于二十世纪初的联排住宅、金

何东图书馆

澳门博物馆

演艺学院音乐学校

金融管理局办公大楼

融管理局办公大楼的前身是约建于1916年的私人住宅、塔石广场的前身是建于20世纪初的学校操场。

在为文物注入新功能时，文物原有格局是否需要保留是首要考虑因素，随后就需要考虑新功能对空间的要求能否与原格局或空间重整后的新格局相适应。在上述的案例中，何东图书馆和演艺学院音乐学校是基本保留了文物的原有格局，而其他的案例则基本采取保留外观

圣地亚哥炮台

而重整内部的方式融入新功能。

　　除了考虑新功能对物质空间的适应性，在实行功能置换时还要考虑新功能与文物的个性和氛围能否协调。合适的功能可使文物在重获新生时仍然保持原来的特质，但不合适的功能则会破坏文物的价值。例如岗顶剧院，其前身是建于 1860 年的伯多禄五世剧院，有着新古典建筑风格的外观，是中国境内的第一所西式剧院，在 20 世纪 70 年代中期至 80 年代初期，该剧院被用作为艳舞的表演场所，这一功能对于

岗顶剧院

一座古典剧院来说也许还是能被接受的，因为剧院的功能本身是有着娱乐属性的。但是，岗顶剧院与圣奥斯定教堂以及圣若瑟修院相互紧邻，而这一新功能的注入明显损害了教堂及修院所该具有的庄严环境氛围，损害文物的价值，完全是对文物历史及文化价值的误判。而反观澳门博物馆，其展示内容主要以澳门的历史以及澳门的多元文化为主，而这一功能与炮台遗址的历史感、静谧感等特质是能相协调的。

（二）注入新机，额外增值

对于原有功能依然延续的文物，可探讨如何增加合适的额外功能，让文物展现出功能多样性，在原有功能之上进一步增值，更多贴近社会生活，多方面满足城市所需。

在澳门，例如卢家大屋、郑家大屋、玫瑰堂、大三巴等都是在文物中增加合适的额外功能而使文物增值的案例。当中，卢家大屋和郑家大屋都是典型的中式大宅，在修复后均保留了原来大宅的面貌以向公众展示，能让参观者感受到昔日大宅的生活面貌，然而，单纯保有大宅原来的面貌并不能经常吸引社会大众到访，因为人们到访一两次可能就会觉得没有新意而不愿再前往参观，文物变成了单纯的静态展示，渐渐地与社会生活疏离，其社会效益也就没能持续增长，最终文物仿佛只跟外来的游客有关；故此，为求文物能与社会生活建立良好的关系，让文物成为大众生活的日常组成，在卢家大屋和郑家大屋当中额外增加了合适的新功能，卢家大屋会定期邀请国内的传统工艺艺人

卢家大屋

郑家大屋

玫瑰堂

驻场表演并举办亲子工作坊，同时还会定期举办澳门艺术节的演出，不断推陈出新，丰富城市的文化生活；而郑家大屋则会于各个传统节庆日举办活动，如农历春节会举办写挥春、舞狮等活动、中秋节会举办赏灯会、复活节会举办亲子活动等等，让社会大众每逢节庆时都能有一个好去处。此外，玫瑰堂作为一座教堂，其教堂功能仍然被保持，但同时还于教堂不被使用的时段增加了音乐演出的功能，不定期举办古典音乐的演出；至于大三巴，除了作为遗址被保存外，还会作为艺术演出的场所，如举办音乐会、视觉艺术表演、巡游演出等。

当为文物额外注入新功能时，新功能与文物个性的相互协调是必须考虑的因素，为文物注入额外功能的目的是要让文物进一步增值，发挥更大的社会效益，切不能本末倒置，因随意增加文物的功能而导致文物的价值受损。

五、文物再利用的行动策略——官民携手、多方共赢

澳门文物众多，而且大多数文物皆为私人财产，故不可能单靠政府的力量就能实现文物的保护再利用，必须通过政府与民间的多方合作才能实现。对于属公共财产的文物，其再利用的实现相对简单，主要由政府主导，衡量社会诉求即可；但对属于私人财产的文物，其再利用的实现就会有着很多的困难，涉及业主是否愿意开放文物、开放的功能是否能同时符合社会及业主的诉求等问题。在文物再利用的实现过程中，各方利益的平衡是关键因素，业主需要在文物再利用的过程中获得经济利益，公众需要获得享用文物的权益，而文物自身则需要得到保护的保障。

德成按

在澳门，德成按、何族崇义堂、疯堂十号创意园等都是成功体现官民携手推动文物再利用的成功案例。当中，德成按原是一座典型的当铺建筑，属于私人物业，自1993年结业后，物业一直空置，及至2000年，业主有意将其出售并实行改建，其后澳门政府主动与业主接洽，并协议政府出资140万元进行修缮，而修缮后，政府可利用当楼的底层以及货楼作为典当业展示馆，而当楼的其他楼层及相邻的富衡银号，则交回业主使用，其后该部分开设了集精品店、图书馆、茶馆及展览馆于一体的文化会馆；典当业展示馆及文化会馆均于2003年3月21日正式对社会开放；另外，何族崇义堂也是私人物业，在政府与业主的协商下，由政府负责出资对建筑进行修复，修复后政府将取得部分空间的免费使用权以设置一间艺术电影院及电影资料

室，业主则会自行营运其他的空间，初步方向是保留原来的家族祠堂、设置展厅及咖啡茶座，而除了祠堂的部分，整个空间都将会对公众开放；疯堂十号创意园位于望德堂坊，属于公共财产，为配合望德堂创意产业园区的构建，交由了民间艺术社团负责管理和营运。

上述案例的保护再利用，是政府与民间多方合作的成果，政府为文物的保护与修复提供技术及经济支持，从而换取对文物一定年限的使用权，甚或向业主进行租借，促使文物对公众开放，创建社会效益，并使文物的保护得到保障，而业主则于过程中得到了经济收益，从而实现多方共赢。

六、文物再利用的制约

（一）新功能的制约

在文物再利用的过程中，文物的物质空间以及文物的性格特质等非物质因素均会为再利用的新功能带来制约，不是所有的新功能都适合被置入文物当中。

首先，在物质空间上，文物的空间尺度以及空间布局均会为新功能和新用户的行为模式带来限制，毕竟文物最初并不是为了新功能和新的行为模式而设计的，即便是在再利用时融入与原来相近甚至是一样的新功能，但由于时代的发展及社会观念的变化，人的行为模式也会有所改变而与文物最初设计时的考虑不同。此外，文物的性格特质也会为新功能带来限制，对文物性格造成负面影响的功能都不应被置入，例如，在一座教堂中置入博彩功能就难以被接受。

在演艺学院音乐学校的再利用案例中可以看到文物对新功能及行为模式所形成的制约，音乐学校所在的矩形街区上原来共有两排房屋，每排由五个背靠背的住宅单元组成，共享一条小巷，而各住宅的主入口则通向街道；在再利用过程中，原来的空间格局基本被保留，包括两排住宅间的露天小巷，原来的各个生活单元被利用作教室及办公室，而小巷则被用作为学校的主要入口及连接各教室及办公室的交通中枢；音乐学校于早期的利用中只介入了最少的干预，是相对成功的一个文物再利用案例，但由于在使用过程中使用功能出现了些许改变，以及使用者对使用文物时需要迁就文物这一点认知的不充分，导致在后续的过程中需要为满足各种功能的便利使用而对文物作出越来越多的、无奈的介入，例如连接各教室及办公室之间的小巷，其原来是露天的，故此，每当天气不好时，尤其是下雨时便会对使用者造成不便，另

演艺学院音乐学校中的小巷之变迁

外，小巷原来采用的是用于室外的碎石铺面，表面凹凸不平，这也为使用者带来一定的不舒适；最后，在使用者的强烈要求下，小巷经过了改造，加上了透明顶盖及重新铺设了平整的铺地，这样，使用功能得到了改善，但遗憾的是原来街区的空间感则被破坏了。

（二）文物保护的制约

从上述演艺学院音乐学校的案例中其实也能看到，新功能的注入是会对文物保护造成影响的，因为新功能总会对承载着文物价值的硬件载体提出改造要求，只要稍有不慎，文物的价值将会受到不可逆的破坏，得不偿失。

从早期的文物利用案例中也可以看到值得警惕的例子，例如登录于第34/76/M号法令文物清单中的高士德大马路3号D，因再利用过程中忽视了文物的整体性而仅局部地保留了文物的正立面，且没有处理好新建部分与保留立面之关系，使得文物的价值受到严重破坏，文物的各方面都已无法被解读，故其于第56/84/M号法令的文物清单中被除名。

其实，因文物再利用而采取仅保留立面、重整内部空间的案例在澳门还是具有一定数量比例的，这种表皮与肉身分离的保护方式对于城市景观的维护是没有问题的，但对于文物的完整性以及价值的保存则值得思考，不是所有文物都适合采取这一方式，须充分考虑文物的价值所在。

七、结语

　　文物再利用的成功与否关系着文物保护能否得到有效的延续，文物再利用的手段及技术可层出不穷，但目的必须要明确：一是文物的价值必须得到绝对的尊重；二是文物必须体现当代意义，面向公众，做好教育宣传，服务社会，不断增值；三是在保护中实现文物的再利用，在利用中实现文物的保护，文物保护与文物利用并不是相互对立的，只要处理得当，两者是可以并存的，相辅相成，使得文物在得到自身的保护之余创造出更大的社会和经济效益。

张鹊桥　澳门特别行政区文化局文化财产厅

"雷生春"的活化重生

香港浸会大学物业处雷生春项目组

摘要

香港的文物建筑多来自民间集社，适宜使用活化策略保护，以便再融入社会；"雷生春"本是面积细小的民居，正是这类活化历史建筑的典型项目。"雷生春"项目的成功处不仅在于其活化后的建筑外貌，而是它所涵盖的历史文化意义得以彰显承传，尤其是项目的管理策略，使所予的新使命能于焉落实。

关键词：活化历史建筑伙伴计划，雷亮，雷生春堂，一级历史建筑

Abstract

Historic buildings in Hong Kong are mostly privately owned, and are more suited for protection through revitalisation so that they can be reintegrated into society, preserved the history as well as maintained sustainable development. Small-scale privately owned property such as Lui Seng Chun was one of the typical projects of the scheme. The success of Lui Seng Chun not only lies on the dedication to preserve its architecture, but also the inheritance of the building's historical and cultural significance, and particularly, the strategy of the project management which ensures the fulfilling of its new mission.

Keywords: Revitalising Historic Buildings Through Partnership Scheme, Lui Leung, Lui Seng Chun, Grade I historic building

一、引言

活化"雷生春"项目源于香港特区政府所推行的"活化历史建筑伙伴计划"，把一栋由雷氏家族捐献的唐楼建筑，活化为一所现代化中医药保健中心"雷生春堂"；香港浸会大学（浸大）负责整项活化计划，并营办"雷生春堂"。本文叙述项目的背景，讨论它的文化价值，并介绍活化工程的设计，在文章的附录刊载多帧工程图片。"雷生春"项目之

成为研究个案，浸会大学的执行策略与管理模式，及项目落成后在社会及国际的回响尤为重要，本文从大学的理念与能力，及"雷生春堂"如何服务社会去诠释"雷生春"项目的独特之处。

一、项目背景

（一）"活化历史建筑伙伴计划"

2007年特区政府成立发展局，任命该局统筹文物保育工作，局方拟定了一系列文物保育政策及措施，务求在发展和保育本地文物之间取得平衡，其中措施包括"活化历史建筑伙伴计划"，由特区政府提供财政资助以应付翻新工程的费用，让非牟利机构以社会企业形式把历史建筑进行活化再利用，并承诺在首两年营运期间资助机构以上限为港币500万元的赤字。"雷生春"建于1931年，原是一座雷氏家族拥有的唐楼建筑，2000年雷氏提出将它无偿捐赠与香港特区政府，使得以修复及保存；2003年特区政府正式接收"雷生春"；2008年"雷生春"被纳入第一期的"活化历史建筑伙伴计划"。

"活化历史建筑伙伴计划"的目标与香港浸会大学在2006年的"发展策略计划2006"之策略纲领"社会与专业服务"不谋而合；浸大参与申请"活化计划"，建议将"雷生春"活化成大学的中医药保健中心；2009年成功获选。

（一）"雷生春"

"雷生春"是典型的战前唐楼，原主人雷亮先生聘请香港的认可建筑师布尔（W. H. Bourne）（1874～1939）设计兴建。大厦用地面积约123平方米，总实用面积598平方米，楼高四层，另加天台；楼上层是雷氏故宅，地面层分成三间店铺，"雷生春"药房位于街角铺位。1941年香港沦陷，"雷生春"药房在此前已停业；1944年雷亮病逝，"雷生春"药房随之结业。1950年代，"雷生春"居住的人数增加，空间不敷应用，雷氏家人在70年代时悉数迁离，大宅后来成为雷氏乡人来港居停之所。直至1996年建筑物空置时，大宅外表虽然残旧破烂，但楼宇大致保持原貌。雷氏后人曾考虑把大宅捐作慈善用途，最后决定慷慨捐赠予政府，是香港首个私人捐献之历史建筑。

"雷生春"活化工程于2011年初开展，翌年初完工，"雷生春堂"正式营运，成为第14间浸大中医药诊所，集中医药保健服务、公共健康教育、历史文化展览于一身，为市民提供多元化的中医药专科服务，设中医内科、肾脏科、肿瘤科、老人科、妇科、心血管科、针灸、骨伤及推拿等。

雷生春正立面。1949年
（图片来源：雷氏家族）

雷氏后人捐赠雷生春，2003年。（图片来源：古物古迹办事处）

"雷生春"航拍图，1972年。（图片来源：地政署）

"雷生春"的屋面

二、"雷生春"的文物价值

（一）历史与社会价值

"雷生春"原主人雷亮（1863～1944），广东台山人，少年来港谋生，白手兴家，克勤克俭；他曾从事不同行业，是香港九龙汽车公司创办人之一。"雷生春"落成后，雷亮与家人共住楼上层，在地层开设雷生春药房。20世纪初不少中国人从内地来港艰苦谋生而事业有成，雷亮的生平与"雷生春"正反映这类的历史典型。雷亮的儿孙大部分在"雷生春"成长，跻身政治、金融、公共运输、医疗等不同行业的领导阶层，"雷生春"可谓本地名人故居。最重要的是雷氏家族是香港首个将私人拥有的历史建筑无偿捐赠香港特区政府，这种回馈社会的精神，加深"雷生春"的历史意义。

"雷生春"的昔日装置显现当时社会的传统文化及价值观，譬如地铺药房悬挂牌匾"敬福堂"乃雷氏家族支派房系的堂号，雷亮在香港设店，用了"雷生春"及"敬福堂"为店号，流露了中国人对氏族的传统感情。药房出售的跌打药水，它的运作说明香港的一类前店后坊、家庭作业的商业模式。雷亮的个人性格也为"雷生春"带来正面的社会意义，他乐于助人，经常赠送或平价出售跌打药水与贫苦大众，他的善行广为坊众认识，这座矗立于小区的"雷生春"也成为区内地标。

（二）建筑价值

"雷生春"是典型的战前唐楼，楼宇依地段的三角形状而建，糅合了装饰艺术风格与古典柱栏元素，外廊宽阔。建筑物由主楼、仆舍、内庭及围墙组成；主要物料是砖石及钢筋混凝土。它具备中西建筑元素，既有传统岭南"竹筒屋"的平面设计的影子，也带西洋骑楼式建筑的特色。这类位于街道夹角，兼深具特色的唐楼在香港已是硕果仅存。"雷生春"虽然经历了80多年，其原来构件仍保持良好，已成为当地的地标，加上它的真实及罕有的特性，故具有重要的建筑价值。

三、活化工程

（一）紧急维修

2000年"雷生春"获评为一级历史建筑，按指引一级历史建筑是"具特别重要价值而可能的话须尽一切努力予以保存的建筑物"。

2003年香港特区政府正式接收"雷生春"后开始进行基本维修，工程局限于防止建筑物恶化而进行的结构修缮和防雨漏补等，这个阶段的工作是保护历史建筑的一个关键，当时的楼宇记录、照片、调查数据、决定建筑构件的去留，对将来的活化工程起指导作用。2011年香港特区政府将"雷生春"移交浸大时，大宅外墙已重新髹油，室内状况大致良好。

后外廊

（二）活化策略

活化策略既着眼保存建筑物的风格、物料、构件及周围环境，同时也要兼顾建筑物的历史，以及它对社会及社群的影响等无形的价值。设计团队在策划以至执行保育"雷生春"的工程时，除参照香港特区政府的保育指引，并援引国际的文物古迹保护准则，也考虑《威尼斯宪章》（国际古迹遗址理事会）《布拉宪章》（澳洲国际古迹遗址理事会）和《中国文物古迹保护准则》（中国国际古迹遗址理事会）内所确立的文物保育国际原则。在设计中尽量减少干预原有建筑物的设计以保留其原貌；在需要加装新设备时，恪守可以还原的原则，同时亦致力糅合新设备与原有构件，却不会混淆视觉以免新旧难分。再者，在保持这些历史建筑物的建筑真确性与符合现行《建筑物条例》的法定要求之间取得平衡，尽力符合法定要求。

"雷生春"面向荔枝角道的外立面。
左图：基本维修前，约2000年至2004年。（图片来源：古物古迹办事处）
右图：活化工程后

"雷生春"获评为历史建筑的其中一个原因是它的建筑特色，"雷生春"的文物价值亦有赖建筑特色彰显；因此，保存"雷生春"的原貌与内部结构尤为重要，而且成为主导设计之一。楼宇的外墙、主力墙及重要的建筑构件，如骑楼、檐板、栏杆、门面、楼梯、地砖、内庭等都必须予以保留，以保存原有的建筑历史价值。对残破部分，只采取原样还原的方式进行，尽可能保存及恢复历史建筑本身外观的整体性及连贯性，修葺时亦会尽量使用相同或类似的建筑物料及原色油漆；复修构件时要尽量采用原材料、原工艺及原式样，并且要妥善保存因改动工程而拆除的构件。所有新增设备将以现代简明方式处理，强调以不作假及非怀旧手法，务求保存历史建筑外形与室内空间原有的真确性，并以简明的新设施衬托历史建筑的原有风貌。

"雷生春"面向塘尾道的外立面。
左图：基本维修前，约2000年至2004年。（图片来源：古物古迹办事处）
右图：活化工程后。新设的逃生楼梯混合了建筑物原有的设计风格，以简约线条为主，物料也采用协调的颜色使新设施可以与原有构件和谐地糅合。

（三）设计重点

技术上的困难

活化"雷生春"最大的挑战是如何克服建筑物本身的局限条件及周边环境的问题；如何充分利用骑楼是成功活化的一大关键，亦要解决交通噪音及空气污染难题，机电及空间设计必须符合保健服务要求的环境素质。另外原建筑坐落于填海地带，地下水位高及泥土松软，建造

左图：进行基本维修前面向内庭的骑楼，2003年。
右图：活化工程后面向内庭的后骑楼，2013年。
（图片来源：古物古迹办事处）

新的地基要万分小心。新结构要独立建造，不能依赖原建筑作为结构，增加破坏原结构的风险。工地狭小，要有详细的部署及管理，以不影响及破坏原建筑的稳定性及原整性为大原则。此外，"雷生春"是八十年前的建筑，很多地方已经凹凸不平，每个地方都要特别处理。在新增机电设施方面，要花费不少工夫，在狭小的空间内集中安置众多的设备，减少在视觉上的喧宾夺主，从而将历史原貌显现。

空间规划

雷生春的功能转变，从住宅改为一座集中医药保健服务及教育于一身的多功能建筑体，室内空间需要重新分配。地面层是凉茶部及文物资料展示区，保留后方露天庭园提供绿化、天然遮阳及空气调节等功能，可供休憩纳凉；庭院紧接售卖凉茶服务站。一楼作为接待处和中药药房，二至三楼则主要为诊症室和治疗室，一至三楼的骑楼位置作为展示区。屋面则活化成中药园圃，除介绍中草药外，更具绿化作用。

骑楼的运用

骑楼占"雷生春"颇大的面积，新的空间布置必须考虑如何将私密

基本维修后的内庭

活化工程后的露天小庭园，2013年。

活化工程后的露天小庭园，2013年。

2013年，活化工程后的凉茶地铺及展示区仍保留原有的木窗及金色的天花角线。

基本维修前的骑楼，2003年。（图片来源：古物古迹办事处）

活化工程后的骑楼，2013年。

基本维修前的室内空间（图片来源：古物古迹办事处）

活化工程后的治疗室，2013年。

性空间置于半开放式的骑楼内。为配合"雷生春"的建筑特色，新设计把诊症室及治疗室等需要私隐的空间置于室内，将候诊区、展示区、研习室等公共空间设于骑楼，如此不但能巧妙将功能上对空间属性的要求与建筑本身特色紧密结合，并为参观的人士及使用保健中心者提供兼容而独立的服务空间。此外，"雷生春"坐落荔枝角道与塘尾道两条区内干道的交会处，阻隔噪音及确保室内空气质素成为活化工程的重要考虑。在各层骑楼扶栏内增设玻璃组件，以减低路面噪音对诊所的滋扰。为能有效地把"雷生春"原有骑楼特色重现眼前，玻璃组件安装在外墙后45厘米，支持玻璃块的钢框隐藏在廊柱内侧。此外使用大面积玻璃组件，减少玻璃接缝及框架位数目，接缝处亦只用半透明硅胶填缝。采用低反光度的清玻璃，以增加通透感并减少折射；在转角处采用整块弧形玻璃，以达至最佳视觉效果。空调及机电设备尽量置于室内，使骑楼保持原貌。

活化工程后的"雷生春"外貌跟活化前的分别不大；新建的电梯及室外逃生楼梯隐藏于建筑的后方。

新增设施

"雷生春"由住宅改建为中医药保健中心，既要增建现代化的公众设备，同时要加建新楼梯及可供伤健人士使用的升降机及洗手间，以符合现行的建筑及消防条例，这些新增元素必须简单明快以衬托历史建筑的真确性。安排新增设施在楼宇的后方，可以减低它们对楼宇的外貌及内部原有建筑构件的影响。新建户外楼梯，室内升降机，以及其他结构巩固构件皆以最轻巧的预构钢组件制造，将对历史建筑的改动及影响减至最低。

新增的钢框隐藏在原有廊柱内侧，转角处使用整块弧形玻璃，保特原有骑楼的通透感。

活化"雷生春"工程最大的难题是原有的楼宇设计已不符合现时的建筑及消防条例。"雷生春"内原本仅有一道楼梯，由于旧楼梯具有当年唐楼建筑的特色，不宜改建加阔，活化工程必须为大宅加建新楼梯，增加逃生信道；于是工程团队运用了消防工程学，用计算机仿真火警时逃生疏散的测试，保存原有楼梯。新设室外楼梯采用独立地基，需要拆除地面层的仆舍以腾出空间兴建，由于地基泥土松软，以小型桩柱承托楼梯。基于遵守可以还原及不可新旧混淆的原则，新楼梯以钢材及玻璃为主要物料，使新旧装置分外明显，而且钢材料结构比较轻巧，简单的独立地基便足以支持楼梯的重量，不为主楼加添负荷，钢材装置亦使施工更便捷。

新建楼梯设计的灵感源自原有的窗框线条，再利用较新但轻巧的建材来衬托出原有的设计风格。

工程另一重点是加建升降机为大宅提供无障碍通道，虽然升降机槽位于室内，但是它的结构与地基都是独立而不依附主楼结构。屋面电梯槽顶部的四周是四尺高的无盖灰棕色铝质百叶栏，掩藏着百叶栏内的机电设备如消防水缸、喉管、抽风系统等。

屋面电梯顶，利用百叶遮盖新加的消防水箱及其它机电设备。

一楼接待处——新增升降机门的设计与物料都特意配合了原有地砖的色调

四、谋划与管理

香港浸会大学获选为负责活化"雷生春"项目的非牟利机构，从活化"雷生春"的谋划到实际管理，机构的性质、视野、使命、能力、承担对活化计划能否成功殊为重要。同时，项目所有关的持份者（即利益相关者）众多，包括政策主导者香港特区政府及其相关的执行部门、捐赠"雷生春"的雷氏家族、坊众、市民、访客、求诊者乃至中医药业界等等，他们的参与及态度，都会影响项目的进展与成效。浸会大学综合各种考虑而立断其对"雷生春"项目的策略与方法，卒之成为一个可供业界参考的活化计划例案，影响本地与海外的保育事业。

（一）理念与能力

浸会大学以博雅教育为念，注重全人教育，这点与历史建筑保存文物的理念是相符的。浸大将中医药视为其发展策略计划的重点领域之一，致力发扬这一门优秀的中国传统文化；它辖下的中医药学院，集教学、临床、研究于一身，实为推动中医药发展的良驹。其中临床部管理学院属下的15所中医药诊所，为中医科研、医疗服务及教学服务提供更为充分的支持，亦为社会提供优质中医药医疗保健服务。于2003年沙士病毒在全球爆发其间为病者提供治疗及保健方面的协助。2006年浸大的发展策略纲领中的"社会与专业服务"，与特区政府活化"雷生春"计划所定的目标不谋而合，浸大申办"雷生春"项目，正是把中医药与服务社会相结合。时至今日，浸大新定的"2020年愿景——策略纲领与行动"，仍以"致力服务社会"为目的。

除了理念，执行活化计划时专业保育经验不可或缺。浸大物业处团队在过去执行了不少活化历史建筑物工程，从规划、设计、项目管理到维修，其中包括翻修前英国皇家空军军官宿舍（一级历史建筑）为浸大视觉艺术院院址、翻修伊利沙伯医院内一座空置的建筑物为中西医结合诊所、翻修石硖尾工厂大厦为赛马会创意艺术中心。这些保育工作亦得到佳绩，浸大视觉艺术院获取2009年联合国教科文组织亚太区文物古迹保护荣誉奖，表扬该项目成为区内文物古迹保护技术和社会的基准；赛马会创意艺术中心亦获得香港建筑师学会"全年境内建筑大奖"；这些专业经验都成为活化"雷生春"的奠基石。

浸大的服务社会、发展中医药中华文化的理念成为推动"雷生春"项目的中流砥柱；而它的中医专业、活化历史建筑经验，及其财务安排、营运模式等的专业，奠定"雷生春"项目能成功执行的基础。实际执行"雷生春"项目工作有赖中医药专业人才及管理人员,从申办活化"雷生春"计划开始,大学纠集部门组成筹办团队,由副校长领导,成员包括中医药学院、行政处、物业处及财务处同仁,以校外建筑师为顾问,参与活化"雷生春"的设计。面对繁复活化工程、人和事、严格的保育规格与工程预算,浸大都一力承担个中种种困难。

适当的财务安排也是活化计划成功的重要一环,启用后的"雷生春堂"以自负盈亏方式营运,所得到的盈余会回馈社会。浸大中医药学院2000年开始持续进行门诊发展项目,根据过往多年经验,诊所开业后一年内均可达到收支平衡,两年后可持续录得营运盈余。特区政府承诺最初两年资助营办者,浸大深信"雷生春堂"在两年后定能保持财政的稳健性,并能持续经营。在管治方面,浸大借镜前师,参考与外界合营中医药诊所的管理方法,成立一个独立的"雷生春堂管治委员会",直接管理项目,制定发展策略及实施方案并监管"雷生春堂"之运作。

（二）经济及社会效益

特区政府推行活化历史建筑,让本地的文物建筑因着经济效益的憧憬而获得保留,从"雷生春"活化计划开始到完成"雷生春堂"开业后,社会上从诊疗、教育、旅游、就业等各个阶层都蒙受其惠。

"雷生春"的邻近坊众以草根阶层及长者居多,中医药诊疗服务对老年及长期病患人士尤为合适,活化计划以"雷生春堂"作为一间小区中医药保健中心,不但切合小区需要,而且相应"雷生春"本身中医药业的历史背景。取之用之,"雷生春堂"的义诊服务照顾区内的弱势社群。截至2013年3月31日,"雷生春堂"累积诊症人数接近24000人,受助者亦超过6700人。[1]除了医疗保健,"雷生春堂"也是教育平台,为浸大中医药学院学生的临床实习之所,至2013年4月已累积实习时数接近300小时;[2]也为业内人士举办专业讲座,及区内市民举办中医药保健养生讲座。

特区政府希望活化计划能创造就业机会,特别是在地区层面方面。"雷生春堂"创造了不少就业职位,包括中医师、配药员、诊所助理、接待员及文职人员等近50人,[3]其中不少是区内居民。"雷生春堂"的成

---

[1] 浸会大学中医学院雷生春堂档案:《患者分类费用报表》《医生日报表》,2013年。

[2] 浸会大学中医学院雷生春堂档案:《患者分类费用报表》《医生日报表》,2013年。

[3] 浸会大学中医药学院雷生春堂送发展局文物保育专员办事处巡查文件,2012年12月7日。

立，亦繁荣了附近地区，不少中医诊所、凉茶店、老人院、超级市场及食肆等相继开业，间接刺激该区经济发展。

（三）公众的"雷生春"

活化"雷生春"计划得以成功，公众的支持十分重要。"雷生春"项目在活化工程前已备受注目，政府及民间团体纷纷举办有关"雷生春"的活动，把市民纳入活化"雷生春"计划参与者的行列。当浸大获得"雷生春"的营办权后，仍保持与公众沟通，透过区议会去了解居民所想；又联络区内同业，深明将来的"雷生春堂"是区内的一份子，视业界为发扬中医药的伙伴，除了为区内业界提供专业中医健康讲座，也计划与业界将来一同举行义诊等活动，相互交流及共享资源。"雷生春"尚未竣工时，已有不少学术机构或专业团体到来参观。这种种的安排，植"雷生春"于公众之心。

"雷生春堂"提供免费历史建筑物的导赏服务，对公众开放地下凉茶售卖处、各层的展示区，及屋面的中药园圃，分别介绍雷氏家族、凉茶、中医药文化及建筑特色等资料予市民。"雷生春堂"开业前举行公众开放日，一周内安排94节导赏团，招待2819名市民。截至2013年3月31日，累积中外贵宾、游客、本地市民及地区团体等参观人数超过37000人。[1]此外，"雷生春堂"与香港旅游发展局紧密合作，以中医展览及历史建筑景点为主题推广"雷生春堂"，自2012年开业一年间，招待了不同中外媒体进行采访及报道，当中包括韩国、马来西亚及中东等电视台。中心亦与区议会及不同团体合作举办活动，如摄影比赛及展览、义诊日、中医健康讲座、历史文化游等，市民反应热烈，参加人数超过1500人，[2]为"雷生春"成为香港独特的旅游景点和历史文化地标定下基础。

舆论、口碑、导赏、专业推介、保育讲座使"雷生春"项目越负盛名，外国的传媒亦纷至沓来，"雷生春"被囊入建筑、保育界的竞赛选拔之中，成为活化保育的讨论案例。

（四）路项目经验及建议

借着中医药学院的发展优势和过往活化历史建筑与政府和业界通力合作的经验，浸大在活化"雷生春"时相关的规划、设计、施工及营运等过程既要恪守保育指引和准则，以保持历史建筑物的真确性与符

---

[1] 浸会大学中医学院雷生春堂档案：《雷生春堂导赏团网上管理系统》，2013年4月。

[2] 浸会大学中医药学院雷生春堂送发展局文物保育专员办事处巡查文件，2012年12月7日。

合现行的法定要求之间取得平衡之余，亦不忘听取市民对设计和营运上的意见。具体体现于利用清玻璃围封骑楼的决定，便是通过邀请业界到访及勘察，以及在区议会与公众共议所得的成果。此外，活化项目所涉及的专业范围甚广，需要相当审慎的考虑及各方面的配合，越早了解营运者的意见及运作模式，越能确保合适的设计所带来长远的保育效益。与此同时，政府的资源分配和适度监管角色亦相当重要，两者的有效配合，对项目的发挥空间和灵活性影响尤其深远。

五、结语

活化再利用历史建筑乃由社会群体共商、承担与共享的决定。雷氏家族慷慨捐赠"雷生春"，政府注资港币2900万元作活化经费，浸会大学为活化"雷生春"付出大量的心力，社会上的持份者在不同的岗位参与这个活化项目，都说明了"雷生春"并非单纯的中医药诊所。"雷生春堂"落成启用后，浸大申办当日的理念逐渐落实，虽然活化的价值仍有待时间证明，回顾一年来，"雷生春堂"为本地及国际带来不少正面的影响。团队在活化"雷生春"的过程中遇到的难题及解决方法，总结成活化历史建筑的经验，不但予本地的保育事业参考，它的经验亦传流往国内及海外。

"雷生春"每天都设有两个导赏团，公众可以透过网上预先登记参观。参观者除了一般市民、学校和团体机构以外，还有一些由外地专程前来的游客和记者。

参考文献：

1 《活化重生·雷生春的故事》，香港：香港浸会大学，2012年。

2 《活化历史建筑伙伴计划香港浸会大学中医药保健中心雷生春堂综合计划书》（第一部分），香港：香港浸会大学，2009年。

3 《香港浸会大学中医药学院十周年纪念特刊》，香港：香港浸会大学中医药学院，2009年。

4 《苹果日报》，2003年10月8日。

5 王维仁建筑设计研究室：雷生春堂建筑设计可行性修订报告，2008年。

6 王维仁建筑设计研究室：雷生春堂建筑设计可行性报告，2008年。

7 浸会大学中医学院雷生春堂档案：《患者分类费用报表》《医生日报表》，2013年。

8 浸会大学中医学院雷生春堂档案：《雷生春堂导赏团网上管理系统》，2013年4月。

9 浸会大学中医学院雷生春堂档案：《雷生春堂综合报告》，香港浸会大学中医药学院，2009年1月19日。

10 浸会大学中医学院雷生春堂档案：《香港浸会大学中医药诊所网上管理系统》，2013年4月。

11 浸会大学中医学院雷生春堂档案：送发展局文物保育专员办事处巡查文件，2012年12月7日。

12 浸会大学中医学院雷生春堂档案：雷生春堂五年业务及财务计划，香港浸会大学中医药学院，2011年10月25日。

13 黄嫣梨、黄文江：《笃信力行：香港浸会大学五十年》，香港浸会大学，2006年。

14 黄嫣梨：《香港浸会大学校史》，香港浸会大学，1996年。

阐释活化"前英国皇家空军启德军营"为"香港浸会大学视觉艺术院"的方法

香港浸会大学物业处

摘要

"修复工作完全保留了历史建筑结构和风格,显示出对原有空间配置的灵活应用,再次呈现了该地区常见的多层及混合式热带建筑特色。建筑的内部空间得以最优利用,而学生活动则使建筑重新焕发活力。"这两句评语,是联合国教科文组织对香港浸会大学活化"前英国皇家空军启德军营"为该校"视觉艺术院"校舍的赞语,简洁说明该项工程的复修方法,也是活化历史建筑的其中重点。

关键词:前皇家空军基地(启德)职员宿舍连食堂,前皇家空军基地(启德)职员宿舍第二座,视觉艺术院,一级历史建筑,半圆形英式军营

Abstract

"The project has transformed an abandoned colonial heritage landmark into a vibrant university space, making optimal use of the spacious interior spaces and enlivening them with student activities." commented by the UNESCO Asia-Pacific Heritage Awards for Culture Heritage Conservation, clearly revealed the conservation methodology and major idea of adaptive re-use for Academy of Visual Arts.

Keywords:Ex. Royal Air Force Station (Kai Tak), Officers' Quarters Compound RAF Officers' Mess, Ex. Royal Air Force Station (Kai Tak), Officers' Quarters Compound Annex Block No. 2, Academy of Visual Arts, Grade I historic building, Nissan Hut

引言

香港浸会大学(浸大)在 2005 年开始复修"前英国皇家空军启德军

营"（简称）作为该校的"视觉艺术院"校舍，当时香港在活化西式历史建筑的经验尤浅，从计划工程到施工，浸大管理团队与政府紧密合作，援引国际标准，探索活化方法。管理团队以"顺势而为"的哲学思维指导工程，尽量利用建筑物的本来设计，复修方法既简捷又重视保护文物价值。本文阐释是项工程如何以保护文物及遵守"保育指引"为复修的设计与施工的方法，并回顾项目对日后本地活化历史建筑事业的影响。

一、项目背景

2003年浸大计划开办香港首个视觉艺术学士学位课程，急于寻求校舍，遂与政府筹谋用地，恰巧位于九龙湾北观塘道51号的"前英国皇家空军启德军营"正好空置，于是浸大申请使用该处作为"视觉艺术院"校舍，获批后开展两年的复修工程，2005年开始租用，同年9月正式成为浸大启德校园"视觉艺术院"校舍，为浸大初试啼声的保育项目。2010年"前英国皇家空军启德军营"获古物咨询委员会订为一级历史建筑。

（一）前英国皇家空军启德军营

前英国皇家空军启德军营是一座建筑群，位于九龙湾北的小山丘上，始建于1934年，包括主楼、附属大楼及营内的隶属建筑。它的正式名称是前皇家空军基地（启德）职员宿舍连食堂（即主楼），与毗邻的前皇家空军基地（启德）职员宿舍第二座（即附属大楼）。隶属建筑有防空洞、庶务室、电报室、壁球室、半圆形英式军营、小型练靶场。英国空军在1920年代进驻香港，1934年在启德兴建基地建筑，"前英国皇

"前英国皇家空军启德军营"正门，2005年

家空军启德军营"便是建筑群里的一组。军营曾作出多项改动,譬如二战后才加建主楼东翼和庶务室;1966年重新装修,1978年移交予香港政府。1980年至2001年间,军营改作皇家香港警察侦缉训练学校,至2001年关闭。

军营采用了当时欧洲流行的折中主义建筑设计(Eclecticism),[1]并为配合香港的亚热带气候,在建筑物周围加设深阳台及百叶门窗以遮阳隔热;此外,建筑物的装饰派艺术、几何图案及对称设计,这都成为这座历史建筑的建筑特色。

(二)视觉艺术院

启德校园视觉艺术院是浸会大学九龙塘主校园外的校舍之一。浸大希望培育香港及珠江三角洲有创意的人才,及推广本地艺术文化,遂于2003年筹备成立视觉艺术院。浸大为艺术院觅地,在决定活化这军营前,先考虑建筑物与将来用途的相符程度,如果需要大量更改建筑物的本来设计,便违反了保育的意义。军营大楼的实体建筑诸如高楼底、深阳台、灵活间隔、大庭院等设计特色正好完美配合视觉艺术院的教室及工作间的用途;它的幽岗庭院深静,给予艺术工作者所需的灵感,军营的建筑氛围完全吻合视觉艺术院的要求,而且交通方便。主要的复修工程只是修缮与增设空调、电梯、防火等现代建筑设施。复修后,除了设置办公室及学生工作室外,另有12个工作室,供素描、绘画、陶瓷、雕塑、装置艺术、版画、玻璃艺术、摄影和首饰设计及计算机实验室之用。因为顾及公众参观文化遗迹的需要,浸大将视觉艺术院适度开放,院内设立展览廊,帮助公众理解及欣赏文物价值。

浸大管理团队执行此项目时,以"顺势而为"的哲学思维指导工程,即是改建筑为校舍时,一概顺应军营的原本设计,只作少量的间隔改动,尽量恢复建筑原貌,沿用原材料,谨守保护历史建筑物的规条。这几点也成为活化军营的目标,决定项目的复修设计与施工方法。

二、周详计划

复修后的庭院,2006年

(一)探索文物价值

保育历史建筑的重点在于保护建筑物的文物价值,故此复修方案以保存其文物为依归;换言之,探索"前英国皇家空军启德军营"的文物价值就是此项目复修的起点,将来施工的目标。

---

[1] 折中主义建筑,该词取自希腊文eklegein(选取或抉择),其形式的表现是希望透过理性的思考与抉择来创造出适合当代需要的建筑。

从历史价值而言，军营经历香港殖民地时代的军事盛衰，它的工程也说明当时本地的建筑制度。香港当时尚未有专业的建筑人员，所有军、民、政府建筑工程盖由皇家工程师监管，尤其是军事建筑，由皇家工程师队（Corps of Royal Engineer）专责，[1]这种英式群体使用的建筑广泛影响当时香港的建筑风格。这座军营正是由皇家工程师队在启德初建基地的建筑群里的一组。二战（1941~1945）后，英帝国在远东的势力渐减，随着英军队撤退，本地大型的军事建筑群很快就转为其他用途，当年启德区内的军事建筑群至今仅存三座，此座军营占其二。

从建筑价值而言，其最大特点是将当时欧洲流行的折衷式建筑加以修改，采用深阳台、百叶门窗以适合亚洲热带的气候，并融合本地建筑材料及技术。"前英国皇家空军启德军营"的建筑外形与装置充满装饰派艺术风格（Art Deco），具有严谨的几何线条及对称比例，也是需要保育之处。

鸟瞰图

从地貌环境而言，英国皇家空军选择位于九龙湾北岸的地块作基地，它北面拱山围绕成天然屏障，南临海港与海军相连，区内填海造地平直能容跑道，1927年英空军已在此区执勤，"前英国皇家空军启德军营"则于1935年建于北面小山丘上，成为空军基地建筑群的重要部分。保育历史建筑不单止于建筑物本身，它的周遭环境，尤其是原来地貌都需要保护，因为这些环境构成建筑物的选址原因。幸运的是军营的四周范围、草坪和树木都几乎能够维持原貌。

从鸟瞰图可见，基地上除了"前英国皇家空军启德军营"，尚有几座类似的军事建筑。1949年4月24日。（图片来源：地政处，编号：6090,8/A/117。）

1950年代时的前英国皇家空军启德军营，启德机场在跑道附近。

九龙街道百年

_____

[1] 马冠尧：《香港工程考》，香港：三联书店（香港）有限公司，2011年，第30页。

（图片来源：《九龙街道百年》）[1]

"前英国皇家空军启德军营" 鸟瞰图

（二）设定保育指引

确定文物价值之后，浸大项目管理团队严格遵循古物古迹办事处的要求，在施工前迅速制定详尽的保育计划。为此，浸大与民政事务局合作，聘请顾问针对建筑物文物价值的重要性，订立一套《保育指引》，内容遵照1999年《巴拉宪章》的原则及指引，作为修复军营为香港浸会大学视觉艺术院的依据。[2]《保育指引》内规定修复的策略有三：可还原、少干扰、承认历史。"可还原"是指若在建筑物有任何加建或新装置，必须可以拆除还原，以尽量减少损坏建筑物；"少干扰"即尽量保存建筑物外部的原有实体结构，只是在有需要时才引进新物料，当选择新物料时还要注意环保；"承认历史"指有时即使建筑物某些外部曾被改变，由于保存历史痕迹也是重要的，故可能无需恢复原状。《保育指引》同时顾及现代建筑规条，容许改建建筑物内部，以便安装现代屋宇装备，使配合新用途，但要求内部装饰须与建筑物的建筑风格相符。

"前英国皇家空军启德军营" 侧面图

《保育指引》原文凡33页，说明前英国皇家空军启德军营的文物价值及保育方法，成文于2005年，数年来香港与国际的保育方法不断完善，然此《保育指引》仍有参考的作用，故本文节录部分指引于附页，包括保育的原则及具体的方法。

三、复修方法

复修工程进行时，谨守《保育指引》，策略以保育文物及建筑特色为重点。

（一）运用原有设计

简单而实际是香港前殖民地时期英式群体建筑的特点，"前英国皇家空军启德军营"充分显示这种特色，主楼重复的双柱结构、深邃外廊，内间没有主要的承重墙，施工时很容易在柱栋之间间隔出不同大小的房间，这种灵活的室内规划网络，十分方便使用者的需要。浸大项目团队很快体会到这种原有的灵活室内设计，再加上建筑物的百叶高窗、宽大的无柱空间，十分吻合视觉艺术院课程的空间需要，可以设立素描工作室、绘画工作室、摄影实验室以及展览廊。大庭院内的露天草

百叶窗的门和高窗一对一对排列，深阳台的影子以及正面外墙的柱廊。2009年

---

[1] 郑宝鸿、佟宝铭：《九龙街道百年》，香港：联合出版社，2003年，第81页。

[2] 《巴拉宪章》是国际古迹遗址理事会澳大利亚委员会（澳大利亚ICOMOS）在《国际古迹遗址保护与修复宪章》和《国际古迹遗址理事会第五届全体大会决议》的基础上，根据澳大利亚的国情制订的。是亚太地区广泛采用的西式建筑物保育标准。

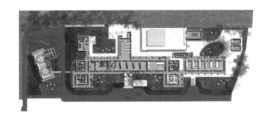

Main Building - 1st Floor

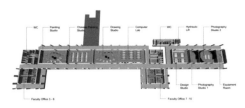

Main Building - Ground Floor

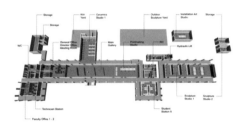

整体平面图展示重复的双柱结构及深邃的外廊，可以间隔成任何面积的房间。上图：景观平面图；中图：一层平面图；下图：二层平面图

左图：复修前，主体大楼长型无柱空间。2004年；
右图：展览廊。2011年

左图：复修前，主体大楼长型无柱空间。2004年
右图：绘画工作室。2011年

坪及茂密的树木，更是户外作画及雕塑的理想地点。

军营内所有的隶属建筑也很容易改装为特殊艺术工作室。附属大楼变为学生工作区以及大型户外雕塑的工作间，庶务室改为首饰设计室、附属大楼后面的附属建筑物则成为陶瓷工作室。半圆形军营及小型练靶场景是玻璃艺术室，内设烧炉及特殊器材。此外，壁球室的高楼底则正好适用于装置艺术。

（二）保留建筑特色

英军宿舍具装饰派艺术风格（Art Deco），它的外型、装置、构件都是文物价值所在，也是演译建筑的最佳媒介，最好的保护方法便是予以保留。主体大楼初建时，入口在中央，两旁楼梯，正面外墙的几何结构有序。门窗间隔高低有致，成对排列，形成强烈的节奏感。宿舍内的木门、法式窗户、固定百叶窗，凡"保育指引"上列明的构件，一概保留；对任何轻微破损或改装的构件都小心修复，又细心修理木作和接驳部分，及更换缺失的铁制部件。

另一个例子是半圆形军营，它原是空军地勤人员宿舍，1970年代改为康乐室。当年英军在香港所建的40个同类军营中只剩下两个，这个半圆形军营尤足珍贵，修复时采用当时的建造技术加以保存，旨在以最低限度的干扰保留军事建筑的精粹。防空洞及电报室也只是稍作表面清理，以保留所有终饰和墙上印记的原貌。在加添设施上，使用可还原方式以确保这历史建筑的主要部分在有需要时可以恢复原状。

（三）少干预原建筑

这项目的保育指导原则是将干扰建筑物的程度减至最低。例如把主体大楼的大型办公室改装成课室和艺术工作室，于是便保留原有的设计布局；主体大楼东翼的大型办公室改装成摄影实验

大庭院可作户外创作　　　室外雕塑间。2011年　　　首饰设计室

陶瓷工作室　2011年　　　玻璃艺术试范　　　玻璃艺术室的玻璃窑　2011年

室及黑房，只拆除两处内部间隔和大堂改装成主要展览廊。所有现有的木门、法式窗户和固定百叶窗都得以保留，作为原有建筑组件的一部分。

（四）物料与工艺

建筑群内有很多花岗岩造的构件，其中有挡土墙用的花岗岩砖块，以及修饰过的花岗岩外梯护墙。建筑时久，嵌填砖缝的石灰砂浆已经局部退化，曾被修理，可惜修缮方法不当，使用水泥砂浆填补。复修工程时，移走这些破损的嵌填砖缝部分，从新用石灰砂浆来修复砖缝接合处。建筑物于1930年代建成，当时用石灰砂浆作批荡材料，在复修工程中，仍用上石灰砂浆作内部批荡及砌石工程中的重嵌接合处为材料。

（五）新装置构件

从20世纪初的军用宿舍改为现代校园，建筑物的功能转变，要增设符合现代需要的相应设施，70年代时建筑群被改为一所警察侦缉训练学校时，可幸不需做大幅改动建筑物的基本结构，视觉艺术院亦同样容易规划这建筑群，唯一需要添加的设施是升降机塔、逃生楼梯、多个自动洒水系统、空调。浸大的项目设计团队善用建筑物本身的条件去增设现代设备，把升降机塔、逃生楼梯都建在侧楼与主楼之间的隐蔽处，升降机塔用透明物料建造，又不设机房，这些新设施在旧建筑中隐

左图：升降机塔，2011年。
中图：消防洒水系统，2005年。
右图：地下外廊的窗口式空调与门上扇形气窗相仿，2009年。

左图：走廊展板概念透视图，2006年。
右图：新的展板与示摊位融合现有的百叶窗口，2009年。

藏得与现有建筑融为一体，堪称天衣无缝。新设的空调系统采用窗口式安装方法而非中央系统，既避免加建不必要的管道工程，用户可以随意开启窗户，自然通风，节能环保兼顾。再者，窗口式空调与门上扇形气窗如出一辙；新的展示摊位与现有的百叶窗口更是融为一体。

四、活化成果

在整体活化规划中，通过悉心的布局安排，半户外的空间如回廊、阳台与户外空间如小径、草坪等互相交织，成功地与公共、教学、创作、展示和办公室各个空间整合，营造出一个优良的学术氛围，提供发挥自由创意、传承艺术的平台。

五、项目的意义

"前英国皇家空军启德军营"占地约12000平方米，而总建筑面积约为5200平方米，保育和修复项目的总成本约为2800万港元（360万美元）。项目在有限的资源下，凭着周详的计划与良好的管理政策，仍可成功推行此活化历史建筑计划，而且对政府的保育政策、教育界、社会都有深远影响。

（一）对政策的影响

项目在2005年启动，当时香港的保育事业甫启，"前英国皇家空军启德军营"项目具开创作用。特区政府在2008年展开的"活化历史建筑伙伴计划"是政府的文物政策，由政府提供财政资助，让非牟利机构活化再用政府历史建筑，营运者在经开业初期之后才自负盈亏，本项目类似这种模式运作，可以说是"活化历史建筑伙伴计划"的先行者，而且是一个成功的个案，展示了私人参与活化历史建筑的巨大作用，有助孕育政府后来的文物政策。正因为"前英国皇家空军启德军营"项目成功，间接鼓励浸大参加2008年的第一期"活化历史建筑伙伴计划"，活化"雷生春"项目。

（二）对业界的影响

香港浸会大学因着视觉艺术院成为香港少数在校园内拥有历史建筑的大专院校。在国际上，教育机构在校园内拥有历史建筑并不特别，但在香港地少人多的客观环境下，可供校园发展的土地非常短缺，要运用历史建筑作教育用途更是困难重重，亦恐怕营运历史建筑会使成本偏高。这个项目的成功，为教育机构和政府带来另一番体会，现在政府更愿意邀请各教育机构申请使用更多历史建筑作校园，例如北九龙裁判署、柴湾的旧天主教学校以及薄扶林的伯大尼修院。

（三）对社会的影响

小学艺术活动

视觉艺术院活化项目的起步资本为2800万港元，用作前期保育及复修工程。复修后项目的日常运作和维修须由浸大及其捐助者负责，视觉艺术院营运成功，能持续运作，展示出一个可行的财政及营运模式来保养历史建筑，令社会的宝贵文物可以继续存留。

视觉艺术院进行教学、艺术活动，融会中西艺术，发扬香港独特历史背景的东西文化交流气质，教育是薪火相传事业，能够为建筑物带来新的生命力。艺术院成立视艺荟，专门提供非牟利社区艺术服务，促进艺术创作及欣赏；又定期举办展览、讲座、工作坊和导赏团，及社区艺术合作伙伴计划等艺术活动，广受老师、学生和各行各业人士欢迎。凡此种种，平添项目复修后的社会价值。

艺术工作坊。2011年

（四）国际关注

此项目在2009年联合国教育科学暨文化组织亚太区文物古迹保护奖的评选中，赢得了"荣誉奖"。评审团赞扬该项目："修复工作完全保留了历史建筑结构和风格，显示出对原有空间配置的灵活应用，再次呈现了该地区常见的多层及混合式热带建筑特色。建筑中的工作室和画廊均经过精心甄选和设计，使宽敞的内部空间得以最优利用，而学生活动则使建筑重新焕发活力。作为再利用过时公共建筑的典范，该计划展示在现代体制背景下重用历史军事建筑的可能性。"获奖再次肯定项目的活化工作成功。

六、结语

　　回顾此项目的开始，实缘于浸大觅地办校，却遇上保育历史建筑的良机，与政府共同摸索施行保育的方式。浸大在制定活化策略时，采取"顺势而为"的思维，务求善用建筑物的本来设计，减低对原建筑的干扰程度，复修的设计和施工方法都以简单及保护文物为原则。视觉艺术院至今已运作五年多，这个项目的意义越发清晰，对本地的保育政策、社会、业界都有正面的影响；2009年所获的"荣誉奖"，证明项目亦得到国际的肯定。这项开创香港政府与民间合作活化历史建筑先河的工程，是本地保育历史建筑的一个里程碑。

参考文献：

1 《活化重生——雷生春的故事》，香港浸会大学，2012年。

2 香港浸会大学物业处档案：万青力教授《视觉艺术院的社会价值》，2011年。

3 马冠尧：《香港工程考》，香港：三联书店（香港）有限公司，2011年。

4 郑宝鸿、佟宝铭：《九龙街道百年》，香港：联合出版社，2003年。

5 鸟瞰图，1949年4月24日，编号：6090,8/A/117香港：地政处藏品。

6 "Proposal: Academy of Visual Arts at the former Royal Air Force Station in the Kai Tak Buildings", prepared by HKBU, October, 2004.

7 The Team Consultant, "Conservation Proposal for the Adaptive Re-use of Former Police Detective Training School for The Academy of Visual Arts, Hong Kong Baptist University", commissioned by Hong Kong Baptist University, September, 2010.

8 UNESCO Asia Pacific Heritage Award 2009 Submission: Academy of Visual Arts, HKBU – Transformation of the Royal Air Force Officers' Mess, HKBU, 2009.

9 Gelernter Mark, "Sources of Architectural Form：A critical history of Western design theory", New York：Manchester University Press, 1995.

附录：《保育指引》节录

　　第2部分 —— 保育指引

　　4.1 保育方法

　　文物保育方法将遵照1999年《巴拉宪章》（国际古迹遗址理事会澳

洲分会保护具文化意义地方的宪章）所载的原则及指引，因为《巴拉宪章》是亚太地区广泛采用的西式建筑物保育标准。

4.2 保育目的

a）修复[1]建筑物以便活化再用——香港浸会大学视觉艺术院。

b）按实际情况尽量以原来物料及技术修复现有建筑物的构件，并透过有效维修，长期保护建筑物免受进一步损耗。

c）由于有关建筑物落成后从未准许公众人士内进，透过限制对公众开放，重新发掘该处及有关建筑物的文化遗迹。

d）设置展示区，以助公众人士理解及欣赏文物价值。

4.3 指导原则：外部

下列指导原则适用于建筑物的外部：

最大可还原性：建筑物外部的任何加建部分或新装置必须可以拆除，以尽量减少现有建筑物的损坏。

b）最少干扰：须尽量保存建筑物外部的原有实体结构，只在有需要时才引进新物料。

c）接受历史变迁：建筑物外部某些部分可能无需恢复原状。

4.4 指导原则：内部

下列指导原则适用于建筑物的内部：

a）内部改建不能将建筑的历史元素作不可逆转的重大改变，即屋顶、墙壁和地板，轻量的内部装修及维修须得到古物古迹办事处的同意批准。

b）内部非承重隔墙可打通连接房间作为新用途。

c）内部可改建，以便安装现代屋宇装备，并在适当时配合新用途。

d）内部终饰须与建筑物的建筑风格相符。

5.1 评估建筑物构件的重要程度

在下页的图表中，有一栏为"重要程度"；这是用作评估建筑物构件不同部分的重要性，以0至3分评级，详情如下：

3 = 十分重要：这些是不可或缺的建筑物构件，应予竭力保护。

2 = 重要：这些是仅次的重要建筑物构件，在情况许可下应予保育。

1 = 不重要：这些是毫不重要的建筑物构件，可在有需要时改动。

0 = 带来损害：这些构件（例如其后加建或改建但却不能兼容的部分）不仅毫不重要，而且更有损建筑物的重要性，应尽量拆除。

---

[1]　"修复是透过修葺或改建把物业恢复至可用状态的过程。修复令物业能以现代有效方式使用，同时也保存对物业的历史、建筑及文化价值举足轻重的部分和特色。"这定义取自Harold Kalman教授在香港大学建筑学系建筑文物保护课程中举行的简报会。

5.2 建议保育指引：建筑物／结构

主体大楼（军官俱乐部）

重要程度：3

保育指引：不得改变外观。须在建筑物背面或任何不致影响景观的位置安装窗口式空调。应予保留的主要建筑特色：围栏，柱上装饰，门，包括扇形气窗、一般窗户和百叶窗（门窗上的百叶栅）。物料：所有门窗和百叶窗均须使用相类物料并按工程细则修葺，如无法修葺，则须更换；雨水管须换上铸铁管，不得使用聚氯乙烯喉管和配件；屋顶防水装置可换上新型屋顶防水物料／系统；须按结构工程师的建议，进行结构性修葺或混凝土剥落的修葺。颜色：可采用新色调。

附属建筑物1（附属大楼）

重要程度：3

保育指引：与主体大楼相同。应予保留的主要建筑特色：与主体大楼相同。

物料：与主体大楼相同。颜色：与主体大楼相同。

附属建筑物 2（半圆形军营）

重要程度：3

保育指引：不得改变外观。无需拆卸侧窗及把砖墙修复至金属墙。应予保留的主要建筑特色：结构及波纹金属板。物料：门窗和百叶窗均须使用相类物料并按工程细则修葺，如无法修葺，则须更换。颜色：可采用新色调。

附属建筑物3（右面的建筑物）

重要程度：1

保育指引：可以改变外观。须在建筑物背面或任何不致影响景观的位置安装窗口式空调。应予保留的主要建筑特色：没有。物料：可引进新物料供修葺工程之用。颜色：可采用新色调。

附属建筑物4（壁球室）

重要程度：1

保育指引：可以改变外观。须在建筑物背面或不致影响景观的立面安装窗口式空调。应予保留的主要建筑特色：没有。物料：可引进新物料以供修葺工程之用。颜色：可采用新色调。

篮球场

重要程度：1

保育指引：可改变外观。篮球场可用不会留下永久痕迹的物料围

建，例如可伸展的构筑物。应予保留的主要建筑特色：没有。物料：可引进新物料以供修葺及重铺地面之用。颜色：可采用新色调。

密封防空洞

重要程度：3

保育指引：不可改变外观。应予保留的主要建筑特色：外露的植物。物料：须按结构工程师的建议，进行结构性修葺或混凝土剥落的修葺。颜色：只可采用保护色调。

5.3 建议保育指引： 主体大楼后期扩建部分

主体大楼：东翼

重要程度： 2

保育指引：虽然这个较后期扩建部分（可能建于1938年）破坏了原有的匀称布局设计，但其建筑风格与主体大楼一致，可视作整幢建筑物的一部分。保育指引须遵照主体大楼的指引。

主体大楼： 卫生间附建于东翼

重要程度：1

保育指引：外观：这构筑物破坏了整幢建筑物的匀称，并堵塞原有布局设计两边的隐蔽庭院空间。如有需要，可拆除这扩建部分。如要保留这扩建部分，并加以修复活化，须遵照主体大楼的保育指引。

主体大楼： 后方扩建部分

重要程度：1

保育指引：外观：这构筑物把后院分隔成两部分，破坏后院的完整性。如有需要，可拆除这扩建部分。如要保留这扩建部分并加以修复活化，须遵照主体大楼的保育指引。

主体大楼：庶务室背貌

重要程度：1

保育指引：外观：这扩建部分须根据主体大楼的指引修复。如有需要，可拆除有盖行人道。如要保留有盖行人道，其外观和物料须尽量与现有的一致，不宜给构筑物加装不锈钢或铝质面板。上盖可转用有别于原有构筑物的透明物料。

保育指引：历史文物

主体大楼： 入口地台终饰

重要程度：3

保育指引：外观：不得改变外观。建议保育工程：以水清洁，如有需要，可用稀释家用洗涤剂。不应使用任何种类的清洁剂。

主体大楼： 六角形砖地终饰（后方）

重要程度：3

保育指引：外观：不得改变外观。建议保育工程：以水清洁，如有需要，可用稀释家用洗涤剂。不应使用任何种类的清洁剂。

主体大楼：走廊警钟（两个）

重要程度：3

保育指引：外观：不得改变外观。不得改变物料和颜色。建议保育工程：以水清洁，不得重新髹漆。可移动部分和生锈螺钉可用WD40作润滑之用。

主体大楼——正门上方香港警察标志背后的英国皇家空军牌匾

重要程度：3

保育指引：外观：入口上方警察标志背后可能有英国皇家空军牌匾、标志。建议小心拆除警察标志。如有英国皇家空军牌匾、标志，不应隐藏。

保育工程：如英国皇家空军牌匾、标志（包括周边部分）有任何损坏，应以性质相类的物料（可能是石灰砂浆）修葺。英国皇家空军牌匾、标志须髹上英国皇家空军的颜色。

主体大楼及附属建筑物1：1934年的基石（两块）

重要程度：3

保育指引：外观：不得改变外观。

保育工程：所有花岗岩构筑物必须以水清洁，如有需要，可用稀释家用洗涤剂。

不应使用任何种类的清洁剂。

5.5 重要建筑特色：主要建筑构件

主体大楼及附属建筑物1：门窗、百叶门和百叶窗

重要程度：3

保育指引：外观：不得改动门窗及百叶窗。曾为安装窗口式空调而改装的顶部窗户和百叶窗，须予修复。内倒上悬的竖铰链窗不得改动。可改变现有颜色。

保育工程：所有门窗及百叶窗须以相类物料并按工程细则修葺，如无法修葺，则须更换。如百叶窗的窗叶可以移动，须修复百叶窗后方调校活动窗叶的装置。所有铁器，包括铁锁、铁栓和铁铰，均须修复，后期换上的必须拆除及更换。保持窗户开启位置的墙上金属固定耳铁必须保存，缺失的必须补上。可使用强化玻璃。

主体大楼及附属建筑物1：软钢围栏

重要程度：3

保育指引：外观：不得改变外观。必须修复所有软钢围栏及扶手。必须完全清除现有漆油，并重新髹漆。

保育工程：侵蚀部分必须更换。焊接工程须减至最少。配合主体大楼的色调。

主体大楼：设于地面层的花岗岩拱门及柱墩

重要程度：3

保育指引：外观：不得改变外观。如拱形开口的下半部非属结构性，可以凿开。

保育工程：所有花岗岩构筑物必须以水清洁，如有需要，可用稀释家用洗涤剂。不应使用任何种类的清洁剂。须以石灰砂浆重嵌结合处。

主体大楼：壁炉

重要程度：3

保育指引：外观：不得改变外观。无论如何不得遮盖壁炉。

保育工程：必须修复壁炉。任何缺失组件／部分必须更换。壁炉不得改动，炉内不得安装新式供暖装置。

室外范围：花岗岩梯级及矮墙

重要程度：3

保育指引：外观：不得改变外观。后期以水泥砂浆修葺部分必须全部清除。花岗石柱损毁部分可能无需修葺。

保育工程：所有花岗岩构筑物必须以水清洁，如有需要，可用稀释家用洗涤剂。不应使用任何种类的清洁剂。可使用专有低压湿式喷砂系统（如JOS系统）清除修补的水泥砂浆。须拆除花岗岩部分，并重新铺上石灰砂浆。须以石灰砂浆重嵌所有结合处。花岗岩不得髹漆。

室外范围：花岗岩挡土墙

重要程度：2

保育指引：外观：不得改变外观，须重建花岗岩挡土墙的缺失部分，该部分因公务员事务局设置临时滑槽而拆除。

保育工程：所有花岗岩构筑物必须以水清洁，如有需要，可用稀释家用洗涤剂；不应使用任何种类的清洁剂；可使用专有低压湿式喷砂系统（如JOS系统）清除修补的水泥砂浆或其他不能刷掉的污迹；须以石灰砂浆重嵌所有结合处。

室外范围：沙井盖

重要程度：2

保育指引：外观：不得改变外观。不得更改物料和颜色。

建议保育工程：可移动部分可用WD40作润滑之用。

建议保育工序：内部

重要程度：1；外观：除历史文物清单所列的构件外，现有的室内装饰是1979年建筑署改建工程的作品，均可更换；物料及颜色：配合室内设计色调。

建议保育工序：标志牌

重要程度：2；外观：标志牌的设计（包括英文字款）须配合建筑物的建筑风格，合适的英文字款例子有Broadway等；物料及颜色：配合室内设计色调。

建议保育程序：屋宇装备的安装

尽可能采用窗口式空调，这类空调装置必须设于主体大楼背面或不致影响景观的立面。

各类屋宇装备的所有管道必须结集一起导入建筑物，以尽量减少在墙面钻洞。

如考虑为外廊或正面外墙照明而装设照明装置，应设于视线范围外的隐蔽处。

阐释遗址及历史建筑物

a）向公众开放：作为教学机构，建筑物不可能长时间对外开放，所以建议于办公时间（周一至周六）向公众开放部分的外部空间，使公众可以看到历史建筑物的外部。而在周末到访或参观建筑物内部，应事先以团体安排，如文物之友。

b）阐释遗址及历史建筑物：应向公众提供历史建筑物简介。建议安装户外的指示牌列明建筑物各地点的特定位置。应向参观团体提供有关遗址及历史建筑物文物价值的资料，如小册子、展板或电子版的说明。建议在主楼的一楼用作 "遗产展览厅"以达到上述目的。

c）用户参与：涉及建筑物的主要用户，如学生，向其阐释遗址及历史建筑物尤其重要。因此应鼓励学生担任参观团体的讲解员。

5.6 维护和管理指南

a）文档：应保存所有的项目复修研究和记录的图纸予未来的用户，或提供给任何有兴趣研究香港前英国皇家空军历史的人士。

b）日常维护工作：小规模的室内装修工程应遵循这个保育指引的建议。保护指引的建议应分配到前线维修人员或监督日常维护和维修工作的相关人士。应综合必要的信息在尺寸不超过A3纸张的双面小册子上。

c）加建及改建：对于大型加建及改建，复修计划应予以更新，向专业人员或外部养护专家提供适当的建议。并需在初始阶段邀请古物古迹办事处提供意见。

物化情感的表达
——澳门望德堂坊Bl.9地段建筑更新再利用的矛盾与挣扎

陈建成

摘要

　面对澳门望德堂坊Bl.9建筑，一个百年历史的城市集合住宅的建筑再利用，建筑师回顾它蹒跚的保育历程，细述设计过程中的探索，指出约束建筑师个人的设计欲望、以人道主义情怀关顾弱势的更新对象，会有助于发掘它自身的内在价值，另外通过理性引导形态设计，可以加强街区整体性，恢复老建筑在街区中应有的尊严，从而在活化结果中体现对历史真实性的尊重。

　关键词：澳门望德堂坊，文物保护，历史建筑更新再利用

Abstract

Concerning the adaptive reuse project of the Bl.9 building, a century-old collective residential building located at the Bairro de S. Lázaro in Macau, the architect recalled its halting process of conservation and detailed the decision-makings on the reuse project. Pointed out that it would be helpful to unveil the identity of an old building by constraining architect's desire of expression and treating it with humanitarianism as disadvantaged object. On the other hand, through rational physical design, it can enhance the integrity of classified zone and restore the due dignity of an old building in its surrounding. Thus the respect for historical authenticity could be reflected in the result of reuse.

　Keywords：Bairro de S. Lázaro in Macau, Heritage preservation, Adaptive reuse of historic building

一、蹒跚的保育历程

　位于澳门和隆街27至35号及疯堂新街28至36号，由十个相连建

筑单元组成的完整街区，被称为望德堂坊Bl. 9地段[1]，根据澳门特别行政区现行文物保护法例[2]，这个街区属于望德堂坊已评定之建筑群（Conjunto Classificado[3]）的一部分。

望德堂坊，或望德堂区（Bairro de S. Lázaro）现在的街区布局规划于19世纪末，形成于20世纪初的一二十年代，是澳门首个区[4]级规模的城市规划建设。区内以望德圣母教堂为中心，除学校、医所、安老院和宗教青年服务设施外，主要建设了不同类型的住宅，有花园大宅、独门独户的联排式房子等，数量较多的是一梯一户的准集合住宅[5]。Bl. 9建筑是这些准集合住宅中的一组。20世纪70年代开始，当相邻其他街区中各自独立的建筑单元被大量拆建成五、六层高的现代集合住宅楼后，Bl. 9建筑就成了区内准集合住宅中"相对"保存最为完整的一组。

这组建筑的具体建造日期有待查证，但存放在澳门历史档案馆内

1941年望德堂坊航拍照片
（图片来源：澳门地图绘制暨地籍局）

---

[1]　即第九地段，澳门特区文化局自2003年起对有关地段的称谓，源自2001年新域城市规划暨工程顾问有限公司为澳门特区政府编制的《创意产业区规划纲要研究》。

[2]　澳门特别行政区现行文物保护法例包括第56/84/M号法令、第83/92/M号法令及第202/2006号行政长官批示。

[3]　"已评定之建筑群"的葡萄牙语。文中特定术语括号内的外文皆为葡萄牙语，特此说明。

[4]　即葡萄牙语的"Bairro"，指城市中的分区、郊区，或乡间的村庄、村落。

[5]　这里称之为准集合住宅，原因是这些构成同一街区的独立建筑单元，虽然各自设有面向街道的正门入口，但它们也共享一条内部小巷，以后门与之连接。

1980年望德堂坊航拍照片（图片来源：澳门地图绘制暨地籍局）

的疯堂新街36号建筑平面图[1]，显示其原初设计绘于20世纪10年代，设计者是土木工程师Mateus Lima[2]，推断建造于同一时期[3]。自建成后一直作住宅用途，租客是澳门的土生葡人家庭，直至80年代仍有人居住，主要是离休公务员或退休人士[4]。

.1976年澳门颁布了第一条文物保护法例，第34/76/M号法令，当中指明具有公共利益的"组成代表澳门历史文物的都市综合区（Conjuntos urbanísticos que constituem documentos representativos de antigos povos ou épocas da História de Macau）"在未获"维护澳门都市、风景及文化财产委员会（Comissão de defesa do património urbanístico, paisagístico e cultural de Macau）"同意前，应维持现有面貌，不得改变。望德堂坊列入该都市综合区的清单内。

1910年代疯堂新街36号建筑一层平面图（图片来源：澳门历史档案馆）

然而，1981年，Bl. 9建筑的业权人却获行政当局批准有关发展计划，并获发工程准照进行拆卸。幸好工程施工时引发社会舆论关注，促

[1] 第MNL10.01e号历史档案，澳门历史档案馆藏。

[2] 望德堂坊已评定之建筑群中，现存的美珊枝街3号和5号两座花园大宅，以及圣禄杞街29号和圣美基街20号皆由Mateus Lima工程师设计。

[3] 按照汤开建和吴志良主编的《澳门宪报》中文数据辑录（1850～1911）第588页及599页，1911年分别有一篇政府扎谕提及批准疯堂新街36号的修整工价及一篇仁慈堂将和隆街31号招租的告白，显示Bl. 9建筑应在1911年前后已建成。

[4] 根据1983年7月20日当时业权人澳门仁慈堂致函工务运输司时的描述。可见于澳门特区政府文化局文化财产厅第1.1.1833号档案第1册。

使澳葡政府采取实时措施，工务运输司要求业主停止拆卸工程[1]——不过其中的和隆街33号及35号已被清拆。同时重组上述法例所指的委员会[2]，并授权该委员会于1982年6月10日前提交文物保护立法方面的全面更新方案——结果政府在1982年成立澳门文化学会，内设文化财产办公室专注于文物保护相关的工作，并在1984年颁布了新的文物保护法例，第56/84/M号法令。

虽然澳门文化学会成立后，政府即开始与Bl. 9建筑的业权人洽购相关业权，但是要等到1994年，才成功以换地的方式取得该物业权[3]。可是，由于原业权人一直未完成履行清迁原租客的义务，直到2000年澳门回归以后，才完成相关业权的登记，正式纳入澳门特区政府财产。在这期间，令人遗憾的是，和隆街27号和疯堂新街28号两个建筑单元因屋顶塌下被列作危楼而遭清拆[4]。另一方面，政府曾计划将之改建成身份证明司大楼：1995年当时土地工务运输司邀请了数家本地建筑师事务所进行方案竞赛，由冼百福及沈玛福建筑师事务所（Gabinete de Arquitectura Bravo e Sanmarful）设计的方案中选。不过经评估相关工作进度计划后，因预期未能赶及1997年底投入使用而搁置。此外，1997年当时文化司署在计划搬迁总部时，也曾考虑使用Bl. 9建筑，但最终还是为了满足使用面积要求而选择改建位于塔石的旧卫生中心大楼，即现在的文化局总部大楼。

2001年政府公布《创意产业区规划纲要研究》，选定望德堂坊作试点，计划逐步推出道路美化、整顿基建设施及翻新街道两旁楼宇外墙等工程。应建设发展办公室要求，文化局建议将Bl. 9建筑改建为艺术活动中心，用于举办中、小型展览和音乐演奏、表演艺术演出场所，但没有任何回响。后来在2004年，政府直接把该建筑交予文化局使

---

[1] 根据1983年7月20日当时业权人澳门仁慈堂致函工务运输司时的描述。可见于澳门特区政府文化局文化财产厅第1.1.1833号档案第1册。

[2] 随着1982年澳门文化学会（1994年后改称澳门文化司署）成立并设有文化财产办公室（1994年后改称为文化财产厅），该委员会于1984年被新的文物保护法例，第56/84/M号法令所设立的"保护建筑、景色及文化财产委员会（Comissão de Defesa do Patrimó nio Arquitect ó nico, Paisag í stico e Cultural）"所取代。后者作为一个技术咨询组织，于文化财产办公室内运作，直至1998年，其技术和咨询职权分别转入文化财产办公室及澳门文化学会领导机关后被解散。1999年澳门回归，澳门文化司署改称文化局。

[3] 澳门特别行政区现行文物保护法例，第56/84/M号法令第三十八条规定："政府将得与已甄别纪念物，或列入组合体地方及保护区之楼宇或地段的业权人协商，及按土地法规定的批给制度，以政府地段与之交换。"

[4] 见澳门特区政府文化局文化财产厅第3.3.795号档案第1册。

用，以便研究改造成一座五百到六百席规模的小型音乐厅，最终也不了了之。

反而到了2005年，在接收Bl.9建筑一年，经过一个台风季节的洗礼之后，文化局终于沿用过去数年面对空置文物建筑时使用的"先保护，后利用"策略，开始对留存下来的六个建筑单元，即和隆街29、31号及疯堂新街30至36号进行结构修复，避免其建筑状况恶化，重蹈十年前的覆辙。修复工作在2006年完成。此后，局内提出把该建筑物改造为澳门演艺学院音乐学校的临时校区，以配合学校设施的调整。2007年相关工作展开，2008年完成对前述六个建筑单元的改造。澳门演艺学院音乐学校进驻后，文化局决定在该处增办全日制音乐技术高中课程。相应地，和隆街33及35号两个已拆单元的改造工作也赶及2009年年底完成。望德堂坊Bl.9建筑正式成为澳门演艺学院音乐学校新校区。目前相关建筑再利用工作仍在进行，预计2014年全部完竣。

2004年的Bl.9建筑（图片来源：澳门文化局文化财产厅）[1]

二、约束

望德堂坊Bl.9建筑的占地面积不大，是一个长约55米、宽约25米的矩形街区：原由十个方形平面的建筑单元组成，每五个连成一排，背对背地高低分列于两条互相平行的街道——和隆街和疯堂新街，两街之间有平均约3.5米的高差。在基地内部，两排建筑之间设一条两米宽的小巷，把各建筑单元的天井串连起来，小巷端头有出入口通往街

2006年Bl.9建筑进行结构修复（图片来源：澳门文化局文化财产厅）

[1] 本文中不作图片来源标的图片，均来源澳门文化局文化财产厅。

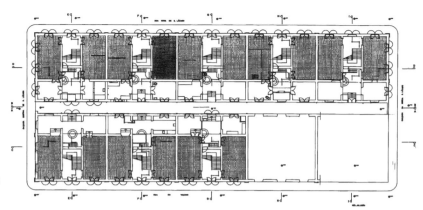

1991年Bl.9建筑一层测绘平面图

Bl.9现存建筑的坡屋顶做法

区两旁的斜路——疯堂斜巷和疯堂中斜巷。

每一建筑单元宽三间，深两进，呈凹字形平面，约11米见方，高两层，平均沿街高约9米。平面布局分前部生活区和后部服务区，就像把传统广府民居中的三间两廊倒转过来一样。生活区以楼梯为中心，入口正门、一楼饭厅和起居室、二楼卧室和浴室皆围绕其设置。天井是服务区的中心，挖有食水井，设石台阶和后门出入街区内部的公共小巷，厨房和佣人房分置天井两旁，它们的屋顶是二楼卧室出来的室外平台。建筑以砖木结构为主，二楼浴室为砖混结构。建筑前部的坡屋顶做法目前在澳门已不多见，是在木枋檩条上架设木龙骨，然后排木桷条，铺板瓦和筒瓦[1]。后部的平屋顶即二楼室外平台，属澳门当时常见做法，为木枋承板后铺砌双层黏土大阶砖。

建筑外观装饰朴素，在黄色粉刷墙面上，框上红色墙群、薄壁柱、水平线脚和门窗贴脸线，加上檐口顶部女儿墙的白色釉面宝瓶装饰，以新古典主义方式进行立面构图，形成强烈的水平视觉形象，显出浓重的葡萄牙建筑色彩。

显然，作为望德堂坊已评定之建筑群的一部分，Bl. 9建筑最主要的保护对象仍然是其外观，使得它与其他保留下来的历史建筑所形成的整体性得到保存。因此，于1995年，作为上文提及的身份证明司大楼建筑方案邀请竞赛的设计条件之一，澳门文化司署文化财产厅就Bl. 9建筑的改建提出了下列建筑限制条件：1. 保留现有建筑立面；运用原来的建筑语言，重建已塌毁的建筑立面；2. 可以对天面做必要的调

---

[1] 这种屋面构造方式目前仍可见于澳门美副将大马路的市政牛房（Estabulo Municipal para Gado Bovino）。该牛房由Raven, Basto & Fernandes于1924年设计。另外，根据澳门历史档案馆藏第MNL10.01a~j号历史档案，Bl. 9建筑原屋顶设计图显示，在檩条之下应还有人字形木桁架承托，构成与上述牛房屋顶相同的结构形式，但在2006年结构修复时，现场并未发现有安装过桁架的痕迹。

整，以便利用天窗；3. 必须注意新建楼层与现有室外门窗洞的对应关系；4. 允许建造地牢，但须与受保护墙体相隔 3 米，以保证其稳定性；5. 使用粉刷墙身，屋面铺中式瓦，平台使用中式大阶砖，向街的门窗使用上色的木门窗，向内院的侧可使用彩色的铝制门窗。

当时中选方案虽然表面上满足这些条件，但实际上，出于满足更为需要的建筑使用面积，在基地上开挖两层地下室，使得原有外墙体无法保留，只能在实施计划时按原样重建。另一方面，建筑师在中选后的首次修改方案中，把原外墙与新建筑体剥离，使两者之间形成一个类似柱廊或骑楼的空间。同时也打算更改原有的建筑色彩组合。当时文化财产厅立刻提出了反对意见。

事实上，上述事件反映出来的本质性问题，在这次 Bl. 9 建筑更新再利用设计中，同样需要面对——到底是前人留下来的东西重要，还是今人享受的东西重要？在今天大家都在强调创意、创新价值的年代，到底是表现创作的重要，还是保守既有观念重要？作为建筑师，是否只需满足前人对文物保护的解读和要求，就可以省却个人的思考和审视？

在进行场所解读和开展更新设计前，我们要求自己必须约束个人急欲表现的创作欲望，制约亢奋的设计权力，否则将难以客观审视上述建筑限制条件的适用性和合理性，也将妨碍我们对场所记忆的理性解读。同时提醒自己更新再利用的目的是发掘历史建筑自身在今日时空的价值、提升街区环境的整体性和协调性，从而强化被评定文物保护单位在当下城市环境中的完整性和亲和力。强调进行再利用的是所谓的受保护对象，是真正的弱者，脆弱得可能会随时消逝，我们必须投以人道主义关怀，恢复它们应有的尊严。

另一方面，我们也确定，即使是更新再利用，一般建筑遗产的恢复策略也适用于设计操作中，如最少介入原则、可识别性原则、可逆性原则等，因为这是能够实现保存最大化的方式，也合乎可持续发展的观念。此外，在设计决策方面，定下了"保存第一，活用第二，更新第三"的方针。

三、矛盾与挣扎

（一）更新对象

经过 2005 和 2006 年的结构修复，Bl. 9 建筑留存下来的六个建筑单元完整地呈现在我们面前：屋顶结构被修复，瓦顶重新铺砌，最大程度保护各建筑单元免被雨水侵入；和隆街 29 及 31 号保存得最完整，几乎所有门窗、楼板和天花都能经过修复重新使用，楼梯和地板都是原来的；其余四个单元残破的木楼梯和楼板被恢复过来，门窗也焕然一新；令人动容的是中央小巷与各个天井之间、露台与露台之间的空间关系，以及流动其中的光影和凉风。

毫无疑问，要更新再利用好这个建筑，必须配合原初设计以重复单元构成建筑的方式来使用，即新的用途也应该具有某种重复性质的单元设施配置需求——音乐学校的功能配置正好存在这样的需求，而不是本末倒置，把各种各样大小不一的功能硬塞进已有的建筑形体中，甚至为此而拆去内部墙体，只保留沿街立面，就像二十世纪八十年代至今，普遍发生在历史建筑更新再利用的现象一样。所谓适应性再利用，不就是新的功能用途去适应和配合旧有的建筑和空间特性吗？怎么会是旧的建筑去适应新的功能和用途呢？去肉留皮的改建方式其实已经把建筑杀死，剩下来的只是城市街道中的符号而已，虽然这对保护城市肌理和文脉来说也许没有坏处。况且，留存下来的 Bl. 9 建筑并非壳体建筑，它还有各种空间形态和关系存在着，其中所形成的空间肌理、节奏和序列是值得保留的——这种空间组合和构成方式在澳门其他区域并未出现，在望德堂坊也仅剩下 Bl. 9 建筑保留得较为完整，它们是规范日后用户行为模式的重要建筑元素，是人们真实体验该历史建筑昔日空间尺度的重要场所，又是日后研究望德堂坊，甚至是澳门建筑的重要实物档案。

那么 1995 年文化财产厅对 Bl. 9 建筑制订的建筑指引仍然适用吗？明显地，它需要修正。因为我们重新认识这个建筑，发现更多属于它自身的独特的内在价值，而不仅仅是它奉献给已评定之建筑群的外在价

更新方案沿街一层平面图

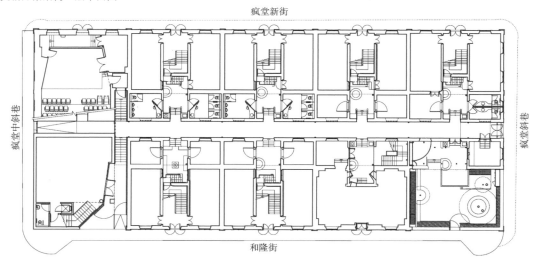

值。项目目标已经从改建再利用转变为修复及更新再利用——需要保留的对象不只是建筑立面,而是里里外外。我们鼓起勇气否定过去,更新自己。

（二）修复对象

只要稍稍观察澳门现在的城市景象,就会发现建筑之间几乎不存在任何对话,在今天各相邻用地发展强度极不一致的情况下,这是造成城市景观不协调的主要原因。望德堂坊也存在同样的问题。

Bl. 9建筑中,和隆街27号和35号、疯堂新街28号和36号位处矩形街区的四角,除了疯堂新街36号外,其他三个单元早已被清拆,这样,建筑更新方向可以有两个不同的选择:一是按原样重建,可以只重建外观,也可以内外皆复原;一是利用更新契机,为协调现有周边环境做出必要的设计,同时思考望德堂坊的城市设计,期望为该区带来具有实质意义的更新。

这是一个关于修补的课题。是修补个体的缺陷?还是修补群体的裂缝?我们选择了后者。原因是要复原失去的建筑单元,日后随时都可以,只要现在更新中加入的元素具有可逆性操作就可,然而选择后者却具有当下现实意义:

1. 今天望德堂坊西南和西北部的街道景观,随着高密度多层住宅楼的建设,在二十世纪80年代前后已经改变,疯堂中斜巷就是新旧景观的临界线之一,和隆街27号和疯堂新街28号正坐落于此。那些外观十分"朴素"的多层"新建筑",虽然毫无建筑美感可言,外墙和屋顶上又存在澳门建筑普遍的僭建乱象,但都具有垂直向上的视觉形象,与Bl. 9建筑等老建筑的水平向视觉形象不相协调,加上两者在建筑高度方面的差异,造成这里新旧景观的不协调性被突显出来,因此有需要在这里(和隆街27号和疯堂新街28号)研究合适的建筑形体,以转化或缓冲这种冲突,提高街道景观的视觉质量。最后我们设定了新的建筑形体直接与处于地势较高的一排疯堂新街建筑相连接,沿用相同的体量和造型,采取水平延续的方式折向和隆街29号,但不与之相连,两者之间留一条通道宽的缝。这样和隆街27号的建筑形体会较29号高出一层,在疯堂中斜巷与和隆街交会的街角,会产生地段沿街立面中最高的两个垂直面和最大的建筑体量,加上疯堂中斜巷本身的自然高差,一个既有水平感,又有竖向视觉趋向的建筑形态会在这里形成,从而与周边多层住宅楼形成一定程度的协调。

2. 和隆街35号所处十字路口的另外两个街角,分别是荷兰园商业

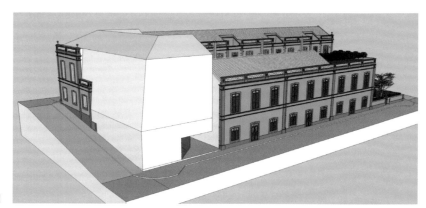

更新方案透视图

更新方案透视图

更新后的街角景观

中心和清安医所门诊部，都属于望德堂坊已评定之建筑群的一部分，与
Bl. 9建筑同时期，两者在立面上附设阳台，从街道景观考虑，这些阳
台需要有足够的视觉空间或景观物来呼应或对话，因此我们把拆空了
三十年的和隆街35号改造成开放式花园，作为Bl. 9建筑的主入口空间，
通过三者产生的视觉联系，让这里变成视线停留、游走和交流的场所，
从而在望德堂坊东南面创造一个视觉焦点，一个吸引路过视线的黑洞，
一个景观点。在花园内，我们种植了一棵羊蹄甲，用来呼应同街道上端，
婆仔屋门口那几棵相同的漂亮茂盛的路树，它们自20世纪90年代起就
作为望德堂坊印象的重要元素。通过这样的内在联系，强化望德堂坊已
评定之建筑群的整体性，为保护工作带来实质作用。另一方面，这个开
放空间的存在，将有助吸引一街之隔的荷兰园大马路的人流，对政府推
动望德堂坊创意产业区的实现有正面效果。

更新后的街角景观

更新后的街角景观

从荷兰园大马路望向更新
后的BI.9建筑

（三）建筑对象

进入建筑，面对不同时期使用者留下的生活痕迹，我们需要作出判断和取舍。这些痕迹或遗构或许不具有艺术价值，不具有历史价值，也不具有科学价值，都是一些平常不过的构件，甚至是不同年代改建添加的东西，它们的去留不会影响已评定建筑群的完整性，但是否就毫无保留价值或意义？我们做出了"可用者留"的选择。因为保留下来以后，还可以让后人有机会去筛选，去进一步复原或发展：20世纪六七十年代铺砌的普通纸皮石[1]地板仍然留在某个大房间内；其他表面破损的彩色水泥花砖地板，已经没有任何光鲜的装潢效果了，但经过简单清洗后仍然可以使用；那个可能加设于四五十年代的铁花栏板，被移到入口花园作为围栏使用；天井内已盖封的水井被重新打开，改造为水景设施，小小的储水池则改作鱼池使用，为建筑注入鲜活气息。那些不得不清拆的建筑构件，我们希望尽量留在建筑基地内，转化为情感上的纪念物，以表达"生于斯，死于斯"的传统情意。塌剩墙体的和隆街33号，由于改建需要新造基础，原有室内地板的彩色水泥花砖被小心拆下，张贴在面向入口花园的侧墙上，作为外墙饰面，也作为花园的景观墙；建筑中拆下的砖块，安息在入口花园的金属网格砖笼内，作为花园景观造型存在着；小巷窗口中拆下的两个防盗栏，改造为花园入口的组合铁门等。

关于更新中加入的部分，在设计大的形体时，我们要求必须与旧有建筑相调和，其他构造物如雨棚、地台、扶手、设备管道等，我们尝试通过材料和设计操作，以建造"僭建物"和"附加物"的态度来进行，

---

[1] 为方便施工，马赛克出厂时表面都黏有纸皮，故过去澳门人称之为纸皮石。

强化其可识别性，并强调它们临时和异质的性质：雨棚屋盖选用波浪板，是源于对城中大大小小僭建物和棚屋的联想；故意在流线中布置雨棚柱子，产生视觉障碍，是出于对澳门街道上随处可见的视觉障碍物的联系。另外，在更新中也加入一些似是而非、可有可无的"外来物"，以增加建筑的可读性：在新造的和隆街33号二楼，安置了部分拆自东望洋斜巷5号的室内构件，一些20世纪二三十年代的漂亮木窗套和百叶门扇。东望洋斜巷5号曾是澳门音乐学校所在。这所学校原来与澳门演艺学院音乐学校一点关系都没有，但现在产生联系了。我们也使用在郑家大屋收集的弃置防盗栏杆，将之改造为花园进入小巷的门扇和窗栏杆。贯彻"可用者留"的原则，活化更多被弃置的东西。另外，在即将建造的小型音乐厅（和隆街27号和疯堂新街28号）的外墙上，将会有一个与郑家大屋内花园相同形状的葫芦窗，用来配合整个场所更新中加入的中国文化意象。

澳门回归，华人主体意识成了主导，2005年"澳门历史城区"成功申报世界文化遗产，推动人们努力寻找澳门身份的认同，但这些思想行为从未在建筑上反映出来，为此，借着这个更新历史建筑为教育设施的机会，我们参考传统澳门中式建筑以装饰表达美好愿望的手法，尝试通过绿化景观和植物配置来为计划注入中国文化意象的联系和象征：在入口花园的植物配置中，以羊蹄甲寄寓学生"飞扬提甲"，以鸡蛋花寓音乐艺术"花香四溢"，以桃花树寓"宏图大展"，以长春藤寓音乐教育"长青"。在和隆街33号新造的绿化屋顶上遍植桃花树，创造在一个可望而不可即的"桃花源"，寓意学习的目的是追求人生和艺术的"理想国度"；在和隆街27号，小型音乐厅入口的上空，将种植两株桂花树，取"双桂当庭"的寓意，又与内向立面设计和葫芦窗配合，求"蟾宫折桂"的意象。

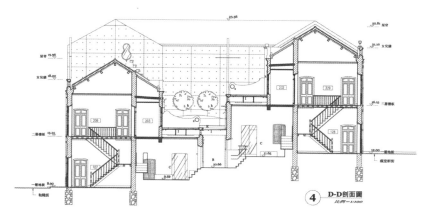

④ D-D剖面圖
比例─1:300

更新方案剖面图（数据源：澳门文化局文化财产厅）

2008年的Bl.9建筑小巷内景

更新后的Bl.9建筑小巷内景

（四）使用对象

原来小巷地台的铺地是不规则小块麻石拼砌的本地传统"石仔路"，这种昔日遍及澳门大街小巷的铺地，现在已经所剩无几，我们在更新计划中努力把它修复过来，期望人们走过凹凸的路面时可以真切感受前人生活的空间，理解历史建筑的时代变化，学校管理方虽然理解，但最终还是无法抵挡女性家长和教师的抱怨和要求，现在她们的高跟鞋已经可以轻快地踏在小巷平坦的石板上了。我们没有把这条石仔路拆走，而是使用可逆性做法，把石板干铺在它上面，而且坚持在人员走动不多的小巷前端曝露出来，让人们知道它的存在。

类似的使用问题在实施这个更新计划时反复面对，我们不禁要问：为什么人们不能谅解和包容老建筑的"现代"缺陷？是因为房间里装了空调设备，有足够的卫生设施，导致他们忘记这是一座历史建筑？还是所谓适应性再利用，终究就是老建筑去适应新功能和用途，用户不会接受它设下的束缚，除非它仅仅是一个被观赏的对象，而不是被使用的对象？在使用者面前，更新后的老建筑依旧是需要受到保护的弱者！

四、总结

我们承认，基于设计者的身份，上述论述也许过于片面，因此无法对该项目进行应有的评论。设计中遇到矛盾和挣扎，虽然令人犹豫，但我们总是相信，在文化遗产面前，长存敬畏的心和谦虚的态度，可以在进行历史建筑更新再利用时有更周详的设计思量，从而在活化结果中更能体现对历史真实性的尊重。

到了今天，望德堂坊Bl.9建筑已有百年历史，仍存的建筑结构依然脆弱，需要进行监测。应该高兴的是，对保护和活化望德堂坊，Bl.9建筑的重要性已经开始显现，澳门演艺学院音乐学校有了一个地标式校区，某个家庭的记忆场所也得到保存：两年前，学校的工作人员表示，有一位移民外地的市民要求入内参

2011年的Bl.9建筑

观，快乐地述说曾经在那里生活的回忆。

参考文献：

1 汤开建、吴志良：《澳门宪报中文数据辑录（1850~1911）》，澳门：澳门基金会，2002年。

2 吕泽强：《澳门望德堂、荷兰园及塔石区的矩形街区及西式民居》，《华南理工大学民居建筑研究所·第十四次中国民居学术会议论文集》，澳门特别行政区政府文化局、中国民居建筑研究会民居建筑专业委员会：2006年，168~173页。

3 阿丰索（José da Conceição Afonso）著、范维信译：《澳门的绿色革命（19世纪80年代）》，《文化杂志（中文版）》，1998年第36、37期，第113~135页。

4 文化财产厅：《澳门文化特色的佐证》，澳门：澳门文化司署，1997年。

5 马若龙：《环境委员会现址——陈赐大宅》，《莲花环境杂志》，2001年第3期57~69页。

6 刘先觉、陈泽成：《澳门建筑文化遗产》，东南大学出版社，2005年。

城市历史空间的保存与再生
——以历史建筑台中放送局再利用推动经验为例

陈韦伸

摘要

本文以台湾中部地区历史建筑台中放送局活化再利用推动经验为例，探讨历史建筑再利用面临的困境与挑战，并分析个案解决的模式与推动策略。采取文献与案例分析的方法，从文化资产保存的制度观点，讨论公部门政策、行政作为及其成效，以作为其他历史建筑活化再利用推动的参考。

在放送局再利用推动过程中，立即面临地方民意对再利用方向的分歧问题，文化局以开放式的对话凝聚地方共识方案。面对公部门再利用经营管理人力经费严重不足的问题，则透过政府与民间合作，以委外方式借重民间企业长处，发挥经营的创意与活力；此外，放送局再利用受到所处地理区位不佳的先天限制，则透过定期文化散步路线的规划串联各文化景点，并借由城乡新风貌——双十文化流域参与式规划设计，完成一系列都市人行空间的改造，重构水源地一带的历史文化环境。

归纳放送局再利用的特色，是以搭建历史空间舞台的概念取代固定式的空间展演，转化再利用收益为文化资产保存永续经营的动能，并将文化资产再利用概念延伸至户外空间与生活地景。历史建筑台中放送局保存修复与再利用的过程，就是与历史、都市环境、社区沟通对话的过程，透过文化资产保存活化与空间改造的具体行动，达成城市历史空间保存与再生的目标。

关键词：文化资产保存，历史建筑，再利用

Abstract

This study uses the reuse experience of Taichung Broadcasting Bureau, a historical building in central Taiwan, as an example for exploring the dilemma and challenges of historical building reuse. The solutions and implementation strategies of this case are also analyzed. Documentary and case analysis methods are employed to discuss the public sector's policies, administrative measures, and results from the perspective of cultural heritage preservation, in hopes of providing a basis for the reuse of other historical buildings.

The reuse of the Broadcasting Bureau immediately faced the issue of local residents disagreeing with the reuse direction, and the Cultural Affairs Bureau thus initiated open dialogue for consensus building. To resolve the issue of the public sector's severely insufficient manpower and funding for reuse management, the government outsourced operations to private enterprises, so as to utilize their creativity and energy. Furthermore, to resolve the limitations caused by the poor geographical location of the Broadcasting Bureau, cultural scenic spots were linked together by planning periodic cultural walking routes, and a series of urban pedestrian space transformations were completed under New Urban and Rural Appearance – Participatory Design of Shuangshi Cultural Watershed, which reconstructs the historic and cultural environment at the water source.

Reuse of the Broadcasting Bureau features the construction of a historic space, a stage that replaces fixed exhibitions and performances. This transforms benefits of reuse into a driving force for the sustainable operation of cultural heritage, and extends the concept of cultural heritage reuse to outdoor space and landscapes. In conclusion, the preservation, restoration and reuse process of Taichung Broadcasting Bureau is a dialogue between history, the urban environment and communities, achieving urban historical space preservation and reuse through a concrete course of actions in cultural heritage revitalization and space transformation.

Keywords: Cultural Heritage Preservation, Historical Building, Reuse

一、前言

台湾都市发展在现代化过程中，拆毁众多的老建筑作为新建设的发展基地，其拆毁的不只是市民多年生活积累的历史空间，同时也抹去了市民共同的集体记忆。位于台湾中部地区的台中市，同样面临城市开发与保存两难的课题。1999年台湾中部地区921大地震，虽造成台中市许多建筑倾倒与毁损，但城市发展的脚步得以放缓，此时公部门以文化资产保存制度适时介入参与城市复兴事业，除抢救许多具文化资产保存价值却待拆的建筑，并重新检讨城市建设与城市历史保存的关系，进行以古迹与历史建筑保存修复与再利用的城市历史空间再生行动，并获得初步的成果。

上述古迹历史建筑的修复再利用众多个案中，历史建筑台中放送局的再利用推动经验，是一个值得探讨的案例。台中放送局[1]除了由台中市文化局（以下简称文化局）主导将历史场域从一处戒备森严的广播机构，转型为市民共享的开放空间，其成功的效益并引发市府都市发展局的关注，合作以双十文化流域为名，开展台中旧城区水源地一带都市空间系列的改造。

本文以历史建筑台中放送局活化再利用推动经验为例，探讨历史建筑再利用面临的困难与挑战，分析个案解决的方式与推动策略。本文采取文献与案例分析方法，从文化资产保存的制度观点，分析公部门政策作为及其成效，以作为后续历史建筑活化再利用推动的参考。

二、历史沿革

台中放送局兴建完成于公元1935年，地处于台中市的水源地公园内，旁边为台中市主要的自来水场，北边是运动场，南侧为棒球场。台中放送局是台湾在日本殖民时期继台北放送局、台南放送局之后，成立的第三所广播电台，也是台湾中部地区广播事业的开端。

1945年台湾光复后，国民政府派人接收原属于"台湾放送协会"五处广播电台改组成立"台湾广播电台"，台中放送局亦在其中，1949年再移交给中国广播公司台中广播电台，一直到1998年该电台搬离为止。台中放送局一直是中部地区最重要的广播电台所在地，该处地址为台中市北区电台街1号，正标示其在台中市城市历史上特殊的地位。

由于台中放送局土地产权属于台中市政府，中国广播公司台中广播电台于1998年迁出，市政府收回后将建物作为工务局拆除队的办公厅舍。1999年台湾中部921大地震，台中放送局遭受地震力的破坏。建筑物屋架与墙体搭接处开裂，以致屋顶部分塌陷。整个屋顶的防水与排水系统机制与屋架结构损坏严重，每逢下雨室内如同淹水，必须进行修复。台中市政府在2002年7月1日经该市古迹历史建筑审议委员会委员审查，将台中放送局登录为台中市第一批的历史建筑[2]，透过文

---

[1] "放送局"是日文的汉字，翻译成中文的话，意思就是"以电讯技术，向大众发送声音、影像、文字等讯号的机构"。数据源：台中放送局网站，网址：http://www.fun-song.tw/qa.php。

[2] 2000年台湾通过修正文化资产保存法，将文化资产类别增列历史建筑项目，并由文化主管部门（中部办公室）主政，经921震灾重建推动委员会编列补助预算，紧急修复灾区内之历史建筑。

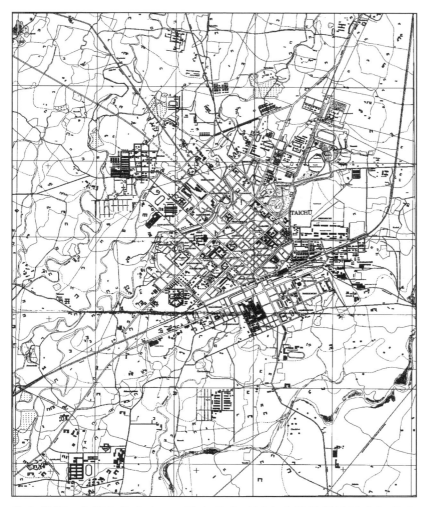

1945年市街图（局部），图面右上角体育场与棒球场中间两栋建物左侧为水源地上水塔，右侧为台中放送局[1]

化主管部门中部办公室向921震灾重建区历史建筑修复辅导小组争取修复经费，获得新台币2200万元整体修复经费补助，于是由文化局开始着手主导历史建筑修复工程的进行。

三、修复工程概要

历史建筑修复依文化资产保存法及历史建筑修复工程采购办法等规定，修复程序需先委托主管机关列册合格之专家学者办理"修复再

水源地"上水塔"历史照片[2]

台中放送局历史照片[3]

---

[1] 林良哲、袁兴言：《台中市历史建筑发展回顾（1945以前）专辑》，台湾：台中市文化局《台中文期》，2003年第6期，第76页。

[2] 原始数据源：《日据时代的纪录》第307页，转引自台湾：台中市文化局《历史建筑台中放送局保存修复之调查研究及修复规划》，2003年，第2~12页。

[3]《台中、日据时代的纪录》303页。转引自台湾：台中市文化局《历史建筑台中放送局保存修复之调查研究及修复规划》，2003年，第1~4页。

台中放送局2001年由台中市政府工务局拆除队使用时期照片[1]

台中放送局2002年修复前东南侧景观

台中放送局2002年修复前南侧景观

台中放送局2003年修复前西侧景观

台中放送局2005年修复后西侧正立面与前院景观

利用计划",经文化资产审议委员会审核通过,再由列册合格之建筑师依据审定之计划进行修复规划设计,最后才是修复工程发包。工程进行中,同时须委托列册合格专家学者进行工作报告书之施工记录,完整记录修复工程内容,以确保文化资产修复后的真实性。

台中放送局的修复再利用计划由文化局委托台湾成功大学建筑系孙全文教授主持,设计监造工作由陈柏年建筑师事务所担任,修复工程则由骏驰营造有限公司承揽,施工记录与工作报告书亦由陈柏年建筑师事务所负责记录编制。修复工程于2003年9月30日正式开工,2004年8月27日竣工。

台中放送局修复工程,除补强建筑物之结构安全、修复屋顶漏水、抽换损坏之木行架外,并恢复放送局原有之古典主义过渡到现代主义折衷风格的建筑风貌,尤其是保存机能主义象征的大楼梯与木造扶手,及建筑物原始的木门、五金把手、木拉窗、木屋架、日据时期的冷气通风管等。户外庭园亦保留原有榕树、芒果树、荔枝树、龙眼树、大王椰子等老树及其他庭园内之石灯笼、巨石、日池、月池、防空洞、铁门与警卫亭等。特别的是,放送局屋顶修复时将旧水泥瓦集中在前栋留用,后栋不足部分才铺设新瓦。日据时期的冷气通风管,在外观上与建筑并不协调,基于文化资产价值予以保留。此外,依建筑物与外围环境的关系,整理成几个精致的小广场,搭配降低在视线高度下之景观化的围墙,使得建筑物与户外庭园形成整体亲切的都市开放空间,市民可

---

[1] 台中市文化局:《历史建筑台中放送局保存修复之调查研究及修复规划》,2003年,第1~33页。

台中放送局2002年修复前日池景观

台中放送局2004年修复后前院日池

以24小时自由地进出不受限制。夜间透过投射灯照明的设计，更凸显历史建筑的美感。

为了顺利进行台中放送局的修复工程，文化局协调市府工务局拆除队迁出。文化局接手后，面临空置的历史建筑如何妥适且持续经营的难题，但也就此开启台中放送局再利用的契机。

四、再利用面临的困境与推动策略

古迹或历史建筑再利用在学理上，应于前置阶段完成修复再利用计划的专业评估，但

台中放送局修复前配置图[1]

降低在视线高度下视觉可穿透之景观化围墙

户外庭园形成整体亲切的都市开放空间

[1] 台中市文化局：《历史建筑台中放送局保存修复之调查研究及修复规划》，2003年，附录2。

由于台中放送局是台中市第一批登录的历史建筑中，第一处大规模修复的案子，无前例可循，且为921震灾修复工程，有重建如期完成的压力。除了地方政府，市民与地方民意代表对于历史建筑修复与再利用亦处于观念模糊的摸索阶段，因此放送局再利用规划，亦增加许多沟通与对话的过程。

归纳整理台中放送局再利用推动过程面临的主要挑战，包括地方民意分歧的政治问题，人力经费不足的经济问题，与地理位置在偏僻巷内的先天限制问题。以下就再利用面临的问题，分析个案解决的方式与推动策略：

（一）以开放式对话凝聚再利用共识方案

1. 台中放送局的建筑与环境优势

台中放送局建筑占地5325平方米，建筑物的一楼面积571.96平方米，二楼面积201.11平方米。放送局的建筑风格，为1930年代日据时期建筑从"历史式样"转入"现代建筑"中的一个重要"折衷式样"建筑。台中放送局无论在建筑样式、材料使用以及广播建筑设备的特殊性上，显现出其独特的文化价值与意义。在高度开发的台中市区保留如此具特色的建筑与完整的庭园腹地是相当难得的。故台中放送局修复再利用案，从一开始就受到瞩目。建筑体与庭园景观修复接近完成阶段，建筑物历史风貌逐渐展现后，对于修复后之再利用方向，更是吸引不少市民、团体与民意代表的关注。

可惜的是放送局在中广台中台迁出后，已撤走所有的广播设备，仅留下录音室的空间格局，增添历史建筑再利用的困难度，但也提供其他许多历史空间再利用的想象。

2. 再利用计划的提出

（1）公益社团的提案

放送局附近有台中市著名的企业维他露公司成立的基金会，因临近的地缘关系维他露基金会支持的台湾登山协会，于2003年初即有意结合台中放送局的场地，成立台湾第一座山岳博物馆，并向台中市政府递交提案。文化局初步评估登山博物馆的提案有基金会背后的支持，有利于再利用的持续经营，因此将此方案交由历史建筑修复再利用计划研究团队纳入再利用方案深入评估。

（2）再利用建议方案的提出、对话与修正

2003年6月孙全文教授主持的台中放送局修复再利用计划完成，依据研究成果，针对台中放送局再利用提出三个建议方案，分别是：台湾登山博物馆；地方产业暨社区交流中心；广电文化展示馆暨媒体交流中心。经研究的可行性评估（表1），建议方案优先级为"广电文化展示馆暨媒体交流中心"、"台湾登山文化博物馆"、"地方产业推广暨社区交流中心"。

　　虽然有修复再利用计划的专业评估，并提出再利用最优先建议的"广电文化展示馆暨媒体交流中心"方案，但由于地方民意与舆论仍有许多不同的声音，为了解决此一困境，文化局决定扩大民意沟通基础，主动召开台中放送局再利用座谈会。会议于2004年7月2日在放送局邀请专家学者、公益团体、民意代表、文史工作者与有兴趣自由参与的市民共同参与讨论。

表1　台中放送局再利用方案评估表[1]

指标＼替选方案		方案一 台湾登山文化博物馆	方案二 地方产业推广暨社区交流中心	方案三 广电文化展示馆暨媒体交流中心	备注
历史建筑本体维护之难易度	前栋建筑	☆☆	☆☆	☆☆☆	☆越多较易维护
	过水廊	☆☆	☆☆	☆☆	☆越多较易维护
	后栋建筑	☆	☆☆	☆☆	☆越多较易维护
	附属建筑	☆☆	☆☆	☆☆	☆越多较易维护
历史建筑的安全性		☆		☆☆	☆越多者安全性较高
管理的难易度		☆☆	☆	☆☆	☆越多者容易管理
对民众的吸引力		☆☆☆	☆☆	☆☆	☆越多者吸引力高
再利用经费筹措程度		☆☆☆	☆	☆☆	☆越多者为经费较易筹措
建筑总工程费用		☆☆☆	☆	☆☆	☆越多者费用较高

　　该次会中发言踊跃，各界提出许多不同见解，但与会者大致上都希望放送局能够延续广播电台历史文化的主题性。另为了吸引民众（尤其附近台中一中商圈之年轻人）来此参观，希望引进现代之科技，运用"声、光、影"等技术规划为多功能之创意馆，并期望以台中市特殊的人文背景，让该处发挥"城市文字"或"城市阅读"之文化特色。

　　与会之学者专家特别指出，历史建筑再利用（或闲置空间再利用）为台湾新兴之文化事业，截至当时大家累积之工作经验并不丰富，相关法令规定亦不周全，但一般人对之期望又特别高，很可能因不尽如人意，而大失所望，建议不要以超高标准来看待历史建筑再利用（或闲置空间再利用），反而应该采取鼓励方式，稳扎稳打、逐步地完成再利用方案，才能永续经营历史建筑（或闲置空间）。

---

[1] 引自《历史建筑台中放送局保存修复之调查研究及修复规划》，2003年，第6～17页，表6-1-1。

表2　台中放送局再利用座谈会归纳方向[1]

发言方向	A	B	C
发言整理	虽然历史建筑再利用不一定要走回原来使用之功能，但对于台中放送局而言，因为兴建七十年来（1935～2004），有六十四年间都作为广播电台使用，大家对于这栋建筑物最深刻的印象还"广播电台"，除了"广播电台"外，很难想象还会有什么功能出现？所以台中放送局修复后再利用方向，首先应循其历史文化之主题发展。 但纯粹走回过去也不妥当，所以应该加上其他推广功能，可以发挥广电教育之功能，透过展示相关之广电文物，让民众了解台湾广电文化事业之发展，并可办理各种广电研习活动，例如举办DJ训练营、广播夏令营、冬令营等，除了让民众体验广电生活外，并可培训广电人才。甚至也可以分季节，策划办理各种主题性之活动，例如"史艳文电视布袋戏季""金龙少棒纪念回顾展"等。 再以水源地目前土地使用功能来看，基本上整区为极具动态之体能活动区域，包括游泳池、棒球场、体育馆、体育场等，都是动态的活动区，台中放送局夹在中间，仍以维持静态功能较佳，让民众在激烈的体能活动中，得以获得休息、补充体能的机会。	但光以展示广电文物、办理广电文化研习营、策划办理各种主题性活动作为台中放送局修复后再利用之方向似乎略嫌单薄，不太能够吸引更多民众来台中放送局休闲。 因为广电工作不脱离"声、光、影"之呈现方式，而这些呈现方式又非常能够吸引现代人的眼光，所以，与会学者专家建议不妨引进先进之"声、光、影"技巧，结合现代科技、生活、文化与教育等主题，规划台中放送局再利用方案，似乎更能吸引民众来台中放送局。例如举办户外热门音乐会、歌友签名会、放映受欢迎的电视（电影）影片，或者是新手机铃声创意发表会等。 另外，在本区域之西，隔着双十路的台中一中商圈，聚集了大量的年轻人，了解年轻人的流行文化趋势，以年轻族群的文化趋势来吸引年轻人到台中放送局休闲，将是台中放送局再利用案经营成功的关键之一。又以目前台中市现有的文化设施来看，提供年轻人展现其文化特色的场地与设备相当少。而年轻人的文化特色八九不离十倾向于"创意文化"表现，所以台中放送局不妨考虑规划为现代创意文化馆，提供年轻人一个文化休闲的场地，也可展现台中市年轻人的文化活力特色。	台中市自1900年实施第一次都市计划（市街改正），兴建城市基础规模（现中区棋盘式街道）以来，就因教育事业发达，聚集了许多知识分子，阅读人口大增，书局林立，文艺活动亦随之兴起，以致台中市有"文化城"之美名。近年来，因工商业兴盛，都市规模数倍扩增，相形之下，文化建设工作更需要加速赶上，以振兴台中市文化城之美名。所幸，台中市有许多默默耕耘的文化人口，一直努力推动读书会等文化活动，希望借读书风气之重振，找回台中市昔日丰盛之文艺气息。 台中放送局之再利用方向，应该协助发挥"城市文字"或"城市阅读"之功能，举办有关市民阅读心得发表会、读书会聚会、诗歌朗诵、新书发表等文艺活动，或者提供民众舒适的阅读空间，让台中市民有机会亲近阅读、喜爱阅读，以沉淀心灵、净化人心。 另外，台中放送局的庭园景观极具特色，附近自来水公司园区内自然景观、小桥流水也都维护得很好，并有"上水塔"等历史性建筑。建议结合自来水公司一起来规划水源地公共空间，学习宜兰冬山河、台北自来水博物馆等规划台中市水源地"亲水公园"，提供民众休闲场所。在炎炎夏日，市民不用千里迢迢到宜兰（或到台北）去玩水、冲水，在台中水源地就可以了。
归纳特质	（一）广电教育文化	（二）现代文化创意	（三）发挥"城市文字"或"城市阅读"功能

[1] 笔者整理自2004年7月2日座谈会纪录。

台中市文化局归纳该次会议的共识与原有台中放送局修复再利用计划的建议方案,确立再利用经营管理主轴与再利用方向,亦即在原有再利用计划"广电文化展示馆暨媒体交流中心"与"地方产业暨社区交流中心"的二个方案基础下,发展"广电教育文化"、"现代文化创意"、"城市文字或城市阅读功能"等三项特质,由有意经营的团队以创意的方式提出妥适性的再利用方案。

(二)与民间建立伙伴关系——委外发挥创意与活力

由于放送局委外条件的优越性,经营放送局对民间具有相当的吸引力,加上地方政府财政困难,人力逐年精简,因此文化局在初期讨论放送局修复后的再利用方案,即朝委外由民间经营管理方式的方向规划,希望借重民间发挥创意与活力,活化历史空间,并解决政府人力与经费逐年缩编,业务逐年扩增的困境。

1. 委外方式的评估

台湾公部门有关文化资产委托民间经营的法源依据,主要采政府采购法(简称采购法)与促进民间参与公共建设法(简称促参法)两种方式办理(表3)。

历史建筑以采购法或促参法委外,二者差别,除适用法律不同外,主要在于此促参法可排除土地法第25条有关公有土地不得处分或设定负担或为超过10年期间之租赁的规定,可进行较长期与较具弹性的经营。

然而,促参法委外弹性与长期的优点,也是该法用于古迹历史建筑等文化资产委外时令人产生较多疑虑之处,文资主管机关担心相关文化资产保存与管理维护,在缺乏监督的机制下,未遵照文资法相关规定办理。另依促参法规划之民间参与公共建设计划,皆应办理"可行性评估"及"先期规划"两阶段工作。唯此两阶段作业所需时间颇长,对于历史建筑等已存在之建物,将造成闲置问题。

历史建筑若依采购法委外经营,政府与民间关系则类似房屋出租房东与房客的关系。如此的优点是政府拥有对委外之公有财产较多的主导权,可避免失控的情形,但缺点是民间经营单位受到较多的限制,经营创意与活力可能受限。另经营时间限于10年内,无法作长期性规划,有效平衡厂商的投资报酬。

文化局评估采购法与促参法的特性,放送局委外案基于采购法具有作业期间短、招标条件具弹性、确保公部门主导性与不受投资规模限制等因素综合考虑后,决定以采购法委外方式办理。

台中放送局委外设定中的经营团队除了保存维护"台中放送局"之历史建筑的文化价值，并需综合上述三项特质提出其独特之经营、管理方案，由市府遴聘之学者、专家与相关局室代表等组成评选委员会，评选优良团队经营管理之。

表3　台湾古迹历史建筑委外引用法规与案例对照表[1]

项次	引用法规	文化资产案例	备注
一	政府采购法	台中放送局委外案 台中市长公馆委外案 台北市李国鼎故居委外案	依文资法18条与采购法第22条委外。（类似房屋出租，房东与房客的关系）
二	促进民间参与公共建设法	台北市市长公馆OT案 台中演武场OT案 高雄打狗英国领事馆ROT案 阳明山庄BOT+中山楼ROT案 松山烟厂体育文化园区BOT案	依文资法18条与促参法。 OT：由政府投资新建完成后，委托民间机构营运；营运期间届满后，营运权归还政府。 ROT：由政府委托民间机构，或由民间机构向政府租赁现有设施，予以扩建、整建后并为营运；营运期间届满后，营运权归还政府。 BOT：由民间机构投资兴建并为营运；营运期间届满后，移转该建设之所有权予政府。

2. 管理的机制

（1）契约规范

文化局以契约规范得标经营团队必须自负盈亏，并须回馈市政府，所以允许合法之营利行为，但营利面积与相关细部设计、设施等需经文化局审核通过。而经营团队也必须接受文化局之定期评鉴以及改善建议方案等，以改善其经营管理方案。

（2）评鉴机制

文化局为避免历史建筑委外经营失焦，产生文化资产保护不利或过度商业化等情形，依据契约规范评鉴机制。条文涵括以下几个重点[2]：

A. 文化局得不定期实地检视与协助办理相关事宜。

B. 文化局原则上每六个月邀请由文化局所组成之评鉴委员现场评鉴一次（若有需要得临时评鉴），厂商之计划主持人（共同／协同主持人）亲自说明。

---

[1] 数据源：笔者整理。

[2] 参考台中市文化局：《台中放送局委托经营管理服务案契约书》，2005年。

C. 厂商应于每年十一月三十日前提送下年度工作计划送评鉴委员会审查，并需于通知修正后一个月内依委员会意见将修正计划送文化局核备后实施。

D. 厂商依评鉴委员之评鉴于文化局所订期限内修正，若无法于期限内修正，文化局得径行解约，并没入履约保证金。

2.3 评选委员专业的选定与评选结果

台中放送局委外经营案依据政府采购法以公开评选的方式办理，由文化局遴选专家学者名单筹组评选委员会。评选委员名单来源主要为公共工程委员会评选委员数据库，并参酌上级中央单位推荐人选与相关大专院校专业系所学术声誉著着之专家学者中选取。放送局委外评选案，最后邀请的评选委员专长涵盖包括建筑工程、新闻观光事业、促进民间参与投资、都市计划、大众传播、古迹修复等六大领域。2005年1月26日文化局召开评选委员会会议，选出大千广播电台股份有限公司为最优胜厂商，订定契约委托经营期限为5年，委托期间自2005年4月1日起至2010年3月31日止。

4. 申请补领建筑使用执照

由于再利用方案于委外团队选出后才定案，因此文化局将申请补领建筑使用执照的工作放在委外经营的契约项目中。放送局兴建于日据时期的1935年，故无台湾现行建筑法规定合法的建筑执照与使用执照。在2005年11月新修订文化资产法未施行前，相关法令包括建筑法、都市计划法、消防法仍有部分状况于历史建筑再利用上有窒碍难行之处，站在与民间伙伴关系的立场，文化局与都发局等公部门以行政协助的方式做相关条件（例如兴建年代）认定，并依建筑法之纪念性建筑物与台中市建筑自治条例中法令施行前已完成建筑物之规定申请，排除建筑法全部或一部之限制，完成补领使用执照程序。另外大千电台经营方案中，有专业录音室租用与餐饮等商业行为，故于取得使用执照后，也顺利向市府申请取得营利事业登记证[1]，合法经营历史建筑。

5. 重塑场所精神的再利用方案

大千电台的再利用提案，于提交的服务建议书中，规划五大主题（历史的、文化的、教育的、科技的、生活的），及五大功能定位（空间活化再利用、典藏展览、城市阅读、广电教育、文化创意）。在取得经营权后与文化局讨论后，再次定位聚焦主题为"放送历史、文化、艺术"，

台中放送局第一期委外导览地图（数据来源：台中放送局导览折页，大千电台，2005年）

---

[1] 台湾营利事业登记证于2009年4月12日废止，自2009年4月13日起营利事业登记证不再作为证明文件，而以"商业登记证明文件"取代之。（数据源台北市商业处网站，网址http://www.tcooc.taipei.gov.tw/ct.asp?xItem=1013633&ctNode=6823&mp=105011）

并将此处正式取名为"电台街一号——台中放送局"。

经营团队规划一楼常设主题展示馆,有该团队来自世界各国有关广播电视文物的收藏品,以"声音世纪"为主题,从1857年声波震记器的发明,到1878年爱迪生制造第一台商品留声机,作有系统的规划展示。此外,利用放送局原二楼播音室,成立"开放录音室"(open studio),配合户外活动现场制播节目。参观民众亦可预约录音室,由大千电台的专业录音团队,制作个人的录音专辑,发展文化资产"视觉"以外"听觉"的体验。二楼另一边则改造为集会空间,吸引读书会等活动在此举办,带动市民读书风气。户外庭院则结合专业餐饮"熏衣草森林"公司以"森林1935"为主题设计餐饮空间与庭园景观,让民众在都市里面也能亲近自然,感受绿意盎然的空间场域。有别于台北放送局改变原始功能再利用为二二八纪念馆做法,"电台街一号——台中放送局"延续台中放送局之历史意象,并恢复原有"放送"功能,重塑广播空间的场所精神。

6. 第二次委外:台湾文创品牌的创意生产基地

2010年放送局委外期满,大千电台因内部人力调配与公司经营等理由,未再争取续约。放送局第二期委外,同样的文化局透过遴聘学者、专家与相关局处代表等组成评选委员会,评选优良团队经营管理放送局空间。评选结果台中市老店永进木器厂股份有限公司取得经营权,委托期间自2010年8月26日至2014年8月26日止。永进木器场以

一楼"声音世纪"常设展

放送局重新修复开放式录音室

台中放送局2005年修复后南侧庭院老芒果树下熏衣草森林户外餐区

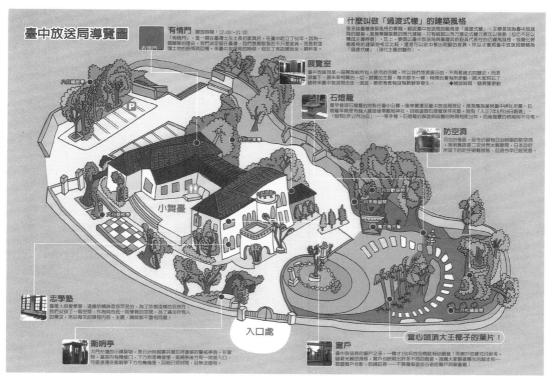

放送局第二期委外导览地图[1]

前栋大厅左侧志学塾

"历史建物如何再融入城市，与台中的生活一起跃动"为规划主轴，发挥民间企业专业技术资源与经营理念，创造历史空间结合艺文展览的场域。

[1] 台中放送局导览折页，永进木器厂（股）公司，2013年。

台湾品牌家具展示

家具与声音体验区

永进木器厂并以减法的再利用空间设计,让市民重新"阅读"放送局的历史与空间,延续历史建筑再利用的生命。整体空间规划大厅左侧为志学塾,提供给热爱求知的市民一个开放的学习园地,右侧规划为展览艺文空间。永进木器厂是致力发展"说台湾话"家具的文创品牌老店,进驻放送局后让历史空间成为生产创意与原创家具设计的基地。

7. 委外实质效益

从政府间接的人事成本与直接的租金与权利金等收益,统计放送局二次委外产生的"实际"效益。第一期委外(大千电台)估算节省成本1970万元,第二期委外(永进木器)估算节省成本1876万元;第一期委外(大千电台)实际收益522万元,第二期委外,估算收益381万元。网络营销虚拟世界产生的效益,尚难以评估,值得持续关注。

表4 放送局委外实际效益[1]

项目	第一期委外（大千电台）	第二期委外（永进木器）
1. 节省成本	（1） 节省之人事成本：750万（5人×25000×60月）。 （2） 节省之设备投资成本：500万（以委托经营第一期之大千广播电台投资估算）。 （3） 节省之日常管理维护成本（含保全）：600万（10万元×60月）。 （4） 节省之策展活动成本：120万（2万元×60场）。	（1） 节省之人事成本：600万（5人×25000×48月）。（若依永进木业评估四年营运人事成本约1200万元） （2） 节省之设备投资成本：700万（以委托经营第二期之永进木业预计四年投资估算）。 （3） 节省之日常管理维护成本（含保全）：480万（10万元×48月）。 （4） 节省之策展活动成本：96万（2万元×48场）。
2. 收益	收益上，本案包含租金及营业回馈金两部分。租金部分，第一年考虑经营管理单位为初始营运，且投资大量成本，故予以免缴。第二年每月租金新台币6万元整，第三年每月租金新台币8万元整，第四年每月租金新台币10万元整，第五年每月租金新台币12万元整。 营业回馈金部分以级距方式计算，设定营业额100万为委外单位维持经营管理之基本开销，故此一级距内之营业额不收营业回馈金；营业额超过100万以上，依其营业数额级距越高收缴越多成数之营业回馈金：每月营业额超过100万，未达150万部分收缴营业额百分之一；150万以上，未达200万部分收缴百分之二；200万以上，未达250万部分为百分之三，250万以上为百分四。 委托经营第一期之契约在委托经营管理时，除未支付任何之经费协助经营管理，更收取适当之回馈金，其5年节省与收益经费如下： （1） 收益之租金：总计432万元 （2） 营业回馈金：约计90万元	收益上，本案包含权利金及营业回馈金两部分。权利金台币贰佰肆拾万元。回馈金预定从"台中放送局"设计商品之营业额，提拨特定比例作为回馈金。设定：第一年回馈金占比1%、第二年回馈金占比2%，第三、第四年回馈金占比3%。 委托经营第二期之契约在委托经营管理时，除未支付任何之经费协助经营管理，更收取适当之回馈金，其四年节省与收益经费为下： （1） 收益权利金：总计240万元 （2） 营业回馈金：约计141万元
3. 网络营销	网络上以相关字搜寻的台中放送局资料，Google网页有87000笔；Yahoo网页有177000笔（部落格有1101笔）；无名小站网页1394笔，痞客邦网页有232笔；MSN网页有7460笔；Pchome网页有33600笔；yam网页有38700笔（部落格166笔）；新浪网网页有38700笔。	尚未统计。

[1] 笔者整理自台中市政府文化局：《100年各县市推动业务委外重点项目访查书面报告——台中放送局委托经营管理》，2011年6月16日。

文创商品贩卖

品牌家具历史展示工匠技艺

品牌家具历史展示制作工具

百年火车站、公园、水源地"文化散步"路线

（三）以"文化散步"串连城市文化景点

台中放送局如前言所述，位处水源地公园内，开车由北区双十路四线道的主要道路，转入双向单线行驶的电台街，须再前行约100米才能抵达放送局。从日据时期到解严以前，广播电台又与军事安全息息相关，大门口左侧的警卫亭与防空洞，即是最佳的见证，故放送局一直是处在戒备森严的封闭区域。放送局从中广台中台交回给市府管理后，虽然解除戒严，但位处偏僻巷内之地理区位问题，一直是再利用推动的主要瓶颈之一。

为了解决放送局城市地理区位的先天限制问题，文化局评估放送局所在水源地区与双十路一带拥有发展"文化散步"的潜力。"文化散步"是台中市文化局提出活化文化资产的行动方案。台中市规划之初以铁路火车站为中心，发展成近代都市的规模，从火车站步行20分钟距离可达台中放送局。"文化散步"的概念即以散步方式参观历史空间与欣赏人文风情，重新体验以人行为主的友善城市，并与都市新兴地区以汽车为主，快速变化的区域做区别。"文化散步"推动步骤参考国外历史园区、都市计划案例，计划地塑造议题性元素有助于城市意象的形塑，其中"地区"、"边缘"、"节点"、"地标"以及"通道"等有效地提供民众体认及认同的行为心理因素；串联历史景点更可从意义的元素、组合及作用等三种文化符码解析并加强其意象。期望借由古迹历史建筑等文化解说牌的设置作为第一步骤，将散布于市区内古迹与历史建筑有计划性地将"点"突显出来，第二步再将再利用导览路线规划串联成"线"；第三步公共空间之环境整顿加上区域整合的

百年火車站、公園、水源地散步

观点以系统性的景点串联、示范性整合作业及实验性景观互动设计进而将线段整合，形成台中都市特有意象的"面"，借此建构愿景中的历史都市新风貌。

同样位处台中市旧城区内，拥有全市最丰富的古迹历史建筑等文化资源，借由建立台中市"历史文化散步道"路线的系统性规划，将台中放送局纳入定期导

---

[1] 笔者2005年于台中市文化局工作时与陈淮之合作绘制。

览的路线。文化局亦利用该局网站作为信息交流平台，除了结合文建会资源于每年特殊属于文化资产的节日如（全台古迹日）、"国际文化资产日"举行联合活动与造势宣传，亦自行组织文化志

组织文化志工平均每双周举办一次"文化散步"路线导览解说活动

工，平均每双周举办一次导览解说活动，大力提升放送局的能见度。

（四）参与式的都市空间改造策略

1. 双十文化流域规划

上述文化散步路线结合活动策划，改善放送局隐身在巷内的问题，惟仍局限于软件与活动倡导。经过每年固定至少二十个场次以上的导览解说经验，文化局认为有必要实质改善放送局外围的都市人行空间，以引导人们自然而然走入电台街来到放送局。以文化局的角度而言，希望呈现放送局所在"水源地"城市历史的层面，城市的历史应该是堆栈上去的，当初日本殖民政府开发台中市的时候，水源地这里其实是一个比较休闲的地方，还有野球场，体育、文化都在这个区块上，所以希望透过这几个点可以将那段历史再呈现出来双十路这边，因为马路、商业和学校的交错零碎，一直很难整合，为了让市民有一个整体的概念，故由文化局提出"双十文化流域"整体规划设计案[1]向台中市都发局争取申请内政部2006年度的城乡新风貌计划，并获得补助规划经费。

文化局于是着手进行台中水源地一带与双十路外围都市空间系列的改造规划。"双十文化流域"提案的理念如下：

"双十路上既然有这么多层次的文化底蕴在上面，然后又有车潮与人潮，试想马路就像古代的河流一样，兼负运输与生活的功能，我想把

---

[1] 双十文化园区计划为台中市2006年度城乡风貌计划案之一，基于双十路一带拥有丰沛之文教社区气息及水源地与历史建物等环境特色，极具代表台中市文化城意象之潜力，因此积极推动此区域之整体规划。"双十文化流域"计划以双十路瑞成书局至北屯路路段为计划范围，规划文化散步园道、文化活动广场等，将双十路邻近之文化资源汇流，并利用软硬件的设计，强化各文化节点的自明性（双十路天桥、粮食局、文英馆、市长公馆、体院、一中、水源地、放送局、中台神学院、孔庙、育仁国小、天主教堂），也借着全民运动会、全台运动会的举办，将台中市的文化资产介绍给民众，为市民创造一深具文化意义的活动空间。计划预期让居民可以重新认识自己所在的生活空间，并让居民自我参与设计，管理部分希望找出明确的管理模式，让居民可以自我成长、永续经营，加入生命周期概念经营这块区域。

双十路重新比拟成为一条河流，一条时间与文化的长河，串联想从台中公园、文英馆、市长公馆、一中、体院、放送局、水源地、体育场、孔庙等序列的文化空间，所以才会取名为'双十文化流域'。除了发想的概念，也计划透过都市空间重塑的手法，在台中公园、文英馆、市长公馆、放送局等外部空间，经营让人愿意停留的小广场，再规划带状的人行空间串联。而在主要街道双十路上，设计铺设含玻璃沙的柏油，有银色的、蓝色的玻璃沙，晚上就像一条银河一样，到了夜晚灯光一照射会反光，就像一条隐隐发光的蓝色河流，成为都市活动的带状舞台。当初整体构想还包括策划双十文化流域一年四季都有属于季节的活动，例如春天全市学生社团的大游行、夏天有流行的音乐节、秋天是庄严的祭孔、冬天则有狂欢的跨年晚会。透过形塑节庆活动，可以把市民，尤其是学生导引到双十路上来，让双十文化流域成为全市举办嘉年华会的文化场域……"[1]

"双十文化流域"规划案，文化局经公开评选委托泽木设计公司负责执行。该团队以社区营造的方式执行规划设计工作。除人文、生态、都市环境、交通现况、行人、自行车路线等基础调查外，规划期间成立设计工作坊、建置网站，并举办双十环境摄影展以及居民参与设计活动等。

具体规划成果实体空间的部分，分成三期实施计划。第一期以塑造区域内重要城市的节点广场为主：包括连接放送局从电台街进入上

双十文化流域参与式设计架构图[2]

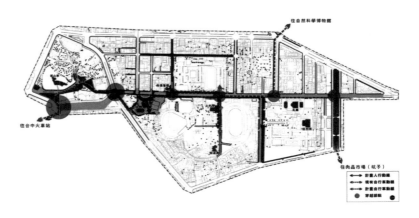

双十文化流域动线计划[3]

[1] 唐梅芳：《文化资产再利用经营策略之探讨——以台中市双十文化流域为例》，台湾云林科技大学文化资产系硕士班，2011年，147页。

[2] 台中市文化局：《双十文化流域双十文化园区整体规划报告》，2006年，第Ⅰ~06~02页。

[3] 台中市文化局：《双十文化流域双十文化园区整体规划报告》，2006年，第Ⅱ~08~02页。

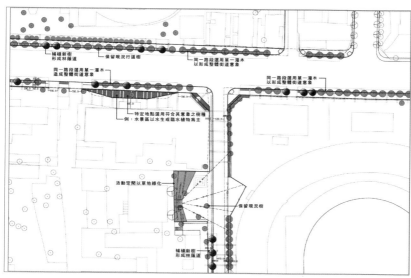

双十文化流域参与式设计
架构图[1]

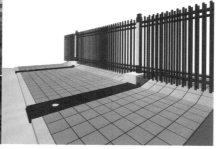

双十文化流域设计实境模
拟图[2]

水塔前的水源广场与历史建筑市长公馆前广场。第二期则是串连结点
广场间的人行步道改善计划，包括双十路二侧的台中一中与台湾体育
大学的围墙及人行道。第三期则是往南连接至台中公园的人行道与天
桥改造计划。

　　规划过程中，文化局与设计团队亲赴计划实施范围内的台中一中、
台湾体育大学及台湾自来水公司等单位当面沟通协调，并听取各单位
的意见，也回馈到规划设计上，同时并取得各单位配合施工的同意书，
最后完成的设计成果，与各单位间已有高度的共识。

　　2. 引导民间资源接续投入完成改造

　　2007年规划完成后，透过都发局提案到台湾内政主管部门，刚好
遇到政府城乡风貌计划缩编，故"双十文化流域"空间改造工程未争取

设计工作坊与社区摄影展

社区说明会议

[1] 台中市文化局：《双十文化流域双十文化园区整体规划报告》，2006年，第Ⅱ~08~07
　　页。
[2] 台中市文化局：《双十文化流域双十文化园区整体规划报告》，2006年，第Ⅱ~08~20
　　页。

与自来水公司沟通设计

到工程经费。此时民间适时投入，一笔民间企业捐款至台中市政府，透过市府媒合将4000万元用于"双十文化流域"三期空间改造计划上。幸运地完成本次都市空间的改造计划，初步达成改善放送局外围的都市人行空间，引导人们自然而然走入电台街来到放送局的目标。

　　3.组织策略联盟

　　除了都市空间改造，文化局亦透过地方文化馆[1]计划组织双实文化流域周边包括放送局、文英馆、市长公馆等政府委外经营空间之策略联盟，整体营销双十流域之文化空间。

与台中一中沟通设计

五、结语

　　放送局是台中市第一批登录的历史建筑中第一个大规模修复的个案，政府与民间对于历史建筑保存修复与再利用处于观念模糊摸索的阶段，因此放送局活化再利用推动增加许多沟通与对话的过程。归纳台中放送局再利用推动经验，以下几项几点是其突出的特质，值得其他文化资产再利用推动时之参考。

　　（一）再利用以搭建历史空间舞台的概念取代固定式的空间展演

　　在台中放送局修复再利用计划中："关于再利用的建议，应朝向多元化的方向进行，重视过程中全民参与的热情，其功能定位，其实亦可

双十文化流域第一期以塑造区域内重要城市的节点广场为主：包括连接放送局从电台街进入上水塔前的水源广场与历史建筑市长公馆前广场

---

[1] 台湾文化主管部门鉴于社区文化的扎根必需长期耕耘，以日本为例，推动造町工作40年，方显现出具体的成果。因此，为延续工作的成效，于2008台湾发展重点计划——新故乡社区营造计划项下，研提"地方文化馆计划"，希望利用地方既有的闲置空间，辅导成为地方文化的展示场所，一方面提供居民文化公民权之所需，凝聚居民认同，另一方面则成为地方文化观光的资源，带动社区发展。（数据源网址 http://superspace.moc.gov.tw）

双十文化流域第二期则是串连结点广场间的人行步道改善计划，包括双十路二侧的台中一中与台湾体育大学的围墙及人行道

人们自然而然走入电台街来到放送局

放送局以开放的历史人文地景迎接市民的到来

依不同计划期程于一定时间内，依契约订定各种功能的空间计划，进而实行。"[1] 1998 年在中广台中台迁出后，撤走所有的广播设备，仅留下录音室的空间格局，增添历史建筑再利用的困难度，但也提供其他许多历史空间再利用的想象。放送局的历史建筑再利用方案，是以搭建历史空间舞台的概念，提供不同委外团队发挥创意，取代固定式的空间展演。无论是第一期大千电台重塑场所精神式的再利用或是目前第二期永进木器厂重新阅读历史建筑，作为台湾文创品牌的创意生产基地，二者皆丰富了放送局某段特定的时空。

（二）再利用转化为文化资产保存永续经营的动能

放送局第一期委托大千电台经营时，合作对象颐和薰衣草森林营销与餐厅营运很成功，所以想增加室内营业空间，提案在院子里增建

---

[1] 孙全文：《历史建筑台中放送局保存修复之调查研究及修复规划》，台湾：台中市文化局，2003年，第6~16页。

一个玻璃屋，但文化局希望房子可以维持历史空间的质量，契约也明定限制商业使用楼地板面积不得超过30%，故提案一直未通过。文化局曾检讨契约是否不应该限制营业空间范围，改用审查机制来取代呆板的限制，可是当初会设限制是政府审计部门的意见。公家机关有一种很矛盾的心态，业务单位一直希望营运成功，将人潮引进来，让营运单位同时活络历史建筑并回馈公部门，可是又怕图利厂商。如何平衡经营者私利益与文化资产的公益性，是未来再利用推动工作不断会面临的挑战。其实秉持文化资产保存的初衷，在放送局二次委外的经验里，再利用皆成为历史空间保存永续经营的主要动能。

（三）文化资产再利用延伸至户外空间与生活地景

放送局第二期委外永进木器厂团队有一群空间设计的专业者，对于庭院内的植物生态进行观察，发现放送局修复时保留老树的用心，细腻地在导览折页规划整理出院子里的"二月茶树盛开"、"三月杜鹃盛开"、"四月合欢盛开"、"五月芒果季"、"六月荔枝季"及"八月龙眼季"。水果与花朵都是上天恩赐给台湾人民日常生活中美好的事物，放送局文化资产再利用跳脱建筑物的框架，扩展至人与土地互动的生活地景上。

（四）沟通对话式的活化再利用实践经验

放送局从2002年历史建筑登录开始，协调市政府工务局迁出，便开启地方政府内部的沟通。历史建筑修复工程开工，与紧临的土地公庙关系紧张，透过与管委会及社区居民协商，将福德祠石碑与放送局入口矮墙共构，形成对社区开放的小广场。接着欲施工的南侧围墙又与台湾自来水公司原料储配仓库紧临，水公司对其有防盗保全上的疑虑，因此透过双方的协调，最后达成兼顾环境景观与安全的围墙设计。民意与舆论众多对历史建筑再利用方案的不同意见，在开放式的沟通与公开讨论会后，形成属于在地的共识。双十流域都市人行空间改造规划，由于规划团队具备社区营造环境规划的意识，除了与市民进行参与式的规划设计，并和文化局合作，展开与相关单位回馈式设计的沟通对话。虽然政府经费不足，所幸各方对于提升都市环境质量都具有共识，透过民间资源的导入，在政府民间共同合作下，终于完成这件城市历史空间的改造事业。

总结历史建筑台中放送局保存修复与再利用的过程，就是与历史、都市环境、社区沟通对话的过程，透过文化资产保存活化与都市空间改造的具体行动，达成了城市历史空间的保存与再生的目标。

参考文献：

1 林良哲、袁兴言：《台中文献第六期——台中市历史建筑发展回顾（1945以前）专辑》，台湾：台中市文化局，2003年。

2 路寒袖：《台中风华——60个独享台中的文化景点》，台湾：文化总会中部办公室，2003年。

3 孙全文：《历史建筑台中放送局保存修复之调查研究及修复规划》，台湾：台中市文化局，2003年。

4 陈柏年：《历史建筑"台中放送局"修复工程工作报告书》，台湾：台中市文化局，2005年。

5 泽木设计公司：《双十文化流域双十文化园区整体规划报告》，台湾：台中市文化局，2006年。

6 唐梅芳：《文化资产再利用经营策略之探讨——以台中市双十文化流域为例》，台湾云林科技大学文化资产系硕士班，2011年。

建筑遗产再利用的草根诠释
——台南市"老屋欣力"运动的城市观察与反省

荣芳杰　　吴秉声

摘要

欧洲理事会（Council of Europe）在1975年宣布当年为"欧洲建筑年"（European Architectural Year），并通过《欧洲建筑遗产宪章》（European Charter of the Architectural Heritage）来推动欧洲地区建筑遗产的保护。自此，建筑遗产（architectural heritage）的概念不再只是文化资产保存法令中所保护的"古迹"（monuments），而是开始关注古迹之外，但却对城市发展有举足轻重影响的建筑群（groups of buildings）与历史场所（sites）。在台湾，1992年6月，几位台南地区的艺术工作者选择一栋位在台南市永福路上的二层楼旧建筑改造成"新生态艺术环境"，揭开了台南地区旧建筑再利用的一个开端。16年后的2008年，财团法人古都保存再生文教基金会以"常民生活场域的文艺复兴运动"为概念，在台南地区发起"老屋欣力"的民间保存运动，透过民众参与及建立信息平台的方式，逐步推动台南府城的城市样貌与新生活场域。这个由下而上的草根运动，也从地方开始逐渐在台湾各地引起讨论，同时也迫使台南市政府在2012年5月通过"台南市历史街区振兴自治条例"，借此作为台南市政府迈向"文化首都"的一个实际行动。

综观这一连串的过程，不难发现，21世纪的建筑遗产保护工作，需要面对经济快速发展下的都市结构转型。尤其是在旧城区内，尚未受到文化资产相关法令保护的建筑遗产，若无法提高其空间再利用的机会，将会导致建筑遗产本身的衰败或消失。然而，即使在推动"老屋欣力"运动的过程中，逐渐提高了一般市民保护建筑遗产的观念意识，但在进行建筑遗产再利用的过程中，却也产生了其他负面的冲击。

因此，本文将从建筑遗产再利用的目的出发，探讨建筑遗产再利用的过程中，究竟建筑遗产需要再利用的是空间的躯壳？是生活方式的延续？是创意经营的手法？还是为了储存下一次成为法定文化资产的能量而准备？从"老屋欣力"的城市操作经验里，重新思考与反省一个历史城市该有的建筑遗产再利用态度与价值观。

关键词：可适性再利用，建筑遗产，老屋欣力，永续发展，历史性建筑

Abstract

Council of Europe announced the year of 1975 as the European Architectural Year and passed European Charter of the Architectural Heritage to promote the protection of the architectural heritage in Europe. Since then, the concept of the architectural heritage is not only protected as "monuments", but also conserved as "groups of buildings" and "sites". In 1992, several artists of Tainan City reused a two-story old building to be a gallery named "New Eco-art Environment". It is regarded as the beginning of the regeneration for old buildings and environment in Tainan City. In 2008, sixteen years later, the Foundation of Historic City Conservation and Regeneration（FHCCR）began promoting a series of cultural projects, including the "Old House with New Life"Movement. This project gives the public a new platform for promoting the new urban landscape and living environment. Through this bottom-up grass-roots movement, in May 2012, Tainan City Government is encouraged to pass the "Tainan Historical Districts Revival Self-regulations" for leading to a Cultural Capital of Taiwan in the future.

It is not difficult to find that the architectural heritage protection work in the 21st century has to face the urban reconstruction due to the rapid economic development. Particularly in the old town areas, those unprotected historical buildings will lead to declines or disappears without proper reuse projects. In the process of promoting the "Old House with New Life" Movement, the general public awareness of conservation gradually increases. However, there are some negative impacts during the promotion of this project.

Therefore, this paper tries to discuss the following issues in the process of architectural heritage reuse: whether the reuse of architectural heritage only focuses on the space or needs to regard it as a continuation of lifestyle? Is it a creative business or the preparation for becoming legal heritage in the future? From the experience of the "Old House with New Life, it is important to re-think the concept of architectural heritage re-use in a historical city.

Keywords: adaptive reuse, architectural heritage, Old House with New Life, sustainable development, historic building

一、楔子

为什么要保存老房子？为了记忆？为了乡愁？为了时髦？为了商机？还是为了你自己？

每一位在从事文化资产保存运动的朋友都一定会面临这样的困境——"为什么？"

"为什么我不能拆掉我家的旧房子盖新的透天厝？""为什么这栋破房子，你们硬是要我把它留下来？""不要跟我讲什么文化资产或古迹的价值，我不懂那些，我就是要换成新房子……"

在一个城市里，若有幸能看见新旧建筑和谐共存的画面，往往需要很长很长的一段时间。似乎，历史经验告诉我们，一个伟大的历史城市，唯有借由"时间"才能洞悉或验证这个城市里的文化认同，究竟是深层的历史情感，还是浅层的经济利用，还是两者兼具。我们都不能否认，在台湾的许多城市里，有着一股无形的力量在拉扯着建筑遗产的存在与消逝。

台南市的民间组织——古都文化保存再生文教基金会（以下简称古都基金会）在 2008 年提出"老屋再生、活力无限"的口号，过去这几年来，古都基金会透过各种媒体宣传教育与教育讲堂，让台南的旧建筑透过一种由下而上的方式，在"老屋欣力"的概念下形成一种社群网络，这个网络的形成理想上应该是一种认同的集合，一种社群凝聚的平台，甚至应该是一种历史资源的分享网络，同时它也成为一种积极带动台南人关心旧建筑的行动。

面对如此草根性强的民间活动，虽然成功地带动了台南地区旧建筑再利用的风潮，但紧接着产生的冲击是再利用后的旧建筑机能在商业化的过程中，逐渐冲击到地方居民的生活环境以及台南市推展文化观光的质量。一个民间组织所发起的活动，透过旧建筑活化再利用的观念推广，间接促使了地方政府部门制定"台南市历史街区振兴自治条例[1]"，借此响应旧建筑在现代城市中的开发压力，这股力量背后所牵动的正是一个历史城市中无法割舍的建筑遗产群。

---

[1] 该条例欲振兴的内容是：公共空间景观改善，广告招牌或其他街道家具设计，现有巷道形式材质设计规范，历史老屋整修或活化经营。

二、建筑遗产的概念

"遗产"（heritage）这个概念会被大众所认同并且广泛使用的关键，欧洲理事会（Council of Europe）在 1975 年宣布当年为"欧洲建筑年"（European Architectural Year），并通过《欧洲建筑遗产宪章》（European Charter of the Architectural Heritage）是非常重要的关键。当年的《欧洲建筑遗产宪章》已明白地指出："欧洲建筑遗产不只是由我们最重要的古迹（monument）所构成；它也包括了老城镇及具特色村庄在它们自然或人造场域中之次要建筑群。"这条文突显"古迹"以外的那些尚未受到国家法令保护下的建筑遗产，仍需要受到关切。因为，该宪章也再次提到"建筑遗产是历史的一种表现，可以帮助我们了解过去与当代生活之关系"。自此，建筑遗产（architectural heritage）的概念不应该只是文化资产保存法令中所保护的"古迹"，而是需要开始关注古迹之外，但却对城市发展有举足轻重影响的建筑群（groups of buildings）与历史场所（sites）。

这个以保护欧洲建筑遗产为主要诉求的活动，成功地让欧洲国家的人民意识到建筑遗产的历史重要性与文化意义。尔后，遗产这个字眼便开始有了不同的解读与定义，但却已经超越了传统纪念物保存的思维与局限。在台湾，由于文资法明定了"历史建筑"的角色，使得建筑遗产这个抽象的概念较不常被使用。但在一个历史城市之中，建筑遗产所代表的应该是一个广义的概念，就如同数学理论中所定义的"集合"概念般，建筑遗产应该是将数个遗产对象归类而分成一个或数个形态不同的整体。这概念也就会涵盖了建成环境（built environment）中各种不同类型、不同年代的建筑遗构。最重要的是，这些年代不一的建筑遗产，若欲在历史城市中朝永续发展为前提，就必须重新适应每个世代空间使用机能的改变，"建筑遗产再利用"便成为旧建筑所无法回避的课题。本研究也基于此命题，将"建筑遗产"一词给予一个较为宽广的定义，试图将建筑遗产定位在所有具有历史性价值的建筑文化资产。它可以是具法定文化资产保护身份的"古迹"，也同时涵盖在一个城市之中许许多多尚未受到文化资产保存法令所保护，但具有历史性价值的旧建筑物。

三、台湾旧建筑再利用的发展与问题意识

国际著名景观建筑师劳伦斯哈普林（Lawrence Halprin）曾于 1977 年在台湾演讲时，提出旧有建筑再利用的观念，为台湾旧建筑

再利用观念的滥觞。马以工女士也以此观点，写成《古屋的再循环使用》一文在杂志中发表，当时并未蔚为潮流。1988年，台湾文化部门积极推动"闲置空间再利用"政策，当时在"试办闲置空间再利用实施要点"中的第二条，明确定义闲置空间为"系依法指定为古迹、登录为历史建筑或未经指定之旧有闲置之建筑或空间"。因此，最初台湾的建筑再利用都局限在古迹与历史建筑的范围内。直到1997年，因为艺术家争取"华山艺文特区"后开始转变。台中二十号仓库的再利用实践过程，也使台湾的再利用对象从法定的文化资产延伸到一般城市中的旧有闲置空间。

再利用一词在台湾的定义也多所分歧，傅朝卿曾提到："再利用，是目前看法最分歧之部分，也因为不同的认知，导致了建筑或空间再利用不同的作法。"他认为台湾经常混用的"再利用"、"再生"、"活用"等名词，应该要加以厘清。他认为"活用"是一种行动，化建筑物之被动成主动；"再生"是一种目的，是建筑物起死回生之期望；"再利用"则是设计策略之执行，使建筑物脱胎换骨。换句话说，空间若是想要"再生"，必须经由某种"活用"之行动，以"再利用"来达成。

傅朝卿也特别提到不止是台湾的再利用观念分歧，西方学者与建筑专业人员用来描述再利用之字眼也有同样的状况，一般常见的用语有整修（renovation）、再生（rehabilitation）、改造（remodelling）、再循环（recycling）、改修（retrofitting）、环境重塑（environmental retrieval）、延续使用（extended use）、重生（reborn）及可适性再利用（adaptive reuse）等。每一字眼所描述之事也有程度及意义上之不同，其中以可适性再利用最能表达"旧屋新用"之观念，一般亦简称再利用。当然再利用是从保存运动所发展出来的一种趋势，但却与传统保存概念有一段差距，依据《建筑、设计、工程与施工百科全书》（Encyclopedia of Architecture, Design, Engineering & Construction）之定义，再利用乃是在建筑领域之中借由创造一种新的使用机能，或着是借由重新组构（reconfiguration）一栋建筑，以便其原有机能得以一种满足新需求之新形式重新延续一栋建筑或构造物之举。最重要的是建筑再利用成功之关键乃是取决于建筑师捕捉一栋现存建筑之潜力，并将之开发有新生命之能力。

在上述再利用的观念下，旧建筑再利用的对象在"法定文化资产"与"非法定文化资产"之间，是否应该在态度与实务操作上要有所差异？特别是从再利用的设计原则，以及后续的经营模式与永续发展等课题都应该要清楚的被定义。于是乎，我们是否可以提出一个思考的方向，或是一个假设性的提问。究竟，保存与维护"建筑遗产"的目的究竟是为什么？建筑遗产若需要在一个历史城市之中永续发展的话，我们需要如何看待这些数量庞大，但也许无法全都成为法定文化资产的历史性建筑群？在我们接受"再利用"的手段介入这些非法定文化资产身份的建筑遗产时，我们是否应该要建立一些准则或规范，引导或教育一般大众旧建筑再利用该有的态度与观念。这是一个严肃的课题，特别是旧建筑再利用在台湾已成为一种常民运动，如何不因为过度商业化的再利用机能而改变了一个历史城市之中的建筑遗产风貌，甚至是借由旧建筑再利用的过程，逐步让一般大众知道文化资产保存与维护的意义，以及除了拆除旧建筑以外的可能性，这将是台湾现阶段旧建筑再利用所需要探讨的课题。

1992年创立的新生态艺术环境空间

四、新常民思维：台南市从"新生态艺术环境"到"老屋欣力"运动的观察

1992年，台南知名的艺术策展人杜昭贤女士，选择了一栋位在台南市永福路上的日据时期街屋打造成她心目中的一个艺术空间。这栋曾作为银行使用的三层楼旧建筑，外观上有着瘦长型的长窗，也有半圆拱形的阳台，在建筑正立面的一侧更有着一条窄长的巷弄，巷弄旁的古老砖墙被老树的树根交错盘绕，引导着访客穿越时光的隧道，进入一个非常现代化的复合式艺术展演空间，这空间被取名为"新生态艺术环境"。杜昭贤刻意将建筑外观漆上非常阳光的黄色与白色，在永福路上特别显得耀眼夺目。内部空间规划除了有画廊外，还有小书店、剧场、餐厅与研习教室等空间。

新生态艺术环境的Logo设计

"新生态艺术环境"可以说是台南市旧建筑再利用的先驱者，在20世纪90年代的台南市打造一个私人的艺文空间是非常不容易的事情，也因为在一个艺术文化活动正酝酿开花结果的年代里，经营理念与现实条件总是无法两全其美。事隔七年之后，新生态艺术环境终因营运的问题而在1999年画下了休止符。但在这段期间，台南市南门路上的窄门咖啡、公园路的奉茶茶坊、东门路的东门美术馆等旧建筑再利用个案，纷纷承载起一个历史城市中的建筑遗产永续发展的可能性。直至2008年，古都基金会发起"老屋欣力"的常民运动后，旧建筑再利用的改造逐渐在府城发酵。

依据古都基金会在官方网页上的定义，"老屋欣力"是一个藉由

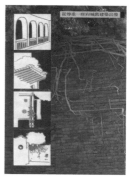

"从尊重一座府城旧建筑出发"是新生态艺术环境在创刊号期刊中的文字

搜集私有老房子再利用的精彩案例，并推荐给一般民众的活动。透过这些案例的介绍与宣传，除了鼓励民众支持老房子的经营，并且让人重新发现老房子的价值与创意，进而认同生活在历史环境中的美好愿景。

颜世桦[1]特别强调：老屋欣力中"欣"字的意义，不在于寻求"新"力或"心"力，而是从老屋透过屋主或经营者用心整理、改造，创造出一出又一处令人惊艳、感动、愉悦的新体验！每一个旧建筑再利用故事背后，总不乏"无悔"与"甘愿"的付出与毅力。所以，只用"新"与"心"来呈现房子再生的过程与价值并不足够，而我们决定用"欣"来诠释属于这一代创新的城市复兴运动。从"新生态艺术环境"到"老屋欣力"运动；从艺术空间经营到多元主题的营运模式；从城市的单点坐落到面状分布，古都基金会让许多个"杜昭贤"（指老屋经营者）的再利用作品能够有机会在同一个历史城市里一起被大家看到，这也是"老屋欣力"让旧建筑再利用可以重新找回生活场域实践的机会。

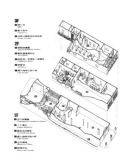

新生态艺术环境的空间分布剖透图

这几年老屋再利用的风潮如野火燎原般的在台南地区展开，媒体与访客的大量宣传与造访，使得旧建筑再利用与老屋欣力几乎画上等号，这也导致古都基金会向相关主管部门申请"老屋欣力"的商标注册，借此区隔许多过度商业化与观光化的旧建筑改造案。然而，老屋欣力所挑选出来的案例是否就是好或对的案例？这是值得思考的面向。从表1的筛选指标可以检视古都基金会在操作"老屋欣力"个案的选择标准，从保存观念、创意经营、空间美学、人文意涵以及理想精神等五个面向作为筛选条件。这五个面向的标准似乎尝试着让旧建筑再利用的本质回到常民生活的需要，并且融入空间美学与创意经营的元素。然而，在实际获入选的案例中，依表2的数据统计，过去两届老屋欣力的获选案例有超过二分之一以上再利用过后的使用机能为餐饮业，其余的空间类型则尚无法看出一个整体的趋势。但不难发现在台南市这样的文化观光城市之中，饮食空间的用餐氛围也随着城市的特质而有所改变。在台湾现阶段的法令下，未受文化资产保存法所保护的建筑遗产，透过旧建筑再利用的机会，可以得到一些保存的契机，但关键是在再利用的设计上，必须谨守可适性再利用（adaptive reuse）的概念，以免旧建筑的空间特质被破坏。

老屋欣力入选案例之一——"奉茶"

古都基金会已提出"老屋欣力"的商标注册

---

[1] 颜世桦为古都基金会副执行长，相关论述请见http://www.oldhouse.org.tw/lwxl/lwxl_articles.asp。

表1 老屋欣力个案筛选指标

项目	评分参考
保存观念	1.原有文化风貌之维持。 2.原有结构系统避免干扰。 3.旧有构造、部材妥加保存或利用。 4.原有空间配置合理使用。 5.采用原有工法材料进行整修维护 。
创意经营	1.合宜在老屋经营的行业别（概念构思）。 2.善用老屋及周遭环境特色（区位选择）。 3.空间营造的创意设计（空间再利用）。 4.营运、宣传的创意巧思（软体规划）。 5.创意设计（相关文宣、店内产品、空间运用、家具使用等）。
空间美学	1.整体空间环境的美学愉悦感受。 2.材质、色彩、造型、光线之优质设计。 3.新旧元素合宜的对话与交融。 4.经营管理能传达对美好生活之追求。
人文意涵	1.经营理念的人文意涵。 2.老屋呈现的文化价值或历史脉络。 3.表现当代正向社会文化精神。 4.有助于人们心灵文化的提升。
理想精神	1.保存老屋的热诚度（热情）。 2.解决老屋保存经营所衍生问题或困难的意愿度。 3.对于老屋再利用经营的坚持精神。 4.对于老屋再利用经营的永续规划。

表2 历届老屋欣力个案使用类型统计表

届数 \ 再利用类型	饮食	艺文	旅游	发廊	婚纱	书店	教会	住宿	合计
2008年第一届	16	2	1	0	0	0	0	0	19
2010年第二届	12	2	1	2	1	1	1	2	22
合计	28	4	2	2	1	1	1	2	41

五、"老屋欣力"概念下的矫情？复古？还是可适性再利用？

因此，古都基金会自我定位"老屋欣力"为一种推动文化与环境保育的公益运动，所认同的伙伴并未涵盖所有老屋再生案例；所关注的课题并非聚焦于建筑保存或文物收藏；不支持矫饰宣传的商业操作；尤其反对游客至上、本末倒置的拼观光思维。换言之，善用老屋作为平台来营造美好的在地生活，才是这场"常民生活场域的文艺复兴运动"

所追求的宗旨[1]。这样的思考论述在"Kinks"与"破屋"这两个案例中，又似乎无法看到符合老屋欣力的价值标准。这两个案例均为同一个设计者兼经营者，两者均为餐饮空间使用，两案例均大量的收集二手古董家具作为空间展示的重要元素，营造出一种复古怀旧的氛围，反而沦为一种为了商业而商业的刻板手法。

相较于"Kinks"与"破屋"的复古风，同样是老屋欣力家族的"二空 lounge bar"，基地所在位置是一个即将被拆除的空军眷村，透过低矮的眷舍改造，将庭院改成户外休憩场所，原眷村建筑的开口部则全部打掉成落地门形式的动线出入口，反而让室内与室外的空间形成一种空间流动的特殊体验。"小说"则是位在台南市孔子庙旁边，一栋沿街面的连栋建筑，透过二楼空间的窗户改造，简单的设计将孔庙的开放空间收纳进小说的室内，这犹如框景般的空间效果，呈现了再利用操作时介入最少的示范效果。"随光呼吸"与"有方公寓"，一个是餐厅，另一个是民宿。前者将一座旧仓库打造成一个家的场域，后者则将一栋巷弄间的三层楼民宅改造成一个旅人休息的民宿。两者都给予原始建筑空间适当的"尊重"，在不介入过度的设计手法为前提下，让建筑遗产的空间得以充分展现其特质。

上述这六个案例，只是老屋欣力入选案例的一小部分，当然无法以偏概全的代表整个常民运动的失败或成功。但从过去两届近50例的

老屋欣力入选案例之一
"Kinks"

老屋欣力入选案例之一
"破屋"

老屋欣力入选案例之一
"二空 lounge bar"

老屋欣力入选案例之一
"小说"

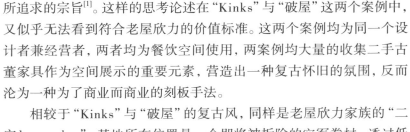

[1] 张玉璜：《老屋欣力——乐活城乡的"常民生活场域的文艺复兴运动"》，《台湾建筑学会会刊杂志》，台北：台湾建筑学会，2012年第65期，第52~59页。

老屋欣力入选案例之一
"随光呼吸" （左）

老屋欣力入选案例之一
"有方公寓" （右）

个案中可以发现到一个重要的现象，在绝大多数老屋欣力的作品中，有非常高的比例是由非建筑专业者所设计改造，反而是许多民众基于对空间的想象，而自行开创新的空间形态，并且结合自己身为经营者的理念，反映在空间层次的铺陈上。这是有别于过去建筑专业设计者介入旧建筑再利用的经验，也因为如此，经营者本身会更了解再利用后的空间会如何吸引消费者或访客前往，这样的趋势也更加突显建筑遗产再利用的普世价值，应该给予更多的关注与协助。

六、"老屋欣力"常民运动的反省

2008年由民间组织所发起的"老屋欣力"运动，时序进入第5年。从过去这五年"老屋欣力"带给一个历史城市的影响来说，它是成功的。毕竟这草根运动让关心历史文化的媒体与社会大众注意到也意识到，一个历史城市的发展在面对开发与保存的过程之中，我们需要保留一些建筑遗产的空间让一个城市可以呼吸、喘息。也必须借由建筑遗产多元类型的存在（包括法定的古迹与历史建筑），让城市的风貌可以新旧并存，累积更多的文化资源。从这样的思维出发，本研究归纳出四个重要的思考面向：

（一）确立政府再利用政策的立场

政府对于文化资产的政策有其法令与政策的考虑，但受法律保障的文化资产在被指定或登录为法定文化资产之前，其实都归类在广义的建筑遗产范畴。因此对于这些未来具有潜力成为法定文化资产的建筑遗产,应该给予一般社会大众必要的协助,这包括了旧建筑再利用的专业咨询,或是相关建筑遗产保存与维护的资源以及新、旧建筑在建筑法令上不足之处的修法工作。透过政策的说明,让大众知道保存与维护建筑遗产的关键除了态度以外,建筑遗产再利用后的经营模式也关系到建筑遗产能否永续发展的可能。

(二) 建筑遗产再利用原则的建立

建筑遗产所指涉的对象,可能涵盖了各种类型的历史性建筑空间,但在面对再利用的过程中,非建筑专业者有极高的可能性会亲自动手进行空间改造的过程,倘若我们正视这些未来可能会被指定或登录为法定文化资产的事实,政府部门与民间组织更应该加紧建立建筑遗产再利用原则的建立,使其原则性的普世价值能够受到社会大众理解与认可。

(三) 建筑遗产再利用的交流网络

"老屋欣力"其实提供的是一个信息整合的平台,透过一个平台机制的建立,使得历史城市中的建筑遗产使用人、所有权人,乃至于管理人能够清楚自己所处的建筑空间有何种意义与价值。特别是从一个城市的角度来看,当"老屋欣力"所筛选出来的建筑遗产分布在城市地图之中,一般市民大众将会更容易了解建筑遗产在城市里的角色,也更容易凝聚城市认同的机会。民间活动需要的是建筑遗产再利用的信息交流平台,从中学习其他老屋经营者与设计者的经验,再从经验中学习保护建筑遗产的观念,未来才能扩及其他文化遗产的保存观念的建立。

(四) 实践历史城市中的文化首都

台湾台南市市长赖清德曾期许台南市成为类似"欧洲文化首都"般的历史城市,这是需要付出代价与努力的目标。但在实践此目标之前,建筑遗产作为形塑一个历史城市非常重要的关键角色,似乎都无法置建筑遗产再利用的规范于无物。反之,为了实践文化首都的理想,建筑遗产的角色不该任其在城市里自由发展,适当的倡导建筑遗产的再利用原则与弹性,将有助于展现历史城市的文化底蕴。

七、结语:迈向永续发展的建筑遗产再利用观

废弃脚踏车、不要穿的旧衣服、喝完酒的空瓶子、电脑主机板里的贵金属材料……所有的垃圾都可以回收,可以分类再利用。旧建筑

物，一样可以回收再利用。这是旧建筑再利用的初始概念，把不用的建筑机能或是无法再使用的建筑机能，在建筑物结构无虞的状况下，重新规划设计，给予旧建筑另一新的生命周期，是现代人追求永续发展（Reduce, Reuse, Recycle）的另一个实践场域。从建筑遗产再利用的概念出发，再从"老屋欣力"的经验中发现，我们是否可以将老房子再利用的思维回归到常民生活的需要，在这个概念下，这个社会需要的是教育民众，为什么要自己维护自己的房子？自己的房子可以怎么再使用？

"老屋欣力"在台南，也许可以被视为一种草根性的现代保存运动（Modern Conservation Movement），会不会有正面的效应扩散至台湾其他城市？目前还无法得知，也许走得出去，也许只能停留在这个城市，但我们都期待它是一场有反省能力且坚持信念的运动。因为，一个历史性城市要永续发展是不容易的事，但在城市里的建筑遗产绝对扮演着举足轻重的角色。台湾正逐步一点一滴地从历史洪流中寻找自我的定位，永续发展的思想必须深入在遗产保存的工作上。如同台湾另一个民间组织"汗得学社"（HAND）在北部所做的努力，自2012年起，该组织动员志工在桃园大溪的中山老街，将一栋已登录为历史建筑的街屋，试图再利用为新的使用机能后，结合生态绿能的永续概念打造成一栋具有环保概念的历史建筑。这样的建筑遗产思维观念，英国伦敦大学的"永续遗产中心"（Centre for Sustainable Heritage）也早就开始将建筑遗产的绿建筑指针系统建立起来，这些都是未来建筑遗产在城市场域中所需要面对的挑战。

展望未来"老屋欣力"的口号根本不需要存在，因为所有的市民都知道老房子存在的意义与价值，我们不再需要用老房子再利用的空间来当噱头，因为住在旧建筑里，是再平常不过的事，而我们所骄傲的，是这个尊重新旧建筑共存的城市。

荣芳杰　台湾新竹教育大学环境与文化资源学系助理教授
吴秉声　台湾成功大学建筑学系助理教授

参考文献：

1 荣芳杰：《旧有空间，新生记忆——省思台南老屋再生运动》，《人籁论办月刊》，台北：中华利氏学社，2011年第86期10月号，第28~31页。

2 荣芳杰、傅朝卿：《古迹委外经营制度对文化遗产管理功能之影响：以

R.O.T.与O.T.模式为例》,《建筑学报》,台北:台湾建筑学会,2008年第66期冬季号,第167~188页。

3 傅朝卿:《台湾成功大学建筑研究所建筑再利用专题讨论课堂讲义》,2004年。

湖南书院文庙建筑遗产保护利用的成功典范
——岳麓书院

柳肃　李旭

摘要

岳麓书院是中国古代四大书院之一，本文探讨了岳麓书院及文庙建筑遗产的保护和再利用两方面的管理与运作方式。文章结合30年来岳麓书院古建筑群的修复和保护过程，总结了书院及文庙建筑遗产修复保护的经验。在古代书院讲学、藏书和供祀三大功能的同时，结合旅游、展览以及办学研究等现实使用，发挥了重要的社会效益。特别是在办学教育和文化研究方面所取得的成就，既延续了古代书院的功能，又有今天的特色，成为古建筑保护和利用的一个成功的典范。

关键词：书院文庙，建筑遗产，保护利用，岳麓书院

Abstract

The Yuelu Academy is one of the four ancient Chinese Academies of classical learning, this paper discusses the protection and reuse of management and operation mode of the Yuelu Academy and the Confucious'temple in two aspects of architectural heritage. Combining with the Yuelu Academy restoration and protection of the ancient building group during the past 30 years, summed up the academy and Confucious'Temple architectural heritage conservation experience. In the preservation of the college and Confucious'Temple lectures, books and for worship of the three aspects of the function at the same time, a combination of tourism, exhibition and educational research, practical use, play an important role in. Especially made in the research of education and culture education achievement, not only the continuation of the Ancient Academy of classical learning function, and the special of the day, to become a successful example of ancient architecture protection and utilization.

Keywords: Academy and Confucious' temple　Architectural heritage

Protection and utilization Yuelu Academ

一、岳麓书院修复和保护过程

（一）岳麓书院历史沿革及价值

岳麓书院位于湖南省长沙岳麓山下，是我国古代四大书院之一。唐末五代（958）智睿等两位僧人在此结庐办学。北宋开宝九年（976），潭州（今长沙）太守朱洞在此基础上正式创立岳麓书院。历宋、元、明、清各代相沿不变，清末改革学制，办新式学堂。辛亥革命后改高等学校，直至1926年改为湖南大学。学校虽几经变革，多次易名，但始终为湖南最高学府，原书院院舍始终保持未变。修复后的岳麓书院，被列为全国重点文物保护单位，享有"千年学府"的美誉。

岳麓书院在千年历史上出现过很多重要人物，在中国哲学史和近现代历史上产生了巨大的影响。宋代著名哲学家朱熹来岳麓书院，与当时主持书院的哲学家张栻论学，举行了历史上有名的"朱张会讲"。全国各地前来听讲者上千，推动了宋代理学和中国古代哲学的发展，成为中国古代文化史上的一件盛事。明正德年间著名哲学家王阳明来此讲学，再一次导致了岳麓书院的学术繁荣。明末清初著名哲学家王夫之是岳麓书院出来的学生；清朝中期有两江总督陶澍、著名思想家魏源，湘军名将曾国藩、左宗棠、胡林翼，外交家郭嵩焘；戊戌变法的

岳麓书院大门

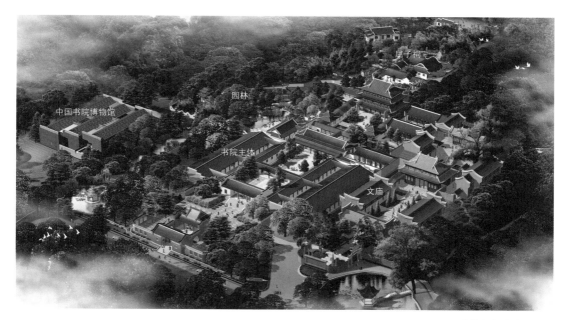

谭嗣同、唐才常；辛亥革命的黄兴、蔡锷等等都出自于岳麓书院。毛泽东、蔡和森早年就学于长沙第一师范学校时，也经常过河来到岳麓书院寓居读书。毛泽东的"实事求是"的思想就是在这里受的影响。可以说从这里走出来的人物影响了整个中国近现代历史。

（二）岳麓书院建筑群的整体格局及其特点

岳麓书院选址于长沙岳麓山下，背靠岳麓，古树参天，层峦叠翠，风景十分优美。建筑占地面积21000平方米，为中国现存规模最大、保存最完好的书院建筑群。整体格局分为教学、藏书、祭祀、园林等四大区域。现存建筑大部分为明清遗物，主体建筑按书院和文庙两条轴线分布。书院在右，文庙在左，体现"左庙右学"以左为尊的布局特点。书院主轴线上的主体建筑有赫曦台、大门、二门、讲堂、御书楼。

两旁分布有教学斋、半学斋、百泉轩、湘水校经堂和专祠。文庙主轴线上的主体建筑有照壁、大成门、大成殿、崇圣祠，两旁分别有"德配天地"和"道冠古今"牌坊、中央庭院两旁有东西厢房，原为"名宦祠"和"乡贤祠"，后院两侧分别为明伦堂和文昌阁。在两条轴线以外，另有两组相对自由布局的建筑，一是百泉轩园林，其中有碑廊、麓山寺碑亭、后门。另有一组建筑屈子祠，自成一体。

岳麓书院是目前遗存下来的中国古代书院中保存最完整，功能最齐全的书院建筑群，尤其是它"左庙右学"的整体格局在目前保存下来的古代书院中独一无二。中国古代学校分为官办和民办两类，官办的叫"学宫"，民办的叫"书院"。唐代以后礼制规定，凡办学必祭奠先圣先师孔子。官办学宫必有祭祀孔子的文庙或孔庙，即由照壁、牌坊、大成门、大成殿、崇圣祠等建筑组成的一组独立建筑群；民办的书院一般没有一座独立的文庙，而是在书院中专辟一座殿堂祭祀孔子，有的规模较小的书院甚至就在讲堂里附带祭祀。而岳麓书院作为民办的书院有一座完整的独立的文庙，这在全国书院中也是罕见的。

（三）岳麓书院的修复和保护状况

岳麓书院建筑群和湖南大学一起在抗战时期遭受到日军飞机的轰炸，部分建筑被炸毁。20世纪50年代对于文物建筑的不够重视以及60年代、70年代"文革"的破坏，直到改革开放时才真正开始修复和保护。虽然还有部分古建筑保存，但都已经残破不堪。

第一批修复工程赫曦台、大门、二门、讲堂、御书楼、教学斋、百泉轩、湘水校经堂、专祠等，自1982年开工，1986年完成。庆祝书院建院1010周年，岳麓书院正式对外开放，1988年被列为全国重点文物保护单位。第二批修复工程主要有园林、碑廊、后门、麓山寺碑亭、文庙大成门及东西厢房，从1990年开始，1994年完工。第三批修复工程主要有文庙后部的崇圣祠、明伦堂、文昌阁，以及在书院后部重建屈子祠，从2003年开始，至2006年完成。至此岳麓书院建筑群基本恢复了全盛时期的整体格局。

二、岳麓书院作为建筑遗产的成功再利用

1. 书院文化的延续——教学和学术研究

1979年，省政府批准由湖南大学修复和管理书院。1984年成立岳麓书院文化研究所，在对古建筑群保护和修缮的同时，继承和发扬书院的文化传统，延续着书院教育和学术研究，使书院始终保持活力。2005年改研究所为岳麓书院，下设中国思想文化研究所、历史研究所、中国哲学研究所、中国书院研究中心和湖湘文化研究基地等五个研究机构，与其平行的机构还有岳麓书院文物管理处，专门负责文物保护与利用工作。30年来，岳麓书院文化研究所在中国哲学史和宋明理学研究，以及中国教育史和书院史研究方面取得了丰硕的成果。目前书院拥有一支研究特色和研究成就突出的科研队伍。现有专职教师23人，其中教授18人，副教授5人，博士生导师9人。有历史学、哲学学

科博士学位授予权专业3个，硕士授予权专业9个，2009年开始，岳麓书院面向全国招收历史学本科生，使书院的人才培养体系更加完善。近年又建立了历史学博士后科研流动站，同时利用湖南大学现有的教学科研资源，致力于传统文化的研究，建立了国学研究中心，获得了多项国家级社会科学研究课题。

修复之初，岳麓书院采取修复与研究并举，相互促进。1982年建立了岳麓书院研究室，1984年改为文化研究所，曾创刊《岳麓书院通讯》，传播海内外，1986年组织湖南省书院研究会，开拓书院文化的研究和交流。曾多次在书院举行国际性学术会议，并接待国外学者和研究生来院参加研究和学习。曾先后组编出版了《岳麓书院史略》《岳麓书院名人传》《张栻与湖湘学派》《湖湘学派源流》《中国书院辞典》《中国书院制度研究》《中国书院史资料》等专著。因此，岳麓书院不仅已成为著名的游览胜地，且形成一处重要的学术研究交流中心，继承发扬了书院文化传统特色，做出新的历史贡献。

如今的岳麓书院宋明理学、中国书院史、湖湘文化史、中国礼制史的研究水平在国内外处于领先地位。并致力于建成在国内外具有较高学术地位的中国传统文化研究基地、中国书院研究基地、中外文化交流中心。例如，明伦堂是和文庙紧密相关的教学建筑，古代学宫和书院中一般都有"明伦堂"，取"宣明纲常伦理"之意。岳麓书院的明伦堂，位置在崇圣祠的北侧。借地形关系做成两层硬山楼阁式建筑，在内部功能上做成5~20人不等的大小教室数间，以满足岳麓书院研究所博士生、硕士生教学的要求。教室内部使用仿明式桌椅，使建筑的外观和内部都体现统

小学生传统文化教育活动

一的风格，成为一个很典型的传统文化教学基地。

（二）开放旅游展览，向全社会普及传统文化教育

岳麓书院一方面开展高水平高层次的教育和学术研究，另一方面积极发展旅游，把书院的文化遗产展示给广大观众，并借此向广大普通民众普及国学知识和传统文化教育。书院修复之初就专门开辟了书院历史陈列馆，展出岳麓书院和中国教育史的相关内容。岳麓书院平均年接待游客量达300多万人，对普及民众文化教育起了重要的作用。

因岳麓书院历史悠久，而且是中国连续办学时间最长的高等学府，因此备受国家领导人的关注和重视，先后来此视察过的历届领导人有华国锋、胡耀邦、李瑞环、乔石、江泽民、李鹏、朱镕基、温家宝等二十多位。

2006年国务院批准在岳麓书院南侧建立"中国书院博物馆"。经过几年努力筹备，于2012年正式建成开馆。这是国内第一所以中国古代书院和古代教育为内容的专题博物馆，成为全国书院文物的收藏中心、展示中心、研究和交流中心。书院博物馆的建成，对于开发中国书院文化旅游起了重要作用。中国古代四大书院至今仍在坚持办学的只有岳麓书院，以此为依托建立中国书院博物馆，不仅了解岳麓书院的办学历史、成就及培养的人才，而且介绍中国书院的形成、发展和影响因素；介绍了科举考试、讲学、藏书、出版、祭祀等古代教育方式，让游客了解中国的书院制度及中国古代的文化教育。

第八届东亚实学国际研讨会在书院文庙中举行

（三）学术会议与学术交流

宋代著名理学家朱熹和张栻会讲，明代心学大师王阳明来院讲学，清代末年梁启超在这里倡导维新思想和传播新学等等，都是彪炳岳麓书院历史的学术交流活动，在中国学术史上产生了重要影响。岳麓书院成为了中国古代重要的学术中心，它既是湖湘学派的基地，又是闽学和阳明心学的"重镇"，还是事功学派、清代汉学和清末新学的重要传播场所。历史表明，岳麓书院学术的繁荣和昌盛，与它重视学术研讨有着直接的联系。今天的岳麓书院仍然延续着这一传统，重视学术研讨和交流。除了书院自己经常举办全国性和国际性学术会议外，还为湖南大学各院系举办学术会议提供场所。例如1996年，岳麓书院1020周年华诞。为了纪念这一盛事，国际儒联、中国孔子基金会、湖南孔子学会和湖南大学等单位共同发起，在岳麓书院召开"儒家教育理念与人类文明国际研讨会"。2004年11月9日至11日，由中国实学研究会、武汉大学中国传统文化研究中心和湖南大学岳麓书

2006历史城市与历史建筑保护国际学术研讨会在书院文庙举行

院联合主办的"第八届东亚实学国际研讨会",在岳麓书院举行。来自中、韩、日、美、马来西亚的40多位学者出席了会议。2006年由中国建筑学会建筑史学分会、中国科学技术史学会建筑史专业委员会和湖南大学联合举办的第一届历史城市与历史建筑保护国际学术讨论会在岳麓书院文庙举行。会场就设在文庙大殿前,关于历史建筑保护的学术会议在这座著名的历史建筑中举行,尤其具有象征性意义。2009年、2010年两次在岳麓书院明伦堂内举办的"岳麓书院藏秦简国际研读会",来自美国、法国、英国、日本和国内的20余位数学史、古文字学、简帛学等研究领域的学者参加了会议。

（四）开放性学术讲座

书院是中国古代传道授业的教育机构,讲学是其基本的功能。岳麓书院的中心建筑即为讲堂,这里有肃穆的讲坛、宽阔的敞轩。千年以来,无数先贤智者在此开讲论道,教育了广大莘莘学子,营造了探求真理的学术气氛。宋代著名的"朱张会讲",全国各地上千学子汇聚听讲实际上也就是一次开放的学术讲座。

今天,一批批当代文人学者再次聚集于此,通过电视、网络等现代媒体传播新的思想和智慧。他们承继古代学风,传播现代文明,使得千年讲坛薪火相传,闪耀着智慧的辉光。

1. 千年论坛

岳麓书院自1999年以来,与相关媒体联合举办"千年论坛"学术讲座,对全社会开放,各行各业,各阶层的人都可以参加。延请国内外著名学者,主讲各学科、各专业、各种不同学派观点的讲座。在讲堂上

朱张会讲

面对庭院中众多听众开讲,延续了岳麓书院历史上"朱张会讲"的传统。"千年论坛"先后举办了18次,开讲学者有:余秋雨、余光中、黄永玉、星云法师、傅聪、金庸等等。

2. "明伦堂讲会"

明伦堂讲会是由岳麓书院研究生会主办,书院博士研究生首倡,全院研究生为主体自发组成的青年学术活动团体。该团体宗旨是通过师生之间的学术讨论与自由辩论,促进思想交流,活跃学术气氛,拓展学术视野,从而提高研究生的学术水平。讲会精神:承朱张之绪 弘湖湘学统 沐书院清风 谈天下学术。活动内容及其主要方式为:不定期邀请校内外知名专家学者作专场学术讲座;岳麓书院博士生就某一学术主题定期讲演、自由辩论,同时适当邀请国内外兄弟院校的博士来院论讲;读书会,如博士生开题演练、经典著作导读等;对学术前沿问题、人文学科的新成果、新动态和新方法进行探讨。

3. "名山坛席"

"名山坛席"系列讲座是由岳麓书院学生会主办,面向全院本科生开展的传统文化系列讲座。讲座是通过征集主题,本科生上台讲演等形式,以提高本科生语言表达能力和培养专业学习兴趣为目的的活动。活动以书院本科生为主,充分发挥岳麓书院丰富的文化资源,努力打造精品文化活动,为实现"弘扬传统文化,普及国学常识"的宗旨而不懈努力。

岳麓书院学生会为顺利开展"名山坛席"系列讲座,特成立专门负责机构"名山坛席工作室"。名山坛席工作室以"名山坛席"系列讲座为依托,将活动范围扩展到博客、杂志、文化论坛等丰富多彩的文化形式,将"名山坛席系列讲座"真正打造成为有价值的精品文化活动。目前,系列讲座已初步形成了较为完整的体系。大一本科生入学后开展班级内的讲座,为"名山坛席"讲座积蓄资源。大二以上本科生借助重大节日、纪念日或社会热点议题,推出相关主题的系列讲座,并力求讲座的效果和影响。目前,书院第一届本科生已完成了讲座的第一阶段任务,初步积累了经验,也使"名山坛席"讲座产生了一定的影响力。"弘扬传统文化,传播国学基本常识"正是"名山坛席"讲座的最大特色。从第一期到第十八期,各色各样的题目异彩纷呈,但都紧扣着中国传统文化这一主题。

三、结语

岳麓书院现存古建筑群以其完整的总体格局,丰富的建筑类型,独特的建筑风格及其所包含的历史文化信息成为中国书院建筑的代表作，是中国古代学院建筑典型范例。书院及文庙建筑遗产的保护，以及讲学、藏书和供祀三大功能的延续，结合现代旅游、展览以及教学研究等现实使用，发挥了重要的作用。特别是在办学教育和文化研究方面所取得的成就，既延续了古代书院的功能，又有今天的特色，成为古建筑保护和利用的一个成功的典范。

书院文化遗产再利用的一个重大举措就是古代书院的现代化转换。书院是我国古代一种独特的教育组织形式，在我国教育史、思想史、文化史上占有重要的地位，产生了深远的影响。湖南大学在对岳麓书院进行修复的当初就认为，修复岳麓书院的目的不仅是要保护一个古建筑的遗址，还要继承书院的传统，把它创建成一个新型的文化研究和文化传播的机构，要处理好文物保护、旅游开放、科学研究和人才培养四项功能，使它们走向良性互动，共同发展。30多年来的实践证明，这条道路是对的，是一条成功的，可以借鉴的有益经验。

柳肃　湖南大学建筑学院
李旭　湖南大学建筑学院

再思考建筑遗产的保存（保护）与再利用
——南京高球场的个案

夏铸九

摘要

南京市规划局正在推动钟山风景名胜区中的南京高球场遗址（原国民政府外交部郊球场，也是中国自建俱乐部的第一座高球场）的保护与再利用工作，2013年1月底南京市规划局邀请两岸的专业团队进行比图与专家评审会[1]，本文这一个案做为讨论的对象。首先，经由近年国际学界对遗产保存领域中的现代主义理论取向的争论，重新思考遗产保存（保护）与再利用的实践经验而重新发问。一则阐明遗产保存（保护）与再利用，两者必须结合起来思考；二则重新发问，才得以此确立南京高球场遗址保存（保护）与修复的正当性。然后，整合两岸专业团队比图与专家评审会对南京高球场遗址公园规划设计方案之后的方案构想，说明遗产保护（保护）的具体内容与再利用的可能方式，及将原有国民政府外交使节与政治菁英们的排除性都市休闲空间，转化为提供更多社会群体可接近遗产与再使用遗产的包容性空间。之后，建议未来执行的方式，以参与式规划与公听会作为与南京市民沟通的方式，减低市民误解，争取市民支持，增加再利用计划执行时的可行性，最后，响应本文的理论发问，作为再思考建筑遗产的保存（保护）与再利用的结论。

关键词：遗产理论，保存（保护），再利用，南京高球场

Keywords：Heritage Theories, Conservation, Reuse, Golf Course in Nanjing

南京市规划局正在推动钟山风景名胜区中的南京高球场遗址的保

---

[1] 提出方案的设计单位有四：台大建筑与城乡研究发展基金会、台湾皓宇工程顾问公司、东南大学建筑设计研究院、南京中山台城风景园林设计研究院，评审结果的顺序亦如前列。

存（保护）与再利用工作。南京高球场是原国民政府外交部郊球场，也是中国自建俱乐部的第一座高球场，[1]显而易见，它的保护与再利用的历史意义纠结了敏感的政治性。2013年1月底，南京市规划局邀请海峡两岸的专业团队进行比图与专家评审会，提出方案的设计单位有四：台大建筑与城乡研究发展基金会、台湾皓宇工程顾问公司、东南大学建筑设计研究院、南京中山台城风景园林设计研究院，评审结果的顺序亦如前列。本文以南京高球场保存（保护）与再利用的个案作为讨论的对象。

一、理论辩论与重新发问

由于南京高球场遗址的保存（保护）与再利用的特殊性，本文先交代一点理论上的辩论。首先，经由近年国际学界对遗产保存领域中的现代主义理论取向的争论，重新思考遗产保存（保护）与再利用的实践经验而重新发问。在西方学院与专业界的论述形构（discourse formation），由考古学、博物馆学、建筑学以至于保存的理论与实践领域，1968年是个变迁的关键。在这之前的现代主义者，自视为科学，不证自明，却欠缺理论的辩论，之后，招受到后现代主义与新马克思主义的众多质疑，由考古挖掘到展示，由保存（保护）、修复到再现，已经被视为是承载了一定价值观的实践，指涉历史、社会关系以及诠释的政治。考古学与历史是个创造不同的、经常是不相容的过去。而遗产产业（heritage industry）本身，作为一种对前尘往事的特殊生产，其实是一种存心蓄意的遗忘。由这个角度来看，保存与再利用是意义的展现，不同意义的生产的地方，它其实是一个特殊的剧场（theatre）。[2]

最极端的具争论性的实例莫过于过去英国殖民考古学者在印度与尼泊尔对佛陀遗址的一系列挖掘，这些英国印度殖民移植的现代考古遗址与展示的普同科学规范的价值，其无聊而自以为是误导使用者对遗址经验的专业价值观令人怀疑。

即使不提也是一模一样的印度佛陀考古遗址，如菩提迦叶（Boddhgaya）、瓦拉纳西（Varanasi）、巴特那毗舍离（Patna, Vaishali）、拉查基尔（王舍城，Rajgir）等遗址。仅仅暂时以在印度尼泊尔交界

[1] 张学良积极引进西方文化，于沈阳聘请德国设计师建造中国第一座外国人建造的标准九洞球场，使用者主要为使节与外籍人士。

[2] Tilly, Christopher（1989），"Excavation as Theatre", Antiquity, No.63, pp.275 ~ 280; Tilly, Christopher（2007），"Excavation as Theatre" in Fairclough, G. and R. Harrison, J. Schofield, Jnr. J. H. Jameson（2007）eds. The Heritage Reader. London: Rout ledge, pp.75 ~ 133.

处的遗址为例，拘尸那罗（Kushinagar）、舍卫国（Savatthi）以至于伦毗尼（Lumbini）等地的考古遗址，如祇树给孤独园（Jetavana）考古遗址、倒立天舍利塔遗址、孤独长老舍利塔（Kachchi Kuti, Stupa of Anathapindika）与央揭摩罗舍利塔（Pakki Ruti, Stupa of Angulimala）一对考古遗址等等，这些舍卫国的考古遗址保护手段潜藏的现代美学品位完全误导了参访者的经验。遗址的现代展现，一再重复的是地下平面图的再现，暴露了现代性价值的无聊、脱离用户现实，以及自以为是的普同价值，其实是对考古遗址单一诠释的论述权力控制。事实上，这些佛陀遗址对于东亚与东南亚广大的佛教徒们而言，这里最需要的是合于佛教经典与历史氛围的诠释。

前述后现代考古学与最近的遗产展示与博物馆的新视角视遗产为剧场，这样，特别是对发展中国家的专业者有急迫性的挑战在于遗产展示与博物馆不再是道德改良与美感培育的制度机构，不再是单方面接受官方的正典，而是要求更高的可及性、开发新的观众以及提高社会接纳性，它们不但具有地方发展上的经济再生能量，是文化导向的经济与社会再生，而且超出了博物馆学与专业策展人的权威与脱离现实的观点。再利用与经营管理的诠释，为何不能是可感动访者与访者心中的期望相结合的热情诠释（hot interpretation）呢？[1]这里不是市民的公共空间吗？

所以，我们暂时可以这样小结，针对南京高球场遗址保存（保护）与修复，我们重新发问：一则，阐明遗产保存（保护）与再利用两者必须结合起来思考，遗产保存（保护）与再利用可以是剧场，可以是提供热情诠释的市民的公共空间。二则，遗产保存（保护）与再利用，可以追求更高的社会可及性、可以开发新的观众以及提高社会接纳性。遗产保存（保护）与再利用不只是提供少数精英的排除性场合；相反地，它具有助于地方发展的经济再生能量，是文化导向的经济与社会再生计划，以此确立南京高球场遗址保存（保护）与修复的正当性。我们可以说，南京高球场遗址的保存（保护）与再利用的政治特殊性，使得保存（保护）与修复的正当性建构，是推动此计划的南京市规划局最在意的要害。

二、南京高球场遗址公园规划设计方案的主要构想

在两岸专业团队比图与专家评审会议之后，目前由财团法人台大

---

[1] Uzzell, D. and R. Ballantyne（2007），"Heritage that Hurts: Interpretation in a Postmodern World". in Fairclough, G. and R. Harrison, J. Schofield, Jnr. J. H. Jameson（2007）eds. The Heritage Reader. London: Rout ledge, p.507.

建筑与城乡研究发展基金会提出的南京高球场遗址公园规划设计方案是本文要说明的。[1]

南京高球场原为国民政府外交部高球场，1930年由外交部长王正廷发起筹建，取名为首都野球场，1931年更名为外交部郊球场。1927年国民政府定都南京后，由于各国驻华使馆外交官员与家属、外籍教师、商人等聚集，发源于西欧的高尔夫球成为世界上层社会的时尚，国府外交部为增进国际友谊遂筹建九洞球场，但时局多故延至1932年底方由外交部长罗钧任正式成立南京郊球会（郊球场俱乐部）并任会长。南京郊球会会员多为外籍人士，中方会员则多为民国政界的达官贵人。会员分成四种：候补、正式、永久和名誉。入会的时候需要交一笔入会费，25块大洋至100块大洋不等；每月还需缴纳定额会费，从5块至10块不等。[2]此外，1930年起外交部以年租金1800大洋租下钟山南麓灵谷寺东侧东洼子村附近1200亩山地，1933年请上海华盖建筑师事务所赵深设计会所，内部豪华，大厅、酒吧、浴室、卧室、办公室等一应俱全。

赵深，1898年出生于江苏无锡。1911年至1919年就读北京清华学堂，随后留学美国宾夕法尼雅大学建筑系，1923年获硕士学位，在美实习数次考察欧洲建筑后于1927年返国，1931年在上海成立建筑师事务所。1932年陈植由东北来沪加入，改名赵深陈植建筑师事务所，1933年童寯加入，更名华盖建筑师事务所。他们前后都毕业于美国宾夕法尼雅大学建筑系。1933年外交部所签郊球场俱乐部合同档案与相关施工合约，其建筑师事务所即为华盖建筑师事务所，施工单位则为陶馥记营造厂。而台湾《中央日报》报道郊球场落成，标题为外交部建筑考而夫球场落成，显然名称并未统一。[3]赵深的郊球场俱乐部会所建筑设计，与1897年美国第一座高尔夫球场——麦金姆·米德·怀特（McKim, Mead & White Architects）设计的圣安卓高尔夫俱乐部（Saint Andrews Golf Club），在建筑形式上有清楚的关系。圣安卓高尔夫俱乐部的设计采用19世纪末美国东岸流行的乡村住宅的荷兰殖民风格（Dutch Colonial Style），其斜折式大屋顶（gambrel）与老虎窗（dormer window）也都成为南京高球场的建筑元素，只是赵深加上了热带殖民建

[1] 参考《南京城市中央公园民国郊球场遗址公园规划设计方案比选设计草案汇报》，台湾大学建筑与城乡研究发展基金会，2012年12月25日。主要数据来自台湾民国史料收藏机构之国民政府外交部档案，总理陵园管理委员会报告、总理陵园小志以及访谈耆老，如张学良侄女张闾芝等。

[2] 当时一块大洋能购买两袋兵船牌洋面，报社编辑月薪6块大洋。

[3] 《郊球场落成典礼报导》，台湾：《中央日报》，1934年5月17日，台湾民国史料收藏机构档案。

筑常见的外廊与阳台（veranda）的营造模式，也加强了一些浪漫与乡愁的异国想象。

南京高球场遗址的现况，除了郊球场北部推测为原外交部长官避暑茅舍（1933）尚存之外，其余郊球场俱乐部会所、九洞球道等都已经破坏。1949年后，球道曾经作为养鹿场、果园，现为钟山风景名胜区中的苗木基地，地形也曾改变。经过地形图套绘比较，可以分析球道与山脉走向的关系，发现九洞球道中的第3、4洞果岭，位于现有的五棵松水库周边，地形变化更大，既有环境生态不宜再度逆向改变，扰动过大。相反地，提出的修复方案可以虚实相依，使实质的物理空间与虚构的民国影像相得益彰。这也就是说，保存修复之后，未来再利用的

外交部郊球场俱乐部
赵深1933年11月

展示空间可以定位为"民国剧场"。以历史空间的剧本（scenario），生活空间的模式（patterns），建构流露民国时期空间意义的剧场。再现民

圣安卓高尔夫俱乐部，麦金姆·米德·怀特，1897年

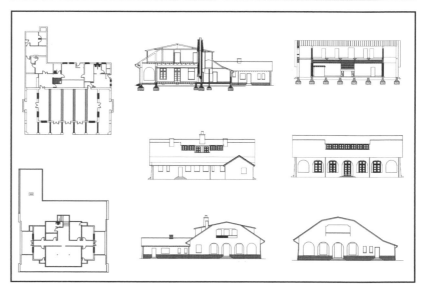

外交部郊球场
俱乐部测绘图

原外交部郊球场
地形套绘图

国的历史空间与南京都市的集体记忆，是未来成功的保护规划与设计的重要策略。

　　在规划手段上，民国郊球场的计划宜顺势而为，以条状廊道配置，避免再次破坏钟山南麓既有山峦。九洞球道利用沟谷修补地基，而非过度干预重塑地形。仅复原其中三个球道，象征性地作为市民参观完室内展示之后，可以实际体验的高球道。其余球道仅作为原有球道的体验路径，将博物馆室内展示的历史空间得以联想，再现在发球台与果岭之上。譬如说，在《南京大屠杀》中协助交涉设置安全区拯救过市民的美国驻南京领事馆参事威立 · 帕克（Willys R. Peck），是当年郊球会副会长，对南京高球场的运作出力不少，值得再现他与南京高球场与南京城市市民之间的历史关系。[1]至于赵深设计的郊球场俱乐部会所是未来修复与再利用规划的地标，由于图面俱全，修复不是困难的工作，将作为对市民开放的南京郊球场博物馆展示空间。如前述，以历史空间的剧本，生活空间的模式，再现民国时期空间意义的"民国剧场"。至于北部的原外交部接待外宾休息的茅舍可以在修复后作为与国际联谊有关的、民国时期当时驻外使节的相关展示空间。至于五棵松

[1] 现在南京规划局另案委托台湾皓宇工程顾问公司规划陵东路南侧体育学院的高球
　　场，不排除未来可以高球车相互连结。

南京高球场
配置分析图

水库北边，也就是第三洞的果岭与发球台位置，规划局有意提供为海峡两岸之间紫金高峰论坛的常设会址，直接贡献于两岸关系的改善。

总之，未来的南京高球场与郊球场俱乐部修复之后，不再是少数精英休闲消费空间的禁地，可以适当地向南京市民开放，特别是可以与南边的体育学院的活动结合，作为青少年高球培训基地，也可以是城市的特殊运动公园，而不是排斥性的，完全商业性的，容易造成破坏的大型十八洞高尔夫球场。

三、建议执行方式

在初步的规划构想形成之后，由于南京城市市民关心公共事务的特殊性，与南京都市媒体关心都市公共议题的公共领域特性，以及本案基地位于敏感的钟山风景区，建议未来执行的方式及早以参与式规划与举办一系列公听会作为与南京市民沟通规划构想的过程，减低市民误解，争取市民支持以及增加遗产保存（保护）与再利用计划执行时的可行性。

四、结论

最后，虽然本文提出的时间，南京高球场遗址的保存（保护）与再利用的规划工作才刚刚展开，规划的执行与下阶段设计工作的委托还没有进行，更不必提对未来再利用的经营管理工作所遭遇的困难，作者还是初步响应本文的理论发问，作为再思考建筑遗产的保存（保护）与再利用暂时的结论：第一，遗产保存（保护）与再利用，两者结合起来思考之后，空间可以是剧场，也可以是热情诠释的市民公共空间，有助于南京市民的都市认同。第二，遗产保存（保护）与再利用，可以提高社会可及性、开发新观众以及提高社会接纳性。南京高球场遗址的保存（保护）与再利用作为遗产保存（保护）与再利用，不只是提供少数精英的排除性场合，它有助于南京的地方发展，是文化导向的经济与社会再生计划。

正式的结论要等到一年以后，本案真正落实执行之后的检讨。

夏铸九　台湾大学建筑与城乡研究所名誉教授

活化建筑遗产　延续城市文脉
——以广州市越秀区建筑遗产再利用为例

高旭红

摘要：

广州市越秀区为保护和再利用建筑遗产，确立了"政府主导、社会参与、保护为主、合理利用"的思路，将建筑遗产再利用作为公共文化建设的试点项目，加大政策支持和资金扶持，鼓励各部门、街道社区和民间力量进行各种尝试，由过去单一的政府投入转变为多元化投入，较好地破解了资金难题，越秀区内的一批建筑遗产历史价值得到充分彰显，其承载的历史文化信息得到充分释放，也更加有效地实现了延续城市文脉并惠及大众的目标。

关键词：建筑遗产，再利用，越秀区

Abstract

In order to protect and reuse architecture heritages, the government of Yuexiu district, Guangzhou established an model of government dominance, social participation, giving priority to protection and rational utilization. They took architecture heritage reuse as pilot project of public cultural construction; strengthened political and financial support. All sectors of government, streets communities and civilian forces were encouraged to try every angle, and transformed the single-investment by government into pluralistic investment. In this way, funding problems were solved well. As a result, the value of an array of architectural heritages were profoundly demonstrated while the historical cultural information that they carried were fully unleashed. Moreover, it achieved the goal of extending city's context and benefiting the public more effectively.

Keywords: architecture heritage　Reuse　Yuexiu district

广州是有着2200多年建城史的历史文化名城，越秀区作为广州传统的中心城区，在 33.8 平方公里的城区内保留了大量富有岭南特色的建筑遗产，是广州古城文化、商贸文化、近现代革命历史文化、宗教文化、书院文化等历史人文资源的重要载体。为保护和再利用好丰富的建筑遗产，最大限度实现这些文化资源的价值扩张和经济、社会、环境效益最大化，越秀区创新公共管理机制推动文化建设，在广泛调研、充分听取专家和各方意见的基础上，探索确立了"政府主导、社会参与、保护为主、合理利用"的保护传承城区历史文脉新思路。将建筑遗产的再利用作为公共文化建设的试点项目，鼓励各部门、街道社区和民间力量进行各种尝试，由过去一元化的政府投入转变为多元化投入，较好地破解了资金难题，东平大押、万木草堂、青云书院、逵园等一批建筑遗产通过保护和活化重新焕发生机。

一、越秀区建筑遗产资源的特点

（一）建筑遗产分布广密度大

广州市是全国首批公布的历史文化名城，越秀区在广州乃至岭南的发展史上一直处于重要而独特的地位，是广州、广东乃至岭南的政治、经济、文化中心。2200 多年来广州城市的发展变化主要都是在越秀区域内进行。因此广州的历史文物和名胜古迹多聚集在越秀区内。建筑遗产呈现数量多、密度大、等级高等特点，堪称"没有围墙的博物馆"。辖区内有不可移动文物 195 处，其中全国重点文物保护单位 12 个（16 处），占广州市的 50%；省级文物保护单位 18 个（20 处），占广州市的 42%；市级文物保护单位 69 处，占广州市的 27%，此外，还有一批区级文物保护单位和尚未登记公布为文物保护单位的不可移动文物。越秀区内历史街区众多，有新河浦、大小马站—流水井、传统中轴线、华侨新村、白云山（越秀区部分）、人民南、北京路、东皋大道、农林上路和珠江河段（越秀区部分）部分、五仙观—怀圣寺—六榕寺、海珠南—长堤和文德南等 4 片历史文化街区，这些街区内保存了大量各个时期的历史建筑，历史街区内始终有大量居民在其间生活，是活态的文化遗产。

（二）建筑遗产类型丰富形式多样

越秀区保存有各历史时期各类型的特色历史建筑，从南越国时期的宫苑遗迹到近现代优秀建筑，其中以明、清和民国建筑为代表，这些历史建筑体现了浓郁的广府风情，彰显了岭南文化的特质。辖区内的建筑遗产主要有以下几个类型：一是宗教历史建筑，如佛教文化的光孝寺、六榕寺、大佛寺等；道教文化的五仙观、三元宫、城隍庙等；传播伊斯兰教文化的、在中国乃至世界上都算是最古老清真寺之一的怀圣寺，先贤古墓、濠畔清真寺、小东营寺等；基督教的东山堂和天主教的圣心大教堂等；还有体现满族文化的妙吉祥室等。二是书院宗祠建筑，如万木草堂、庐江书院、区家祠、拜庭许大夫家庙等一批清代建筑。三是近现代中西合璧的历史建筑，如新河浦、华侨新村、农林上路历史街区内的大量建于20世纪二三十年代的民国建筑。四是骑楼建筑，如北京路、一德路、文明路、长堤、人民路上的骑楼建筑。五是广府传统建筑、工业建筑及其他建筑，如广府传统民居大屋、竹筒屋、五仙门发电厂旧址、南洋电器厂旧址、北园酒家、兰圃、东方宾馆、矿泉别墅、广州中苏友好大厦旧址等。这些位于越秀区内的建筑遗产留下了厚重而绵长的岭南历史文化气息，是广州2200多年来沉淀的城市记忆。

（三）建筑遗产具有鲜明的岭南特色

越秀区的建筑遗产具有传统岭南特色，历代广州人文荟萃，基本集中在现在的越秀区内。越秀区建筑遗产汇聚了传统文化与中外文化交流的大量历史信息，形成了传统与现代并存、洋为中用、中西合璧的越秀建筑风格。作为广州的教育中心，越秀汇聚了明清时期的学宫、书院，此类建筑规模宏大，装饰精美，是展示越秀书院建筑风情的典范。由于广州自古商贸发达，有"千年商都"之誉，同时是海上丝绸之路的起点之一，与海外的文化交流频繁，多元的文化冲突与融合体现在越秀区历史建筑风格的多样性和实用性。越秀区作为广州的政治中心，历代官方建筑也在一定程度上代表了越秀岭南建筑的特色。如近代的中山纪念堂富丽堂皇，富有浓郁的民族风格和传统建筑的艺术特色。合署楼与中山纪念堂在同一轴线上，传统建筑样式和西方建筑技法的运用娴熟。在梅花村、农林路一带的近代民居住宅建筑按照政府推广的住宅模式进行设计，有官邸式、小型别墅式，建筑风格中西合璧。从鸦片战争到维新变法、辛亥革命、国共合作、广州解放这一历史时期，广州曾是风云际会之所在，许多政界人物、著名学者、文化名人等都曾在越秀区活动过或生活过，给越秀区留下了众多的文化痕迹。广州作为改革开放前沿地，白云宾馆等众多的现代优秀建筑也汇集于越秀，体现了越秀区建筑遗产的丰富性。

二、越秀区国有建筑遗产再利用的实践探索

越秀区对建筑遗产的保护和再利用过去主要是以政府投入为主，

尤其是国有建筑遗产的保护和利用，长期以来单靠"吃皇粮"，一方面为保护传承这些丰富的文化遗产，政府每年都需投入大量的资金，财政压力很大；另一方面这些历史建筑长期闲置，未能"用起来"，难以充分发挥其应有的文化和历史效益。为走活建筑遗产再利用这盘棋，近年来，越秀区从创新机制方面寻求突破，在传统与现代、改造与保护、继承与创新之间的反复权衡与推敲过程中，探索国有建筑遗产社会化运作途径。针对不同建筑的特质，确定与其内涵相吻合并能彰显其文化特色的管理利用形式，创新建筑遗产社会化运作模式。主要做法和经验有以下三个方面。

（一）整合资源，"项目定位法"破解建筑遗产再利用的难题

越秀区是广州市的老城区，又是文物大区，面对如此众多的建筑遗产，区级政府的财力明显力不从心，但如果为节省资金将建筑遗产完全交由市场运作，又存在难以监控无法保障建筑遗产尤其是不可移动文物安全的问题。如何破解这一难题呢？越秀区政府在认真调研的基础上，探索出"政府主导、社会参与、保护为主、合理利用"的建筑遗产再利用新途径，先由政府出钱修缮建筑遗产，再引"凤"来巢，通过建立健全合作项目运行机制，运用建筑遗产的"项目定位"法，重点把好"三道关"，来做好国有建筑遗产的保护和再利用大文章。

首先，在建筑遗产再利用项目社会化运作前把好"准入关"。越秀区根据每座建筑遗产的不同性质和历史内涵对该建筑先进行项目定位，以明确邀标任务书的内容，如：对不可移动文物的再利用要求管理使用者必须遵循中华人民共和国文物法的各项规定；对不同建筑的历史内涵进行研究后再明确将其打造成公益性文化场所或者文化产业经营场所的定位要求；对文物建筑的管理使用者还要求每年上缴一定数额的文物保护管理费用于文物建筑的日常维护维修等等。

其次，在项目社会化运作过程中把好"评价关"。区政府通过公开邀标的形式，向全社会征集合作管理和使用单位，在坚持项目定位不变的前提下，寻找有理念、有实力、有能力的合作伙伴来管理使用，参与竞标的企业提出该建筑再利用的思路和方案，邀请专家和财政、纪委等部门参加论证会，对所有参选方案进行比选评价和论证，专家综合评价中胜出的一方将获准签约，并由政府积极协助企业开展各项工作。企业在项目社会化运作过程中仍需要接受社会各方人士对项目实施情况的评价。

最后，在项目交由管理使用者运作后把好"监管关"。政府有关部

门对管理使用方保护、使用、管理和维护保养建筑遗产的行为进行业务指导和监督，包括审查企业的运营方案等，确保其按照合作管理协议使用场馆。若发现有违反协议规定的，有权要求更正或整改，企业如不按要求进行整改，政府相关部门有权终止协议，并追究其法律责任。

严把"三道关"，使越秀区探索建筑遗产再利用工作取得了较好的成效，一批建筑遗产得到充分保护和合理利用，其历史价值得到充分彰显，其承载的文化信息得到充分释放。

案例1：东平大押成为广州首家"典当行业博物馆"

2008年，越秀区以区级文物保护单位东平大押为试点，采取公开邀标引入民间力量保护和利用国有文物的方式，解决了古建筑保护和再利用的资金问题。越秀区博物馆与广州新衡盛典当有限公司合作管理，将其打造成广州市首家典当行业的博物馆，率先实现了国有文物资产社会化公益运作的突破。博物馆开馆以来，经常有观众排着长队等候参观，取得了良好的社会效益。将国有建筑遗产与博物馆融为一体的做法也得到了专家和群众的普遍认可。

案例2：百年"万木草堂" 传承文化薪火

2009年，越秀区通过公开邀标的方式，与文德文化商会签约合作管理广东省级文物保护单位万木草堂，邀标书中明确要求合作方要以弘扬康梁文化为主旨，免费实行公益性开放，并逐步将该历史建筑打造成集文化展示、文化讲堂、文化交流为一体的主题馆，成为在国内外具有一定影响力的康梁文化展示和交流平台。在双方共同努力下，万木草堂读书沙龙会、万木草堂国学教育中心、康梁文化研究基地、《万木开讲》国学讲坛等品牌活动相继启动，各种主题文化活动也开展得十分活跃，百年万木草堂得以继续传承文化薪火。

（二）拓宽渠道，创新国有建筑遗产有效利用模式

越秀区积极探索公益文化资源有效利用的机制和思路，以"建设广府文化博览区"为带动，采取政府搭台、社会化运作的模式吸引社会力量参与国有建筑遗产的保护和管理，在融资方面实行"政府主导、市场化运作、多方参与、资源整合"举措，从而弥补公益性文化投入和文化服务供给不足的问题。越秀区政府每年安排500万元专项资金扶持街道建设精品文化社区，包括鼓励街道整合社区内的建筑遗产资源打造老百姓身边的微型博物馆、展览室、艺术室等文化场所，一批社区博物馆（展览室）在街道社区应运而生。这些利用建筑遗产打造的微型文化场所，成为越秀文化的一道风景线，它们以不同的视角、独特的个

性、灵活的方式吸引了众多百姓。尤其是遍布全区的微型博物馆（展览室），被当地居民亲切地称为"微博"，即将出台的《越秀区民办博物馆建设扶持办法》，将进一步促进民办博物馆的建设。

目前越秀区内的建筑遗产在再利用过程中多数变身为博物馆、展览馆、文化站、艺术馆、文化沙龙、书吧、茶室、咖啡屋等，免费对公众开放，在这些建筑遗产中还经常开展各种免费的艺术展览、艺术收藏鉴赏等主题文化活动，以及不定期举办艺术创作学术研讨会并开展文化培训等，满足了广大人民群众多方面、多层次、多样化的精神文化需求，使文化更加快捷、方便、优质地惠及全民，成为老百姓家门口的"民心工程"。

案例1：社区"微型博物馆"实现文化惠民

2009年，越秀区将清代建筑庐江书院交由北京街使用管理，区街共投入100多万元进行综合整治，针对其藏身于古书院群的特点，将其打造成为"科举考试博物馆"，成为了展示广府厚重文化底蕴的特色平台。六榕街将旧南海社区的历史建筑建成街道历史文化展示室"聚文阁"，广卫街都府社区建设的"广府文化会馆"等社区微型博物馆、展览室，体现了社区各具特色的历史文化，为所在社区居民保存生活记忆，增强了社区居民的文化认同感和归属感。

案例2：青云书院：昔日鞋店变身文化博览苑

2010年，越秀区将曾作为鞋店的青云书院进行了修缮，2011年，广州市国土房管局越秀区分局对外发布公告征集合作者，致力于将其打造成为展示广府文化的一张名片。目前已与一家文化公司合作，将这里建设成了古色古香的文化博览场所，经常举行文物、艺术品展览，并成为大专院校的教学实践基地。

（三）突出公益，民间力量介入管理国有建筑遗产

越秀区在政策允许的范围内，尝试对这些国有建筑遗产采取政府搭台、引入民间力量进行社会化管理运作，从而弥补公益性文化产品、文化服务供给不足的问题。引导和扶持社会力量参与国有建筑遗产的保护和再利用，既可缓解政府人财物等方面投入的压力，也可促进政府职能转变，以"小政府、大社会"体制弥补建筑遗产管理经营的短板，建设公共服务型政府。同时，通过调动社会力量参与文化建设的积极性，鼓励既有经济文化实力，又热心文化事业的企业和个人参与到活化建筑遗产，向民众提供优质公共文化服务，实现社会效益和经济效益的双赢。在政府引导下，目前越来越多的企业、社会团体及有识之士

融入资金、资源参与建筑遗产的再利用，许多企业不是以营利为目的，而是借此平台宣传企业品牌和企业精神，扩大企业影响力。部分企业的产业化经营，也促进了建筑遗产资源与旅游资源互动融合。如越秀区将曾作为餐饮业使用的东湖酒楼和区家祠由政府回收，放弃高额租金，将这些建筑遗产改造成公益性文化场所后，交由合作企业进行保护和管理。

案例1：民间资本助力历经沧桑的城隍庙重见天日

2009年，越秀区将拥有640多年历史、废弃将近一个世纪的广州都城隍庙交由道教协会进行修缮和管理使用，该协会融民间资本投入1000多万元对城隍庙进行了修缮，并免费对外开放，观者如潮，老百姓在这里触摸历史，感受文化。越秀区还每年在这里举办广府庙会，影响极大，使传统文化与现代元素相互融合。

案例2：东湖酒楼功能转换成为文化艺术展示中心

位于东山湖畔的东湖酒楼已有20余年历史，鉴于东湖酒店的餐饮服务对周围环境有负面影响，在租期到期后，越秀区决定将其功能进行转换为艺术展览馆。2008年，越秀区与嘉德拍卖行合作，将这个市区里为数不多的自然人文环境极佳的公园旁的酒楼改建嘉德文化艺术中心华艺廊，免费向公众开放。华艺廊展示的高端艺术品免费向公众开放，企业还通过拍卖艺术品获得良好的经济效益。

三、活化建筑遗产传承城市文脉

建筑遗产是有生命的，这个生命包含了许多故事，随着时光的流逝，这些故事慢慢会成为历史，而历史变为文化，将长久地留存在人们的心中。保护文化遗产的最大动力是保存文化，而保存文化的根本目的是传承文化。对于如珍珠般散落全区的各类国有、私有和集体所有的历史建筑，越秀区鼓励社会各界人士共同参与做好保育和活化建筑遗产的工作，传承城市的文脉。

（一）越秀区建筑遗产保护与再利用策略

越秀区经过摸索实践，形成了建筑遗产再利用的五项具体策略，并付诸实施，获得一定成效。

一是保护与活化并举。保护是活化的前提，保护的目的是为了能够永续利用可持续发展，活化的目的是使建筑遗产资源能被合理利用，更好地为人类服务。正确处理好保护与活化之间的关系，既不能为保护而保护，把建筑遗产资源孤立于人们的生活之外，又不能竭泽而渔，只顾利用而轻视保护，为了眼前的经济利益而破坏性使用，要形成以活化促保护、以保护促利用的良性循环发展态势。

二是单体建筑与成片保护利用并重。单体历史建筑与成片历史建筑的关系是"点与面"的关系，历史建筑风貌区体现的是一种整体的记忆，往往离开成片风貌区，单体建筑会"失色"。因此，既要注重单体建筑的保护与利用，更要关注历史片区的保护与再利用。

三是静态保护与动态利用共存。对不同建筑遗产要区别对待，一种是静态性保护，对于较为珍贵经典的建筑遗产，包括特别容易受损的历史建筑不合适做活化经营的，应以静态保护为主；一种是动态性的活化利用，这适合大多数的历史建筑，可通过合理的再利用，使这类历史建筑的价值得到充分彰显。

四是政府与民间合力。越秀区建筑遗产的产权复杂，有国有、私有、代管产、集体、军产、其他产（宗教产）等。有些建筑遗产多种产权性质混合，还有一些历史建筑由于历史遗留问题，至今产权不明晰。由于产权性质的复杂性，建筑遗产保护和再利用涉及的人或物也具有复杂性，因此，除了各级政府的重视与支持外，还要唤醒广大民众对建筑遗产保护利用的意识，合政府与民间之力，才能真正做好建筑遗产保护与再利用的大文章。

五是社会效益与经济效益共赢。建筑遗产在保护与活化过程中，可纳入市场化运作的良性轨道，既保护了文化遗产，作为社会服务体系的补充，又可以形成新的产业链，实现与其他相关产业的联动发展，同时还可解决就业等民生问题，实现社会效益和经济效益的双赢。

（二）多元投入和特色发展实现永续利用

"对老建筑最有意义的保护是找到它'再利用'的方式"，这是加拿大建筑师P·M·歌德史密斯的观点。每一个历史发展时期，都有自己独特的文化背景，形成鲜明的时代特征。对于这些建筑遗产来说，留住它们所拥有的文化意义同样关键。因此，再利用的方式就是要突显其建筑本身的文化内涵和魅力，鼓励使用管理者领异标新特色取胜。

越秀区在保护和再利用历史建筑的同时，还注重对区内的历史人文资源进行有效整合和推广，将建筑遗产资源纳入到旅游路线之中，在丰富旅游产品的同时，通过产业化的运作，实现建筑遗产的经济效益扩大化。如风行一时的广府文化"微博游"，将遍布全区的微型文化场所串连成线，其中多数是区内的建筑遗产，受到许多广府文化爱好者和摄影者的热捧。越秀区在实践过程中探索的使用管理主体多元化、社会效益最大化、运行发展产业化的途径，为建筑遗产再利用打开了一片新天地，区内的一批建筑遗产历史价值得到充分彰显，其承载的历史文化信息得到充分释放，也更加有效地实现了延续城市文脉并惠及大众的目标。

案例1：民国红砖楼成为国内首家以河涌为主题的博物馆

在2010年迎亚运水环境综合治理过程中，越秀区本着保护建筑遗产的理念，把东濠涌边纳入拆迁的两座民国时期红砖小楼当做"宝贝"保留下来，打造成国内首家以河涌为主题的博物馆，展示广州千年河涌风情，免费向公众开放。东濠涌博物馆建设资金来自政府，但运作走的是"平民路线"，馆内的许多藏品都来自街坊"献宝"，开馆以来深受市民欢迎，平均每天人流量达两千多人。对于广大群众而言，东濠涌博物馆是政府送给街坊们始料未及的惊喜，是惠及民众的举措，也是留下广州水城记忆。

案例2：著名侨园蝶变为艺术画廊

逵园是东山新河浦五大侨园之一，市级文物保护单位，由旅美华侨所建，"西曲中祠"的建筑风格，红砖洋楼顶楼的拱门上标志着建造的年份"1922"。随着时光流逝，逵园逐渐成为新河浦众多历史建筑中荒废多年的一座侨房。2011年底，几名热爱艺术、满怀理想的年轻人租下这座闲置几年的老别墅，并按照文物法规定和文物部门的指引出资将其修缮后，建成了一个艺术馆，如今这里已是广州很有名气的高端艺术文化活动园，经常会举办各类展览和活动，平均每个月都有一场新展览，为这栋历史建筑注入了新的活力。逵园是近年来越秀区的民间人士对建筑遗产活化利用的成功范例。

在建筑遗产的保护和再利用中，广州市越秀区积极推行文化创新，探索新途径，寻求社会效益和经济效益的最佳结合点，其创新的运作模式激发了全社会参与保护和活化建筑遗产的热情，形成了多方共建、协力发展的建筑遗产保护和再利用新格局，为建筑遗产的永续利用作出了积极探索。

高旭红 广州市越秀区文化广电新闻出版局

澳门建筑遗产再利用
——以澳门同善堂总部为例

崔世平

摘要

澳门在四百多年中西文化交融的历史里，中国人与葡萄牙人在城区内，共同营造了不同的生活小区。这些小区，展示了澳门的中、西式建筑艺术特色，也展现了中葡人民不同宗教、文化以至生活习惯的交融与尊重。同时，见证了西方文化与东方文化的碰撞与对话，证明了中国文化永不衰败的生命力及其开放性和包容性，以及中西两种相异文化和平共存的可能性。让澳门这个城市具有其独特的魅力和文化价值。

值得指出的是慈善服务是这个城市的重要组成部分。作为当年实行华人自救一个民间慈善机构之一澳门同善堂建立于光绪十八年（1892），现址庇山耶街55号的澳门同善堂总部于1924年落成启用，为一座具有中西文化结合的岭南式建筑。由于社会的发展同善堂于上址为澳门居民提供多元化、系统化的施济服务。该建筑物历经平民义学、中西医诊所及行政部门的不同功能，为同善堂于不同时代弘扬"同心济世，善气迎人"的精神做出不同的贡献。2012年是澳门同善堂成立120周年，为了向年轻人传承"同心济世，善气迎人"精神，把现址前座辟作为同善堂历史档案陈列馆，后座则仍为赠医施药的中医内科、跌打诊所。在不减少原来的服务内容的基础上，更开拓了精神传承文物保育及同善堂故事传达的新使命。

同善堂历史档案陈列馆的建设理论是以数字与艺术相结合，并以说故事及艺术化的手法，让在有限的空间展示无限的慈善文化和她120年的故事，更借此凸显文物保育的新动态。21世纪，数字时代的来临影响了社会、文化、经济等各层面，信息与科技所掀起的革新现象，文化资产保存也随之进入新时代，同善堂历史档案陈列馆的建立是联结了同善堂与社会发展的过去、现在及未来的永续生存发展的方式。赋予历史建筑遗产保存更丰富的应用面向及新视野，达成文化遗产保存之永续发展及传承的目标。

关键词：同善堂，历史建筑再利用，数字时代，数字与艺术

Abstract

Over four centuries of East-West cultural blending, the Chinese and Portuguese have jointly built the various districts in Macau. In these districts, one can see buildings with Eastern and Western architecture styles. Different religious beliefs, life styles and cultural practices co-existed in harmony and in respect. Furthermore, they are witnesses of cultural impacts and dialogs; proof of the longevity of the Chinese culture and its openness and inclusiveness; evidence of the possibility of harmonious co-existence of two different cultures. All these have made Macau a unique, charming and cultural city as it is.

It is important to point out that charitable service is an integral part of this society. As one of the local charity organizations founded by Chinese to help those in needs, the Tung Sin Tong Charity Society of Macau was founded in the 18th year of the reign of Jiang Sui (1892AD). The current headquarter, No. 55 Rua do Camilo Pessenha, has been so since 1924. It is a Ning Nam Style architecture with certain western features. During various period of social development, it has been home to different social and charitable services. It was the free school, then, Chinese and western medicine clinic, and finally includes the administrative function for Tung Sin Tong. In any period of existence, Tung Sin Tong has lived up to the founding principle: Whole heartedly serves the world, receives everyone with benevolence". In 2012, it is the 120th Anniversary of Tung Sin Tong. To encourage younger generations to succeed the founding principle, it has added a new function, which is the Tung Sin Tong Historical Record Exhibition Hall. The original functions of clinic and administrative office remain. In short, it has augmented the functionalities of educating the people of the founding principle, heritage preservation and the history of the organization without scarifying any of the current roles.

"The Tung Sin Tong Historical Record Exhibition Hall" is founded with the concept of combining digital technology and artistry into tell-tale format to show the boundless charity spirit of Tung Sin Tong in the past 120 years and the beauty of the architecture in limited space. In the 21st Century, the advent of digital age has greatly influenced the social, cultural and economic aspects of our world. With the information and scientific revolution brought about by the phenomenal development in the digital world, the preservation of cultural heritage also enters a new age. "The Tung Sin Tong Historical Record Exhibition Hall" has discovered a way for Tung Sin Tong and the community it serves to interact in the past, present and future. It has opened a new chapter in heritage preservation by enhancing its functionalities and accentuating its vision; thus, helping to reach the goal of sustainable development and continual education to future generations.

Keywords : Tung Sin Tong, Re-use of historic buildings, The digital age Digital Art

一、同善堂总址介绍

(一) 同善堂服务介绍

同善堂于光绪十八年(1892)秋成立,是由当时一批华商号召并由407人向政府申请成立的慈善团体,同善堂的成立是实现了当时华人自救的民间团体。同善堂也是澳门历史上首个华人专业慈善机构,她本着"同心济世,善气迎人"的宗旨,其慈善工作已历经120年历史。在成立初期,同善堂因应当时社会的需要,设立保产善会、施棺木抬工善会、施药剂善会、赒恤善会、中元水陆超幽会五大善会,开展济贫服务。在不同的历史时期对澳门乃至整个中国社会都产生了很大的影响。晚清时期,各种灾害层出不穷,而澳葡当局由于财力和政治权力都有所不足,无法独自处理,同善堂采取各种措施积极应对,既维护了社会的安定,又保障了下层华民的基本生活,而且增强了华人在政治上的话语权;民国时期,战乱频繁,尤其是在抗日战争期间,澳门成为内地华人一个重要的庇护所,同善堂积极为这些难民提供生活必需品,尽最大努力缓解战争带来的创伤;建国后,同善堂依旧坚持自己的宗旨,为贫民提供免费的医疗等服务,对澳门的稳定和发展起到了至关重要的作用。

除了助贫施济、赠医施药服务外,同善堂还成立义学校,提供学习机会予贫苦人士。因应社会的发展,同善堂的教育服务也逐渐提供完善的教育系统,更是澳门首间实行15年免费教育的学校,比澳门特区政府实施15年免费教育还要早。

120年来,同善堂历届值理秉承宗旨,以高可宁、崔诺枝、崔德祺等贤达的精神为典范,承传创新不断,务实耕耘不辍,求索同心济世的

同善堂屋顶

同善堂梁架结构

同善堂的石柱（一楼石柱上以意大利批荡作为修饰）

真谛，延续澳人同舟共济之风气，弘扬中华慈善守望相助之传统精神。同善堂在前贤及现届值理会的努力下，慈善公益工作与时俱进，坚持助贫施济、赠医施药、免费教育、免费托儿四大服务惠泽贫黎；更以筹划增设敬老护老服务，冀增长者福祉。这个慈善团体也因此在不同时期给予澳门人提供了深入民心的无私服务。

（二）同善堂总址遗产规模及构成要素

澳门同善堂为澳门的慈善服务了一百多年，其会址也因社会的发展而有所变动，而现时位于庇山耶街55号的总部已成为澳门市民共同回忆的一部分。现时总部会址于1924年落成启用，是由澳门各界人士捐款，集腋成裘而建立的堂址。现时的总址分为前座与后座，前座为一座具有中西文化结合的岭南式建筑，至今已接近90年的历史建筑物。建筑物楼高三层，每层面积为108平方米，主要为木结构，四边柱是融合了19世纪初欧洲建筑新技术，意大利批荡以及柱式组合。既具有中国传统建筑元素，也拥有欧洲建筑元素，是中西文化结合下的美丽艺术产物。

（三）遗产构成要素特色

1. 屋顶

同善堂的前座屋顶为双坡硬山式坡屋顶。坡屋顶在建筑中应用较广，主要有单坡式、双坡式、四坡式和折腰式等。以双坡式和四坡式采用较多。硬山式屋顶为古代建筑屋顶形式之一，前后两块坡面，顶端一条正脊，两旁四条垂脊，两侧山墙没有伸出部分，与屋顶齐平，具较佳防水、抗风和防火功能。[1]

2. 梁架结构

同善堂的主要建筑结构为木构架，采用了"穿斗式"结构，充分发挥了抗风佳的结构优点，也体验了南方的建筑的特色。

3. 柱

同善堂以砖墙承重，柱子结构为石柱，石柱上更以19世纪的欧洲建筑特色柱式组合，一楼更以意大利批荡作为修饰，与中式的木梁形成美丽的交融。

4. 外观及门窗

同善堂外观具有浓厚的南欧建筑风格，鲜明的建筑颜色和美丽的彩色玻璃窗，让人难以忘怀的中西结合建筑物。

5. 装饰艺术

[1] 中国建筑艺术网http://hk.chiculture.net/0514/html/0514d02/0514d02.html。

同善堂外观与门窗
（同善堂外观充满欧洲建
筑风格、同善堂窗户的彩
色玻璃）

同善堂在建筑物上也增加了灰塑和铁框装饰艺术，增加了建筑物的美感。灰塑是岭南居民普房使用的装饰方式，灰塑是用灰泥塑造各种造型，再加上色彩描绘，目的是赋予建筑物特别的氛围。灰塑的题材十分广泛，由山水风景、人物故事、神话传说、花鸟走兽、吉祥象征、几何图案，以至琴棋书画。而同善堂的灰塑装饰艺术可在一楼入口前庭左右两边的对联和一楼入进的门楣上展示。铁框除了为同善堂起了保安的作用外，其铁框花纹也为同善堂赋予了另外一种西式建筑的感觉。

同善堂装饰艺术（铁框窗
户 铁框大门）

（四）建筑物保存现状

建筑物历经90年，同善堂一直以保存建筑物原有的特色和结构，并未有对同善堂的结构及内部做出破坏性的使用。虽然建筑物在90年间在不同时期担任着不同的角色，但同善堂对建筑物作出了最适合的保护和功能调节使用。前座一楼为同善堂赠医施药的诊所用途，为了显示诊所的光亮、清洁感，同善堂在大堂做了相应的办公装修工程。二楼则由义学校上课课室更改为值理们的会议厅，三楼也由义学校课室更改为行政部门及文物贮存室等用途。

保存现状（一楼保存状
况）

保存现状（二楼保存状况）

（五）小结

建筑物遗产除了建筑物本身的建筑艺术价值外，其最大的价值应该是在不同的时段或时期，为该建筑物增添其他附加的价值，让其建筑物遗产富于流动的生命力。同善堂因应社会的发展于现时的总址为澳门居民提供多元化、系统化的施济服务。该建筑物历经平民义学、中西医诊所及行政部门的不同功能，为同善堂于不同时代弘扬"同心济世，善气迎人"的精神做出不同的贡献。为该建筑物增添了各种活生生的价值。

二、建筑遗物优化利用："同善堂历史档案陈列馆"建立

2012年是澳门同善堂成立120周年，同善堂为了向年轻人传承"同心济世，善气迎人"精神，把现址前座辟作为同善堂历史档案陈列馆，后座则仍为赠医施药的中医内科、跌打诊所。在不减少原来的内容的基础上，更开拓了精神传承及同善堂故事传达的新史命。

（一）陈列馆建立概念介绍

"同善堂历史档案陈列馆"的建立概念是以数字与艺术相结合，并以说故事的手法，让有限空间展出无限120年历史文物故事和文化艺术内容。在整个陈列馆中将分别透过建筑物说故事；原创动画纪录片，道出真实感人故事；科技与艺术结合，让同善堂建筑物有限的空间展出无限的历史文物故事。

（二）建筑物优化利用设计和方式

澳门历史城区于2005年7月15日被联合国教育科学及文化组织列入世界遗产名录后，澳门特别政府为了对历史城区作出保障和特别保护，于2006年7月特区政府颁发了被评定属"澳门历史城区"的纪念物、具建筑艺术价值之建筑物、建筑群及地点的图示范围及有关的保护区的法规批示。而同善堂总址也因此成为保护区内的一员。

保护区的示意图
（深灰色区域）

在建立同善堂历史档案陈列馆时，除了考虑相关法规的要求外，值理会更多的认为文化遗产具有"不可再生"的属性，具有重要的历史、艺术和科学价值。由于总址是一座拥有90年历史的建筑物，她并不是单纯的文物，他是每天都在融入澳门市民的生命当中，发挥着她的生命价值，给予了澳门市民不同时期的共同回忆的建筑物。因此，在同善堂历史档案陈列馆建立过程中，考虑的是如何赋予此建筑物更多的生命价值。在这些因素的考虑之下，对遗产保护采取的措施是除了以

修旧如旧为宗旨外，把原来的建筑物艺术以最适合方式让其展示出来，与现代的社会相接轨，让年长人士有共同回忆，让年青一代也感觉到他的生命和价值。从而唤起各人共同去保护这些艺术和她的生命，达到传承的作用。

1. 修旧如旧：让建筑物说故事

任何一栋老建筑物都具有其历史价值，因此建筑物再利用是一项非常具有挑战性的设计工作，因此历史的保存是一种责任和义务。但是建筑物在不同时期的功能使用，也会对建筑物的内部空间有所更改和改造，同善堂总址也是如此，于建筑物一楼，在20世纪30~80年代为同善堂中西医诊所，为澳门市民提供赠医施药的服务；由于服务增加，

修复前后对照图

一楼
1930年代抗战时期之诊所区（左）
1950年代诊所修诊区（右）

一楼
1980~2011年诊所候诊区及特别施济工作区面貌（左）
重现一楼木结构，让参观者更了解同善堂的结构（中）
修旧如旧之同善堂历史档案陈列馆面貌（右）

二楼
1970年代会议室功能（左）
现今会议室功能面貌（右）

三楼
1937年义学之面貌（左）
1980~2011年文物贮存地方（右）

科技与艺术结合展示方式透过互动多媒体了解同善堂各种历史故事

中西医诊所迁至后座,在20世纪90年代至建立档案馆前为中西医候诊区及取药区。在此期间一楼的内部装修部分因应服务功能原因,也装修为较为功能性和现代性。在修复过程中,团队将其建筑物的原来之元素逐一复原和保留。如墙壁由原来的砖面恢复为石灰墙壁;保留原来六角砖地面;展露意大利批荡和欧式柱组;展示建筑物的木结构。二楼依然维持为会议功能。三楼则将修复为展示厅和接待厅,展示各种同善堂的文物和历史内容。在修旧如旧的目的是希望让建筑物说故事,让她告诉参观者澳门中西文化结合的故事和美丽艺术结晶品。

2. 原创动画纪录片,道出真实感人故事

除了修旧如旧的建筑外,为了更好地让同善堂历史档案陈列馆进入另一角色,原创了动画纪录片《岁月如歌》,用18分钟的真实感人故事道出了同善堂与澳门同在,唤起大家的共同回忆,更让年青一代对同善堂的慈善服务有更多的认识。在动画片中,大量地实地了不同时期同善堂的面貌,让科技重现了同善堂建筑物。

3. 科技与艺术结合,展示无限的历史故事

同善堂的建筑物面积不大,一楼档案馆的面积只有108平方米,在非常有限的地方空间要展示120年的历史故事是个挑战,因此利用了现代科技把历史故事更多地展示,不但保护了原历史展品,同时也更大化地将历史故事向参观者提供。如在1924年建立的瓷相墙,因应历史的发展,已没有足够空间继续制作瓷相,如今结合科技,让有限的实体墙身,以虚拟瓷相墙继续提供无限的服务。

4. 建筑物再利用政府当局担任着重要角色

澳门特别行政区文化局在文物保护上给予了重要的支持,澳门同善堂历史档案馆的建立,文化局更担任着重要角色。在整个过程中,文化局提供了部分资金和修复技术上全力支持,让同善堂历史档案陈列馆建立得以顺利和有效率地完成。此种由民间规划、政府部分资金资助和支持的官民合作模式,为澳门的建筑遗产提供了全新的保护模式,并给予文物遗产建筑再利用的自由空间。保护文物并非单单是政府单位的工作,而是文物建筑管理者或拥有者的责任,只要双方都意识到建筑遗产保护的重要时,建筑遗产才可更持久地发挥其作用和光芒。

三、同善堂总址优化利用的效果和未来发展方向

同善堂历史档案陈列馆的建立是具有深远的意义，在档案馆中展示了同善堂历年的文物，让市民更关注同善堂的事迹；将为同善堂不断搜寻同善堂历史文献和资料，通过征集更多的同善堂文物，定期对同善堂的展示更换，展出新面貌；将加深参观者对同善堂发展和服务的认识（百年行善历程及四大服务），争取其认同同善堂的工作、唤起大家的慈善之心；见证本澳社会变迁、发展历程以及中华慈善事业的发展。凸显澳门优秀慈善文化传统；促进文化和旅游结合，配合澳门城市发展的新形象；与邻近文化点相辉映，吸引更多市民和游客到达新马路和卢石墟一带，推动活化新马路后半段的文化气息和商贸氛围。

同善堂总址以历史档案陈列馆创新规划和实现，除对本身建筑遗产的保护外，对于遗产价值延续有作增加，此外，希望以点带面，带动周边的其他历史建筑物的遗产的文化旅游，增加区内的文化旅游价值。

四、总结

澳门在四百多年中西文化交融的历史里，中国人与葡萄牙人在城区内，共同营造了不同的生活小区。这些小区，展示了澳门的中、西式建筑艺术特色，也展现了中葡人民不同宗教、文化以至生活习惯的交融与尊重。同时，见证了西方文化与东方文化的碰撞与对话，证明了中国文化永不衰败的生命力及其开放性和包容性，以及中西两种相异文化和平共存的可能性。让澳门这个城市具有其独特的魅力和文化价值。因此，澳门的历史建筑物是澳门历史城区文化遗产的重要组成部分，具有重要的历史、艺术以及社会发展的意义。这些不可再生的文化资源，历史文化遗产的保护应受到各方的重视。

然而，由于社会的发展，历史文化遗产的保护理念和利用方式，亦应由过去单纯的建筑修复，以原貌保存的传统和消极再利用策略转变。应以积极再利用的方式，以保存老建筑物原来主要特征，改变其空间及元素的利用。我们要清楚的是，将来这些文化建筑物保护者是现在年轻一代。因此，在建筑物再利用时，我们要考虑是我们的客体，如何吸引和唤起年轻一代去参与历史建筑物保护，这是一个关键。而21世纪是数字时代，数字时代的来临影响了社会、文化、经济等各层面，信息与科技所掀起的革新现象，也影响着年轻一代的生活方式。在这个

数字时代，文化资产保存也应因进入新时代，同善堂历史档案陈列馆的科技与艺术的结合建立，是联结了同善堂与社会发展的过去、现在及未来的永续生存发展的方式。赋予历史建筑遗产保存更丰富的应用面向及新视野，达成文化遗产保存之永续发展及传承的目标。

　　　　　　　　　崔世平　澳门同善堂值理会副主席、澳门城市规划学会会长

参考文献：

1　傅朝卿：《建筑再利用专题讨论》，台湾成功大学建筑研究所，2004年。

2　梁航琳、杨昌鸣、梁亮等：《论历史文化遗产保护与再利用研究》链接：htt://www.xuexila.com/lunwen/culture/study/13400.html.

3　林崇熙：《文化资产作为一种新科学：文化资产学刍议》，《2009国际文化资产研讨会从世界遗产观点探讨产业文化资产之保存论文集》，2009年。

4　阎亚宁：《历史建筑物保存再利用之国际合作交流》，《技术及职业教育季刊》，第1卷第4期，2011年10月。

5　杨玉华：《浅谈历史文化遗产的保护与利用》，链接：http://www.sach.gov.cn/tabid/187/InfoID/7756/Default.aspx.

6　澳门文物网 http://www.macauheritage.net/cn/Decree/law2022006.aspx.

7　中国建筑艺术网http://hk.chiculture.net/0514/html/0514d02/0514d02.html.

8　梁架建筑结构网http://www.reocities.com/chinese_build/big5/const03.htm.

多向度思考修复及再利用
——以何族崇义堂为例

梁惠敏

摘要

澳门特别行政区政府文化局于2010年与业权人达成合作共识，随即对何族崇义堂展开一连串的修复及再利用计划，基于该地段地理环境的特殊性，并与恋爱巷已评定具建筑艺术价值的建筑群共同组成一完整的片区，加上在修复期间的考古发现，令这一项目肩负起的意义远超出于一般的修复及活化再利用工作，本文将从不同层面探讨其相关效应。

关键词：文物修复，文物再利用，考古，历史城区

Abstract

After reaching an agreement with the Ho's clan association in 2010, Cultural Affairs Bureau of the Macao S.A.R. Government started the conservation work and the adaptive reuse plan for the buildings of Ho's Clan Association. As a result of being conserved and reused together with a group of buildings in Travessa da Paixão, in addition to its special location and several archaeological discoveries during conservation, this project takes up many meanings far beyond as only a conservation and reuse work. This article will examine the whole conservation work in multifaceted aspects.

Keywords：Conservation, adaptive reuse, Archaeology

一、前言

兴建于19世纪前的何族崇义堂紧邻大三巴牌坊，拥有前后院，其建筑风格独特，立面元素保留完整，一楼及二楼墙身皆开有雕刻细致

的拱券，女儿墙上亦有节奏均匀的方尖形装饰，极其优雅。在进行修复期间，除在建筑物上陆续发现不同时期的建筑元素外，在建筑物的内外多处亦发现有不同时期的考古遗址，特别是数段仍具墙皮覆盖的夯土墙体，左证了澳门旧城区一带地下仍保存有相当多早期的城市发展遗迹，十分珍贵。面对这些不同时期的考古遗址及其分布，在修复及活化时，该如何展示及披露这些历史讯息，使之作为提供辩证及考究该地段过往历史的平台；其与修复及活化之间，该如何相互配合，达至恰到好处的关系，是案例在规划及实践过程中复杂而又具挑战性的工作。

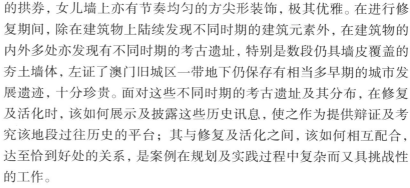

摄于1907年的历史照

另外，何族崇义堂与恋爱巷的建筑群虽然共同活化，但彼此却又有不同的新功能，例如分布在恋爱巷的有婚俗馆、艺术电影院及相关的文创空间，而何族崇义堂除地面层会恢复为何族祠堂外，或作展馆之用的一楼及前后院将开放给公众使用，形成一多元文化的复合载体，如何利用建筑手法连接各个空间，构筑流畅而有趣的动线；如何利用背朝大三巴牌坊及前向民居之势，营造优良的界面关系；最后，在活化整区建筑群时，如何利用其多变及特殊的地理优势，创造成一个兼具凝聚及分流的节点空间，将原本集中在大三巴的人流，疏流并引导至另一个文化遗产地，为该历史城区创造更有利之条件。藉此案例，以供分享及交流。

2009学校使用时主楼外观

二、背景资料

何族崇义堂大楼的兴建年份至今未能确定，目前取得该地点最早之物业登记年份是1885年，地上最早之地上物应早于1885年时已建成，同时经由一摄于1907年的历史照片显示，初步推断主楼建筑物至少于1907年已

1889年地图

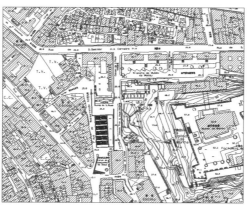

现时何族崇义堂之地理位置

有现时之规模立面外观。根据1889年的地图，何族崇义堂当时位于一个比现时更大更完整的区块，其后才因要开通恋爱巷而被分为两个街廊，当时已有另外三侧道路，即大三巴右街、圣方济各斜巷及大三巴街。由于位于大三巴圣保禄教堂的山麓上，地形较为陡峭，现时于何族崇义堂的内外，仍存有多幅因应地形而建的挡土墙。

何族崇义堂原始用途不详，直至1953年被何族崇义堂联谊会所购买，作为其会址及家族祠堂，期间何族崇义堂亦曾作为崇义小学的校址，该校停办后，广大中学在1971年搬入何族崇义堂与商训夜中学共享校舍，后来又用作圣玫瑰中学的部分校舍至2010年。

建筑物因应地形变化而兴建，地面层所连接的前院与一楼所连接的中庭，有4米以上的高差。建筑物由青砖构的承重墙分成三开间，一楼主室又分成前后室两室，各墙身皆开有风格统一的大门。其面向前院的立面属西式设计，并融入了精致优雅的摩尔式建筑元素，如一楼及二楼墙身皆开有雕刻细致的拱券，女儿墙上亦有节奏均匀的方尖形装饰，而根据摄于1907年的照片，立面前还有一座大型的户外楼梯。然而，其立面后的坡顶建筑物，风格较为简朴，面向中庭的立面，暂未有数据显示其完整的外观，在修复过程中只能确认其开口位置及门窗样式。

三、修复工作

本文撰写时，何族崇义堂的修复及考古工作还未完全完成，故就现阶段修复工作进行分析及描述。经过了数十年且供不同的学校使用过，何族崇义堂的主楼建筑除自身结构出现问题外，建筑物的内外布局许多亦被改动过，中庭后期亦加建了数间附属建筑物，而且筑物之间的通道或户外空间同时亦依附了许多的遮棚，而且没有充足的文献数据及建筑数据左证，修复工作存在一定的困难度，因此，完善的测绘记录工作、修复流程的制定、过程中反复验证等工作是十分重要的。

由于何族崇义堂与恋爱巷9至13号的建筑群是整体进行规划及活化的，在何族崇义堂的修复过程每一项重要发现，都或会影响活化规划的另一部分，因此，必须随时检讨规划方案及作出调整，对于多项同时在进行的工程，当中的整合及协调工作亦相当重要。

何族崇义堂的修复工作按照制定的修复流程进行，当中在一些修复的项目中，都有不同的发现，除引证了部分历史资料外，亦陆续揭示了许多建筑物或场所内的历史资料，以下就几个重要的修复项目的发现作简单的描述。

修复工作	过程及发现
加建物拆卸	目的 由于没有历史图则，必须将已确定为近年因使用所需而增设的加建物拆除，以助现场的记录及分析工作。 发现 室外：厘清了主楼与前后院关系，以及整个何族崇义堂与周边地形及恋爱巷建筑群的空间错落关系； 室内：拆除了两侧的加建夹层及室内间墙，厘清主楼原来的空间格局。
屋顶修缮	目的 木梁严重被白蚁侵蚀，使用者利用金属柱梁支撑着；背立面上新增加的突出屋檐亦引致主楼屋顶局部变形。 发现 1.清晰原瓦顶的范围； 2.根据主体结构是青砖构而正立面则为红砖构，加上坡屋顶与平屋顶的接合方式有许多不合理的接合处，因此推断正立面及露台之兴建年份后于主楼。
地台原材料试挖	目的 在修复建筑物主体之先，必须要确认建筑物原来的材料，特别是地台材料，但由于建筑物的室内外地台因被后期使用，大部分已被现代地台材料所取代，而根据过往经验，旧的材料有可能不会被拆除，而直接在其上覆以新材料。 发现 工程人员在指定的空间及范围内，试挖各个空间的地台以查证原来地台材料，发现上层室内空间为杉木地板，直接架在木梁上使用；露台之地台材料为水泥花砖，下层廊底为中式大阶砖，室内空间为20×20公分的彩色水泥地台。
主体结构修复	目的 由于建筑物为砖木结构，一楼楼板的木梁大部分已被白蚁损坏，而砖构墙体及室内附着于墙上的灰塑亦有不同程度的破损。 发现 1.建筑装饰元素：在清除室内一些固定家具后发现室内门项上的灰塑装饰元素； 2.通风口：拆除地面层挡土墙前的一道后期加砌的红砖墙后，分别于三个室的挡土墙上都各有一个约10×20公分的洞口，初步分析其可能是为上层架于土层上方的木地板作通风之用； 3.石墙及夯土痕迹：同时亦在前述的挡土墙上发现一个约90公分宽200公分高的缺口，材质为夯土，当时无法确定其用途，后来亦因此洞口的发现而启动了一连串的考古发掘工作，于下一章节中有详细之描述。 4.地面层门洞数量及位置：清除批荡后的青砖可判断出原来地面层的立面门洞位置应与上层一致，后期因需要而将中间两个门洞封起，并于中央位置开一较大门洞，初步认为与其作为祠堂使用有关。
外墙及门窗修复	目的 大部分的门窗都因先前使用需要而被换成金属门窗或卷闸、或被固定家具遮挡或被填上水泥覆盖。 发现 1.敲除正立面后加的水泥，发现铸铁围栏及上层中央开口两侧的柱式； 2.同时从遗留下来的门窗及目前仅有的外观照片，判断其他门窗形式； 3.建筑物有下陷迹象。

修复前外观照片

主楼修复前室内情况

主楼修复前屋顶及后院加建情况

加建物拆卸过程及拆卸后状况

屋顶修缮过程及修复后状况

地台原材料试挖发现

主体结构修复过程状况

外墙及门窗修复过程及修
复后状况

四、考古工作[1]

　　鉴于何族考古发掘仍在进行中，本文将就目前最新的考古发现作初步介绍，具体的推论必须待完成发掘工作，出土更多考古实证，以及配合历史文献的详细整理方能推论。

　　何族崇义堂建筑物楼高两层（即地下及一楼），建筑物的地下及一楼均在修复过程中发现考古遗迹，为行文方便，下文将以"何族地下"及"何族一楼"等文字描述出土考古遗迹的地点。

　　（一）第一阶段的考古发掘工作：何族一楼室内考古发掘

　　在建筑物进行修复的初期，文化局人员首先于何族地下的室内发

[1] 此章节内容由澳门特别行政区文化局文化财产厅考古小组提供。

现疑似夯土墙的遗迹，随后又于何族一楼室内、相对于上述夯土墙遗迹的后方，发现一处疑似地面的考古遗迹。从何族现有的建筑图则得知，上述夯土墙遗迹后方并没有使用空间，而是一个被填土充填的密封空间。为探知夯土墙遗迹的走向及上述密封空间是否存在有相关的考古遗迹，考古人员决定从何族一楼的室内地面，即上述密封空间的顶部，向下进行考古发掘工作。该地点考古发掘深度最深处为距一楼地面下3.75米左右，该深度已贯穿何族一楼与地下地面层，因该处地层多为结构松散的建筑废料填土，基于发掘人员的安全以及建筑物本身的结构安全，与建筑工程人员商讨后，考古人员决定不再继续进行发掘工作，并在保存考古遗迹的同时，先对何族一楼的建筑结构作出临时性的加固工程。

地面层最先被发现的疑似夯土墙遗迹

根据第一阶段的考古发掘，初步判断出何族建筑物至少具有三个时期的使用面：一楼室内现存最晚的使用面，是一层铺有地砖的地面。根据何族族刊记载，现存建筑物于1955年被澳门何氏家族购入后，改建成学校及何族崇义堂，学校一直沿用至今才搬迁，该地面是学校建成时的使用面。叠压在1955年学校地面之下的考古遗迹，是一层布有白灰面的地面，在白灰地面上并发现有民国初年的钱币，初步估计该地面的建成年代约为民国初年。由于白灰地面不太适合作为居住用的使用面，推测当时的使用地面，可能为架在白灰面上的木结构的地面（木构地面最后因各种原因没有被保存下来）。而现存的白灰面，估计可能是作为防潮功能的面。清除该白灰面后，室内靠西边出土了一面有完整批挡面（或称墙皮）的夯土墙体，该夯土墙体目前出土宽度约5、深度约3.5米，该墙体与何族地下室内首先发现的夯土墙残迹呈垂直走向，由于上述附有墙皮的夯土墙被属于何族建筑本身的石墙打破，因此推断该附有墙皮夯土墙的年代，应早于何族现存建筑物本身。又根据何族建筑物的物业登记，显示该建筑物的最早登记年代为约1885年。因此，上述夯土墙于1885年以前便存在。

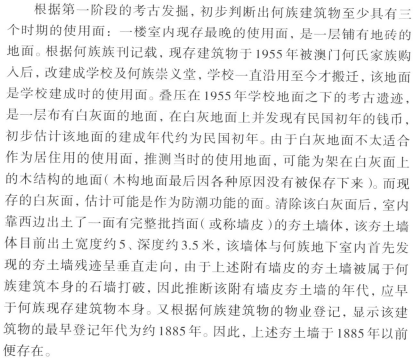

一楼室内出土三个时期的遗迹

在第一阶段的考古发掘工作中，根据出土遗迹配合文献记录，初步辨认了何族崇义堂主楼存有三个不同时期的使用阶段。其中出土的夯土墙遗迹，其年代更早于建筑物本身。

一楼室内考古遗迹全景

（二）第二阶段的考古发掘工作：何族地下户外前园考古发掘

为了对何族崇义堂的建筑修复能体现原建筑的风貌，文化局规划师及建筑师在修复工程前，搜集了建筑物的旧照片及图则，以便参考

改建成学校后之立面（约摄于1955年后）

对照。何族崇义堂于1907年所拍摄的照片中，清楚看到何族建筑的立面，曾经有一道连接地下及一楼的户外大型楼梯，可惜该楼梯于1955年改建为学校后已不复见，估计上述楼梯的存在年代约为20世纪初至20世纪中。

虽然旧有照片显示了建筑立面前有一道气势不凡的楼梯，但何族旧有的图则却没有对楼梯存有任何记录，以致建筑师无法估计该楼梯的规模与细节。为此，建筑师与考古人员商议后，决定在何族地下户外前园开始进行修复工程前，先进行考古发掘工作，以探明地下是否保留有上述楼梯的任何遗迹。经过约一个月的考古发掘后，考古人员于何族地下户外前园全面揭露了上述楼梯的遗迹（图4.5），为建筑物的原貌提供了进一步的实证数据。

前园楼梯遗迹

（三）第三阶段的考古发掘工作：何族地下室内考古发掘

考古人员根据何族一楼的考古发掘结果，初步辨认了何族存有三个不同时期的使用阶段，更发现较何族建筑物本身还要早的夯土墙体，但是该夯土墙与位于地下的室内夯土墙遗迹的关系为何？地下室内所见的夯土墙遗迹的布局为何？夯土墙的功能为何？这些问题必须透过更全面及深入的考古发掘方能解答。为此，在完成第二阶段的楼梯遗迹考古发掘工作后，考古人员随即在何族地下立面与主楼建筑之间的走廊以及地下最先发现夯土墙遗迹的室内空间进行全面的考古发掘工作。

何族地下走廊出土的石墙遗迹

目前第三阶段的考古发掘工作仍在进行中，考古人员于地下立面与主楼建筑之间的走廊，发掘出一面规模巨大的石墙遗迹，石墙与何族建筑平行，最宽处达1.2、长约10余米。目前露出深度约有1米左右，实际深度仍有待发掘。另一方面，位于地下室内、最早被发现的夯土墙体，经进一步考古发掘后，其走向与上述石墙几成直角相交。考古人员同时发现，上述夯土墙体部分被何族现有主楼的地基所打破，进一步说明夯土墙与石墙的年代，均较何族现存的建筑物要早。

何族地下室内出土的遗迹

（四）重要性

过去学者大多只从文献史料获得澳门开埠以来的历史变迁，是次何族崇义堂考古发掘工作既补充以往文献记录的缺失部分，同时揭示了澳门旧城区地下仍埋藏有极为丰富的考古资源。此次考古发掘的成果，对研究澳门旧城区历史变迁，以及缝合大三巴世遗核心区域的历史城区肌里有着重要的参考价值。

五、活化再利用工作的探讨

（一）功能的注入

何族崇义堂与恋爱巷9～13号建筑群整体活化规划，功能各异，在文化策略的方向及文化创意产业的需求下，恋爱巷9号及11号两座房屋的再利用功能将是婚俗馆，而13号的主体建筑物的地面层将改造为艺术电影院，其上层空间亦相应作为与艺术电影相关之使用空间；至于何族崇义堂主楼，其地面层将维持原来其作为何族祠堂之用，上层与后院连接之空间，将作咖啡厅与展览场地的复合空间；建于1977年面向大三巴街的校舍，将会拆除后重新兴建，作为入口门楼及何族联谊会会议室之用；而前院及后院的开放空间，将起着极为重要的空间串连作用，在后院靠近大三巴的围墙，将规划一组由坡道而上的观景平台，目的为创造一个能与大三巴牌坊可在空间上对话的空间，使参观者能体验另一种观览的经验，而坡道下的空间，亦将可作为一户外展演空间，为该区的文化设施复合体提供更多元之活动。

（二）动线的重要性

恋爱巷现有的历史建筑群为20世纪初开辟恋爱巷后兴建，大部分约兴建于20世纪20至30年代，用途皆为住宅，现时保存下来的从5号至11号四座房屋皆有统一的风格及立面形式，惟较后落成的13号房屋

活化功能及动线示意图

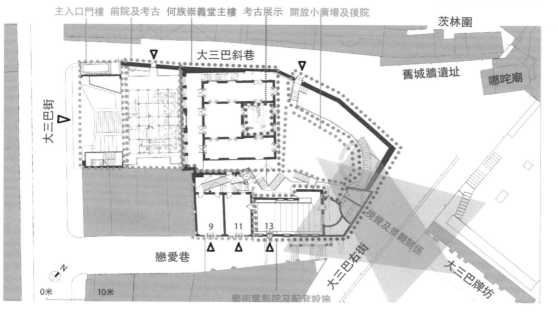

规模较大，风格亦有所不同。何族崇义堂与恋爱巷的三座房屋原来在使用上及空间上是各自独立的，作为学校后期使用时，恋爱巷13号透过一条巷道与何族崇义堂的后院相通，后期亦因空间需求，在后院中扩建了两座学舍，同时又在所有户外通道上增加了金属遮棚，令何族崇义堂无论在视觉观感上或空间关系上，都与恋爱巷建筑物群的关系显得十分凌乱。

在拆除后院的加建物及通道上的顶盖后，建筑群之间的关系豁然开朗，空间层次丰富且十分具趣味性，因此，在活化的规划中，强化和建筑物的视觉关系及空间上的串联，是十分重要及必要的；同时，处理何族崇义堂的后院与大三巴牌坊在视觉景观上所拥有的独有关系，亦是十分重要的一环。

活化规划方案中的动线规划作一说明如下：

1. 恋爱巷9～11号婚俗馆：打开了两座房屋之间的分间墙，使之可以互通，房屋后的水巷空间，除将地面层的围墙打开，并建楼梯使之可连接至何族崇义堂的后院空间，新建的金属楼梯除连接婚俗馆上下楼层外，更延伸至相邻的13号顶层空间；

2. 恋爱巷13号艺术电影院：除地面层与11号及整个区块的地面层是相通外，一楼亦将增建一户外楼梯，使该层空间可直接连接至何族崇义堂的后院空间；

3. 何族崇义堂户外空间：将重新设计门楼空间，使先前较为封闭的入口空间得以扩宽，前院的户外空间将开放予公众使用的户外空间，而后院空间亦将以不同的动线方式连接恋爱巷的建筑群，新设计的观

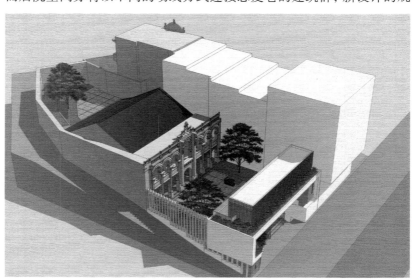

新设计的门楼示意图

景平台更给予使用者不同的角度观看整个活化区域，更能有另一种崭新的方式观看相邻的大三巴牌坊。

（三）配合考古发现

何族崇义堂在设计修复及再利用规划的初期，没有预料建筑内存有考古遗迹，何族崇义堂的考古发掘计划，是文物建筑修复过程中意外发现考古遗迹而进行的抢救性考古发掘工作。在第一阶段及第二阶段考古发掘工作结束后，负责项目的规划师、建筑师及考古人员基于出土考古遗迹的完整性及重要性，决定将展示部分考古出土遗迹，这无可避免对建筑的修复及再利用规划方案有所影响。因此，在此案例中，考古的发掘工作、保护及如何决定日后的展示方式，当中的每一个阶段，参与修复及活化工作的统筹人员、建筑师、工程师及考古人员充分发挥了在不同范畴中相互沟通及协调，意外，除了从事建筑遗产保护不同领域的合作的紧密合作非常重要之外，保持与业权人在各项工作过程的沟通并保持其于活化方案中的参与度，对于工作的推展亦起着极其重要的作用。

（四）在都市中的活化角色

何族崇义堂毗邻澳门历史城区核心地带大三巴牌坊，在地理位置上能够作为澳门历史城区和澳门内港之间的节点，通过对何族崇义堂及相邻恋爱巷建筑群的整体修复活化再利用，借着以不同类型的建筑群的不同的功能相互穿透，将人流由澳门历史城区的核心区辐射至内港一带，除能分流大三巴人流压力，借着透过点的活化，以串连成都市空间中面状的活化区块，在保护文物建筑的同时，更能促进旧区的活力及经济发展。

六、合作模式

何族崇义堂及相邻的恋爱巷13号皆为何族崇义堂联谊会所有，2010年何族崇义堂联谊会主动

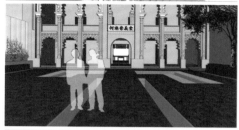

配合考古展示示意图一

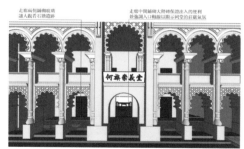

配合考古展示示意图二

向澳门特区政府文化局表示其逾百年历史的主楼建筑因长期缺乏恰当的维修保养及遭白蚁侵蚀，建筑物结构状况堪虞，希望文化局能给予修复技术上的支持。在沟通过程中，文化局逐渐了解到联谊会将终止学校之借用，并希望借此将该会的主楼建筑修复，由于联谊会于该地点除了祠堂空间、办公室及聚会所需空间外，对于余下空间，并没有特定的计划，因此，文化局采取了积极的态度，与联谊会共同谋求可共同发展及合作的机制，最终达成一个双赢的合作方式，并展开本次的修复及活化再利用计划。

本修复及活化再利用案例中，在联谊会充分的配合下，文化局提供从修复方案到修复施工的一切支持，而联谊会除该会所需的空间外，同意建筑物活化后对外开放，供公众使用。而过程中从修复方案、功能布局及规划设计的决定，到后来的考古发现以及计划拆除大三巴街的三层校舍建筑以改建为新设计的门楼建筑，当中都有联谊会的积极参与；未来在整个修复及活化计划完成后，文化局与联谊会亦会继续为之后管理维护工作相互合作，让该区块建筑群创造一个可持续发展的再利用环境。

综观澳门许多修复及活化的案例，政府与民间配合的往往都是一些较为成功的例子，例如近年的德成按、哪吒展馆等，其实透过协商及互信的政府及民间的合作机制中，当中带出更重要的讯息是，文物建筑的保护不能只单靠政府的努力，合作协商的过程除提升业权人对所持有的建筑遗产有更进一步的了解及认同外，修复活化后更能作为教育大众的一个具体例证。

七、结语

何族崇义堂的修复活化再利用工作，不仅是对文物建筑修复后注入新功能的再利用工作，而更是集合了与抢救性的考古发掘、保护与展示之间的平衡；除此以外，其活化功能的局部及整体规划、动线的安排如何在都市中起着积极性的触媒及分流作用，政府与业权人在过程中或未来管理维护方面的合作模式等，这多方面的挑战都令本案例有机会从不同的角度思考文物建筑的保护及再利用。

梁惠敏　澳门特别行政区政府文化局文化财产厅

更积极的再利用政策与法令
——以高速铁路新竹车站特定区计划为例

薛琴

摘要

1999年为配合台湾高铁新竹地区规划开发计划，台湾北部典型客家农村聚落地可能将在一夕之间消失。经过地方文史工作者与各级政府协调努力下发起抢救保存行动。重新划设"客家文化保存区"，才使聚落保存下来，此举对于文化保存工作具有宣示性意义。本文以此开发案例，探讨都市更新与文化保存与再利用政策的积极且具成效的做法。希望今后我们在文化遗产保存活化上有具体做法，藉由不同的研究与想法，提供制定政策的导向；也希望可以藉由辩证的方式，逐步对文化资产保存工作有更明确的认知，作为订定规范的标准。

关键词：文化资产保存法，聚落，文化地景，再利用

Abstract

In accordance with the Taiwan high-speed rail Hsinchu station area planning and development plan at 1999. One of the North's Taiwan typical Hakka rural cultural landscape shall be disappears immediately. After coordinated to the developers and governments by local literature workers try to find a way to save it. Finley, a new designation of "Hakka cultural preservation area" has made preservation those historic areas. It's significance for cultural preservation work has declaratory.

This paper is a case study on urban renewal and cultural preservation and re-use policies, positive and effective approach. Hope that in the future our cultural heritage measures, should depend on researchers in different fields, providing different ideas, as a policy-oriented; also hope that through a dialectic way, gradually a clearer understanding on cultural heritage preservation work, as a criterion for setting norms.

Keywords:The cultural asset preservation law, settlement, Cultural landscape, Reuse

一、前言

"文化资产保存法"于1982年公布施行迄今已超过30个年头,其所公布的古迹指定数量从1982年的299处,到目前古迹、历史建筑、聚落、遗址、文化景观之总数量早已超过1500处。回顾这几年来在古迹保存工作的发展与变化情形,除了在古迹指定数量上的增加以外,另由于古迹保存的大环境改变,以致政府对古迹之保护观念与执行政策亦相对应地调整,兹分述如下:

(一)客观环境的改变

近几年来,在大环境的变化中影响台湾古迹保存的因素有二:其一是政党政治的轮替,使古迹保存的议题沦为竞争的口号,是以在行政体系中古迹主管机关无法明确。而在不断的争议中,相关的古迹保存法令虽终于通过立法,但相关预算也成为议会中角力的筹码。其二是1999年921集集大地震给台湾中部地区的古迹带来重大的损失,除了使得雾峰林宅、员林兴贤书院与竹山社寮敬圣亭的古迹全部损毁外,也使原先未受到法令保护的历史建筑保存问题突显出来。

但这两项因素的正面效果则是:民间自发性的保存力量日益彰显,除了各地方文史工作室对古迹保存工作的积极参与外,也有"民间版"文资法的提出;其他更实际的参与工作如宝成企业对鹿港龙山寺修复的资助,台积电、美国运通公司等对921灾区历史建筑的赞助;或者如台北保安宫、龙山寺的自力修复古迹等,均足以显现民间保存力量的主动性和积极性。其次,在921震灾中有太多的古迹或历史建筑受损,因此促使大众对古迹保存的态度有了更多的关注与重视,并且开始对未达古迹指定标准的历史建筑有了认知的基础。

(二)保护观念的转变

关于古迹保存议题的不断被重视,文化主管机关适时举办"认识古迹日"、"发现历史古迹之美"、"建筑百景"、"古迹再利用创意竞赛"、"古迹的盛会"、"全台古迹月"及各项古迹摄影、绘画或标帜设计比赛等活动。加上开放观光后,大众赴海外旅游的风气日盛,从国外古迹保存的实例中,大众认知了古迹保存的重要性,并且对"古迹是人类共有的文化资产"的概念日益成熟。在学界方面,对于古迹保存议题的"全球化"、古迹"真实性"的探讨、古迹"保存科学"的运用等问题逐一被探讨与辩证,因此亦显现出学界在古迹的保存观念上也试图与世界接轨。

（三）政策面的冲击与影响

近几年来台湾大多数地区的都市计划几经论证后定案，复以都市计划之从业者逐渐具都市保存观念，古迹保存与都市计划直接冲突的情况乃有所改善。但其他一些新的公共工程案例，政府的决策却与古迹保存的呼吁发生许多冲突的事件。例如都市计划区内公共设施保留地加速取得与运用、都会区的捷运工程、环河快速道路、由北到南十二条的东西向快速道路、高速铁路等重大工程建设，均因在事前的环境影响评估阶段时，主事者未能理解以人文色彩为主的古迹保存潜在价值，因而导致如嘉义税务局出张所、新庄乐生疗养院、滨河沿岸老街、台北中山桥等未经考虑即被公共设施开发的洪流所淹没。

二、古迹保护政策的检讨

（一）古迹相关法令修订

"文化资产保存法"在1982年公布实施时，全部共8章61条。虽然当初文资法的制定有其历史背景及意义，然经过一段时间的实施后，因保存观念的转换与行政制度的变革等，文资法必须做适度的调整与修正。期间曾经过1997年1月及5月、1998年2月、2002年6月四次的修正，然而这几次的修正原因，除因为台湾精省政策，为配合古迹管理机关的行政调整外，其余均因私有古迹所有人基于其财产权利受损，乃透过立法机关呼吁及运作下，而修正局部条文。其修正原因，大致可归纳为以下几项因素：

1. 保障私有财产的权益，私有古迹因受指定为古迹所蒙受的损失，政府宜有适度的补偿。

2. 鼓励私人出资赞助维护或修复古迹。

3. 古迹指定权与管理责任的下放到地方，与配合古迹管理机关的行政调整措施。

4. 从古迹冻结式的保存与修复观念，发展到鼓励古迹再利用的方向。

5. 尊重民意而采用民众参与式的方法，划设古迹保存区及限制保存区的行为。

6. 增订历史建筑项目及其登录制度，保障历史建筑亦可享有古迹的优惠措施。

7. 因应921集集大地震所带来的破坏，为使古迹的寿命得以延续，而修正可配合当代科技方法修护古迹。此外赋予管理机关有紧急处分的权力。

8. 明定古迹管理维护的定义。

9. 重申古迹为特殊工程，可排除政府采购法的限制。

10. 重视古迹保存数据的公开与流通。

文化主管部门组织条例修正草案研商过程中，有关机关获致共识，认为应将文化资产部分事权（包括古迹、历史建筑、古物、民族艺术、民俗及有关文物等）予以适度统一，并交由文化专责机关主管，以解决多头马车的问题。此外，近年来民间的自治团体或文史工作室对于文化资产保存的意识逐渐形成，对于官方的保守作法及心态颇为不满。例如嘉义税务出张所、新庄乐生疗养院的保存问题，都起因于法令的欠缺或执事者的观念偏差。为解决上述缺失及因应实际需要，文化资产保存法修正案终于在2006年1月18日通过，并于2月5日公布实施。

该次文资法的修正可以说是全面性的大翻修，不仅检讨过去二十多年来的执行困境，也将一些的新作法及思维纳入。修正后从原本的61条条文增加到104条，不但在文化资产保存运作架构上做了重大修正，让各级政府部门的权责重新定位与厘清，并新增暂定古迹、自然地景、保存技术及保存者的相关规定，以及古迹免征遗产税等新增奖励措施。

（二）古迹保存观念的突破

古迹修护之原则，在旧法第三十五条中规定"古迹应保存原有形貌，不得变更，如因故损毁应依照原有形貌修复。"另在施行细则第四十六条亦规定："古迹修护，应依下列原则为之：1. 保存原有之色彩、形貌。2. 采用原用或相近之材料。3. 使用传统之技术及方法。4. 非有必要不得解体重建。"在此种规定的修护原则下，古迹实际上是一种类似19世纪英国的冻结式唯一保存方式，此种方式限制了私有产权的再发展，也无法达到古迹再使用的目的。因此在新法第二十一条中规定："古迹应保存原有形貌及工法，如因故毁损，而主要构造与建材仍存在者，应依照原有形貌修复，并得依其性质，由所有人、使用人或管理人提出计划，经主管机关核准后，采取适当之修复或再利用方式。前项修复计划，必要时得采用现代科技与工法，以增加其抗震、防灾、防潮、防蛀等机能及存续年限。"而删除原第三十五条中有关"古迹应保存原有形貌，不得变更，如因故损毁应依照原有形貌修复"之规定。

此外增订第三十五条："古迹除以政府机关为管理机关者外，其所定着之土地、古迹保存用地、保存区、其他使用用地或分区内土地，因古迹之指定、古迹保存用地、保存区、其他使用用地或分区之编定、划定或变更，致其原依法可建筑之基准容积受到限制部分，得等值移转至其他地区建筑使用或享有其他奖励措施……。前项所称其他地区，系指同一都市主要计划地区或区域计划地区之同一直辖市、县（市）内之地区。第一项之容积一经移转，其古迹之指定或古迹保存用地、保存区、其他使用用地或分区之管制，不得解除。"其中订定"容积移转"规定，以减少私有古迹被指定后所蒙受的损失。

（三）世界人类遗产观念的引入

近年来，联合国教科文组织的会员国都非常积极地想将自己国家的文化资产登入世界遗产的名录，以表示其国家对文化资产的重视，更何况可以从观光事业中获取实质的经济利益。文建会深觉为了使大众能借镜联合国教科文组织于1972年通过《保护世界文化与自然遗产公约》对世界文化与自然遗产的保护机制，进一步学习人与自然和谐共处的方法，乃于2001年起陆续举办世界遗产系列的推动工作，对于长期以来所推动的古迹保存运动，无论从一般大众对古迹的认知、学者对保存理念或保存技术上的共识，都产生更深入理解与再认识的效果。

（四）历史建筑再利用

新修订的《文资法》在开宗明义第一条即说明："为保存及活用文化资产，充实国民精神生活，发扬多元文化，特制定本法。"又第二十一条亦规定："古迹应保存原有形貌及工法，如因故毁损，而主要构造与建材仍存在者，应依照原有形貌修复，并得依其性质，由所有人、使用人或管理人提出计划，经主管机关核准后，采取适当之修复或再利用方式。前项修复计划，必要时得采用现代科技与工法，以增加其抗震、防灾、防潮、防蛀等机能及存续年限。第一项再利用计划，得视需要在不变更古迹原有形貌原则下，增加必要设施。"因此只要在不损及古迹的历史性、艺术性、技术性和景观性等各层面价值的原则下，"保存再利用"常是一种既可以保存古迹，又可以兼具保障所有人权益的有效方法。

但以目前的古迹经修复后的再利用的方式，总脱离不了作为博物馆或餐饮店，这种现象在区位好的地方很容易变得商品化，让人忘却其原有的古迹历史文化价值。罔顾经营成效的结果，使得位处偏远的文化资产再利用标的门可罗雀，难以继日；而古迹成为商品化的发展，其结果势将会造成古迹在修复时，为了商品化的包装而忽略了原先留在古迹上的重要历史信息。然而，既然古迹观光化与商品化是未来不可避免的趋势，如何在此矛盾之间拿捏适当的分寸，是值得探讨的一个重要问题。往往古迹修复的再利用或为博物馆或为餐饮店，只是主管者或规划者一己之主张，很少顾及文化、地缘、经营、地方发展或民众参与之理念。

（五）历史建筑与都市环境

以往的古迹保存工作多偏重在建筑物的实质保存，而实际上人类对于空间的记忆往往来自对都市纹理、都市景观或市街尺度上的感觉，例如传统市街中的角头庙宇、街头街尾的土地公庙，都可以显露出一个都市的特色，这些都市空间尺度均需要都市计划的充分配合。又如台北迪化街的霞海城隍庙与街道的感觉，又如芝山岩景观对台北市的造景和市民生活的记忆。

本来古迹或历史建筑保存工作与都市计划是密不可分的，都市计划在公共政策面的决策过程中，应将古迹保存纳入目标与策略的一环；都市计划决策与执行单位，亦应随时与古迹主管机关密切配合，才能使二者结合并行。台湾在20世纪60至80年代经济发展挂帅的期间，无论都市计划或区域规划甚少将"历史保存"或"都市保存"纳入考虑，以致都市发展与历史保存经常发生扞格的现象。近年来，在各界的努力下，都市及区域计划的规划者已渐能注意到历史保存的面向，亦能透过都计手段逐步解决古迹外围景观事宜。如果各县市文化资产主管机关能成为"都市计划委员会"之当然成员，则对于解决开发与保存议题当更迅速有效。

三、未来发展趋势与策略

（一）健全古迹管理组织与法令

《文资法》虽公布迄今已有三十年，虽然其中也经过几次的修法与相关办法的增订，但与文化保存有关的律令和规范仍不足以构成单一的体系，与文化相关的事务目前尚难以接受共同的指导原则，与具有内在的协调统一性，而形成有机联系的统一整体。

921大地震对于中部地区的古迹与历史建筑所造成的重大损伤，即突显出文资法无法在突发事件发生时，对受损的古迹做立即的反映与应变。至于对尚未被指定的历史建筑，也更找不出任何的法源来抢救与保护。而这些情况，也形成了地震后必须修法的契机，进一步增订历史建筑项目及其登录制度，以保障除古迹外的历史建筑亦可享有古迹的优惠措施。但这几次的修法并非对文化资产的保护状况作通盘的考虑，故在实施上仍有许多窒碍难行的地方。为此，目前文化界人士仍然有彻底修法的呼吁。

另在古迹保存与再利用方面，也亟须研拟一套更周详的法令制度，因为私有古迹除法律程序外，还包含开发、改建、拆除、公众参与、产权关系、财税、政府资助等内容。故为健全古迹管理组织与法令，除应加速完成本法及细则的修法工作外，其余有关的组织、管理、技术性规范、作业规定等各项相关的子法，均必须订定得十分详尽，用以涵盖所有的古迹管理、经营及修复的范围，才能确实达到保护古迹的功能，也使公务员在执法上能做到合法与便民的目标。

（二）建立完备之古迹修复与经营制度

目前古迹修复工作常被外界批评"修一个就少一个"，其主要原因在于欠缺完备之古迹修复制度所致，按古迹修复工作乃以认知论述为主题，以避免因犯错而导致建筑物风格和历史价值的丧失。而此除需要通过古迹修复技术和规范的立法以解决修复上的难题外，更要建立一个国家级的修复操作与顾问性的组织，以补地方上人才不足的问题。此外，古迹修复制度也要规范有关新的科技和材料用在修复工作上之时机与检验机制。

缺乏管理往往是造成古迹受损的原因，故在古迹修复后必须建立起一套完善的经营管理制度，做好日常的管理维护工作，以使古迹得以长远保存。此外，古迹最好的保存方法是按原有目的使用。然而许多古迹的功能今已不复存，故需要拟具妥善的再利用计划，使古迹在新的功能下获得重生。

《文化资产保存法》第十八条："古迹由所有人、使用人或管理人管理维护。公有古迹必要时得委任、委办其所属机关（构）或委托其他机关（构）、登记有案之团体或个人管理维护。私有古迹依前项规定办理时，应经主管机关审查后为之。公有古迹及其所所着之土地，除政府机关（构）使用者外，得由主管机关办理拨用。"这是古迹所有者管理维护的责任，但究竟应如何更积极地促使古迹所有人做好古迹管理维护的工作，或减少古迹所有人对政府的依赖，则应在倡导、鼓励或制度层面上再予以加强。目前对于古迹所有权人之权益，除依文化事业奖助条例规定私有古迹之土地及建筑物之地价税依法减免外，其他修缮、维护或损失均欠缺补偿的相关办法，造成古迹管理行政作业上的困扰，因此，与文化资产相关的税法及补助款，应予以作更富有诱发性的设计。

（三）　倡导与民众参与

随着社会变迁与政府体质的改变，民间自发性推动古迹保存的力量逐渐展现。在一些古迹修复的案例中，私人出资出力的情况甚为积极踊跃，足见古迹保存的工作已渐获民众的认同与肯定，而各地方的民间组织对文化古迹所投入的心力亦不亚于专业者或专家学者。因此"民众参与"势必在今后古迹修复的过程中居于重要地位。假如社区居民能够在古迹复建过程中参与适当阶段的相关工作，经由妥善的导引与公开讨论达成共识，则对于古迹周遭整体环境维护与再利用，甚至是义工的组训与维护都可达到事半功倍之效。因此，古迹修复与再利用必须适机对大众倡导与教育，透过参与式的规划与设计，结合居民的认同感与参与，进而使地区整体历史环境得以适切的显现。

在各阶段修复的过程中，也可以同时办理社区活动，在双向沟通中争取居民对古迹保存工作的了解与认同，对尔后修复、再利用、管理与维护等工作均可产生相当助力。

（四）国际交流与全球化

在文明演化的过程中，文化古迹保存工作常是属于弱势的一环，必须靠不断地倡导与团结才能形成力量。早在19世纪，欧洲国家已建立了初步的古迹保存工作基础理论。由于台湾未能加入世界文化和自然保护的组织，无法获得国际保存机构在信息或技术上的奥援，因此从文资法修正的过程中，可以发现台湾这几年来的保存理论和观念依然赓续欧洲过去的途径而行。为今之计，除了汲取欧洲过去保护观念、理论和经验，勿将古迹修复沦为获取经验的实验品外，更应尝试争取加入国际间的非官方周边组织，俾获得更多的保存信息与资源，并建构台湾主体性的古迹维护观念与修复操作模式，以积极迎头赶上。

四、高速铁路新竹车站特定区计划开发案例

从文化资产保存或地方文史工作者的角度来看，现行很多的都市发展、特定区开发或高速公路、铁路的兴建，都在有意或无意间破坏了传统生活及文化。以台湾高铁兴建计划为例，兴建计划是采用ＢＯＴ的方式，由民间投资兴筑。这种方式虽然可以减低政府的预算压力及提高工作效率，但民间投资者仅关注于如何获取最大的投资效益，因此不会在意文化保存的议题。以第一阶段完成的八座站体建筑来看，高铁台北站并入既存的台铁地下车站；板桥车站在原有的车站及公卖局工厂产业遗址上扩大区段征收范围，以新板特定区的方式开发；桃

园、新竹、台中、嘉义、台南及高雄等车站，同样都是牺牲了无数的埤塘、圳道、农田、聚落或产业遗址。新竹竹北站是其中唯一因地方文史工作者努力争取，而获得局部保存的案例。

竹北六家地区的聚落，是清朝康熙年间由广东饶平迁徙来台的移民经过多年在地化生存经验后，一方面坚持着部分老祖先遗留下来的原乡传统生活形态，另一方面也已型塑了特属于六家客家的人文特色。观察比较林家的原乡饶平与新故乡六家两地，足以发现六家林家新瓦屋聚落是一个极为特殊的移民聚落，如果没有高铁的干扰，新瓦屋聚落应当有机会发展成更有台湾人文意义的在地空间。

从聚落的角度来看，六家地区的聚落发展随着时代的变迁而有不同的转变，由家族集团的开垦，成为地方的强大势力；进而家族力量的没落到佃农的兴起，期间的变化不可谓不大。因此，这样的转变使得聚落形成由家族聚落而逐渐形成散村，成为今日集村、散村并存的聚落景观。从其住屋的纹理中我们可以发现，聚落的地址与水圳紧密结合，水是界线，分隔人群，也是联系人群的自然网络。此外，六家地区居民的信仰是多重祭祀圈交错，从义民爷、观音娘到大伯公、田头伯公等神明信仰，各有其分界与轮值的方式，而在宗教活动上也不断地融合。

待高铁计划确立后，本区面临了前所未有的转变，按计划多数的地上物及人文景观将被拆迁，取而代之的是密集的高楼大厦、商业中心、外来的大量人口及新文化。都市计划的道路可以一笔划过百年来的历史遗迹，也一刀切断了居民的传承与记忆，可预见将来这个城市和台湾的其他城市一模一样，分不出这是台北还是竹北。但只要开发

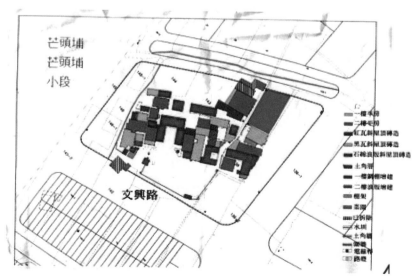

新瓦屋聚落保存区配置图

比例尺:1/10000　北

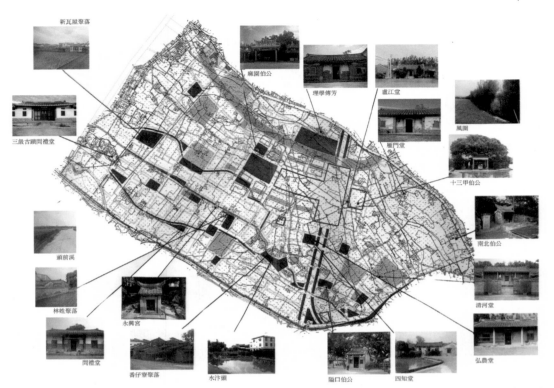

新瓦屋聚落

廟園伯公

理學博芳

蘆江堂

三級古蹟問禮堂

鳳凰

雁門堂

十三甲伯公

頭前溪

南北伯公

林姓聚落

永興宮

清河堂

問禮堂

番仔寮聚落

水汴頭

隘口伯公

四知堂

弘農堂

高速铁路新竹车站特定区
重要文化资产

单位有心、在地居民有意愿积极参与，也可以保存本区的传统，建立成为一个具有客家特色的好环境，理想特定区不是梦想。

建立一个具有六家客家特色的特定区是一个口号，也是本区发展的原则与共识。但这不是只作形式的模仿，抓住客家建筑的皮相一味地仿古，而是期望在这块土地上的原有传统建筑、文化景观、村落纹理和水圳均得以保存下来。更重要的，是要让后人看得出以前六家的风貌，感受到六家的文化，同时能够享受到更好的居住质量。

目前竹北的主要聚落在高速铁路新竹车站特定区计划中已经整个被划入新瓦屋聚落及民俗公园预定地。水圳和伯公则保存于绿带和小型公园上。这样的规划虽然不尽令人满意，但至少对于保存传统文化空间的议题上，已有了一些开创性的具体作为。至于未来，从文化的永续发展、再生机制到聚落应该如何保存再利用，以及如何彰显客家人文意义、鼓励社区民众及原有家族共同参与保存计划，都有待持续的观察与努力。

客家文化保存区之空间保存与再发展计划，依"高速铁路新竹车

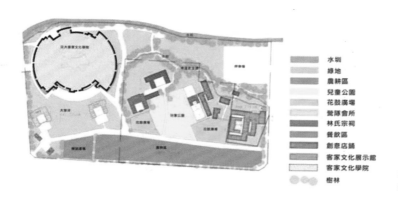

	水圳
	綠地
	農耕區
	兒童公園
	花鼓廣場
	鸞聲會所
	林氏宗祠
	餐飲區
	創意店鋪
	客家文化展示館
	客家文化學院
	樹林

民俗公园整体空间规划构
想图

站特定专用区计划"规定，保存区须与公园用地进行整体开发，两者相
辅相成。基地范围包括：公五用地（合计1.6公顷）之客家地景聚落保
存再利用区（新瓦屋）与邻近台湾交通大学客家学院及民俗公园（4.2
公顷），预期将可逐步发展成台湾北部客家文化特色都市。

高速铁路新竹车站特定区

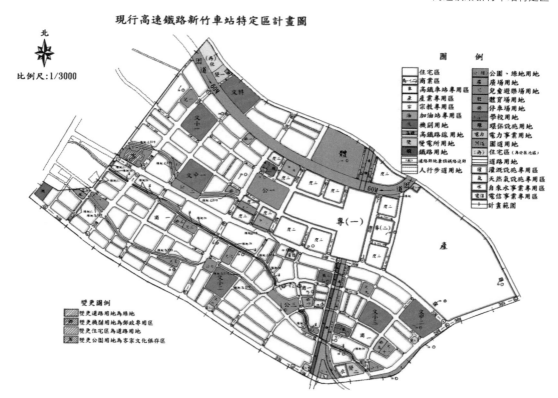

现行高速鐵路新竹車站特定區計畫圖

五、结论与建议

过去台湾许多地方的产业建筑遗址的处理方式大约只有两种：一是拆除腾空售地。如果需要变更都市计划分区管制规则的限定时，多半是回馈一些土地作为公共设施或公园。再者，如果土地属于公有者又不幸被登录为历史建筑时，则多半成为死气沉沉的产业博物馆，或者成为"老烟囱下的新花园"[1]。

事实上，大部分的产业建筑是呈现功能性，聚落风貌则呈现地方色彩的价值；只要在不损及聚落或建筑物的原创性、历史性、地方性等各层面价值的情况下，"传统空间保存活用"常是一种既可以保存传统文化，又可以兼具保障所有人权益的有效方法。

台湾目前无论是公营事业或是民间企业，都面对着产业转型或向境外发展的趋势，对于留存下来的许多所谓"闲置空间"，固然需要妥善的处置，但必须摆脱过去仅处理土地的态度。从高速铁路新竹车站特定区计划的个案中，我们必须思考：

（一）都市更新的目的何在？像板新车站将所有的产业设施祛除得荡然无存，造就一些高密度的大楼群。而标售土地则造成房地产的炒作，这是否值得鼓励？或者像一些公营事业的厂址无人管理，放任蔓草孳生，这是否需要改变？

（二）都市更新与文化保存的问题必须同时考虑，大刀阔斧的更新计划固然不宜，但完全交由文化主管机关，则会因缺乏法定工具或经营机制而处处窒碍难行。本来古迹或历史建筑保存工作与都市计划是密不可分的，都市计划在公共政策面的决策过程中，应将古迹保存纳入目标与策略的一环；都市计划决策与执行单位，亦应随时与古迹主管机关密切配合，才能使二者结合并行。而对于市区内较有特色的纹理、景观亦应先予以调查规划。在高速铁路新竹车站特定区计划中，可以见到都市计划中多元化的运作及考虑周详的调查与评估的模式，这是规划成功的主要因素。

（三）传统聚落、历史建筑保存活用可依保留原本建筑物到什么程度来决定几个阶段和方法。而在再利用方面须重视空间保存活用之再发展，是以改善生活环境及为居民创造就业机会为主要诉求。再利用可作为地方经济发展的动力，促成经济发展的实质利益，这是保存者或文化人所必须思考的方向。

---

[1] 参见夏铸九：《对台湾当前工业遗产保存的初期观察一点批判性反思》，《台湾大学建筑与城乡研究学报》，2006年3月第13期，第91～106页。

（四）就历史建筑保存再利用而言，法令是一直跟不上实际所需的，除了目前《古迹历史建筑及聚落修复再利用建筑土地消防法规适用办法》外，是否在历史建筑的保存与再利用方面，需研拟更周详的联合开发、改建、拆除、公众参与、产权关系、税法、财政资助等内容。

此外，古迹或历史建筑的生命往往建立在"人"的存在，保存古迹思考方向须以"人"为中心，要说明古迹和我们到底是什么关系，除了建筑实体以外，也要注重到大众的生活、大众的需求以及人对于所保存古迹的感觉，也就是让古迹以一个比较完整的生活方式呈现出来，其过程并且要由民众参与、体验及学习。事实上从这样的一个思考模式，也和我们今天网络的发展有密切的关系。我们今日透过网络就可以获取信息，当我们到博物馆或现场去欣赏文物的时候，对文物本身的欣赏可能已经不是主要的目的，反而是人与人之间的触感才是大家所追求的现代的保存思维已开始变迁，"互动与真实"是目前保存的一个重要议题。今后我们在方向上及具体做法上是希望借由不同领域的研究者提供不同的想法作为制定政策的导向；也希望可以借辩证的方式，逐步对古迹保存工作有更明确的认知，作为订定规范的依据。

薛琴　台湾中原大学建筑系兼任助理教授、薛琴建筑师事务所负责人

演进与活化再用
——北九龙裁判法院活化为萨瓦纳艺术设计学院的成功案例研究

戴勤信

摘要

本文汇报一项崭新研究的成果，有关研究旨在探讨如何活化文物建筑，并将之用于社会上可持续发展的教育项目。由于全球各地的大学均须扩展教育平台，以应付各行各业不断转变的需求，令不少学府要面对财政问题，但亦同时为这些机构带来机遇，可充分利用当地的历史和文物建筑。在人烟稠密的城市里，要扩建大学通常便要拆卸旧校舍或毗邻的民居或商厦。采用活化再用的方法不但能保留有价值的历史建筑，延续小区生活，而且亦为大学节省成本。我们秉承可持续发展和保护文物的理念，把建筑物保留下来。研究旨在找出合适的规划方法和检讨相关的技术方案，实践活化再用和可持续发展的设计概念。此外，本文亦会就日后推行活化再用提出建议。

关键词：文物保育，活化再用，可持续发展

Abstract:

This paper reports an innovative study of adaptive reuse of a heritage building as a socially sustainable education project. This study relates to the need for many universities throughout the world the need to expand the education platform to meet the growing need of evolving industries and careers. This has created a financial challenge for these institutions as well as presenting an opportunity to work with existing buildings that represent a significant element of the local historic and heritage architecture. In the urban environment, the expansion of Universities often comes at the cost of loosing older campus structures or the loss of neighbouring housing or commercial architecture. The adoption of adaptive reuse provides a vehicle for both the retention of contributing historic architecture, a continuation of community life as well as presenting a cost saving to the institution. The very concept of sustainability and the preservation of heritage infers that something is to be allowed to continue, such as a building. This study will identify successful planning methods and review the relevant technological solutions, which support the concept of successful reuse and sustainable design. It will also make recommendations for future practice.

Keywords: Hertiage Conservation, Adapative Reuse, Sustainable Development

一、引言

我们在研究社会如何修复现有建筑物时，总会想到活化再用的概念。这个概念特别适用于已失去原有用途的建筑物。活化再用在不少国家已非新概念，而是一幢建筑物生命周期的典型部分。活化再用能为建造业一众专业人士带来好处，无论是业主、设计师还是施工人员，也能从中得益。

目前，香港正检讨其建筑物管理政策，并借着审视文物建筑，重新为文化遗产下定义。本文就是以香港近期一个活化再用个案为研究对象，检讨项目的成果，并为区内从事这方面工作的人员提供建议。

香港愈来愈重视文化遗产的价值，对有关如何妥善及可持续地发展建筑物深感兴趣。发展局于2007年推出活化历史建筑伙伴计划（活化计划），显示香港特别行政区（香港特区）对文化遗产日益重视。该局在2008年指出翻新建筑物的做法可取，若该等计划实施得宜，可带动本地的经济和社会活动。行政长官在2009年《施政报告》中，亦再次肯定保育香港特区文化遗产的重要性。

香港沿用英国行之已久的规划制度，为本地的建筑物进行规划和制订管制措施把建筑物列历史文物建筑。在香港这样繁荣的大都市，建筑物都有其商业价值，除了要妥善管理外，亦必须肯定和保留香港独有的特色。为此，香港政府在考虑公众利益、财政限制、建筑特色和社会参与等因素后，制订出多项相关及可持续发展的方案，从而管制一系列具代表性历史建筑日后的用途。政府通过提供经济诱因来推动这项政策，达致保育历史建筑的目的，并且为有关物业提供财政资助，以便日后进行维修。当局分期推行活化计划，让社会企业公开竞投建筑物的使用权，首批建筑物于2008年推出，而本文的研究对象就是该项计划首批成功活化的建筑物之一。本文件的目的，是要总结这个项目的经验，并因应有关工程造成的影响，研究这项政策

萨瓦纳艺术设计（香港）学院——活化后的前北九龙裁判法院

的成效。

二、文献研究

获颁联合国教科文组织文物古迹保护优异奖

　　要界定何谓文物，我们可以参考国际古迹遗址理事会（理事会）所下的定义，该理事会负责就世界文化遗址向联合国教育、科学及文化组织（联合国教科文组织）提出意见。1931年《雅典宪章》引入国际文物的概念，而1964年于威尼斯召开的建筑师及历史建筑物专家第二次会议（1964年《威尼斯宪章》）则通过13项决议。第一项决议制订了《保护和修复古迹遗址的国际宪章》（又名《威尼斯宪章》）。第二项决议由联合国教科文组织提出，旨在成立理事会，负责履行宪章的工作。理事会强调，文化及自然遗产对每个国家以至全人类都是无价和无可取代的资产，因日久失修等种种原因失去这些宝贵文物资产是全人类的损失。当中部分文物非常独特，"具有突出的普遍价值"，但这些文物饱受威胁，值得我们特别保护。

　　理事会为文物提供了有用的定义。宪章各条界定了这些遗址的管理及长远运作方式，让这些遗址不仅作保育用途，亦可对当地社会带来教育意义。

　　全球各地逐渐采用统一标准，或按照设计及规管原则活化再用历史建筑。美国内政部长于1977年颁布修复建筑物的标准（36 CFR Part 67，Historic Preservation Certifications）。该等标准关乎建筑物及其园境布局，并适用于修复工程，确保建筑物的年代、地点及用途等多项特点均得以保留。要修复建筑物，便须更换或移去建筑物的物料及部件，但这是不允许的。有关规例旨在严格规管这些建筑物的特点及日后改动和用途。

　　在英国，当局虽然早已认为皇宫和宗教及政府建筑物具有历史文物价值，但在再利用民间及工业文物建筑时却遇上挑战。要全面了解何谓文物，就必须研究其历史、文化及身份等种种问题。文物虽然不断演进，但我们与其建立的感情联系，会令文物更具价值，并成为我们日常生活作息的焦点。成功的项目能吸引市民前往和改善生活质素。English Heritage、Victorian Society、National Trust及Ancient Monuments Society等历史学会相继成立，旨在提高市民的兴趣，并鼓励市民从更广阔层面欣赏身处的环境。当局如要保育或规管某一建筑物，会将之列入具特别建筑或历史意义的建筑物法定名单。有关名单最初根据1947年《城乡规划法》订立，后来则改为根据1990年《规划（表列建筑物及保护区）法》订立。

香港在规划方面的立法工作紧随英国的做法(Tang及Leung,
1998),规划过程由政府早于20世纪70年代初制订的大规模城市规划
政策所主导。香港特区的规划政策着重地区的经济发展,并兴建基建
设施以支持人口增长和经济发展,而这两方面所造成的冲击令香港的
文物建筑备受压力。Lai及Leung于2005年检讨有关的规划活动,对区
内60个住宅发展项目进行研究,发现发展商漠视重要的规划阶段,反
映规划过程有欠完善。当局在活化再用这些项目时,面对种种复杂的
财政、环境及社会问题。Langston、Wong、Hui及Shen于2007年对这些
因素的相互影响提出意见,并特别探讨翻新多余建筑物的潜力。

总的来说,虽然当局可为文物发展项目制订一系列规管措施及优
先次序,但有关项目会受财政压力及不妥善的规划过程影响,当中大
规模及较容易受财政压力影响的项目经常出现这种情况。

法院内一囚室(活化前)

三、研究方法

本文以研究个案中的历史建筑为对象,反复检讨规划和设计过程,
着重根据过往的活化再用项目,研究是次项目所采用的活化方法。有
关研究会以个案中的建筑物为焦点,集中研究其背景和对附近环境的
重要性,并考虑以下几个阶段的过程,包括建筑物的设计、能否改作教
育用途、能否改作会议场地,以及能否加入医疗、安全、环保和机械等
设备。

四、研究结果及讨论

(一)活化模式的起源

过去30年来,萨瓦纳艺术设计学院(萨瓦纳学院)一直活化再用
历史及非历史建筑,以满足扩建校舍的需要。在香港的新校亦采用这
个模式,把前北九龙裁判法院由司法中心改为一所朝气勃勃的艺术大
学。对萨瓦纳学院来说,以活化再用解决校舍扩建问题实非新方法,
过去30多年来,学院一直通过购买和修复历史建筑或相关建筑,用
作举办课程和学位课程的场地。此外,活化再用亦令学校的碳足迹和
建筑成本得以减低,让校方可购买和采用最先进的设备上课,并将学
费降低。

萨瓦纳学院的首幢校舍位于美国佐治亚州一个名为萨瓦纳的港口
城市,为罗马式复兴建筑的典范。该幢建筑物由著名的波士顿建筑师
William Gibbons Preston于1892年兴建,原为州政府的自愿军训练中心

总部。建筑物其后于20世纪60年代被废弃,并由萨瓦纳学院于1978年购入作为首幢校舍,现已成为学院最重要的建筑物,在修复后设有不少工作室和设施,包括学院首间图书馆,而现时则用作举办入学课程和插画及平面设计课程。

学院购入和活化这幢志愿军训练中心,并且扩展和保留原有的建筑物;这项工作十分成功,堪作教科书的范例。自1978年起,学院已在三大洲购买和重新再用90多幢建筑物,当中超过70幢建筑物列为历史建筑或位于历史区的相关建筑。这些建筑物提供了近300万平方米地方,现时被用作工作室、课室和行政办公室。如非校方高瞻远瞩,把建筑物活化再用,大部分建筑物将难逃被拆卸的厄运。学院的蒙哥马利堂原为客车厂和木材厂,现已成为计算机相关课程的上课地点。

萨瓦纳学院的活化计划令萨瓦纳市变得多姿多彩,由一个造船和农业殖民地城市,摇身一变成为一个富前瞻性而又充满学术和当代文化气息的先进城市。其他国家均会参考学院在2010年所采用的活化过程,以及有关城市为活化而进行的城市规划和建筑规例修订,以保护当地的历史建筑和改善小区生活。此外,学院的活化项目亦勇夺多个国家及国际奖项,并且成为其他大学的楷模。

(二)香港面对的挑战

香港向以追求经济发展而闻名于世,过去60多年一直在市区和郊区大兴土木,不少欧陆及中式历史建筑惨遭拆卸。不过,近年香港政府的方针有所改变,愈来愈着重保育历史文物建筑,愿意投入更多的资源。

香港政府近期推出不少措施,于2008年实施的活化计划便是其中之一。根据这项计划,非牟利机构可以象征式租金,租用空置的政府建筑物,政府会承担所有改善工程的费用,而且会向获选的机构提供高达500万港元资助,让他们在这些历史建筑经营社会企业。在计划推出之初,当局收到各个非牟利机构和组织合共超过120宗申请,其中一幢供活化的历史建筑,正是位于九龙深水埗大埔道的北九龙裁判法院。

(三)北九龙裁判法院及所在地区的背景

数百年来,深水埗一直是乡郊地区,居民主要从事家庭式工业,并以捕鱼和务农维生。香港于19世纪成为英国殖民地,该区亦成为殖民地的一部分。在20世纪30年代,政府于该区建立军事设施,以抵御外敌。日本侵华期间,日军沿大埔道攻入九龙,而英军军营则沦为战俘营。

大战结束加上国共内战，令该区成为不少大陆难民的藏身之所。可是，1953年圣诞节一场大火，令不少居民顿失家园。此后，深水区改而兴建价格低廉的公共屋，为本地居民提供居所。

北九龙裁判法院由私人建筑师事务所Palmer and Turner Architects设计，于1960年落成。建筑工程完成后，裁判法院便开始用作初级法庭及政府办公室，并曾经处理民事、刑事和婚姻诉讼，交通违例和游荡等轻微罪行以及其他民事案件。由于当局在邻近地区开设现代化的优良法院设施，因此北九龙裁判法院于2005年1月起停止运作，在2008年之前一直空置。

活化历史建筑咨询委员会负责监督遴选合适营运机构的工作。由于竞争激烈，遴选过程必须公开公正。委员会最终选出萨瓦纳学院作为营运机构，而学院决定运用本身的资金进行所有基本工程，拒绝接受资助作创办经费之用。

裁判院内的法庭（活化前）

（四）北九龙裁判法院大楼

北九龙裁判法院大楼建于1960年，是政府建筑物中采用复古风格的典型例子。大楼楼高七层，面积超过7900平方米，属单一用途设计，其中三层设有法庭，地下为接待处和付款处，而楼上各层则为行政办公室。大楼虽然只落成50年，但已进行多次改善及内部改建工程。在环境方面，大楼早年已在主要法庭安装空调系统，并在大楼各处已按需要加设窗户，室内主要靠打开门窗令空气对流来调节气温。大楼内部建有天井，巧妙地运用天然光线。在结构上，这幢建筑物以混凝土建造，地面则为混凝土再铺上瓷砖。虽然建筑物在工程学上仅仅符合标准，惟结构良好，经得起时间考验，应该适合作拟议的教育用途。

囚室（活化后）

根据活化计划，这幢法院将获赋予新用途，当局进行了大量规划和研究，确定大楼的状况并为昔日的法庭设计新用途。按照政府的目标，把法院用作教育用途最合适不过。

（五）设计方案

历史建筑活化再用的成败，无非是处理经营是否妥善或设计得宜，即新设计和用途与整体建筑、原有功能和布局能否配合。萨瓦纳学院在这方面采用了最基本的方法：只考虑建筑物本身最适合作什么用途。幸好学院的学士学位课程种类繁多，不少课程均适合在大楼举办。我们在选择课程地点时会考虑多个因素，例如戏剧艺术课程需要

活化后的第二法庭成为数码工作室

在楼底较高的地方进行，时装或建筑课程的授课地点必须有充足的天然光线，而工业或产品设计课程则要在建筑结构符合工业要求的地点进行。一些较低年级可于旧有办公室地方上课，而一些课程则需要完全黑暗的环境，才能使用投影系统。一幢具备多种空间间隔的建筑物，最适合活化再用作教育用途，而政府和学院均认为北九龙裁判法院是理想选择。

（六）把法庭改为教室

改变一幢建筑物的用途似乎很简单，但实际上是很复杂。萨瓦纳模式的精要在于尽可能保留建筑物历史，并采用简单的设计和耐用且合适的物料。裁判法院四个主要法庭的活化再用，就是这个模式的最佳例子。根据负责保育历史遗迹的政府机构古物古迹办事处的意见，这些法庭极有历史价值，值得保育。由于二楼有四个完全一样的法庭，当局决定让其中一个法庭维持原状，保留简朴的门和通向中央大堂的各个入口，但却准许把其他三个法庭改为课室或工作室。

获保留和保育的法庭现时用作演讲厅，供教授艺术史或举行公众讲座之用。在其余三个法庭中，一个的墙身装修被拆除并分成两个课室；一个则加装墙壁、门和隔音玻璃窗，改为一个音响设计和混音室；而最后一个法庭的内部装修被全部拆除，仅剩四壁，现装上绿色屏幕，以善用该处 8 米多高的楼底，供各停格动画、录像、摄影和游戏设计和动画等科目使用。在进行工程前，我们已为所有法庭绘制图则和制作透视校正相片，全面记录法庭的旧貌。价值较高的物品亦已编号、拆开和收藏。这些已改变用途的法庭其实可以恢复原状，但由于政府先前把区域法院整合的做法，应该不会恢复北九龙裁判署法庭的原先的用途。

学院的楼梯级经过装饰及布置

（七）把监狱改为会议室

法院地下设有囚室，萨瓦纳学院在设计新校舍时选择保留而非将之拆卸。这些囚室以混凝土兴建，最多可囚禁40名犯人，内有混凝土长凳和公用厕所。囚室装有钢门并进行了加固，防止囚犯及羁留人士逃走或跑到大楼内的公众地方。按照活化计划的规定，在六个囚室中，其中一个须予保留，以确保公众能通过文物计划看到囚室的原貌。鉴于这些囚室适合作办公室和会议室用途，校方决定保留五个囚室的原有间隔，但加装特别照明、空气调节装置、计算机和铺上地毯。囚室内原有的混凝土长廊被拆除，以增加楼面空间，而公用厕所则被围封上。至于保存下来的囚室则不会进行任何改善工程，墙上的涂鸦亦已保留，供公众观赏和诠释。面向监狱走廊的一个囚室，除了铁制品和门外，全部装修均被拆除，并装上空气调节装置，用作服务器房，不供外间人士进入。

（八）加装卫生及安全、机械和计算机等设施

要在活化过程中加入卫生及安全等设施和引入新科技，不单是对建筑师和设计师的一大挑战，亦令政府部门头痛不已。任何城市的建筑规管部门均会要求活化再用的建筑符合现有的建筑物标准。建筑物若要改变用途，不但要改善现有系统，还要引入未必能与建筑物原有设计配合的新系统，因此会特别困难。更麻烦的是不少历史或活化再用的建筑均不能接受结构测试或评估，在活化时欠缺灵活弹性，结果采用过度的解决方案，往往令建筑物失去个性。

学院内的艺术展示厅

前裁判法院在设计与保育之间作出了不少妥协，但对安全问题则完全没有让步。为了确保符合消防安全条例对出口的规定，大楼内新建了三条楼梯，全部均利用先前的梯井来兴建，完全符合甚至胜过法例的规定。先前的电梯井现已装上新电梯，令载客量和载重量大增。

这幢前法院大楼现已全幢装上环境控制系统，由于学院在建筑物引入崭新的教学科技，校内的众多计算机实验室、数据服务器、办公室和课室均须在受控的环境下全年运作，因此校方采用分区空调以减低成本和增加效率。洗手间的设计亦讲求效率，并把用水量减到最低。照明方面，我们采用发光二极管或T-5节能光管，并会在使用计算机的课室采用特别设计的照明装置，减少计算机屏幕出现反光的情况。我

学院内的图书馆

们在窗户设于较高位置的课室采用"云顶"设计，这种简单而创新的设计令假天花板与四壁平均距离20吋，令空气更流通，而且由于假天花板与墙身并没有明显的接合位置，不规则的窗户亦在天花线以上位置，令空间感大增，光线仍可从窗户透进课室内，而天花则能遮挡阳光，设计简单实用而又美观。

五、结论及其他研究

在活化萨瓦纳艺术设计学院香港分校时，校方参考了其他现有萨瓦纳艺术设计学院校舍的设计。学院在设计时已考虑到法院的历史、结构状况、建筑物条例的规定，以及建筑物能否作新用途等因素。大部分市区均建有多种不同的建筑物，包括工商楼宇及办公室大楼等。随着城市的发展，人们对建筑物的需求和使用也会转变，我们可以活

建筑物内摆放了艺术作品

学院内的教室

化这些旧建筑物，令它们更能满足现代的需要。由于大学或类似机构需要扩建，令一些原本会被拆卸重建的建筑物再有新的使用者进驻。活化再用历史或相关建筑，对追求可持续的设计和推动小区发展极为重要。

萨瓦纳学院在保育和活化裁判法院大楼方面的努力，得到联合国教科文组织的认同，并于2011年9月1日获颁文物古迹保护优异奖，是已完成的活化项目首次获奖。

2009年，香港当局推出第二批历史建筑，供非政府机构申请进行活化，而第三批则计划于2011年推出，用作经营社会企业。这两轮活化计划均会提供建筑工程的全数费用，并资助最多500万港元的开办成本。此外，政府亦推出其他措施，例如为已评级建筑物拥有人提供财政资助，以及为历史建筑拥有人提供诱因进行维修，可见当局的政策已改变，变得更加着重保护历史建筑和推动本港的可持续发展。

鸣谢

承蒙萨瓦纳艺术设计学院、活化历史建筑伙伴计划、香港文物保育专员办事处及香港特区政府发展局全力襄助，谨此致谢。

戴勤信
美国佐治亚州萨瓦纳市萨瓦纳艺术设计学院建筑艺术部历史保育教授

参考文献：

1 Hong Kong Development Bureau：《Revitalisation Through Partnership Scheme》，2007，http://www.heritage.gov.hk/en/rhbtp/about.htm.

2 Chief Executive Donald Tsang："Policy Address 2009-2010"，Hong Kong SARG, Section 19，2000。

3 ICOMOS："Charte Internationale sur la conservation et la restauration des monuments et des sites （Charte de Venise - 1964）"，1964，http://www.icomos.org.

4 Department of the Interior Regulations:《36 CFR Part 67》，1990。

5 Bo Sin Tang and Hing Fung Leung:《Planning Enforcement in Hong Kong》，《The Town Planning Review》Vol 69, No 2 April，1998。

6 Lawrence Wai-Cheung Lai, Daniel Chi-Wing ho:"Planning conditions in Hong Kong:《An Empirical Study and a Discussion of Major Issues》,《Property Management》Vol 23, issue 3, 2005,pp.176~193。

7 Craig Langson, Francis K W Wong, Eddie CM Hui and Li Yin Shen：《Strategic Assessment of Building Adaptive Reuse Opportunities in Hong

Kong》，《Building and Environment》Vol 43, Issue 10，October 2008，pp. 1709~1718。

8 Poetter Hall：《Visual Historic Savannah Project 2010》, Savannah College of Art and Design, Savannah, Georgia, USA.

鹿港龙山寺保存再利用经验分享

魏执宇

摘 要

台湾彰化县的鹿港龙山寺主祀观世音菩萨,拥有悠久的历史同,完整的格局,精美的雕刻与彩绘,并且有持续性的信仰活动和南管聚英社等无形文化资产,是台湾文化资产的代表之作。

1999年9月21日,台湾中部发生芮氏规模7.3的大地震,造成鹿港龙山寺严重损伤,幸有地方企业宝成集团,秉着回馈乡里的心态全额出资修复。主结构修复工程历经7年,花费超过2亿元台币。

本文浅谈鹿港龙山寺保存修复过程,以及修复完成后如何持续做好日常管理维护与经营使用、导入各项活动与导览解说,让鹿港龙山寺不仅是地方信仰中心,更是探索传统文化的一大亮点。

关键词:鹿港龙山寺,修复,再利用

一、鹿港龙山寺的基本情况

鹿港龙山寺前身为一形制狭小的庙寺,主祀观世音,相传由台湾佛教开山祖肇善禅师于明永历年间创建,原址位于鹿仔港旧河道边。乾隆五十一年(1786)泉州人士陈邦光倡议迁建龙山寺于现址。道光九年(1829)重修山门、五门及戏台、正殿、后殿等建筑,道光十一年(1831)完工,基地面积约5300平方米,自此奠定了龙山寺三进二落的规模。有"台湾紫禁城"与"台湾艺术殿堂"之称。

光绪二十年(1894)甲午战争后,台湾被割让给日本。日本人将龙山寺名废除,改称日本真宗本愿寺分寺。1921年后殿右厢房遭回禄之灾,建筑与文物几近全毁,后于1938年12月修复完工。台湾光复后,1957年聘请鹿港彩绘匠师郭新林施做彩绘。1960年龙山寺成立管理委员会后进行整修,于1964年完工。

1983年12月28日,台湾内政主管部门指定公告为台湾第一级古

鹿港龙山寺位置地图

迹。1999年9月21日，台湾发生芮氏规模7.3地震，鹿港龙山寺山门、正殿发生严重受损，被列为需立即修复对象。2000年，内政主管部门及彰化县政府积极规划大规模整修工作，于2001年动工，2008年正式完工，本次修复工程历经七年，此为鹿港龙山寺近百年来最具规模的一次修复工程。

鹿港龙山寺建筑配置采东朝西，大木作出自泉州溪底匠派。建筑空间由前至后依序为前埕、山门、内埕、五门与戏台、中庭、拜殿与正

鹿港龙山寺全景

龙山寺山门

殿、后庭、后殿及左右二厢回廊。建筑艺术备受世界专家学者推崇，故得"中国建筑学之宝"的美称，为研究台湾传统建筑必访之地。另一方面，寺内长久以来维持完整的祭祀仪式，同时也是南管重要票房"聚英社"长期使用的场域，其中所保存的物质与非物质文化遗产相互辉映，更使得鹿港龙山寺的深厚价值广为各界所注目。

鹿港龙山寺戏台藻井

二、遗产保护民间出资的典范与修复过程中的社会教育意义

台湾位处地震带，每当发生大地震后，很容易造成古建筑的损伤。1999年9月21日发生的921地震造成了鹿港龙山寺的严重损伤，诸如：山门倾斜与右翼塌落、戏台倾斜、拜亭倾斜与天沟渗水、正殿虎边山墙开裂与燕尾脊掉落、正殿龙边山墙变形、正殿殿内混凝土柱开裂、后殿后墙段落等。

木雕坊作

鹿港龙山寺为台湾的"一级古迹"，修复需依文资法进行，由文资主管机关依法统筹办理。由于灾后许多构件倾斜造成危险情况，因此先由彰化县文化局完成正拜殿及后殿钢棚架与紧急支撑。整体修复工程则由符宏仁建筑师事务所负责，经内政主管部门审核通过，再进行公开招标。

鹿港出身、现为国际知名企业宝成国际集团总裁的蔡其瑞先生与其昆仲，为感念从前在龙山寺外辛苦编织草鞋的发迹过程，本着回馈乡里的心意，慨然允诺负担修复鹿港龙山寺的相关经费。在内政主管部门负责人张博雅女士与民意代表林进春先生等人与有关人士沟通协调后，由宝成国际集团所捐助成立的财团法人裕元教育基金会出资修复主体结构，并广邀地方人士、学者、庙方管理人员与政府官员成立"鹿港龙山寺修复工程委员会"执行修复工程，此桩美事开创了台湾民间出资并参与修复古迹的先例，为民众与社区参与文化资产保存工作立下了良好的典范。

2005年屋架回组过程

2005年9月15日正殿上梁
大典

专业团队拍摄修复纪录片

此次修复是采"分期分区修复"之阶段性方式，以避免完全封寺，让信徒及观光客在整修期间仍可参拜与参访龙山寺，因此由损坏较不严重且建筑构造较单纯的后殿先行整修起。在逐渐累积修复经验后再进行正殿、拜亭等修复工作。恢复策略是保留921地震发生当时的"原工法原材料"来施作，因此施工过程特别费工耗时。宝成国际集团对此还费尽心思取得或制作最符合传统工法的砖、瓦、木头等材料，并在隐蔽处加入现代化结构补强与虫蚁防治等工法，让修复完成后的龙山寺除了保留古迹的原汁原味外，又达到更好的耐震与使用强度。

与此同时，蔡其瑞先生特别强调修复龙山寺过程的教育意义，因此在不影响修复工作和安全无虞的前提下，开放学术团体申请入内参访，并于施工棚架的二层设置空中走廊，让民众能居高临下看到古建筑之美，并理解修复工作的艰辛。另外也派专人每日记录施工过程，

龙山听呗

龙山寺导览解说

并聘请专业团队拍摄修复纪录片，留下许多修复工程中的重要过程与资料。

三、再利用效果和未来发展方向

2008年11月1日，鹿港龙山寺历经七年的修复工程终于完成，由马英九先生与地方首长等人剪彩启用。修复后，鹿港龙山寺仍然延续着既往的功能，组织管理委员会负责每日管理与维护工作，并于每年过年期间替信众点光明灯、太岁灯祈福。另在无形文化资产部分，鹿港龙山寺里每日早晚均有斋姑们诵经祈福，初一、十五与观世音菩萨圣诞、佛七法会等节日，也都会有大型祈福活动的举办。此时，寺里处处可闻悠扬的诵经声，令人心生安定与和谐之感。鹿港早年所传颂"八景十二胜"中的"龙山听呗"这项活文化迄今仍在鹿港龙山寺里持续地保存着。

为了服务每年数以万计的民众、学生、海外游客造访鹿港龙山寺，鹿港龙山寺管理委员会赞助培训"鹿港高中古迹解说社"，每逢例假日，都有十位以上受过培训的青年学生免费替民众解说，让民众更了解与欣赏古迹之美。同时游客也可在戏台空间享受南管聚英社的传习演奏。2012年，台湾灯会选在彰化鹿港盛大办理，灯会结合鹿港龙山寺等古迹，将整个鹿港小镇规划为各项主题花灯区，创造逾千万人次的游客量，刷新了台湾灯会办理23年以来的纪录，同时也为地方带来了至少百亿余元台币的经济产值。

四、结论

台湾有形文化资产迄今分为三大类，目前已指定与登录了将近2000处古迹历史建筑。这些古迹与历史建筑如有重大损坏时，需由各

端午节迎龙王踩街

级政府共同负责出资修复。近年来政府推行"日常管理维护计划",内容包含:日常保养与定期维修;使用或再利用经营管理;防盗防灾保险等事项。意在透过管理者自行进行每日简易的清洁与保养过程中同时进行检视,如有发现轻微损坏便可立即整修,以避免三五年后灾害范围扩大,导致需要进行大规模的修复工程。

　　另外,也注重古迹与历史建筑的活化与再利用工作,除了一般正常使用的庙宇、民宅之外,针对闲置者进行再利用计划,导入各项适合的展览、餐饮或其他用途,让广大民众可在古建筑内进行各种活动,必要时则会出租给民间机构,一方面避免成为卫生与治安死角,另一方面则可进行日常管理维护工作,以适当保存古迹与历史建筑。

　　鹿港龙山寺由管理委员会进行日常管理维护,每日有庙务人员进行各项清洁工作,定时派员修剪花木,保持佛寺应有的整洁。同时主管部门正在进行鹿港龙山寺防灾设备规划设计,期望透过有系统的防盗防灾设备与训练,以降低灾害发生时对文化资产所可能造成的损失。

　　鹿港龙山寺是私有的文化资产,其透过民间捐资以进行修复保存工作是民众与社区参与文化资产保存的典范。而修复完成后,鹿港龙山寺延续保存有形与无形文化资产的精神与传统,鼓励青年学子成立解说志工队伍,将文化资产保存工作和社区、年轻人的力量结合。管委会并充分和政府合作,主动负担各项基本的管理与防灾工作。凡此种种,都充分说明保存文化资产是一件必须由政府和民间建立共识、共同合作的具体任务，也是一项保护人类文明的神圣工作。

魏执宇

台湾文化资产管理机关委托台湾云林科技大学古迹历史建筑与聚落分区项目助理

参考文献：

1 王康寿、陈仕贤：《鹿港龙山寺》，鹿港龙山寺出版，2002年。

2 财团法人裕元教育基金会：《鹿港龙山寺修复工程全记录》，裕元教育基金会出版，2010年。

3 台湾"文化资产主管机关"网站 http://www.boch.gov.tw/boch/.

4 彰化县文化局文化资产网 http://www.boch.gov.tw/boch/changhua.

案例：   所在地：北京市阜成门内大街
历代帝王庙   保护等级：全国重点文物保护单位

一、基本情况

（一）遗产规模和构成要素

历代帝王庙是明清两朝的皇家庙宇，占地面积2.2万平方米，古建筑面积0.6万平方米，由30多座单体建筑组成。景德崇圣大殿为全庙的建筑精华，等级形制与故宫乾清宫相当，殿内主祀三皇五帝和历代帝王188人，东西配殿从祀历代名臣79人，另设关帝庙独享祭祀。

庙内有清雍正、乾隆皇帝的四座御碑，讲述了历代帝王庙的祭祀要义：颂扬三皇五帝的创世功德；尊崇中华治统帝系的一脉传承；强调开国帝王和治国之君都要祭祀，以效法他们功德和戒鉴他们教训；暴虐无道、荒淫失德的亡国之君不得入庙享祀等重要思想。

（二）历史沿革和保存现状

民国初年祭典废除，庙改作他用，最后由159中学使用。2001~2004年，西城区政府搬迁学校、修缮庙宇、恢复陈设、举办展览，实现了对外开放，后批准注册为

修缮前景德崇圣大殿

修缮后景德崇圣大殿

修缮前大殿屋檐

修缮后大殿屋檐

历代帝王庙博物馆，保存现状良好。

（三）主要管理机构

北京历代帝王庙管理处及博物馆，隶属西城区文化委员会，为区政府全额拨款事业单位。

二、遗产保护和利用方式

（一）遗产保护和更新过程中采取的措施

变学校使用为社会共享，变年久失修为延年益寿，变破损杂乱为再现风采，变资源沉寂为文化品牌。

（二）采用的利用策略和方式

修缮前大殿内景

修缮复原后大殿陈设

2005年三皇五帝与百家姓展览赴台湾展出

2012年博物馆日历代帝王庙讲座

坚持"政府主导，依法保护，搭建平台，多方参与"的方式成效显著。一是组建区政府的领导协调机构，投入巨资，搬迁学校，腾退帝王庙，依法修缮，实现了重大突破。二是设立历代帝王庙管理处，组织文物修缮、陈设复原、举办展览，实现了向社会开放。三是成立"历代帝王庙保护利用促进会"，由专家学者、对外文化交流协会、海外联谊会、国有企业、台商、志愿者等社会各界人士参加，发挥社团组织作用，捐款资助文物保护与研究宣传，出版多种书籍、拍摄电视专题片，发起"情系中华，拜谒三皇五帝"的礼仪性活动，深受台湾同胞和海外华人的欢迎。历代帝王庙的"三皇五帝与百家姓"展览还赴台湾巡展，加强了海峡两岸的交流。

（三）利益相关者合作机制

主要通过政府购买服务的机制，获得研究机构的支持，在帝王庙修缮工程和研究宣传方面发挥了重要作用。专家们非常乐于承担这项工作，把它与自己的专业研究紧密结合，视作实践其专业理想的难得机会。

（四）在利用方式选择上如何平衡经济收益与遗产价值、社会效益之间的关系

历代帝王庙主要是平衡遗产价值与社会效益的关系，经济收益并非追求目标。

（五）　如何加强公众参与

主要是区别不同层面的公众需求，加强公众参与的程度。一是加强帝王庙建筑特点和文化内涵的研究，不断打牢基础。二是加强专业性与普及化的有机结合，适合不同需求。三是加强现场讲解、出版读物和网站效果，努力扩大受众面。向社会开放以来，公众参与程度不断提高，许多互动咨询和改进建议大多来自于各方面的公众见解。

三、再利用效果和未来发展方向

历代帝王庙"政府主导，依法保护，搭建平台，多方参与"的保护利用模式，不仅获得了自身成功，而且起到了示范作用，继帝王庙之后，西城区按照这个基本

2005年海外华人拜谒三皇五帝活动　　　　　　　　2006年拜谒三皇五帝活动

2007年拜谒三皇五帝活动

模式又实施了李大钊故居、什刹海广福观等文物的保护利用。

　　未来的发展方向是实施品牌战略，努力提高社会共享、共建水平，使历代帝王庙得到永续保护与世代传承。一是充分发挥政府主导作用，加强历代帝王庙管理处及博物馆的工作职能，确保文物安全万无一失，下大力气培养社会工作和专业研究队伍，以扩大社会效益为目标、出研究成果，出复合型人才。二是充分发挥社会团体作用，做强"历代帝王庙保护利用促进会"，吸引更多的有识之士，参与到保护利用工作中来，在更高层面和更广领域，提供更多的智力支持、更大的展示空间和必需的资金帮助。

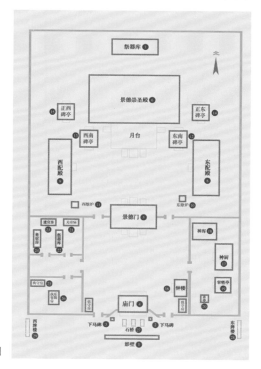

历代帝王庙总平面图

李春莲　北京市历代帝王庙管理处
许伟　北京市历代帝王庙管理处

案例：
汉口花旗银行大楼[1]

所在地：湖北省武汉市汉口沿江大道97号、青岛路1号
保护等级：湖北省文物保护单位

遗产规模和构成要素：

汉口花旗银行大楼为一幢地上6层的钢筋混凝土结构多层建筑，建筑面积5500平方米，建筑西面有一庭院。花旗银行大楼为带有横三段式构图的古典主义建筑，建筑立面呈左右对称，比例严谨，门头突出。三层巨柱贯通的L形外敞廊是其最大特色，视野开阔、雄伟气派。室内装饰风格则简约沉稳，用材考究。是汉口近代金融建筑的代表之一。

汉口花旗银行大楼 1921～2013

主要管理机构：

湖北省文物局、武汉市文化局（武汉市文物局）、中国工商银行股份有限公司湖北省分行（业主）

历史沿革和保存现状：

花旗银行汉口分行新大楼于1919年投资建造，1921年建成，设计师为景明洋行。1938年武汉沦陷，花旗银行汉口分行被日军占领并歇业。1940年后大楼流转给日本中江银行。1945年抗战胜利后，美孚石油公司租用作办公，直至1949年。

1949年底，花

[1] 保护修缮设计：华东建筑设计研究院有限公司；结构加固设计：武汉市建筑设计院；室内装饰设计：JWDA骏地设计；修缮施工：上海市室内装潢工程有限公司。本版图纸、照片及文字内容版权为华东建筑设计研究院有限公司所有，未经许可，不得翻录。

外貌

旗银行大楼被进城部队接收，先由荣军管理局租用，后由武汉军事管制委员会租用。1954年武汉市公安局某处进驻，至2008年搬出。此后大楼房产为武汉市城市建设投资开发集团有限公司所有。花旗银行大楼现为中国工商银行股份有限公司湖北省分行所有，拟作为私人银行分部使用。

至本次修缮前，大楼处于空置状态，整体风貌基本保存完好，沿江和青岛路的外立面整体格局和风貌依旧，但西立面与天井立面及屋面质量一般、局部破损和搭建严重。室内格局有不同程度的改建痕迹，特色装饰如顶棚装饰线脚、侧墙实木护壁、拼

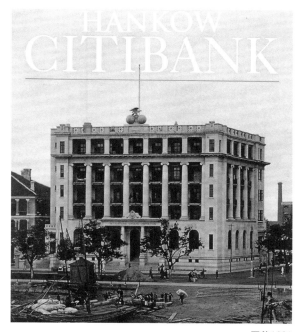

原貌1921

2010年修缮前

花马赛克地坪、木饰面壁炉、铁栅式电梯等基本为历史原物，一层大堂、底层金库等也基本完好，非常难得。

遗产保护和利用方式

遗产保护和更新过程中采取的措施：

在这一项目中，我们再一次深切地体会到"保护"与"利用"的相辅相成和密不可分。由干预程度的由小及大主要采取以下措施：

保护修缮：整体保护大楼风貌，外立面、天井立面、屋面、室内底层大堂等重点保护区域及楼内所有特色装饰原物。

更新：对楼内所有水、风、电设备设施进行整体更新，并尽量利用原有管路。

加固：对大楼主体进行整体加固。

复原：参照历史样式复原辅楼西立面和天井立面，并原样复原室内部分缺损的特色装饰。

扩建：在大楼西院内，扩建地下室，所有的核心机房与设备用房均安放于此，并增设机械式停车楼。

采用的利用策略和方式：

以恢复功能，提升品质为目标：通过本次保护修缮整治设计工作，精心保护修缮现存较为完整的各部分，合理利用。

延续其作为银行的功能，进行全面性能提升——力求真实再现历史形象，提升

2013年修缮后

建筑品质及综合价值。

利用原则：最小干预、真实性、整体性、科学性、持续性、系统性。

利用措施：主楼各层功能布局主要包括有：底层为保管箱业务(原金库)、管理用房；一层为大厅及展示接待空间；二层、三层为核心办公区；四层、五层为客户洽谈区。辅楼则主要用作行政办公和机房。设备设施全面更新，并修缮原有特色铁栅式电梯、改造现有楼梯、增设消防电梯和货梯。原平屋面改为上人屋顶花园，提升整体价值与品质。

利益相关者合作机制：文物建筑的利用，在保护的前提下，对设计提出了更高要求，也离不开主管部门的管理、监督与指导，业主的支持、施工方的配合，这贯穿了整个再设计和再建造过程。

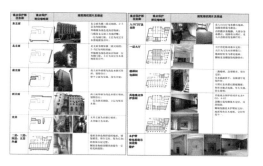

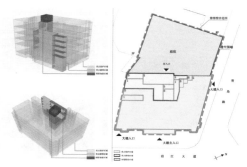

重点保护区域示意图

　　在利用方式选择上平衡经济收益与遗产价值、社会效益之间的关系：这座大楼的保护与利用设计，采用了历史的外表和现代的内核相结合的方式——既完整保持外观风貌和室内原有特色装饰的原汁原味，又整体提升了大楼的性能与品质。使建筑遗产"能够有尊严地走向未来"，并得以长久地融入社会生活之中。

修缮后的室内装饰

加强公众参与：

在设计过程中，引入了专家征询模式，充分探讨、分析、研究大楼的利用方式与措施的可行性。

竣工后，大楼还将继续面对客户和公众的检验与评价。

影响、效益与建议：

在中国很多大城市历史上的重要街区及建筑，今天仍然持续地发挥着重要作用，无论是地段、还是建筑遗产自身的价值都无可替代。

这座大楼的"华丽转身"，为更多的类似情况的老大楼提供了一种兼顾保护与利用的模式，符合低碳经济与可持续发展的需要，在当地已带来积极的影响与综合效益在未来，我们建议对大楼的健康作一个持续的量化评估，即"为大楼订做身份证"，引入"三维测绘"和"健康监测"等先进措施，使大楼得以"延年益寿"。

功能布局分区示意图

一层保护修缮平面图

四层保护修缮平面图

遗产再利用项目 实施前状况 室内 修缮前2010

遗产再利用项目 实施后状况 室内 修缮后2013

郑宁　上海市华东建筑设计研究院有限公司
（上海现代建筑设计集团）历史建筑保护设计研究院

**案例：上海外滩浦东发展
银行大楼塔楼修缮**

所在地：上海市黄浦区
保护等级：全国重点文物保护单位

一、案例介绍

　　上海外滩浦东发展银行大楼（简称浦发大楼）位于黄浦区中山东一路12号，是外滩建筑群中体量最大的建筑，由英国汇丰银行投资，公和洋行设计，于1923年6月竣工建成。大楼原为香港上海汇丰银行的上海总部，当时被称为"从苏伊士运河到远东白令海峡最讲究的建筑"。该大楼是上海近代西方古典主义的代表作，至今依然被公认为是外滩建筑群中最漂亮的建筑。

　　此次修缮的塔楼部分是建筑的五层、六层及穹顶层，东西向总长18.09米、南北向总长20.8米，总高度32米，575平方米（不包括穹顶层）。塔楼为钢框架结构，由十二组钢桁架组成半圆形穹顶，其下部由砖墙填充，钢筋混凝土楼板，上部穹顶为

上海外滩浦东发展银行大楼全景照片

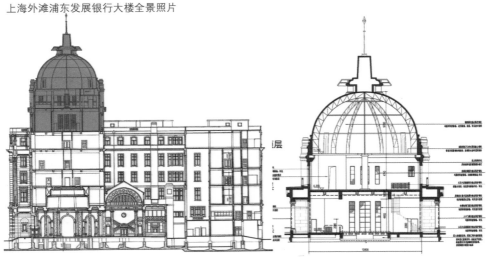

1991年大楼测绘剖面图（棕色部分为塔楼）（上海现代建筑设计集团档案室提供）

本次塔楼部分保护修缮剖面图

钢筋混凝土侧壁。塔楼是上海现存最精美的仿古罗马万神庙式穹顶，比例协调，装饰考究，凸显了建筑庄严典雅的整体形象，代表了中国近代西方古典主义建筑的最高水平。其圆形穹顶是20世纪20年代在上海最早出现的钢架薄壳结构建筑，同时代表了20世纪20年代设计与营造的最高水准。

　　1923~1941年及1945~1950年大楼为汇丰银行使用，在此期间，塔楼为办公室，后曾改为英国皇家空军俱乐部会所，墙上布满用马赛克镶嵌的第一次世界大战期间使用的各种飞机图案。1941~1945年被日本横滨正金银行占用；1956~1995年大楼为上海市人民政府办公，塔楼作为办公室；1996~2000年间，上海浦发银行进驻此楼，全面修复建筑外貌与底层八角门厅、营业大厅等，调整了地下层至四层的功能，并更新了大楼设备，但塔楼部分并未修缮并空置至今。

二、遗产保护和利用策略

　　浦发大楼塔楼的保护修缮严格按照国家文物局、上海市文物局提出的保护要求，保护修缮设计方案经专家评审会论证通过，市文物局批复后实施。秉持"保护兼顾利用"的原则，通过优化塔楼的使用功能、改善其舒适性和安全性，使遗产在当下重新焕发生命力。

（一）价值评估、严格保护

　　根据"真实性"和"完整性"等保护原则，完成对塔楼部分的价值评估，采取严格的修缮措施，确保重点保护部位得到有效的保护和科学

五层实施前照片

五层实施后照片

六层实施前照片

六层实施后照片

五至六层楼梯间实施前、后照片

原有马赛克地面再利用

修缮。如原样保留修缮了外墙石材、鱼鳞纹门窗、楼梯间、梁饰天花、钢爬梯、穹顶钢结构等历史原物。

（二）优化功能、新旧共生

塔楼的功能定位为重要商务接待空间，五层为接待厅，六层为休息厅。这种使用与历史上将其作为空军俱乐部的功能相一致，体现了文物保护和利用中"功能相近"的再利用策略。既契合塔楼的建筑体量和空间品质，又满足大楼修缮后使用者的功能需求。

（三）科学加固、确保安全

以通过房屋检测中心评审的房屋检测报告为依据，修缮中对塔楼进行整体结构加固，以延长建筑寿命，保障文物建筑的安全。针对历年来的结构改动，采取可逆性的结构措施，在不影响结构安全的前提下，尽可能展示结构之美。

（四）巧置设备，最小干预

1. 增加新风空调系统，满足现代室内环境需求。塔楼采用独立的变冷媒多联分体空调系统。室外机置于大楼主体屋面茶水间隐蔽处，室内机采用落地内藏式和天花板内藏风管式：落地内藏式设置符合装饰要求的地柜，天花板内藏风管式设置在卫生间及设备间天花内。2. 对于舒适性的提高。在使用新的空调技术之外，保护修缮原有鱼鳞纹门窗，但在其内侧增设木制窗扇，提高保温性能。3. 五层、六层均增设男女卫生间。卫生间位置的选择尽量避免各种管道对建筑室内重点保护部位的影响，同时采用局部同程排水合并管线，并设机械排风系统，巧妙利用原管井，排管接出。4. 结合文物保护和消防规范要求，适度增加消火栓、烟感等消防设备设施，合理设置防火分区，既提高文物的消防水平，又满足文物的保护要求。

三、再利用的效果

浦发大楼塔楼通过修缮，弥补了浦东发展银行重要商务接待的功能空缺，无论功能与形式，都是整个大楼的亮点，同时提升外滩万国建筑群的整体形象，展现昔日风采，唤起旧上海的历史记忆。历史文化遗产的再利用，是对其最好的保护方式，使其历史价值得到提升和延续。沉睡多年的塔楼被唤醒，带着历史印记重新融入现代生活。

历史原物钢爬梯原地保留

外立面实施前、后照片

按鱼鳞纹样式恢复封堵门扇

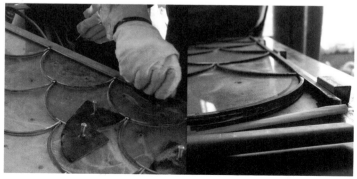

鱼鳞纹门窗修复照片

邹勋　上海现代建筑设计集团历史建筑保护设计研究院

案例：   所在地：南京市玄武区
国立中央大学旧址建筑群   保护等级：全国重点文物保护单位

一、案例基本情况

　　全国重点文物保护单位国立中央大学旧址，是中国传统文化的宗守之地、近代中国教育的两大支柱之一和近代文化与教育思想的核心传播基地。在南京、甚至中国近现代文化和教育历史上具有重要价值和地位。同时，国立中央大学旧址作为中国国家"985工程"和"211工程"重点建设高校——东南大学的主校区，承担了"科教兴国"国家发展战略的任务。在此背景下，中央大学旧址历史建筑群的再利用，成为有效保护、合理发展、人文弘扬、永续传承的关键问题。中央大学旧址的保护与再利用指出应以遗产价值和发展需求作为基本尺度，建立科学、全面的遗产价值评估体系和适应性再利用技术体系，为国立中央大学旧址建筑群的永续利用提供科学依据。

　　遗产的保护协作相关部门：东南大学、南京市规划局、南京市文物局、玄武区政府、东南大学城市规划设计研究院等，共同制定工作技术路线。东南大学与南京市规划局共同组织座谈、专家会议等，共同参与讨论保护利用规划目标并提出意见。

　　实施政策与机制：确立保护专项资金由市和区人民政府设立专门账户，专款专用，并接受财政、审计部门的监督；明确校园内各部门的保护权责，完善文化遗产

中央大学时期校园鸟瞰（1930年代）

现状校园鸟瞰（2012年，南门外由南向北眺望）

校园鸟瞰（2012年，逸夫楼向西北眺望）

校园鸟瞰（2012年，逸夫楼向西眺望）

现状中央大道照片（2012年）　　　国立中央大学旧址建筑群航拍图（2012年)

规划鸟瞰图

建设、修缮、申报等的管理程序；强化引导校内、外的公众参与，制订公众参与校园建设办法。

二、遗产价值

总体价值：是中国传统文化传承的宗守之地；近代文化与教育思想的核心传播基地；是近代中国教育的两大支柱之一。

空间环境的价值："水清木秀之地宜建学府"的中国传统书院选址与建设思想；不同校区建筑群空间序列的有机融合；具有历史人文内涵的特征植被。

建筑本体的价值：具有代表性、先进性与典型性的校园建筑；受到西方折中主义复古思潮影响的折中主义校园建筑风格。

大礼堂历史照片（1930年代）

大礼堂内部历史照片(1930年代)　　大礼堂改造项目实施后照片（2012年）

大礼堂改造项目实施后内部照片(2012年)

三、遗产保护和再利用策略

　　1. 最大化保护不同时期历史信息：国立中央大学旧址建筑群的保护，以人文共生的原则，尊重各个时期的遗存信息，保留不同人文信息的历史迭变关系。

　　2. 建构科学客观的遗产评估体系：对遗产价值进行全面、综合性的判断。分析建筑特征，收集始建和历次修缮、整治等基本信息，判断建筑遗产的现存状态，明确最具价值意义的结构和构建，并采取相应的保护对策。

3. 开展系统的历史校园有机更新：在保障基本教学功能延续的基础上，增加科学研究、科技开发以及文化传播为等延展的社会服务功能，大力弘扬"止于至善"的人文主义精神，促进历史校园的文化传承。

4. 取多种方式的适应性再利用：基于发展需求的最小干预和再利用原则，从尊重遗产历史价值、本体安全保护出发，采取适宜的建筑处置措施，以适应现实发展需要和保证遗产永续传承和活态利用。

四、遗产保护与再利用

（一）大礼堂保护与再利用——使用功能拓展

大礼堂于1930年动工兴建，由中央大学建筑系教授卢毓骏主持续建，于1931年4月底竣工。

大礼堂属于西方古典建筑风格。建筑坐北朝南，为正八边形。主立面取西方古典柱式构图，底层三门并立，南向，三排踏道上下。正立面用爱奥尼柱式与三角顶山花构图，外墙为水刷石砌石粉面，雕花木门，钢窗外加假石窗套，厚边厚檐。屋顶模仿欧洲文艺复兴时代风格，采用木壳板封顶外贴油毡外包铜皮大穹隆顶，顶高31.2米，内部天棚采用钢拉杆吊顶，石膏线脚装饰天棚，中部为沉井式网格玻璃采光窗。堂内入口处为白色水磨石地面回廊，门厅两层，内设一个豪华接待室。会议厅分为三层，面积共4320平方米，上部两层均为钢筋混凝土悬挑结构。

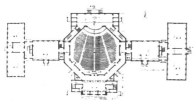

大礼堂扩建后一层平面图（1965年）

大礼堂扩建后南立面（1965年）

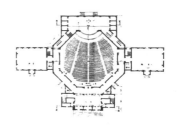

大礼堂初次建造一层平面（1930年）

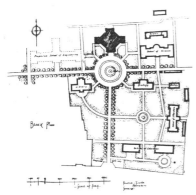

大礼堂初次建造总平面（1930年）

大礼堂初次建造南立面（1930年）

　　大礼堂是我国近代建筑中非常可贵的杰作。是中国传统文化与西方现代文明交汇融合，建筑艺术相互影响激荡的结晶。国民政府第一届全国代表大会曾在这里召开。1965年杨廷宝主持设计大礼堂两翼的加建工程，各建三层教室，扩建占地面积848平方米，建筑面积2544平方米，整个大礼堂平面成十字形。

　　1994年4月，在台湾的中大校友余纪忠先生捐资107万美元修葺大礼堂。2002年东南大学建校100周年，学校对大礼堂进行翻修，维修了屋顶、修理了天窗，重新配换了天窗玻璃，维修的中央空调，更换面灯、逆光灯、聚光灯、地排灯、天排灯，更换音响设备，增加了室外泛光灯，更换了损坏的舞台地板200平方米。

（二）体育馆保护与再利用：局部构件维护

体育馆历史照片（1930年）

　　体育馆于1922年1月4日与图书馆同时举行开工奠基典礼立基，1923年落成，建筑坐西朝东，共三层，入口立面正对操场。南北对称钢组合屋架、木地板。占地面积约1185.16平方米。其建筑工艺之精量、功能设施之完备，堪称当时国内高校之最。

　　体育馆于1922年1月4日与图书馆同时举行开工奠基典礼，1923年落成，建筑坐西朝东，共三层，入口立面正对

体育馆改造后照片（2012年）

体育馆内部改造后照片（2012年）

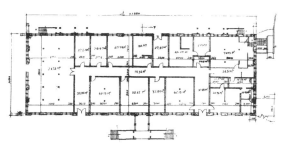

体育馆改造施工一层平面图（1985年）

体育馆改造施工东立面图（1985年）

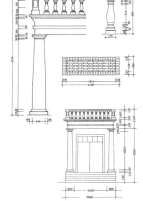

体育馆改造加固大样（2002年）

体育馆改造加固立面（2002年）

体育馆改造加固剖面图（2002年）

操场。南北对称钢组合屋架、木地板，占地面积1185.16平方米。

建筑受西方古典复兴手法的影响，建筑平面呈三边形，入口处门廊采用西方古典柱式，由西式扶梯双面上下，柱头方正，没有修饰。窗户为西式拱形窗。建筑因为跨度要求采用了在木桁架中加钢拉杆的结构，在外立面贴青砖，坡屋顶上设有烟囱，屋面为红色铁皮覆盖。屋脊并不全是沉闷的木头水泥，每隔几米就是一大块透明的玻璃顶，两层玻璃之间夹着细密的铁丝网，整体造型简洁庄严，色彩宁静素雅。内部为木质楼板和台阶。一楼为解剖室、举重室、乒乓球室、浴室及锅炉房；二楼则可以进行篮球、排球、体操、羽毛球等多项运动，四周建有看台，可容观众2000人；三楼是室内环形跑道，约长160米，可供学生雨天上课之用。

体育馆是民国建筑的代表，作为当时高校内最著名的体育馆之一，直接反映了当时的建筑技术。同时也是中国传统文化与西方现代文明交汇融合，建筑艺术相互影响激荡的结晶。首任体育系主任美国医学博士麦克乐在当时国立东南大学开设研究性质的体育专业课，当时学校内外的很多重要聚会活动也常在体育馆举行。英国哲学家罗素、美国教育家杜威、印度诗人泰戈尔等均曾受到邀请在此体育馆作过讲演，1928年的全国教育会议在此召开，1931年"九·一八"事变后北京学生南下示威来到南京借住于体育馆。

2002年东大校庆100周年，进行修缮，体育馆玻璃顶改成了彩钢顶，土建加固改造，更换了屋面，改造上下水路，增设消防栓及箱管路，用电线路增容，更换比赛照明设施，外墙出新，更换木门窗，增设安全疏散通道，更换木地板。

（三）中大院保护与再利用：主体结构加固

中大院，原名生物馆，1929年落成。中大院初建为两层，另设半地下室一层。1933年重修，加建为三层(计763平方米)，并将大门外移，添加四根爱奥尼柱及山花，建筑整体呈西方古典复兴主义建筑风格。

作为以教学科研为主的校园建筑，中大院直接面对了校园规模扩张、功能转型和设施更新的冲击。1957年由杨廷宝设计加建两翼绘图教室；1988年扩建后楼，新增实验室、报告厅等功能设施，加固基础并重新做了防潮处理；1996年后楼再次扩建，又增办公室、工作室等功能。至此，中大院总建筑面积为初建时的3倍左右，达6827平方米。

尽管中大院经历了多次扩建、维修，但结构与功能的衰败依然非常严重。由于受到资金和技术条件的限制，中大院在营建之初的质量就远逊于大礼堂、图书馆等重要建筑，经历了近80年的使用之后，其建筑结构安全存在严重隐患。此外，教学功能和交流需求的发展也使得原有的空间与设施不敷使用。因而，在2001年的修缮中，工程首先进行了墙体和梁加固，并对原有老化设施和构造进行了更换。此外，还依据教学发展的需求，对建筑空间进行了调整。如将二层评图室外扩至后楼外

中大院初次建造竣工照片（1933年）

中大院改造项目实施后照片（2012年）

中大院改造项目实施后内部照片（2012年）

廊，并将三层前楼的多媒体教室与后楼的阶梯教室连成整体，以为课间活动或作为地标作业场地。重新建三层连廊，以满足下课时的人流疏散需求。采取措施扩建门厅空间，提升建筑形象。

五、建筑遗产保护与再利用的总结

国立中央大学旧址建筑群的保护与再利用，是建筑本体及其空间环境的系统性工程。这要求对建筑遗产保护和人文功能传承之间的尺度做出明晰的判断，建立针对性的系统措施，避免通则式分类、规模化处置的"粗放"保护。

1. 以遗产价值作为再利用措施选择的基本尺度，建立科学、全面的遗产价值评估体系，为建筑遗产的"精细化"保护与再利用提供科学依据。

2. 以发展需求作为再利用措施力度的评判标准，建立人文、持续的遗产发展评估体系，为建筑遗产的"适应性"保护与再利用提供合理依据。

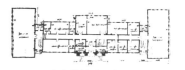

中大院扩建工程平面图（1956年）

中大院扩建工程立面图（1956年）

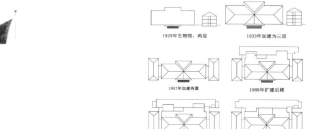

中大院历史沿革图

中大院加建为三层后照片（1933年）

中大院改造项目实施后照片（2012年）

阳建强　东南大学建筑学院　汤晔峥　东南大学建筑学院
游晔琳　东南大学建筑学院　陈月　东南大学建筑学院

案例：
杭州富义仓

所在地：杭州市拱墅区
保护等级：浙江省文物保护单位

一、案例介绍

富义仓位于京杭大运河南端杭州市的胜利河和古运河交叉口。富义仓不仅是京杭大运河历史上的米市、仓储和码头运输业等古老物流和经济业态发展繁荣的实体见证，亦是中国运河文化、漕运文化、仓储文化和商贸文化的历史沉淀和象征，具有重要的文物价值。

太平天国运动以后，杭州粮食储备不足。光绪五年（1879），谭钟麟任浙江巡抚，令绅士出资购稻谷十万石，当时仓廒不够，遂购衙湾（今霞湾）民地建之。随后，富义仓成了南粮北运的中转站，是清代国家战备粮食储备仓库。1911年改为民国浙江省第三积谷仓，是杭州百姓最主要的粮食供应地。1934年杭州遭遇粮灾，富义仓参与平粜赈灾。战争时期，富义仓短期做过国民党军用仓库。日寇侵华期间，成为日本军的驻地弹药库。新中国成立后，1950年由杭州市粮食公司接管作为民生仓库分库。七十年代富义仓整体成为民居，北面为军区退役家属宿舍，南面为杭州造船厂职工宿舍。严重损坏原有风貌和平面布局，几乎看不出粮仓的模样。

20世纪末，霞湾一带由于民居密集、工业混杂、人群纷乱而成了杭州脏乱差的

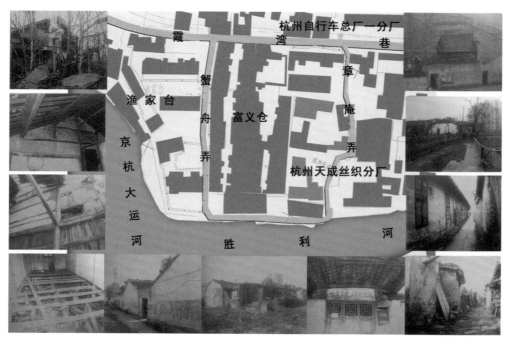

修复前的富义仓（杭州市运河综保委提供）

项目实施前的照片（张军萍 摄）

项目实施前的照片（张军萍 摄）

城中村，居住质量和交通环境存在很大的问题。富义仓淹没其中，无人认知。1999年富义仓和周边土地出让给房产公司。随后，南门的石碑和驮碑的石龟不翼而飞，室外地面的石板挖走。2003年富义仓差点被推土机横扫，所幸被专家救下。2005年，一场大火让富义仓雪上加霜，面目全非。如今富义仓二进院内的空地和石柱础，就是火后遗存。至此，富义仓主体建筑约为原来的四分之三。

二、遗产保护和利用方式

杭州富义仓是京杭大运河仓储文化的象征。本着"抢救第一，保护为主，合理利用，加强管理"的原则，考虑到富义仓建筑面积大，构造类同，故中轴线上凉亭、碓房、仓廒、遗址等类型丰富的成组建筑开放展示；西轴线院落在不影响正常保护、展示研究的前提下，允许适度利用，用于无损害、无污染的工作室、茶室等功能。

（一）建筑修复

通过工程手段对富义仓进行结构加固和维修，对改动较大或局部坍塌，且尚有梁架保存的建筑进行有依据的局部复原工程；对已毁但部分梁架痕迹可辨的进行抢救性；对个别倒塌建筑，遗迹不明且依据不足的，仅保护遗址不再复建。整个修复过程中强调保护文物建筑的原真性，对形象简单、用材粗陋的粮仓建筑不予过度包

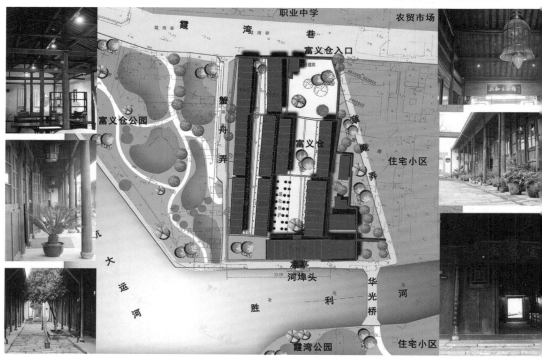

修复后的富义仓　洪艳　摄

装美化。同时改造消防、水、电等基础设施，确保文物建筑安全。

（二）环境整治

确保先保护文化，以富义仓文物建筑为核心，保留内部大小不等的天井院落和柱廊，以及周边"章庵弄"、"渔家台"、"蟹舟弄（也叫洗帚弄）"、"霞湾巷"等蕴含大量历史信息的河道、港湾、埠头、道路、地名和历史环境。再梳理交通环境和景观环境。

三、碱再利用的效果和未来的发展方向

2005年，幸存下来的富义仓被列为省级文保单位，并列入运河二期整治工程。2006年，浙江省古建筑设计院完成了《杭州富义仓修缮设计方案》。2007年9月，富义仓古建筑修复和环境整治工程竣工。

经历长期的搭建毁坏、保护修缮和再次两年多的闲置，富义仓终于华丽转身，在保证"天下粮仓"历史风貌的展示功能的前提下，先后引进11家对古运河文化具有深度认同感的文化创意企业。如今被誉为珍藏杭州"仓储式记忆"的"精神粮仓"。富义仓越来越成为杭州市民公认的"一个文化、创意与旅游的复合体"而重获新生。

再利用中的富义仓 洪艳 摄

洪艳 浙江理工大学

案例：杭州市北山街玛瑙寺 ——连横纪念馆

所在地：浙江省杭州市西湖风景名胜区
保护等级：2004年5月杭州市第一批历史建筑

一、玛瑙寺——连横纪念馆简介

遗产规模：占地面积约9 1 39平方米，建筑面积2600平方米

价值要素：清代杭州二十四景之一"香台普观"四字题名景观，杭州市寺庙山地园林的典型代表，保存完好的历史遗迹有山门、厢房、圆洞门、仆夫泉、莲池、假山、古樟、蜡梅以及《武林西湖高僧事略》《西湖葛岭玛瑙寺》等诗文典籍。

管理机构：杭州西湖风景名胜区(杭州市园林文物局)岳庙管理处。

历史沿革：玛瑙寺原名玛瑙宝胜寺，因旧址在孤山玛瑙坡而得名。始建于五代后晋开运三年（946），南宋绍兴二十二年（1152）迁至今址，寺院在历代屡有兴废，现存的建筑为清同治年间（1862~1874年）重建，主要由山门、厢房及园林等组

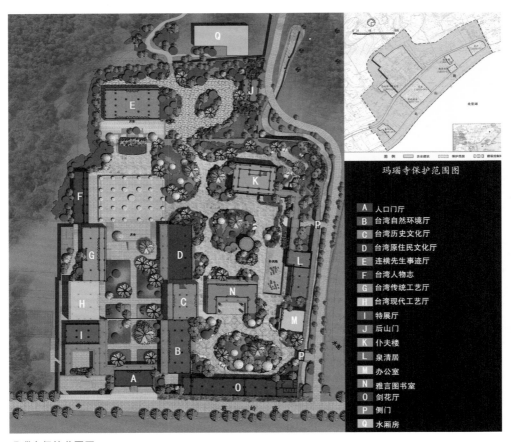

玛瑙寺保护范围图

成，大殿已毁，仅存遗址。

保存现状：2004年实施的北山街历史文化街区保护工程中，对现有历史建筑予以维修加固，历史遗迹原状保护，庭院参照《清代园林图录》进行修复，2006年玛瑙寺建成为"连横纪念馆"。

二、遗产保护和利用方式：

保护更新目标：运用"根植于过去、立足于当代、放眼于未来"的再生性利用理念将玛瑙寺——连横纪念馆更新为两岸文化交流的平台，台湾历史文化的展示场所、宋代休闲四艺及国学修养的普及场所。

保护更新原则：统一规划、分类管理、有效保护、合理利用、利用服从保护的原则。

保护更新模式：

构思：由杭州市政府牵头成立北山街历史文化街区保护指挥部，专门负责玛瑙寺前期调查分析，组织规划公示、咨询原住民意见、召开多层次专家会议确定保护理念并进行再生性利用定位。"设计"：以北山街历史文化街区保护规划为依据进行玛瑙寺历史建筑修缮(浙江省古建院)、园林景观整治(西湖风景名胜区岳庙管理处)、室内陈设设计(台湾御匠设计公司)等多专业合作及分阶段设计。"实现"：由指挥部出面聘请多位专家驻扎现场进行指导，向社会公开招投标选择合适的建筑、园林、室内施工单位及监理单位，在对历史建筑进行修缮保护、拆迁原居民、恢复立面原貌、保持展陈装饰协调性的同时，参照《清代园林图录》玛瑙寺图进行环境整治，修复亭阁廊宇和后山门，保护假山泉池、名木古树等附属物。"运营"：首先政府主管部门(杭州西湖风景名胜区管委会)、基金会(台湾财团法人国政研究基金

玛瑙寺全貌

轴线两侧厢房（前）

轴线两侧厢房（后）

雅言图书室（前）

雅言图书室（后）

会)、企业(杭州灿坤企业管理有限公司)等多方筹集资金共同用于玛瑙寺——连横纪念馆的保护利用；其次全民性定位，开展各类展示及互动活动，通过友好合作分类管理机制优化历史建筑及文化景观的社会效益、经济效益、文化效益和生态效益，赋予古迹永续生命力。

泉清居〔前〕

泉清居〔后〕

姜丽南　浙江省杭州西湖风景名胜区岳庙管理处
胡玲玲　浙江省杭州西湖风景名胜区岳庙管理处

案例：   所在地：佛山市禅城区
佛山老城祖庙东华里片区岭南天地项目   保护等级：佛山市历史文化街区

一、基本情况

　　祖庙东华里片区是千年古镇佛山乃至广东省保存范围最大、城市脉络最完整、建筑种类最丰富、承载历史信息最多的历史文化街区。该历史文化街区计有全国重点文物保护单位佛山祖庙和东华里古建筑群，广东省文物保护单位简氏别墅，佛山市文物保护单位酒行会馆等22处，还保留了宗教庙宇、祠堂、家庙、庄宅、民居、店铺、茶楼、会馆、当铺、嫁娶屋等大量不同时代风格、不同形制特点、不同装饰布局的文物保护单位和历史建筑，体现了珠江三角洲"广府文化"在特定的手工业和商业都会环境中所形成的特有建筑文化，利用古街巷按地域空间划分形成与原历史环境融为一体。保留了大量

祖庙东华里片区文物分布图

项目实施前照片

项目实施前照片   修缮后的简照南佛堂

修缮后的岭南天地   修缮后的龙塘诗社照片

延续千年的历史信息和传统老城街巷肌理。该区还孕育了粤剧、粤曲、醒狮、舞龙、十番、锣鼓柜、八音、木鱼、秋色等民俗民间艺术和丰富的民俗事象，涉及佛山的城市发展、生产商贸、文化娱乐、民间民俗等社会生活的各个领域，而由此形成独特的城市文脉是我们提升城市综合竞争力的最宝贵资源和内源动力。

2008年2月28日，禅城区委、区政府启动了"佛山岭南天地"这一"世纪工程"，佛山瑞安天地房地产发展有限公司作为建设单位。对岭南天地中的文物保护工作由禅城区委宣传部、区文体旅游局负责监管与统筹，并成立岭南天地文物管理办公室，负责对片区文物保护单位进行日常安全检查，协助健全文物"四有"工作，以及协调管理与文物有关的各种活动。

二、遗产保护和利用方式

为使文物得到合理利用，在区文化部门的指导和建议下，建设单位在追求商业发展的同时不断的整理和发掘粤剧、陶艺、武术、美食等独具特色的岭南文化，积极寻找文化认知和文化兴趣点与市民、游客心理的契合点，鼓励和引进本地的特色企业入驻岭南天地，采取注入现代商业运营理念等多项文物活化形式，丰富岭南天地的业态，实现"以文兴商，以商促文"，取得共赢。

（一）挖掘内涵，现代运作模式

"挖掘内涵，现代运作模式"是在对文物所蕴含的人文信息和历史内涵进行挖掘和整理的基础上，使有形的文物古迹与无形的传统工艺有机地结合，文化遗产保护与现代商业经营和谐地融合。如利用市级文保单位酒行会馆的建筑及其历史内涵，结合非遗项目石湾玉冰烧酒酿制技艺，与非遗申报单位太吉酒厂合作，将酒行会馆辟作佛山市岭南酒文化博物馆的重要分展厅。将市级文保单位简照南佛堂与佛山陶塑结合，创建性地将简照南佛堂辟作石湾美陶佛像主题馆。将"佛"与"陶"相结合，不仅可推动石湾陶塑技艺的传承和推广，还进一步地提升岭南天地的文化品味。

（二）恢复旧貌，历史展示模式

"恢复旧貌，历史展示模式"是在保存文物单位原貌的同时，结合原有功能或用途，用现代手段还原其历史风貌，使文物得到文化承传的同时，真正实现激活传统文化的生命力，更重要的是实现传统文化自主生存。市级文保单位李众胜堂祖铺和黄祥华如意油祖铺是佛山中成药中较为著名的老铺，现均已办成介绍家族经营历史的展示场馆，以此弘扬岭南中医良药，并期重拾辉煌。市级文保单位文会里嫁娶屋由建设单位作嫁娶习俗陈列展示，并将开放给市民举办中式传统婚礼，使嫁娶屋的作用不仅限于静态展示传统婚嫁场所及摆设，且能真正激活文物的商业价值，以文物的自主经营作为强有力的后盾，确保有价值的传统文化得以弘扬并可持续发展。

黄祥华如意油祖铺修缮后展览照片

文会里嫁娶屋内举办集体婚礼　　　　　　　　　　　项目实施后的活动照片

（三）鼓励参与，文化展示模式

"鼓励参与，文化展示模式"是鼓励和引导社会力量参与岭南天地的文物活化和传统文化传承工作，利用文物及历史建筑，结合优秀的企业文化和悠久历史，筹建各类题材鲜明、形式多样的文化展示场馆，共同传承优秀岭南文化。利用古建筑，建立海天"中国调味文化馆"和余仁生博物馆，在岭南天地古典楼阁建筑中，展现了集古典与时尚于一体的文化。市级文保单位陈铁军故居建成陈铁军烈士纪念馆，祖庙大街店铺建成近现代商业博物馆。

（四）依托文物，开展传承模式

在区委区政府的大力支持和引导下，岭南天地目前已初具规模，政府各部门也不失时机地在此开展各类宣传展示活动。三月三北帝诞民俗活动、中国（禅城）年俗欢乐节、文化遗产宣传月、禅城民俗文化系列活动、佛山岭南文化艺术节等大型活动，吸引众多市民和游客前来参与。

三、再利用的效果和未来的发展方向

项目实施后的活动照片

"岭南天地项目"在推动文化传承和文物活化方面，注重佛山名镇工商模式的再造，挖掘其蕴藏的文化价值和商业价值，并通过引入可持续发展的现代商业和旅游理念，采取多种形式，最大限度地发掘文物独特的生存空间，同时积极拓展文物的市场空间，让文物真正活化起来，将文化资源优势转变为商业开发优势，从而实现"以文促商，文商融会"的共赢目标。

目前，岭南天地已成为禅城举办文化活动的重要场所，其文化影响力已辐射到欧美、东南亚等地区。其中2012年举办的中国（禅城）年俗欢乐节在春节期间就吸引了约35万游客前来参与，领略活动带来的丰富多彩的节日气氛。

广东省文物局

案例：
陈家祠堂

所在地：广东省广州市荔湾区
保护等级：全国重点文物保护单位

一、基本情况

广州陈家祠堂1988年公布为全国重点文物保护单位，是清代广东七十二县陈氏宗族合资捐建的合族祠，陈家祠堂筹建于清光绪十四年（1888），清光绪十九年（1893）落成。占地15000平方米，主体建筑面积6400平方米,为"三进三路两庑九厅堂"的祠堂式建筑，被誉为岭南建筑装饰艺术的一颗明珠。民国期间曾出租、或自办广东公学、广东体育学校、文范中学和聚贤纪念中学。建国初广州市政府在此设立广州市行政干部学校。1959年以此为馆址成立广东民间工艺博物馆。广东民间工艺博物馆是陈氏书院的保护和管理机构，一直以来承担起保护、管理和利用陈家祠堂的重任。

二、遗产保护和利用方式

按照依法保护和科学保护的原则，广东民间工艺博物馆对陈家祠堂实施了多次复原维修，第一次在1958~1966年； 1981~1983年，进行第二次大规模复原维修；2007~2008年复原了祖堂5大神龛；2009~2010年复原前院地面至历史标高，同时复原东西两侧4座旗杆、正门前石狮子基座。

陈家祠堂鸟瞰图

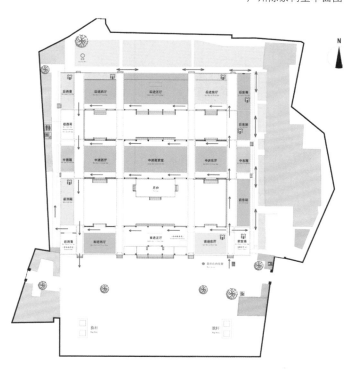

广州陈家祠堂平面图

广东民间工艺博物馆于1959年成立以后，除了在1966~1980年一度被工厂占用外，一直对外开放，发挥着博物馆应有的教育和服务公众的社会功能，常年在陈家祠堂内举办各类型展览，承担起保护、管理和利用陈家祠堂的任务。近年来，广东民间工艺博物馆积建馆五十多年之经验，在充分认识和发挥陈家祠堂特点的基础上，有效整合各种功能，坚持采取博物馆主导、各方参与的模式，在保护为主的原则下，引导政府、媒体、

广州陈家祠堂正立面图

公众了解和认识陈家祠堂的文物价值和文化内涵，取得了较好的社会效益。政府、人大有了在陈家祠建控地带建设新陈列馆的计划和决议；博物馆同高校和中小学进行了深度合作，通过举办《陈氏书院论坛》，建设研究和教学基地等社会实践活

2012年4月7日，广东民间工艺博物馆与岭南少年报举行小记者实践基地授牌仪式

2012年7月3日，米洛幼儿园小朋友在陈家祠堂举行毕业典礼

2012年12月13日，真光中英文小学学生到陈家祠堂进行灰塑体验活动

2012年05月22日，陈氏书院论坛

动，让媒体、学校和公众重新认识陈家祠堂的文物价值和艺术价值。

三、再利用的效果和未来的发展方向

博物馆研究制订《陈家祠堂展示规划》，为将来更好地利用做准备。《展示规划》包括5个策划案，全面展示陈家祠堂的历史和保护历程、建筑布局特色、建筑装饰的文化内涵，重新布局其参观路线和主要厅堂的功能利用，制订观众流量控制和相应的安保措施，开发和销售陈家祠元素的旅游纪念品。可以预见，在《展示规划》实施后，陈家祠堂的文物资源、旅游资源将得到更有效的利用，在广州文化建设中发挥更大的作用。

2012年5月18日，我馆开展国际博物馆日文化教育活动

2012年7月10日，广州基督教青年会组织中美学生到我馆体验岭南文化

2012年11月7日，我馆小作坊举办"心中有谱"戏剧脸谱制作活动，著名粤剧表演艺术家红线女亲临活动现场

2012年11月21日，广州市荔湾区西关幼儿园小朋友到我馆参加"我爱粤剧"少儿专题活动

2012年12月20日，广东民间工艺博物馆专家在陈家祠堂给广州外语外贸大学的学生上课

牟辽川　广东民间工艺博物馆
黄海妍　广东民间工艺博物馆

案例：
粤海关红楼再利用

所在地：广东省广州市荔湾区
保护等级：全国重点文物保护单位

一、案例介绍

粤海关红楼（现称"广州海关沙面会馆"）位于广东省广州市荔湾区沙面大街2、4、6号，即全国重点文物保护单位、沙面古建筑群上。她作为粤海关外籍高级官员住宅楼兼关员俱乐部，于1907年由晚清粤海关署理税务司梅尔士奠基，1909年建成。因其外观的红顶、红墙，民间俗称其为"沙面红楼"，是国家A级文物建筑。

红楼为前后两排3层楼房，主楼建筑面积4200平方米，附楼建筑面积750平方米，历经晚清、民国、新中国三个时期，既代表着当时广州建筑界的最高水准，也留存着百余年前英式建筑的鲜明特色，更见证了海关百年发展变迁，具有较高的历史研究、艺术研究和科学研究价值。

（一）历史研究价值

红楼建筑者为20世纪初广州建筑界名噪一时的治平洋行，建筑造价26万银元。

2004年的红楼，可看到右下侧的白灰掩盖了奠基石，墙体红砖被红油漆覆盖。

2013年的红楼，可看到右下侧显露的奠基石，墙体红油漆经人工脱漆恢复清水红砖原貌。

沙面地图及沙面会馆位置

建成之初，一楼为关员俱乐部，二、三层供外籍中层以上官员居住。沙面红楼与毗邻的粤海关旧址"大钟楼"、十三行遗址等文物建筑，共同组成了近现代以来我国对外贸易和交往的历史发展轨迹，是广州作为"千年古都"独具特色的对外商贸文化的历史见证。

（二） 艺术研究价值

红楼设计主调为维多利亚女王时期建筑风格，是座具有英国乡村寨堡四波顶柱廊式的建筑。三层外廊栏杆全用铁花，与粗大的柱梁形成鲜明对比，左右两端屋顶为锥型塔楼，正中以希腊式三角形山墙与巴洛克弧型花收口，红砖白缝清水墙；百叶门窗、彩色玻璃、铸铁天花等极具十八世纪欧洲风格元素在建筑中被大量引用，具有很强的艺术魅力。

（三） 科学研究价值

红楼代表着近代岭南地区建筑学的较高水准，采光、避光、通风、隔热、防潮、美观兼顾，特别适合广州潮湿闷热的气候特点。每层宽达3米的南北双外廊，既遮阳挡雨，又通风透气。窗户采取落地双层结构，以连杆调节百叶角度控制进光量和防眩光。借用岭南传统建筑手法设计天井，解决了内部深阔、房间众多、采光不足的问题。红楼还拥有目前沙面近代建筑群中唯一一处合金波纹瓦屋顶，历经百余年而不生锈、不腐烂、不漏水，代表着当时高超的建筑技艺。

红楼代表着近代岭南地区建筑学的较高水准，采光、避光、通风、隔热、防潮、美观兼顾，特别适合广州潮湿闷热的气候特点。每层宽达3米的南北双外廊，既遮阳挡雨，又通风透气。窗户采取落地双层结构，以连杆调节百叶角度控制进光量和防眩光。借用岭南传统建筑手法设计天井，解决了内部深阔、房间众多、采光不足的问题。红楼还拥有目前沙面近代建筑群中唯一一处合金波纹瓦屋顶，历经百余年而不生锈、不腐烂、不漏水，代表着当时高超的建筑技艺。

二、遗产保护和利用方式

广州解放后，红楼主楼一楼原俱乐部西侧改作图书馆，东侧作为广州海关饭堂。20世纪七八十年代，该楼主楼、附楼作为海关员工宿舍，先后聚集了近百户居民多达数千人，被称为"七十二家房客"。由于百年使用，红楼不可避免地出现屋顶漏水、大量木结构霉烂，压塑铁天花生锈，混凝土楼板底钢筋外露的现象。为保护这一重要的文物，1999年广州海关决定迁出红楼主楼所有住户，并按原设计进行修复。2000年，住户整体迁出。2007年1月开工修缮到2009年3月竣工，海关总署投入资金将近4000万元，广州海关作为修缮主管部门，为红楼的高质量保护利用完成了大量工作。

（一）修旧如旧，精细复原

为恢复原貌，广州海关认真寻找档案资料，邀请老关员回忆历史面貌，准确把握每个部位的历史信息。通过比照考证，走访相关公司专门订制材料，逐一按原规格样式复原。整个维修过程力求做到复原细节，精益求精。

外墙红油漆采用气动磨机加清水用铜丝刷洗脱油漆，以纯物理方法逐块还原墙壁本色。

首层天花锈蚀采用防锈除锈一体的卡洛漆，对锈蚀有空洞或已缺失不存在的天花板用玻璃纤维钢倒模复制，减少了二次破坏。

修复前的红楼三层外廊，原为员工宿舍自建的厨房，遗留间墙痕迹，地板破损。

修复后的红楼三层外廊，清除间墙痕迹，按原地砖图案订制地砖修复地面。

修复前的外廊地板砖

仿照原地板砖图案修复清洗后的外廊地板

实木门窗——采用先脱漆处理损坏部分，后再按原工艺着色，恢复原貌光亮。

修复前的红楼大门，彩色玻璃有破损，木质门框油漆脱落。

修复后的红楼大门，修复破损玻璃并清洗原有玻璃，可清晰看到气窗左侧由 IMC（Imperial Maritime Customs的缩写）组成的图案和右侧的阴阳太极图案；木框门重新刷漆。

恢复——39组欧式壁炉和镶嵌彩色玻璃的大门。

（二） 加强管理，确保质量

广州海关组成质量管理小组，在施工中严格质量控制；组织一批文物复原方面技术力量强、施工经验好、管理水平高的人员组成施工现场管理班子时时跟进。针对文物种类繁多残旧的特点，对不同文物制定不同的维修方案，齐头并进，确保工程质量与效率并举。

天面合金波纹瓦修复前

天面合金波纹瓦修复后

（三）复原功能，活化利用

红楼修复后，广州海关坚持活化利用方向，一方面根据需要每年给予一定的资金投入，另一方面利用经营渠道进行资金补充，在社会效用方面取得了较好效果。

修缮工作完成后，红楼基本恢复了俱乐部的使用功能，集住宿、餐饮、休闲于一身，设置茶艺室、酒吧、棋牌室、中西式餐饮、桌球室、视听室、阅览室、多功能厅、不同规格的会议室，以及客房16间。广州海关将红楼的利用定位为内部接待和关员活动场所。

三、再利用的效果和未来的发展方向

目前红楼运作模式尚未开展社会化经营。对内主要承担海关重要会议的承办以及海关总署、地方重要来宾的接待住宿，并为广州海关各部门组织开展活动提供支持和服务；对外主要承接一些政府机关、大型企事业单位的会议安排和重要接待，领事馆重要外宾来访等，客源素质较高。2010年10月以来，先后接待亚奥理事会主席艾哈迈德亲王、欧盟驻穗领事团等33批次重要来宾。三年餐饮接待客人25000多人次，客房接待客人6000多人次。红楼的未来发展方向，将继续维持俱乐部性质，适当弥补维护经费的不足。

广州海关作为红楼的业权部门，期望能将红楼的活化使用与沙面建筑群的建设保护通盘考虑，形成整体联动，希望能考虑在沙面这一重点文物保护区域建设步行区，适当拓宽道路，为红楼等古建筑提供更好的环境，方便游客参观。同时，也真诚希望能够得到地方政府、文物主管部门、文化部门的更多支持，使红楼这座弥足珍贵的百年建筑瑰宝能够更好地活化利用，在新时代再现青春，焕发光彩！

广州海关副关长谢建年陪同亚奥理事会主席艾哈迈德亲王参观沙面会馆

何沛沛　广东省广州市

案例：   所在地：四川省成都市大邑县安仁镇
安仁·中国博物馆小镇   保护等级：中国文物保护示范小镇 中国历史文化名镇

一、案例介绍

　　安仁镇地处成都平原西部，因"仁者安仁"而得名。民国时期因安仁刘氏家族（刘湘、刘文辉）把控四川军政大权，安仁遂有"三军九旅十八团之称"。安仁现存的有保存比较完整的历史街区及庄园住宅古建筑群面积约30万平方米，拥有以刘氏庄园为核心的西南最大的庄园建筑群，以及以建川博物馆聚落为核心的国内最大的民间博物馆群。风格中西式样结合，庄重、典雅、大方的各式院落，造就了安仁镇特殊的建筑风貌，被称为"川西建筑文化精品"。安仁老公馆群落是刘氏家族修建的建筑群落，是中国保存最完好、分布最集中、规模最大的民国公馆群。

　　安仁老公馆群落包括15座民国公馆，建筑面积近14000平方米，占地面积30000

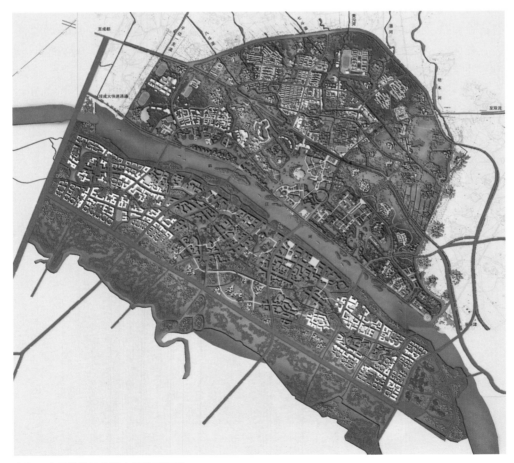

安仁·中国博物馆小镇古镇总平面图

余平方米。西南交通大
学建筑学院教授、四川
省建筑师学会乡土建筑
专业委员会主任季富政
称，"这绝对是迄今为
止中国发现的最大规模
的老公馆群落"。

项目实施前照片

安仁老公馆群落在
1949年后收归国有，20
世纪50年代中期划归西
藏军区驻川办事处第二
管理区。

2006年，四川安仁镇
老公馆文化发展有限公司
获得公馆产权，开始以保
护为前提对这批公馆建筑
进行开发。有10座公馆对
外开放，分别是博物馆、
画廊、文化主题客栈，餐
厅和咖啡馆。

项目实施前照片

二、遗产保护和利用方式

成都文旅集团接手安仁时，按照挖掘文化、再现文化、表达文化的思路，对古镇历史文化资源进行了系统梳理，将安仁古镇定位为"世界级的中国博物馆小镇"。在打造"世界级中国博物馆小镇"时，顺势着手中国地主生活体验馆，打造集庄园休闲、体验和消费于一体的新派庄园体验区。同时，依托老公馆街，通过情景模拟手法、再造昔日盛况，展现出古今相融、中西合璧的近代民国风情。

（一）历史建筑的保护性修缮

对老公馆建筑、园林进行恢复与修缮，并以"泛博物馆"为主题对其人文内涵进行了填充，将部分公馆改造成主题客栈、画廊、书栈、博物馆等。

（二）传统社区活性化，探索文博旅游新思路

1. 开展"博物馆月"主题活动，包括策划组织新展开幕、文体演出、文化交流、艺术创作、商贸活动、促销活动等6个类别活动。活动安排中注重与社区互动，

邀请本地学校、商家、文娱团体参与；同时通过网络吸引普通民众参与进来，增强了参与性和互动性。

2. 与新锐设计师和高校艺术类专业进行合作，挖掘以公馆文化为特色的系列产品。2012年，与四川大学艺术类专业的师生进行合作，开发了一些具有安仁特色的旅游纪念品。2013年，安仁将加大合作力度，与新锐设计师和高校艺术类专业进行更深度、更广泛的合作，争取尽早开发一批高品质的旅游纪念品，树立安仁的公馆旅游纪念品形象。

3. 2011年素人画廊开展以来先后举行了杨学宁画展、素人作品联展、老树画画"花乱开"作品展、"小，即是美"主题展。画廊成为老公馆与外围书画艺术领域沟通交流的桥梁，下一步将推进画廊的市场化开发，提高产品的经营性，提升画廊衍生纪念品的市场化开发和销售。

4. 根据本地文化的特性，开展来安仁过民俗新年的活动，包粽子、体验民俗婚庆、观赏皮影表演；编写了安仁游览书籍"安仁指路"，推出了生活用品二手店，增强了老公馆的社区化与公众性。

三、再利用的效果和未来的发展方向

截止2012年底，建川博物馆聚落(18个单体博物馆)、5.12抗震救灾纪念馆、崔永元电影传奇馆、刘文辉旧居陈列馆、巴蜀画派安仁会馆(宝墩艺术馆)、台湾当代陶

项目实施后照片

项目实施后照片

艺展、老电影博物馆、素人画展、清代宫廷服饰暨民族服饰展、民族志展等博物馆和展示陈列馆对外开放，民国风情一期和二期、安仁新天地、川师影视学院、成都安仁孔裔国际公学、普罗旺斯国际薰衣草庄园、学府苑一期安置房、蓬莱尚岛等重点项目完成建设，实现总投资40多亿元。建成后的安仁被建设部、国家文物局授予"中国历史文化名镇"，被中国博物馆学会冠名为"中国博物馆小镇"，被中国文物学会授予"中国文物保护示范小镇"，被国家住房和城乡建设部授予"国家园林城镇"。通过对安仁的改造，成都文旅集团提出并与大邑县人民政府实践了股权合作、镇域封闭或半封闭、收益用于当地滚动发展、共建共享等多种政企合作模式，同时创新提出以综合收益最大化的商业模式，以形成有利于较高变现能力和长期盈利能力的资产，实现项目从单一的经营性收入到综合性收入的盈利模式。

安仁将在成都文旅集团的旅游开发管理优势、川报集团的媒体宣传优势下，以文博产业为平台，增强博物馆之间的馆际交流与合作、收藏家与企业之间的合作、文博产业链上各类企业之间的交流与合作、博物馆与学术界及学术机构的合作，使各项合作得以极大的促进；初步树立"安仁购"这一市场形象，与新锐设计师和高校艺术类专业深度、广泛的合作，进一步加强以三大核心资源为创意本底的旅游纪念商品的开发，树立安仁的公馆旅游纪念品形象；进行博物馆下乡进社区，并继续开展到当地各个社区播放老电影活动，继续增强老公馆群在当地群众中的影响力。

成都文化旅游发展集团有限责任公司

案例：　　　　　　　　　　　　　　　　　　所在地：四川省成都市青羊区
宽窄巷子历史文化保护区　　　　　　　　　保护等级：成都市历史文化保护区

一、案例介绍

（一）保护级别

宽窄巷子是成都市三大历史文化保护区之一，于20世纪80年代和大慈寺、文殊院并列入《成都历史文化名城保护规划》。

（二）遗产规模和构成要素

保护区的规划控制面积为479亩，其中核心保护区108亩。经过历时5年的规划与修复，宽窄巷子形成由宽巷子、窄巷子和井巷子三条东西纵向、平行排列的老式街道以及其间的四合院落群。打造后的宽窄巷子建筑面积3万多平方米，地下停车场11000多平方米，共修复45个院落。

（三）历史沿革和保存现状

宽窄巷子的格局形成于清初。此间的宽巷子名叫兴仁胡同，窄巷子名叫太平胡同，井巷子叫如意胡同（明德胡同）。20世纪初年，满城分崩离析。民国初年，当时的城市管理者下文，将"胡同"改为"巷子"。到了1948年，一次城市勘测中，传说当时的工作人员在度量之后，便随手将宽一点的巷子标注为"宽巷子"，窄一点的那条就是"窄巷子"，有井的那一条就是"井巷子"。

2003年，成都市宽窄巷子历史文化片区主体改造工程确立，在保护老成都原真

宽窄巷子历史文化保护区总平面图

项目实施前照片   项目实施前照片

建筑的基础上，形成以旅游休闲为主、具有鲜明地域特色和浓郁巴蜀文化氛围的复合型文化商业街，并最终打造成具有"老成都底片，新都市客厅"内涵的"天府少城"，宽窄巷子街区正式出现在世人的词典中。

2005年，宽窄街区重建工作启动，直到2008年6月14日（第三个中国文化遗产日），宽窄巷子作为震后成都旅游恢复的标志性事件向公众开放。

二、遗产保护和利用方式

成都文旅集团在承担宽窄巷子历史文化片区的保护和建设任务时，围绕宽窄巷子深厚底蕴，从保护和开发双重并重出发，探索出一条以旅游为载体，在保护的基础上实现历史文化的传承和创新，并将其转化为文化旅游产品的文化旅游融合道路。

（一）以"三态合一"为核心，打造成都生活样态标本

宽窄巷子是成都历史文化名城的重要组成部分,是成都生活方式和成都典型生活样态集中体现的一个地方。在此理解上，成都文旅集团以"文态、形态、业态"三态合一为核心，提出在保护原有建筑的基础上，引进符合宽窄巷子文化定位的商业业态，形成一条具有鲜明地域特色和文化氛围的复合型文化商业街。为此，宽窄巷子传承了成都的历史文化，鲜活地承载当下成都的时尚精神，成为新的城市名片——"宽窄巷子最成都"。

（二）以文化遗产保护为基础， 提升街区形象和功能

首先，保护老成都原真建筑格局和风貌。文旅集团在维持原有街道肌理、尺度和空间关系的前提下修复了45个完整院落。其次，再现成都城市历史。成都文旅集团聘请成都著名雕塑家创作了一面文化墙，把成都3000年历史通过300多米长的墙再现出来。第三，在保护的同时引入考古的思路。成都文旅对进驻宽窄巷子的商家提出三点明确要求，院落结构不能动，建筑不能有损坏，建筑遗存要原封不动。其他改动，也要用可逆的方法。改造后的宽窄巷子在保持历史街区整体风貌的同时，基础设施得到升级改造，原住居民的生活环境得到改善，街区的现代城市功能实现全面提升。

保留原真建筑格局和风貌

院落空间再利用

文化遗产保护实施后照片

（三）以商业与文化融合为导向，传承创新历史文化

在对宽窄巷子的保护中，成都文旅集团坚持商业和文化相融相生，将宽窄巷子的业态定位为"院落式情景消费业态组合"，在体现历史街区所蕴含的文化精神的基础上，植入旅游消费业态。

从宽窄巷子的打造中，成都文旅得出：以旅游为载体，在保护的基础上实现历史文化的传承和创新，转化为文化旅游产品，在城市更新中发挥其不可替代的作用。宽窄巷子找到了城市更新、文化传承、产业发展之间的契合点。既保护了老的东西，也有新的创意，以文化旅游产品的形态鲜活地渗透到现代消费中，在保护和传承历史文化的同时，唤起人们对传统地域文化的认同感，成为"外地游客完成城市体验、本地市民了却城市情结"的窗口。

改造后的街道照片

文化遗产保护实施后照片

宽窄巷子活动照片

三、再利用的效果和未来的发展方向

　　宽窄巷子开街四年多来，已累计接待境内外游客接近5200万人次，街区2012年经营产值超过3亿元，成为境内外游客到成都旅游的目的地之一，名副其实的"老成都底片，新都市客厅"。

　　作为国家AA级旅游景区，街区先后获得2008年"中国创意产业项目建设成就奖"、"四川省文化产业示范基地"，2009年"中国特色商业步行街"、2010年第五届中国元素国际创意大奖"文献奖"、四川省级历史文化名街、建设成都杰出事件奖，2011年成都新十景、2012北京国际设计周年度设计奖"设计应用奖"、四川十大最美街道和全国都市文化旅游服务产业知名品牌创建示范区骨干企业等荣誉称号。

　　未来，宽窄巷子将围绕"千年少城、百年老巷"的历史文化、历史名人、民俗故事以及原汁原味的成都人生活，加强文化互动体验和成都原真生活体验的深度旅游，充分发挥宽窄巷子作为成都名片的带动效应。

成都文化旅游发展集团有限责任公司

案例：

澳门大三巴哪吒展馆建造项目

所在地：澳门特别行政区茨林围6号

保护等级：哪吒庙是纪念物

一、案例介绍

　　大三巴哪吒庙建于1888年，是一座小巧别致的中式庙宇，内供奉哪吒神像，富有浓厚的民间色彩，蕴涵丰富的地方文化内涵。它坐落在大三巴牌坊侧，旧城墙遗址边，三者同为"澳门历史城区"的文物建筑物。每年农历五月十八日的哪吒诞，

项目实施前照片

项目实施前照片

项目实施前照片

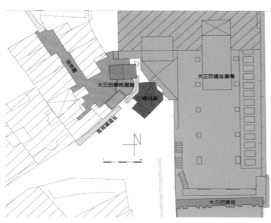

大三巴哪咤展馆位置总平图

项目实施后照片

项目实施后照片

负责管理哪吒庙的值理会都会在哪吒庙前地举办哪吒贺诞活动，吸引各界居民和旅客参与，是一项极具本土传统特色的民间活动。该值理会会址为一座一层高的传统中式建筑楼宇，就位于同哪吒庙只有一堵旧城墙遗址相隔的茨林围内。该围保留了传统中式村落的空间特色。在会址旁边与旧城墙遗址接壤的空地上，搭建着一座铁皮屋和杂乱的檐篷空间，作为洗手间和临时的货仓。由于铁皮屋依附着一段旧城墙遗址做为墙身，对旧城墙遗址本身和周边的世遗景观都造成了一定的破坏。

二、遗产保护和利用方式

　　为了更好地保护周边的世遗景观，以及让市民和旅客能更深入地了解澳门哪吒信俗文化。澳门文化局和大三巴哪吒庙值理会双方经友好协商后，值理会愿意迁离原会址，搬到新会址办公，并无偿捐出与哪吒信俗文化相关的数据与对象给文化局保存。而文化局则为值理会装修新会址，并利用值理会原有会址建筑物及其一侧的货仓空间，筹建一座哪吒展馆，用以展示值理会捐出的对象，并邀请本地漫画家为哪吒传说绘制漫画连同摄制的哪吒诞活动影片，一并于展馆内展出。而在兴建展馆的施工过程中，意外地出土具有历史价值的文物，同时还发现一道石砌围墙地基。经考古学者推断这道石砌墙基是圣保禄教堂西翼的重要组成部分。为了能将有关的遗迹原址保护及展示，同时增加哪吒展馆的可阅读性，文化局对展馆原有的设计方案进行调整，最后令考古遗址和出土文物也成为哪吒展馆展示的一部分。文化局利用兴建展馆的同时，也一并对旧城墙遗址进行修复，并透过营造通透的展馆空间，使观众能在展馆内清楚观看旧城墙遗址，提升了世遗景观的观赏价值。另一方面则通过结合展馆空间及周边世遗景观，进一步改善茨林围内的公共空间。通过加强茨林围的中式村落氛围，既美化了围内的居住环境，又能成为另一旅游新景点，起到适当分流大三巴牌坊客流的作用。

三、再利用的效果和未来的发展方向

文化局与大三巴哪吒庙值理会通过双方友好合作筹建哪吒展馆，不但加强了官民对保护文化遗产的沟通，更加提升了民间的保护意识。既能有效保存具历史价值的文物，又能宣扬本澳哪吒信俗文化。其次还因兴建展馆而获得考古新发现，除了丰富展馆的展示内容，又保护了文物遗址。继而透过展馆改善了茨林围内的居住环境，又进一步美化了世遗景观。使参观者在游览世遗建筑的同时，能透过展馆设身处地来了解澳门哪吒文化这一非物质文化遗产。可以说获得了多赢的局面，成为澳门官民合作保护世遗的一个成功例子。

哪吒展馆虽然是由澳门文化局出资兴建，但在整个筹建过程中，却得到了大三巴哪吒庙值理会以及周遭居民的鼎力合作和支持。现时文化局计划将展馆交由值理会管理，要求日后值理会能按局方的指引加强管理，并希望值理会还能不断丰富展示内容，以及鼓励周边的街坊居民参与展馆的讲解服务。借此使保护本土物质以及非物质文化遗产的意识能在民间不断提升。

项目实施后照片

项目实施后照片

项目实施后照片

项目实施后照片

项目实施后照片片

澳门特别行政区文化局文化财产厅

案例：
澳门演艺学院音乐学校改造利用项目

所 在 地：澳门和隆街35号
保护等级：已评定之建筑群

一、基本情况、

澳门演艺学院音乐学校所处的联排建筑据推断约建于1910年代，最初是作为住宅，直到八十年代仍有人居住，住户是澳门土生葡人家庭。1981年业主在进行已获批的建筑清拆工程时，引发社会舆论关注，促使澳葡政府辖下的工务运输司通知业主停止清拆，及后澳葡政府开始与之进行洽购；1994年政府以换地方式取得有关物业业权；2000年完成登记，该建筑物正式纳入为澳门特区政府财产；2004年，物业

被交予文化局进行具体用途的研究工作，2006年计划落实，建筑物将被改造为音乐学校的校区；2008年改造工程的第一、二阶段完成，至今一直作为文化局属下澳门演艺学院音乐学校的校区。建筑所在基地是一块长55米、宽25米的矩形街区，位

演艺学院音乐学校一层平面

活动照片

活动照片

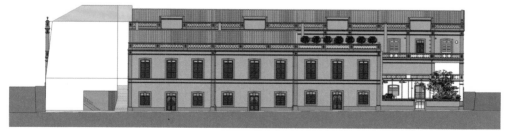

正立面图

图5　侧立面图

项目实施前内部空间　　　　　　　　　　　　　　　内部空间现状

于望德堂坊。望德堂坊是澳门有意识地进行城市规划的最早例子之一。望德堂坊从16世纪中叶开始就是麻疯病人的聚集地，至十九世纪末，为了防范因公共卫生条件恶劣而爆发疫症，迁走麻疯病人，整个区域被彻底清除，地面被抬高，规划出方格状的街道网，1900年建起两层高的联排住宅；1970年，联排住宅开始被拆除以建设高层住宅；1984年，遗留下来的联排住宅，当中包括现时音乐学校所在地，被澳门第56/84/M号法令列为文物，类别为建筑群。

二、遗产保护和利用方式

在这个改建项目中，其目的既是为了将望德堂坊历史聚落中那些长期空置的联排住宅能转化为一座可以使用的音乐学校，同时亦希望让此改造项目能成为促成该区域整体复兴的元素。整个改造过程以保护这种独特住宅类型的原始特点为原则，在保持原有建筑空间格局及外观特色的基础上，创造新的空间序列及可以突显建筑特色的元素以适合音乐学校以及整体区域的功能要求。

音乐学校所在的矩形街区上原来共有两排住宅，每排由五个背靠背的生活单元组成，共享一条小巷，而各住宅的主入口则通向街道。在该联排建筑中，通向街道的入口展现的是正式的公共活动，而内部的小巷则促成了街区内的邻里关系，小巷两侧的天井连接着每套单元的厨房，而厨房的上面是与上层房间相连的小型屋顶阳台，这种空间层次与家庭生活的节奏息息相关，并且由贯穿基地的高差突显出来，形成了多重的视觉联系和交流的可能性。

沿街外观现状

项目实施前沿街外观

项目实施前整体外观

　　整个改造项目共分三个阶段，第一阶段是把10栋联排住宅中留存下来的6栋改造为音乐教室和管理办公室，第二阶段是把已倒塌的两栋住宅改造为新的入口花园、练习室和彩排房间，第三阶段则是在另两栋已倒塌住宅的位置上重新置入一座120座的演奏厅。音乐学校的设计通过将小巷改造成主要入口与交通中心，重点强调了上述空间的丰富性，并试图以此提供一个具有创造性及运动感的环境，营造不同的感官来刺激学生们的音乐潜能。现在，教室和练习室所在的每个联排单元，都是由中间小巷再经过天井进入；而在每个天井内，废弃的水井被改造成喷泉或鱼池，以此创造出富有鲜活生命力的建筑元素，并借此调整微气候；而以前住宅的室内构造则被完整地保留下来，延续了昔日的历史回忆；至于街区转角单元倒塌的缺失被刻意保持而没有被重建，并被改造成入口花园，既丰富了建筑设计元素，同时又为整个望德堂坊增添了有益于城市的开放空间。

三、再利用的效果和未来发展的方向

如果以音乐来模拟,音乐学校从城市结构到建筑布局,直到细部的强调,在各种尺度上都看似非常和谐。该项目尊重了地区建筑类型的背景,兼顾了公共空间。实现了学校功能上的要求,并注入了新的设计元素。如果将一些小尺度的加建比作另类的即兴表演,那么,在联排单元更多的重复节奏中,这些加建也许会被当做跳跃的旋律,成为主旋律中的创造性变奏,增加了整体设计的趣味性。

音乐学校是澳门文物修复及再利用的项目,它展示出一种成熟的方法,整合了具有文化先进性的建筑创意与公共利益。即使目前项目还没全部完成,但如今的音乐学校已经为望德堂坊地区增添文化氛围,而当最后一个阶段的演奏厅完成的时候,学校的面貌将无疑与望德堂坊周围的创意产业产生共鸣,使望德堂坊的文化生命返老还童。

建筑模型效果图

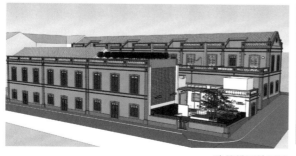

建筑模型效果图

建筑模型效果图

澳门特别行政区文化局文化财产厅

案例：
澳门何东图书馆扩建项目

所在地：澳门特别行政区岗顶前地
保护等级：具建筑艺术价值之建筑物

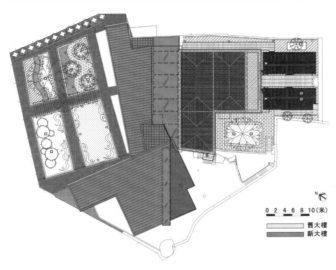

何东图书馆总平面

0 2 4 6 8 10(米)

香大楼
新大楼

一、基本情况

项目地段上的何东大宅及花园建于1894年之前，建成后为葡萄牙人官也夫人（D.Carolina Cunha）所有；1918年香港富商何东先生购入大宅，作为夏天来澳门消暑的别墅；1941年至1945年日军占领香港期间，何东先生曾定居于此，1955年，何东先生逝世，大宅被赠送给澳门政府，1958年大宅作为图书馆正式对外开放，2002~2006年何东图书馆进行扩建工程，现由澳门特别行政区政府文化局负责管理。 何东图书馆大楼的地段面积约2810平方米，大楼的建筑占地面积约350平方米，楼高三层，底层前部分是游廊，二、三层相应位置为内廊，立面每层开有五个拱券式窗，作对称布局，券间墙设有薄壁柱，采用爱奥尼柱式。建筑通体以黄色粉刷，壁柱、券线、檐口等饰白色线条，大窗的窗框为绿色，屋顶为红瓦四坡顶。根据澳门1992年颁布的第83/92/M号法令，何东图书馆大楼被评定为具建筑艺术价值之建筑物；2005年何东图书馆大楼作为澳门历史城区的组成部分被列为世界文化遗产。

二、遗产保护和利用方式

2002年至2006年，何东图书馆进行扩建工程，整个扩建一共四层，均配备现代化设备，包括大展厅、儿童图书馆、多媒体室和管理设施，使原有建筑面积扩大了近两倍，现时新、旧大楼的总建筑面积为3195平方米，花园面积为1583平方米。 扩建设计的目标是既要保留原有建筑的文化价值，同时又要使其具有新的公共建筑功能，给予历史建筑真正的新生。整个设计本着对文物建筑的绝对尊重，以不改变其原有空间特色为原则，并以此为出发点，通过现代建筑语言构建时空对话情景，令旧建筑特色得以彰显，而新建筑又不失其时代特征，同时，两者之间的张力也生成了新的趣味空间，丰富建筑特色。 在扩建中，原住宅的三层拱券装饰立面保持不变，保证了原有建筑的文化价值不受破坏；而为避免与岗顶前地的景观发生冲突，

联系新旧大楼的玻璃大厅   何东图书馆大楼正立面

何东图书馆入口

　　扩建部分被选址在原有大楼的后方，位于后花园一侧的闲置土地上，并通过桩柱架空底层，使新建筑不影响原有大楼与后花园之间的联系及相互的景观；此外，扩建部分的建筑高度不高于原大楼的屋顶，体现出对原有建筑的尊重及极力营造整个环境的协调氛围。新建筑的平面呈L形，其长边与原建筑相对，并通过一个玻璃大厅连接，形成新旧建筑之间生动的对话。当人们从岗顶前地经过前院进入何东图书馆大

何东图书馆大楼内部

何东图书馆大楼内部

楼时，绝对想不到这后面还有一座全新的建筑。当访客沿着轴线走过这座保存完好的大宅，首先看到的是收藏着明清珍本书籍的展厅，然后经过楼梯下隧道般的廊道进入玻璃大厅，突然豁然开朗，新大楼跃现眼前，在这个空间中，旧宅坐立在新建筑对面，黄色石质立面与通透的玻璃、钢立面相映照，产生不同时空的对话；轴线继续延伸，通过新建筑底层架空的半开放阅读空间引向绿意盎然的后花园。

三、再利用的效果和未来发展的方向

1958年8月1日何东图书馆正式对外开放，藏书约3000册，是当时澳门最具规模的中文公共图书馆，也是港澳地区唯一的园林式图书馆。何东图书馆服务市民近半个世纪后，澳门特别行政区政府文化局从保存历史建筑物和发挥现代化公共图书馆功能上考虑，斥资千万澳门元，在何东图书馆后花园侧兴建了新大楼，新大楼于2006年11月13日投入服务。加建后的何东图书馆是澳门最大的公共图书馆，既配备有最先进的设施满足需要，同时又营造出与庭院幽静氛围相协调的空间环境，满足不同时代对文物建筑不断变化的功能要求。

连接新旧大楼的天桥

新旧大楼的交接关系

扩建依然保持大宅的幽静氛围

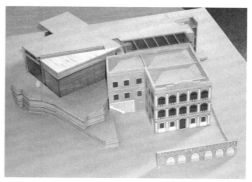

新大楼与原有的庭园和谐共存

何东图书馆新旧大楼模型

澳门特别行政区文化局文化财产厅

案例：
孙中山纪念馆(前甘棠第)

所在地：香港岛半山区卫城道7号
保护等级：香港法定古迹

一、基本情况

　　孙中山纪念馆原是何甘棠先生的大宅"甘棠第"，1914年建成，是香港法定古迹。整座甘棠第楼高三层加一层地库，总楼面面积为2560平方米。整体建筑属英皇爱德华时期的古典风格，内部装修瑰丽堂皇，弧形阳台有希腊式巨柱承托，色彩斑斓的玻璃窗、阳台墙身的瓷砖，以及柚木楼梯均保存良好，是香港第一幢以钢结构与砖石结合建成，并有供电线路铺设的私人住宅楼宇，此种建筑以当时的技术水准来说是非常先进的，亦是香港现存少数的二十世纪初建筑物。由于甘棠第富有历史和建筑价值，1990年，香港政府古物古迹办事处把它列为二级历史建筑，香港特别行政区政府在2004年购入，并于2006年再利用成为孙中山纪念馆，以纪念曾在香港接受教育并萌生了划时代的革命思想的孙中山先生。随后甘棠第亦于2010年被列为香港法定古迹，现保护单位为康乐及文化事务署。

1914年的甘棠第

再利用后的孙中山纪念馆

再利用后的孙中山纪念馆

二、遗产保护和利用方式

　　甘棠第本身具有很高的历史价值，在整个再利用和改建成纪念馆的过程，香港特别行政区政府以"最少干预"的原则探讨了多种方案，同时亦注意到下列各点：

　　修复甘棠第和改变用途时，让它的设施、承载能力和安全要求符合现时香港特别行政区的建筑物条例的要求；

　　尽量减少楼宇的改动，以保留它的文物价值，而于再利用甘棠第之前，亦已掌握建筑物料和建造方法，再结合现代的修复技术，并巧妙地运用在保护与再利用工程上；

　　改善通道设施，及改建楼宇成为可容纳更多访客的展览场地；

　　探讨的方案包括将原来建筑物条例要求增设的两条新建"保护式防火梯"减为一条。另更改原设俗称的"妹仔梯"成为一条可行的逃生通道，减轻对该建筑物的改建的干预。需然大宅的建筑面积未能达至博物馆理想要求，但仍然能将已改建的传统大骑楼还

改装前的内貌 改装前的内貌 改装前的内貌

改装后的内貌 改装后的内貌 改装后的内貌 纪念馆内的孙中山先生铸像

原，将最有特色的殖民地建筑外貌凸显及保留。

另外于白厅及宴客厅因顾及保留原来天花板的装饰以避免加建假天花板，设计特别利用原来烟通作为空调的通风管道，达至一个真正的"旧物新用"的目标。

三、再利用的效果和未来的发展方向

由于原建筑物为一住宅，鉴于地势及环境的限制，能再扩充的机会是微乎其微，对营运博物馆需要增加人手及储藏文物作展览用途实为困难。如在有必须的情况下，可能要在邻近住宅区域，租用一些空间，用以解决空间不足的问题。

（一）再利用的效

改建后，游人众多，由其更成为学校引领学生对近代历史及国父的认知所必到之处。在高密度的市中心留下一著名历史景点及好去处。

（二）发展方向

通过调查研究，综合分析，对五大道地区的保护与利用注重以人为本，塑造环境精致宜人、尺度宜人以及富有亲和力的人性空间。

参观纪念馆的访客

黄志棠　香港特别行政区政府建筑署
陈柏荣　香港特别行政区政府建筑署

案例：活化及保育旧大澳警署为大澳文物酒店

所在地：香港大屿山大澳石仔埗街500号
保护等级：香港二级历史建

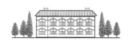

一、基本情况

由古物咨询委员会确定为二级历史建筑的旧大澳警署，1902年建成，于2002年关闭，发展局将这古建筑纳入活化历史建筑伙伴计划。活化历史建筑伙伴计划，旨在促进历史建筑的再利用，寻找可持续的新用途，将政府历史建筑物创造成文化地标。政府只容许非牟利机构参与竞投，要求投标人建议可持续发展的新用途，但这新用途要同时尊重原有用途及建筑。

二、遗产保护和利用方式

香港历史文物保育建设有限公司是一个非营利性组织，由黄廷方家族于2008年3月成立，致力于活化历史建筑、向社会推广文物历史建筑的保育与其欣赏价值，以及它们在我们生活中的重要性。计划锐意重修旧大澳警署及保留其原有文化特色，让公众可欣赏此建筑物的历史和文物价值，以及它周遭的天然环境。此项计划把警署改建成一座精品酒店：大澳文物酒店。酒店于2012年3月21日开业运营，允许访客、游客及大澳社区与此历史遗址建立更紧密的连接。

整个活化工程根据具权威性的《巴拉宪章》保育准则进行，令楼高两层的主楼、屋外的附属建筑、地堡、大炮、看守塔等恢复旧有

活化后旧大澳警署

大澳警署外貌

大澳警署曾将走廊[1]

面貌。大澳文物酒店设有九间以水警和大澳历史来命名的客房、一间利用大澳特产的特色天台餐厅Tai O Lookout、以及由旧报案房及监仓改建成的历史展览厅。大澳文物酒店的房间已被重新命名，名字是根据水警职级、水警轮的名称及大澳地名而命名。为纪念在警署关闭前的警员休息室：鹦鹉巢，Tai O Lookout内的酒吧亦被命名为鹦鹉巢。

在2011年年底，位于中环毕打行的China Tee Club餐厅结业。为了活化再利用物资，China Tee Club慷慨捐赠了大部分家具予Tai O Lookout。同时，由于要改变用途至精品酒店而加入了与历史建筑物兼容的新设计。但为了确保正面外观不受干扰，新的额外结构都建在建筑物的后方。整个活化工程亦根据保育准则而拍摄下来作保育

---

[1] 大澳警署曾将走廊封上。为了恢复原貌，走廊的所有窗户被拆除。令走廊能再次享受阳光、清新的空气和海景。

客房[1]

Tai O Lookout[2]

诠释之用。

　　酒店的设计既尊重原有的建筑结构，亦同时满足现今建筑规范和需求。例如，改装工程是可以逆转的，从而符合保育原则。另一个设计原则是为此历史建筑恢复其110年前原貌，所以为了保持正面原貌外观，建筑师将新的酒店配套，都放到后方。酒店餐厅Tai O Lookout位于原先建筑的屋顶，建筑师以玻璃篷顶覆盖。玻璃篷顶与原有建筑物分开，避免破坏原有结构。玻璃篷顶让餐厅顾客享受周围的大自然和海景，同时亦令餐厅可以利用天然光，以节省能源。

三、再利用的效果和未来的发展方向

（一）　重温旧大澳警署的岁月

　　香港历史文物保育建设有限公司在过去数年进行了广泛的历史文物搜集及研究，希望与世界各地的游客分享旧大澳警署及大澳渔村的历史和轶事。从2009年开始，我们与曾驻守旧大澳警署的退休水警进行多次录像专访，同时亦拍摄了大澳小

---

[1] 旧大澳警署的大部分房间在关闭前都作为办公室。这些办公室转换成酒店房间，安装了现代化的设施，同时保持舒适和经典的设计。在大澳文物酒店，为保护原有的墙壁和天花板，安装额外的墙壁，需要时可以逆转回原来的状态。

[2] 60年代加建部分的屋顶用玻璃天幕覆盖，变成酒店的餐厅。在这个空间里使用的大部分家具由China Tee Club捐赠。

区大小传统仪式及节庆，以及旧大澳警署的整个活化工程。除了影片之外，我们进行了建筑和历史研究，亦收集了珍贵的历史照片，让我们可以一窥旧大澳警署及大澳渔村的旧貌。大澳文物酒店每天提供免费历史文物导赏团。我们亦出版书籍，及推出一系列的纪录片。

（二）社会企业发展

大澳文物酒店以非牟利社会企业模式运作，盈余将用作保育及维修历史建筑物、推广和保护大澳的文化遗产及自然生态、及促进当地经济及旅游事业。酒店优先聘请大澳居民作前线员工，为区内提供就业机会；酒店同时雇用大澳现有服务供货商，餐厅亦会运用大澳出产的食材，促进本土经济。

香港历史文物保育建设有限公司会继续支持及协助大澳各节庆及小区活动，例如每年的大澳端午龙舟游涌及大澳水上婚礼表演，从而推广和保护大澳的文化遗产。我们亦带头重新推广传统手艺，例如使用已在大澳绝迹的木造舢板作酒店的运输工具。为促进大澳学生对所在区域有更深的认识，我们邀请了60名大澳佛教筏可纪念中学的学生深入大澳小区进行多次街访，而他们的作品会收录于一本关于大澳的书籍内。

大澳文物酒店优美的自然环境带给游客一种独一无二的绝佳体验。酒店的多项配套，包括制服、餐牌等，设计灵感均来自水警配备，让旅客对水警的历史有更深的印象。大澳亦被打造成一个集文化、历史和自然环境为一体的特色旅游地标。大澳文物酒店为本地及海外客人提供不同类型的导赏团及活动，当中包括大澳历史文化导赏、棚屋体验、日落乘船游等。

大澳文物酒店于2012年3月开幕以来，直至2013年4月，已接待超过200000人次。大澳文物酒店优先聘请大屿山居民，提供本地就业机会。大澳文物酒店从开幕以来，以不花费于广告原则下，已获得超过350份媒体报导。

要了解更多有关大澳文物酒店的资料，请访问我们的网站：www.taioheritagehotel.com。

香港历史文物保育建设有限公司

案例：
香港海防博物馆

所在地：香港筲箕湾阿公岩东喜道175号
保护等级:香港一级历史建筑

一、基本情况

由游人之数目来评估，此项目为一个可行之"再利用方案"及受欢迎之项目，更荣获香港建筑署颁发1999周年大奖及香港建筑师学会颁发2000年之最高银章奖。此一项目可作为其他军事遗迹作参考，作为"再利用"的借鉴，将原来荒废了的设

从西南面空中俯瞰的鲤鱼门岬角

香港海防博物馆鸟瞰图

香港海防博物馆

香港海防博物馆堡磊入口

施，加以思考及发展，至于未来发展方向则包括增建其他设施如会议室、有自然采光的办公室、储物间及串连发展邻近白沙湾的前军事设施建成为郊野公园及古迹径等，成为一个更能吸引市民及游客的旅游热点。

二、遗产保护和利用方式

　　海防博物馆具有很高近代历史价值，在整个再利用和改建成博物馆的过程，香港特别行政区政府以"最少干预"的原则探讨研究发展，同时亦注意下列各点：复修或改建堡垒及各点军事遗迹，以不破坏原来结构及特色为依据，并要求增设各样

行人天桥

博物馆正门

堡垒

接待大堂

展览馆

安全设施以符合现时香港特区政府的建筑物条例的标准。同时并要尽量减少干预改动，以保留其文化，历史价值。配合利用新科技，覆盖原有堡垒的空间以增加其使用性，增建现代化之设备。如增设卫生设施，机电设施，讲厅，防火逃生等。令堡垒之可到性提高，方便参观。由于地势险峻，在岬角低处修筑升降机，塔楼及连接行人天桥，以方便游人抵达岬角顶的堡垒参观。行人天桥之扶手以玻璃建造，以便游人感受险峻之地势，其他水电供应亦随此途径铺设往山顶之堡垒。而整个堡垒改为一现代化之展览馆，馆中加建一大型帐篷，从遥处可见，将一个原先隐蔽的防卫工事变为一现代化地标，远处可见，吸引游人。

三、再利用的效果和未来的发展方向

由游人之数目来评估，此项目为一个可行之"再利用方案"及受欢迎之项目，

军营残迹

土坑残迹

堡垒

土坑

堡垒室内

更荣获香港建筑署颁发1999周年大奖及香港建筑师学会颁发2000年之最高银章奖。此一项目可作为其他军事遗迹作参考，作为"再利用"的借镜，将原来荒废了的设施，加以思考及发展，至于未来发展方向则包括增建其他设施如会议室、有自然采光的办公室、储物间及串连发展邻近白沙湾的前军事设施建成为郊野公园及古迹径等，成为一个更能吸引市民及游客的旅游热点。

纤维帐篷鸟瞰效果图

谭士伟　前建筑署建筑师、古物古迹只事处总文物管理

海峡两岸及港澳地区建筑遗产

再利用研讨会论文集

及案例汇编（下）

国家文物局 编

文物出版社

遗产

工业

上海黄浦江沿岸产业遗存的保护与再利用[1]

于一凡

摘要

黄浦江是上海的母亲河。浦江两岸所孕育的丰富产业遗存资源，不仅在上海工业发展史上占有重要地位，更深刻地影响着上海的城市风貌和文化内涵。本文概括叙述了黄浦江滨江地区产业遗存的沿革及特色，介绍了滨江地区产业遗存的保护与再利用策略，进而探讨了产业遗存再利用与地区活力复兴之间的关系。

关键词：上海，黄浦江，产业遗存，保护，再利用

Abstract

The Huangpu River is known as Shanghai's mother river. The extensive distribution of industrial heritage sites along both banks of the river has not only great significance in the history of the city's industrial development, but also a profound impact on its urban landscape and cultural character. This paper provides an overview of the evolution and characteristics of industrial heritage along the river and measures adopted in Shanghai for their preservation and reuse. Meanwhile, it further discusses the relationship between the reuse of industrial heritage and the revival of regional vitality.

Keywords：Shanghai, Huang Pu River, Industrial Heritage，Preservation, Reuse

上海依水而兴，黄浦江两岸地区沉淀了深厚的文化底蕴，长期以来被作为上海城市的象征。然而直到上世纪末，黄浦江两岸一直被厂房仓库、装卸码头、修造船基地所占据，不仅造成土地资源的浪费和生态环境的退化，更是导致滨水区景观形象衰败、阻碍市民靠近黄浦江

---

[1] 本文为国家自然科学基金项目（51178317）成果。

20世纪末的浦江两岸充斥着大量的产业类用地

畔的主要掣肘。20世纪90年代以来，随着浦东新区的开发开放与2010世界博览会的成功举办，黄浦江两岸的功能与空间结构进入了迅速转型时期。针对两岸大批产业遗存的保护与再利用工作得到了前所未有的社会关注。

一、 浦江两岸工业发展的历史沿革

上海位于我国东部沿海的核心位置，通过长江与中国东部广阔的腹地紧密相连。由长江入海口贯穿上海全境的黄浦江是中国历史上较早人工修凿疏浚的河流之一，全长114公里，宽约400米，被称为上海的母亲河。1842年，上海对外开放为通商口岸，英、美、法等国相继在上海开辟租界，为上海带来频繁的国际贸易往来。由于缺乏铁路，陆路交通也尚不发达，水运成为主要的交通和运输方式。为适应日益增长的运输需要，19世纪末，黄浦江两岸逐步建立起密集的码头和仓库，生产并出口丝绸、茶叶、棉花和农产品，进口煤油、煤炭、工业设备等，其中也包括早期占据重要贸易额的鸦片。

20世纪30年代，上海已发展成为集远东金融和航运中心为一体的国际都市。沿江地区的发展建设主要集中在浦西复兴岛至龙华港一带，以及浦东东沟至周家渡。新中国成立前夕，两岸业已形成外滩金融贸易区、虹口港区、浦东新华－民生港区、老白渡港区、杨树浦工业区、沪南工业区和龙华机场等功能区域。1949年以后，上海作为新中国的经济中心城市，航运业、工业得到进一步发展，黄浦江沿江产业带扩展到上游的闵行、高桥和下游的宝山。金融贸易业、航运业、工业是浦江沿岸三个最具代表性的产业，对于上海的产业发展和空间格局具有重要的影响，也是奠定近代上海城市地位的三大核心城市功能。

然而，工业生产和航运作业对浦江岸线的长期割据导致20世纪末黄浦江市区岸线中仅存外滩一处可供市民休憩游览的公共空间。同时，由于两岸地区的企业原以重工业和传统制造业为主，占地多、污染重，很多中小企业技术含量不高。在新时期的经济环境和政策背景下，很多落后的制造业企业逐步被淘汰，而造船、钢铁等支柱产业则在区域范围内得到重新布局。21世纪初，随着工业生产与航运功能的外迁，黄浦江作为城市滨水公共活动空间与生态景观通廊的功能日益得到重视。

二、　浦江两岸的产业遗存

（一）滨江产业遗存概况

上海近代工业于 1890 年代后开始迅速发展，至抗日战争前夕，已经形成较为完整的工业体系和较为雄厚的民族工业基础。新中国成立以后，黄浦江两岸老工业基地经过建国初的工业结构调整，继续发挥着作用。黄浦江两岸地区得水运之利，遍布众多中国早期工业文明的重要足迹，如晚清洋务派创建的江南制造总局和上海机器织布局，外商企业英联船厂（祥生船厂、耶松船厂、瑞镕船厂），早期的民族工业企业法昌机器厂、上海机器造纸局、求新机器制造轮船长、怡和纱厂，以及早期的市政设施杨树浦水厂、杨树浦煤气厂、南市发电厂、南市水厂等。至新中国成立前夕，浦江两岸的产业门类包括修造船、电力、供水、纺织、日用化学、钢铁等，几乎涵盖了上海近代工业的所有类型。

从上海市产业遗存的总量来看，沿黄浦江狭长地带呈连续带形分布的产业遗址占据了其中的大部分比例。研究表明，黄浦江沿岸大规模滨江工业带，是世界上为数不多的大型滨江工业带。其中，仅位于下游的杨浦区滨江沿岸 15.5 公里内，老厂房面积就达 100 多万平方米，产业码头、工业仓储鳞次栉比，几乎占据全部岸线空间。而位于市区上游两岸的 2010 年上海世界博览会园区内也同样涉及大量依江而建的工业用地，原江南造船厂、上钢三厂、港口机械厂等临江大型产业建筑被作为历史文化保留建筑予以永久保留，奠定了新世纪黄浦江沿线以近代工业文化为特色的景观风貌基调。

为了审慎地辨别产业遗存的保护与再利用价值，上海在更新改造的实践过程中逐渐总结和形成了基于文化、社会、经济与环境等多维价值的评估方法，建立了具有特色的调查、甄别机制。迄今为止，黄浦江滨水地区明确列入保护范畴的各类建筑达 63 处 400 余幢（不包括外滩历史建筑群），其中工业、仓储、交通及市政等产业类遗存合计超过 50%，比重明显高于城市其他地区。事实上，黄浦江两岸地区历史文化遗存的发掘和认定工作随着规划建设仍在不断深入。从已经实施的保护更新案例看，实际得到保护与再利用的产业遗存远远超出了公布名单中的数量。今天，改造和利用旧的工业建筑、码头及各类产业地段，展示工业发展的历史遗迹，已经成为浦江两岸历史风貌保护和功能更新有机结合的重要手段。

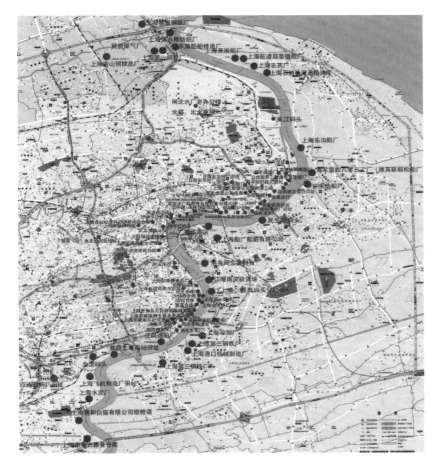

黄浦江沿岸工业遗产分布图

三、 滨江地区产业遗存的保护与再利用

浦江两岸是上海城市功能与空间的标志性区域，也是城市未来发展的重点区域。21世纪初，上海市政府编制了"黄浦江两岸滨水地区整体规划"，对浦江两岸的城市更新与开发进行统筹指导和具体协调，明确提出了以产业结构调整、改善滨水地区环境品质为总体建设目标，强调通过延续城市文脉、发掘历史文化资源，创造具有独特景观特色的滨水环境。

（一）保护与再利用原则

永续发展的原则。黄浦江两岸旧有产业格局存在空间使用效率低、污染治理成本高、滨江环境景观差等弊端，地区可持续发展的能力受到严重制约。规划要求产业遗存再利用过程中积极配合产业结构调整，使用清洁能源和绿色技术，推进浦江两岸地区的永续发展。

历史环境整体保护的原则。鉴于滨江地区工业密集的特点，规划要求兼顾单体产业建筑保护与整体产业地段保护，通过与功能开发与开放空间相结合的保护方式，突出滨水区的历史文化内涵和特色空间主题。

适应性再利用的原则。规划提倡在尽可能保留、保护产业类建筑的特征和它所携带的历史信息的前提下，适当注入新的空间元素和新的功能，以便激活产业建筑的生命力，使之融入当代城市生活。

全面保护工业文化的原则。广义的产业遗存也包括工厂的生产设备、家具设施等可移动物件，以及历史档案等文本资料和生产的工艺流程等非物质遗产。相对于固定的产业遗存，这部分遗产更容易随着时代的更迭而流失。调查发现，浦东一些工厂仍保有旧式的生产方式，作为工业发展的活记录，采取必要措施促使这些工厂保持原有的传统工艺，积极融入当代经济发展，也是保护工作的重要方面。

（二）保护与再利用过程中的文化策略

围绕着黄浦江滨水区的历史风貌特色和具有保护价值的历史风貌街区，两岸总体开发规划以延续城市文脉、发扬城市特色为主题，对历史资源分类制定了保护利用对策。在总体开发规划基础上，滨水区分段制定了控制性详细规划，对历史街区的整体保护提出了具体的建议和技术规定。规划要求对个别历史建筑较为集中、风貌保存较完好的街区作为完整的历史地段进行保护利用，如南外滩地区、江南造船厂地区和上海船厂地区等，规划内容既包括对整体空间格局和产业建筑群风貌保护的设计控制条件，也包括对具有保护价值的历史建筑的保护修缮要求和再利用的引导意见。在总体开发规划和控制性详细规划编制的基础上，两岸重点地区先后编制了城市设计，如南外滩、上海船厂、渔人码头地区等。

南外滩是浦江两岸历史上最早出现的码头区，位于历史外滩（Bund）和2010世博园（2010 EXPO）之间的2公里岸线在2006年更新改造以前充斥着水果集散仓库、垃圾倾运码头、工业厂房等，对码头岸线形成了长期封闭式割据，基地内风貌破败、活力衰退，公共设施和绿地严重缺乏。然而，通过对南外滩地区历史资源的调查和整体空间的梳理发现，由历史街巷和部分产业建筑构成的空间与人文肌理具有鲜明的历史文化特色。首先，基地内既存的20条垂直指向江面的街巷与历史文献中记载的一个世纪前的街巷肌理完全吻合，其中11条甚至仍延续了当时以"某码头街"命名的历史路名，具有浓厚的码头文化特色。

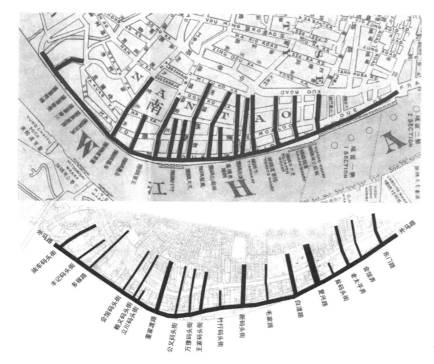

南外滩历史街巷肌理

更新规划保留了全部历史街巷及其名称,利用规划控制手段延续原街坊的尺度、密度和布局手法,从整体风貌上延续了南外滩地区的历史肌理和总体格局。其次,基地内除已登记在册的董家渡教堂、老江海关、商船会馆等6处历史保护建筑外,新发现具有保护价值的码头仓库14处。这14处码头仓库多为19世纪初建成,结构坚固、空间开敞、形式独特。经专家论证,上述历史仓库最终全部得以保留并在必要的修缮基础上转换为公共服务功能。

从黄浦江滨水空间的整体功能选择来看,两岸超过50%的用地被转化为公共服务功能,历史工业仓储被崭新的现代化功能所取代。从规划推进和实施的实际效果看,黄浦江两岸历史空间自身的整体性和与环境的协调性得到了充分的重视,规划编制设计注重现场调查和操作实施,历史文化空间保护工作因而得以顺利推进,较好地反映了滨水区城市文化的发展足迹。

(三)保护与再利用过程中的生态、低碳发展策略

一个多世纪以来,黄浦江沿岸长期充斥的码头和工厂对两岸的生态环境造成了严重的负担,生物多样性、生态系统面临严重的退化,生态支持能力正在减弱。21世纪以来,人们从生态污染的严重后果中认

南外滩地区改造后局部建成环境

识到生态、环保、低碳发展的重要意义，营造绿色生活，提倡生态文明，成为人们追求的现代生活方式。从整体性发展思路来看，黄浦江两岸的开发采取了多种手段以促进经济、社会和环境全面协调可持续发展，主要手段包括以建设公共生态廊道为目标，逐步开辟滨江绿地系统，恢复和培育滨江生态环境；结合建设项目开展污染治理；落实防汛设施，保障生态安全；积极引入和应用先进技术，推进节能减排；完善环境标准，设定入驻"门槛"，加强环保管理等。

浦江两岸同时也是低碳发展的实践先行区，两岸大量的废弃厂房、仓库建筑大多结构牢固、空间宽敞，经过改造、分隔后植入新的功能，可以重新焕发光彩。绿色、低碳技术的应用是浦江两岸产业遗存保护与再利用过程中的主要内容。包括节能、减排、新能源、废弃物再利用、资源循环再利用、智能生态技术等等均得到了积极的应用。譬如2010世博会期间利用南市发电厂老厂房改造成的城市未来探索馆，融入多项绿色节能改造技术，通过江水源热泵技术、主动式导光技术、自然通风技术、中水处理回收技术、太阳能光伏发电技术、风能发电技术、建筑结构加固技术、绿色建材技术和智能化集成平台技术共九大技术，完成了国内目前首幢老厂房向"三星级绿色建筑"的转变。后世博时期，有关部门将绿色建筑设计与资金补贴奖励、土地招拍挂文件等挂

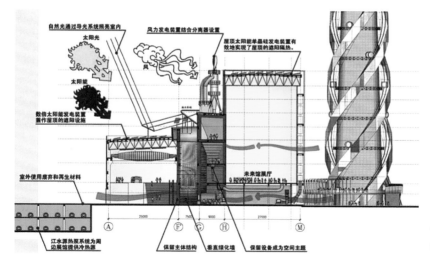

南市发电厂生态节能技术
综合示意图

钩，鼓励和推广黄浦江两岸地区商务楼宇按照国家绿色建筑标准建设
和使用，减少建筑污染排放[1]。

四、产业遗存再利用与地区活力的复兴

纵观西方后工业时代许多发达国家，产业遗存的再利用无一不与
社会生活、区域复兴与城市发展等社会领域紧密相连。20世纪90年代
以来，各国城市空间发展战略都非常重视产业建筑及其历史地段再开
发对城市发展的作用。新一轮伦敦战略规划明确提出到2016年，79%
的发展将集中在城市中心区和东部"门廊"那些衰败的原有仓储、码头
区。为了使产业建筑能够寻找到新的用途，英国还制定了使用类别规则
（Use Class Order）。加上新兴创意产业在英国的迅速崛起，为产业遗存
再利用提供了广阔的发展前景。此外，德国鲁尔地区、法国贝西地区等
的成功实践也充分说明了曾被遗弃的产业遗存如何重新融入城市生活，
并焕发出崭新的活力。尽管在严格意义上来说，我国还没有真正步入
后工业社会，但以上海目前现状来看，基本具备了和国际接轨的条件。
2002年启动的浦江两岸开发战略、2010年世博会的成功举办均涉及了
数量巨大、种类多样的产业建筑及其历史地段再利用开发、老工业地区
整体功能转型等问题。黄浦江两岸产业遗存再利用的探索和经验，无论
是对上海还是其他中国城市的转型发展都具有重要的借鉴意义。

产业遗存再利用对地区活力的带动效应主要受到地段内部影响因
素与所在地区外部影响因素的共同作用。其中，内部环境影响因素可

[1] 图片来源：章明等：《中国2010年上海世博会城市未来探索馆——南市发电厂主厂
　　房改扩建工程》，《建筑学报》，2009年第7期。

通过建筑师、设计师或规划者突破现有条件的限制，并借由设计修缮的方式达到再利用的目的；而对于外部环境影响因素，则须借由社会群体或自然环境判断先决优劣条件（廖慧萍，2003）。考察再利用过程对活力重塑的带动作用，一方面要借助可供改变和利用的地块内部环境影响因素，对其融入设计和改造利用的效果进行评价，一方面也要对产业建筑所在地的发展条件加以考虑，同时对地块周边的硬性交通条件等加以改善，从而引导再利用项目有机融入地区生活，发挥积极效应。

　　秦皇岛路码头（今东码头）位于杨浦区秦皇岛路东侧，20世纪初由日本南满洲铁路公司（South Manchuria Railways Co）建造，2010年上海世博会举办期间被作为世博水门使用。基地内既存的4幢工业仓储类历史建筑迄今已走过近百年历程，尽管年久失修，但其独特的建筑结构形式、立面传统工艺及场地上具有历史码头特色的设备、设施等均具有较高的审美和历史保护价值。更新整治工作以保留、修缮和妥善再利用为基本原则，对历史仓库进行了结构加固、防火防水处理和细部整饬，对场地进行了清理和修复性更新[1]。2010年上海世界博览会期间，丹麦等部分国家展馆利用修复后的仓储建筑布置了延伸展览，世

更新后的B楼、C楼和场地

[1] 2010年，经上海市文管委核定，修缮后的A、B两幢保护较完整的历史仓库被增列入上海市历史保护建筑名录。

修缮后的A楼

博集团则利用整治后的场地举办了"世界足球之夜"等社区活动，使秦皇岛路码头不仅成功地履行了园区外围世博水门的职能，亦成为受到周边市民欢迎的滨水公共空间。

产业遗存的再利用与地区活力的复兴

层面	序号	再生贡献内容	具体内涵
城市层面	①	保存历史痕迹	长达半世纪或者更久的建造历史，为城市发展脉络保存历史依据
	②	经济效能再生	区位良好，空间适应性高，基础设施完善，促进旅游业和小型商业的发展
	③	彰显艺术文化	弘扬美学艺术价值，为城市地区形象做出贡献
	④	丰富滨水景观	改造后的产业遗存地，可改善城市景观系统的单调性，提供滨水公共空间
地区层面	①	留存产业技术	生产制造技术的保存，工业建筑的技术成就，宣传教育作用
	②	保有产业价值	强化产业的品牌历史，宣传企业文化，促进企业根植于本地区发展
	③	促进企业转型	企业成长期为5-10年，而用地权属一般为50年，促进企业自发转变及产业结构转型
社区层面	①	维系社会情感	维系社群关系，唤醒情感记忆，考虑再利用与代际公平
	②	增加社区人气	提供社区居民活动场所，平衡社区居住与就业
	③	优化生态环境	增加绿化面积，改善能源利用，降低环境污染

　　浦江两岸综合开发迄今已走过十年历程。在此期间，3400户企业、5万余户居民进行了动拆迁，滨江的工厂、仓库、码头纷纷搬迁改造，腾出了约14平方公里的滨江空间，过去的产业遗存如今变成了博物馆、咖啡室、创意工厂。随着两岸更新改造与整体开发工作的不

断推进，人们对工业遗存的历史保护与再利用价值的认识也在不断加深。浦江两岸的更新与开发历程充分证明了产业类遗存是体现城市文化传承与城市空间特色的重要载体。而无论是精神文化还是物质文化，都一方面来自历史的延续和积淀，另一方面又随着时代的发展而不断演进。

产业遗存凝聚了人类产业文明的成就，见证了城市的历史发展，它们已经由有形的产业设施转变为无形的城市宝贵遗产。产业遗存的再利用关系到城市经济、社会发展、历史人文、资源环境等方方面面。随着人们对产业遗存再利用价值的理解和对资源再利用观念认识的不断加深，如何科学引导产业遗存再开发、再利用的过程，兼顾保护环境、促进城市结构转型和地区发展、延续历史文化传承等已经成为更多中国城市关注的议题。

于一凡　同济大学建筑与城市规划学院　教授、博士生导师

参考文献：

1 上海市文物管理委员会：《上海工业遗产新探》，上海交通大学出版社，2009年。

2 上海市黄浦江两岸开发工作领导办公室等：《重塑浦江》，中国建筑工业出版社，2010年。

3 张松等：《工业遗产地区整体保护规划策略探讨——以上海杨树浦地区为例》，《第2届中国工业建筑遗产学术研讨会论文集》，2011年。

4 YU Yifan：《Shanghai's Industrial Heritage- Past, Current Status and Future Direction》，《Industrial Patrimony》，TICCHI, ISSN 1296~7750, Paris, 2012年。

5 于一凡、李继军：《城市产业遗存再利用过程中存在的若干问题》，《城市规划》，2010年第9期。

6 乐晓风、奚东帆：《黄浦江两岸北延伸段地区结构规划简介》，《上海建设科技》，2006年第1期。

昂昂溪中东铁路建筑群保护与再利用研究

刘松茯　　陈思

摘要

黑龙江省齐齐哈尔市昂昂溪区中东铁路建筑群共有建筑125栋，其建筑年代均在1903至1907年之中。整体风格以俄罗斯民族传统建筑样式为主，部分公共建筑如原铁路职工俱乐部也含有新艺术运动建筑特色。这些建筑现完整地存在于15个居住组团之中。本文选取15个不同规模的建筑组团中保存比较完整、组团特征比较突出的5个组团进行了详细的保护规划与再利用研究，旨在实现文物保护与经济发展双赢的目标。

关键词：昂昂溪，中东铁路，保护，再利用

Abstract

There are 125 buildings,the age of the building being in 1903-1907,at the Chinese Eastern Railway in Ang'angxi of Qiqihaer, Heilongjiang province.The overall style has remained predominantly Russian traditional architecture in appearance. Some public buildings,such as the club of the original railway workers,contain the style of Art Nouveau movement.The buildings are existing in fifteen housing groups.This article chooses five integrated and prominently housing groups from various size of fifteen housing groups to study conservation and utilization in detail.We want to achieve the win-win situation between the Historic Preservation the economic development.

Keywords: Ang'angxi, Chinese Eastern Railway, protection, utilization

一、发展概况

（一）发展沿革

昂昂溪中东铁路建筑群共125栋建筑，其中117栋住宅建筑，8栋公共建筑，它们是昂昂溪原中东铁路火车站、昂昂溪原中东铁路职工俱乐部旧址，以及医院化验室、房务段、地区党委、水电段和2处货物处。另外，区内还有东正教圣使徒教堂遗址、两处水塔以及苏联红军烈士陵园等历史遗存。

长期以来，昂昂溪地区是北方少数民族的主要游牧聚落地区。直到中东铁路的建设，昂昂溪老城才开始了转折性的发展。1896年6月3日，沙皇俄国与清政府签订了《中俄密约》，从而夺取了中东铁路的修建和经营权。光绪二十三年（1897），中东铁路开工，1903年，中东铁路建成营业，中东铁路呈"丁"字形，干线西起满洲里，经齐齐哈尔（昂昂溪）、哈尔滨，东至绥芬河，全长1514.30公里；支线由哈尔滨向南，经长春、沈阳直至旅顺，全长974.90公里，纵贯内蒙古、黑龙江、吉林、辽宁四省，中东铁路干线、支线总长2489.20公里。

光绪二十六年（1900），中东铁路哈尔滨至昂昂溪段开始铺轨。昂昂溪火车站当时称齐齐哈尔站，是中东铁路上较大的中转站，位于滨洲铁路线269.6公里处。为保障列车的正常运营，在昂昂溪区内分别建有火车站、铁路机车库（现已毁）、铁路职工俱乐部、铁路医院、水电段、

中东铁路昂昂溪区位与火车站立面图

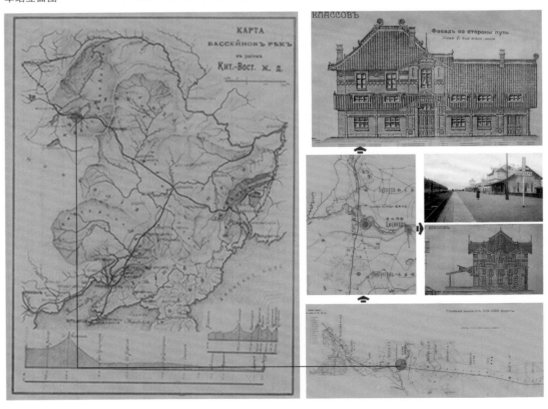

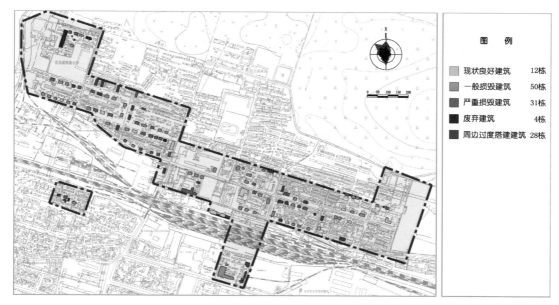

货物处等房屋多处。由于昂昂溪站俄国铁路职工较多，铁路局为解决俄国铁路职工及家属的居住问题，于光绪二十七年（1901）将昂昂溪火车站道北辟为职工住宅区。当时共建办公与民居300余栋，随着时间的推移，现在仅留125栋，其中公共建筑8栋，住宅117栋。建筑总面积为17769平方米。

昂昂溪中东铁路建筑群分布与质量分析图

这些建筑分布在昂昂溪区道北办事处所辖范围，是整个中东沿线

昂昂溪中东铁路建筑群特征分析图

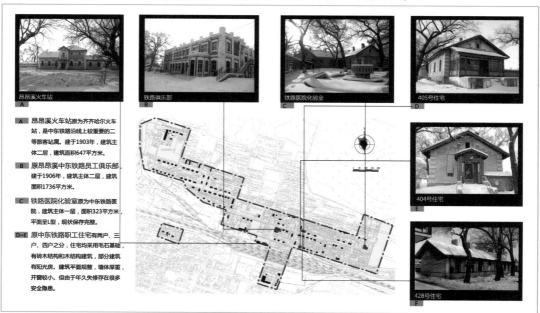

保存最完整、最集中、最能体现俄罗斯建筑风格的建筑群，所有建筑基础均为毛石基础，有砖混结构、砖木结构，具有浓郁的俄罗斯风情，房屋空间大，举架高，窄长窗户，屋内厚重地板，并有壁炉，建筑规整，现虽已愈百年，但保存状况完好。2006年1月被齐齐哈尔市人民政府公布为市级文物保护单位。2011年申报中华人民共和国第七批文物保护单位，具有很高的文物价值、社会价值、经济价值和旅游价值。

（二）价值评估

昂昂溪中东铁路建筑群是中东铁路沿线建筑留存至今，整体上数量最多、保存最好、组团特色最鲜明、形式最独特的中东铁路遗存。

1. 历史价值

昂昂溪中东铁路建筑群具有重要的历史价值。昂昂溪的历史命运与中东铁路的修建紧密地联系在一起。昂昂溪是中东铁路二等火车站舍，滨洲线上4座二等火车站舍之一，原名为齐齐哈尔（Цицикаръ）火车站。担负着机车修理的重要任务，曾有大量的中东铁路职工在此居住。现存的125栋中东铁路建筑群遗产记录着沙俄修建中东铁路的重大历史事件，是中国近代城市发展重要史迹、实物和代表性建筑，在现存的中东铁路沿线建筑中保存数量最多、保存状况最好的一处。也是作为全国重点文物保护单位数量最为庞大的一处中东铁路群体建筑遗产，其历史价值巨大。

2. 艺术价值

昂昂溪中东铁路建筑群体现出中国近代时期特殊历史背景下铁路附属地城市建筑独特的文化和艺术价值。昂昂溪中东铁路建筑群作为特殊历史时期的产物，不仅反映出中国北方城市历史文化的发展历程，同时也蕴含着俄罗斯民族建筑文化传统那独具魅力的艺术价值。作为全国重点文物保护单位，昂昂溪中东铁路建筑群的艺术价值内涵极其丰富，对于人们认识、欣赏、借鉴近代中国中外文化交融现象和俄罗斯建筑文化都具有不可替代的作用。

3. 科学价值

昂昂溪中东铁路建筑群是世界范围内工业化进程的重要见证，是中国铁路发展史上的重要代表。作为中东铁路沿线城市，昂昂溪中东铁路建筑群从不同角度和侧面反映和体现了近代工业技术、铁路技术和寒地建筑保温技术的最高水平，而具有很高的科学价值。

4. 社会价值

昂昂溪中东铁路建筑群与近代时期中国铁路建设活动相关，它不仅是沙俄修筑中东铁路前后的社会生产和生活的代表性实物, 同时也是中国近代时期铁路附属地社会面貌的重要构成。中东铁路建筑群作为实物史料, 是研究东北地区社会历史的发展、开展社会学研究的重要基础。

5. 经济价值

昂昂溪中东铁路建筑群作为反映中国近代特殊历史阶段的全国重点文物保护单位, 客观地反映了我国由农业文明向工业文明的转型。在国家大力提倡发展文化产业的形势下, 昂昂溪中东铁路建筑群具有极大的发展空间, 会有效地促进当地经济的发展。随着国家振兴东北老工业基地战略的实施, 昂昂溪区中东铁路建筑群将面临着良好的政策环境和发展机遇, 前景日渐广阔, 具有重要的经济价值。

6. 旅游价值

昂昂溪区中东铁路建筑群是反映俄罗斯民族传统文化与生活环境特点的典型代表, 周边具有美丽的自然山水生态景观, 悠久的人文历史与丰富的自然资源二者结合, 以及优越的区位和交通优势, 再加以突出的政策引导, 必然给发展中的昂昂溪区的旅游业带来了无限生机, 其旅游价值极其显著。

二、保护措施

(一) 建筑本体特征

昂昂溪中东铁路建筑群主要有毛石基础、砖砌墙体、砖木结构的一层住房和二层小型公共建筑, 以及木结构的一层住房。其风格具有浓郁的俄罗斯民族传统特色。这些建筑平面规整, 房屋空间紧凑, 举架较高, 墙体厚重, 普遍开窄长木窗, 室内铺厚厚的木地板, 设有壁炉采暖, 并带有门斗御寒。现已愈百年, 除少数保存较好外, 由于年久失修绝大多数建筑都存在着不同程度的破损, 继续保护和修缮。

(二) 建筑破损状况

昂昂溪中东铁路建筑群已愈百年历史, 由于年久失修, 有些建筑存在着不同程度的破损, 其破损程度有几个方面:

1. 房屋主体结构出现裂缝。随着时间的推移, 裂痕越明显, 目前有些建筑已构成危房, 如不尽快修缮, 随时有坍塌的危险。

2. 原有的住宅建筑, 每幢房屋多为 2～4 户居民居住, 现在每幢房屋最多为 6 户居民, 人为破坏了建筑原有结构。

3. 原有的建筑外墙面普遍采用黄色与白色相间的色彩, 现有些住房墙体色彩粉刷混乱，破坏了建筑原有的色彩体系。

4. 原有的俄式建筑为木质窗框和木质门板，现有房屋已经更换成塑钢窗和铁皮门，破坏了建筑原有的风貌。

5. 在原有的建筑墙体上接建门斗、偏厦、仓房等，影响了建筑的整体面貌。

6. 原有建筑被改建为商业用房，加速了建筑的破损速度。

7. 原有的建筑内都有壁炉、储藏地窖，现在很多居民都将其拆毁填平，破坏了原有建筑的内部格局。

8. 原有建筑外墙大量的木装饰构件，由于年久失修，已经发生严重的变形或脱落。

9. 俄罗斯铁路员工俱乐部是二层楼建筑，建筑楼梯已严重破损，现已将二楼封闭。

10. 原火车站候车室，在2003年进行了改造，现变为国际旅客候车室，其内部结构都已改变，失去了原有的艺术风貌。

（三）昂昂溪中东铁路建筑破损的主要影响因素

建筑不均匀沉降引发墙体裂缝，冻害使裂缝加大，损毁墙体；原始砖砌体的质量原因使墙体破损，冻害使破损加重；雨水浸染和腐蚀建筑墙体；生物破坏建筑的木质结构；生产生活因素改变建筑格局，以及不合理地修缮和加建。

（四）保护区划

依据确保文物保护建筑安全性、完整性的原则划定保护范围，将昂昂溪中东铁路建筑群内传统格局较为完整、文物建筑集中的历史街区与地段划分为核心保护区，并在核心保护区之外合理划定建设控制区和风貌协调区。

1. 区划内容

核心保护区范围的界定标准为现有保护建筑高度（即建筑屋脊距水平地面的标高。经测量，昂昂溪中东铁路建筑群中绝大多数建筑上述数值为5米左右）的4倍，其范围为保护建筑基地外侧20米。建设控制区范围的界定标准为现有保护建筑高度的8倍，其范围为保护建筑外侧40米。风貌协调区范围的界定标准为建设控制区范围之外40～150米，以上范围界定均依据相关区域划分标准予以确定，同时根据规划区域的实际情况（自然边界、道路区划等）进行适当调整。

（1）核心保护区

昂昂溪中东铁路建筑群核心保护区边界的确定是在综合考虑人工

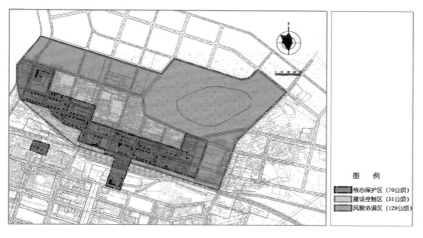

图　例
核心保护区（70公顷）
建设控制区（51公顷）
风貌协调区（129公顷）

昂昂溪中东铁路建筑群保
护区划图

和自然环境、院落权属、道路等条件下，以涵盖所有文物保护建筑为目
标的原则来划定。最终确立的核心保护区是：西至堤坝，南至迎宾路，
北至北兴路，包含区内文物保护建筑125栋，建筑占地面积为15596平
方米。规划核心保护区面积为70公顷。

对昂昂溪中东铁路建筑群核心保护区内的文物建筑和街巷空间进
行必要的保护和修缮，不可随意新建、拆建。对确需新建、拆建的建筑，
必须符合国家相关法规的原则和审批程序，同时保证建筑整体风格的
一致性；在昂昂溪中东铁路建筑群核心保护区内，不得擅自改变街区
的空间格局和沿街建筑的立面、材质和色彩；除确需建造的公共设施
外，不得进行新建、扩建活动；不得擅自新建、扩建道路，对现有道路
进行改建时，应当保持或者恢复其原有的道路格局和沿线景观特征；
在昂昂溪中东铁路建筑群核心保护区内，对现有各个级别的600余棵
古榆树严格加以保护，不许砍伐破坏。

（2）建设控制区

昂昂溪中东铁路建筑群建设控制区划定是根据相关文物建筑历
史环境的完整性、环境风貌的和谐性、文物建筑可能分布区的安全性
的原则来划定。最终确立的建设控制区是：西至堤坝，南至滨洲线铁
路，北至湿地南部边界，东至111国道。规划建设控制区总面积为51
公顷。

在昂昂溪中东铁路建筑群建设控制区内经批准可以新建、改建、
扩建建筑，但新建筑应当在高度、体量、色彩等方面与文物建筑风貌相
协调；新建、改建、扩建建筑时，不得破坏文物建筑原有的街区风貌，
新建筑的风格色彩要与核心区内的文物建筑相协调。在昂昂溪中东铁
路建筑群建设控制区内的一切新的建设活动都应严格遵循各项审批程

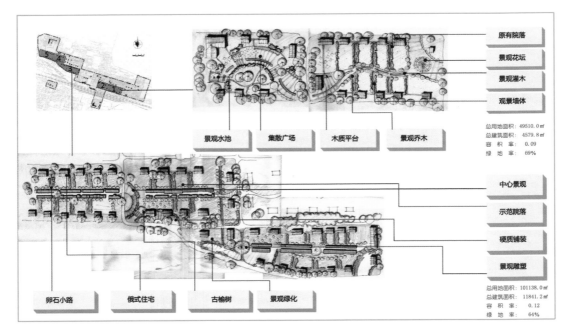

1-5号组团再利用方案草
图

序, 其新建筑限高为 10 米。

(3) 风貌协调区

昂昂溪中东铁路建筑群风貌协调区划定是根据保护区风貌的整体
性原则来划定, 最终确立的风貌协调区是: 西至堤坝, 南至滨洲线铁
路, 北至湿地北部边界, 东至 111 国道。规划风貌协调区总面积为 129
公顷。

在昂昂溪中东铁路建筑群风貌协调区采取整体保护的方式, 不得
未经文物部门审批随意建设新项目, 以便最大限度地保护文物建筑、
历史地段与周围环境景观的密切关系。划分风貌协调区务必要使区域
内新建筑的开发建设做到严格履行审批程序, 新建筑要与历史街区内
的文物建筑相协调, 并控制建设的规模, 建筑的风格造型、色彩和视觉
景观效果。在风貌协调区内, 新建筑限高 24 米。

三、再利用计划

通过对昂昂溪中东铁路建筑群保护范围的划定, 确立了对该建筑
群的整体保护措施。本着使用是最好的保护的理念, 通过分析昂昂溪
中东铁路建筑群分布情况进行再利用规划。

(一) 组团的再利用策略

昂昂溪中东铁路建筑群共由 15 个不同规模的建筑组团构成, 集中

整治这15个居住组团，对组团内的仓棚与围墙进行分期拆除，按照组团原有的基本模式重新规划；组团内对住宅的功能进行全面调整，恢复或减少住宅的户数，使居民的生活水平得以提高。在居民逐渐外迁的过程中，将闲下来的住宅进行功能置换；选取15个不同规模的建筑组团中保存比较完整、组团特征比较突出的5个组团进行了详细的再利用规划。

（二）居住组团的再利用方案

在昂昂溪中东铁路建筑群15个不同规模的建筑组团中，保存比较完整、组团特征比较突出的组团共有5个。这些组团及其历史街区是昂昂溪中东铁路建筑群原始文化特色的物质载体。规划对其中5个组团进行了详细的景观风貌规划：

1~2号组团

按照分期规划原则，要在规划期限内整治拆除组团内所有私建仓房和各类残破墙体，重新进行景观绿化设计，以灌木、花卉和绿地为主要软质景观要素，增加建筑周边绿化覆盖率，提升周边景观质量，为居住者创造宜人的居住环境。

3~5号组团

按照分期规划要对其进行保留性改造，在保留组团中间两个小街区现有建筑的基础上进行局部植被绿化和相应景观设计，以灌木、花

1号组团再利用方案草图

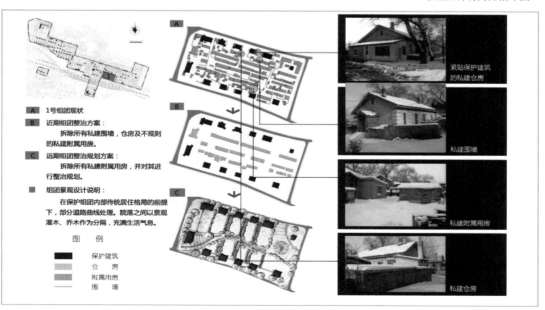

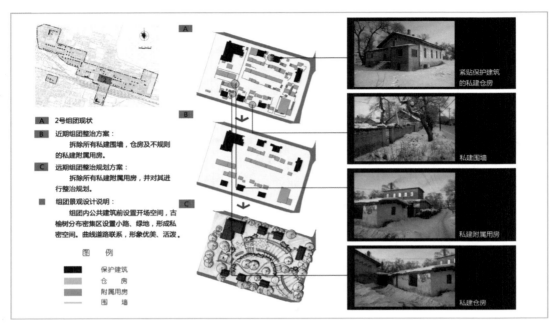

2号组团再利用方案草图

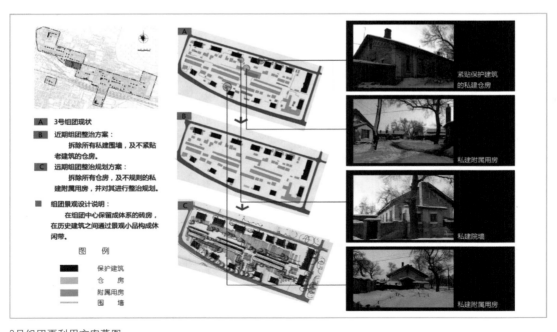

3号组团再利用方案草图

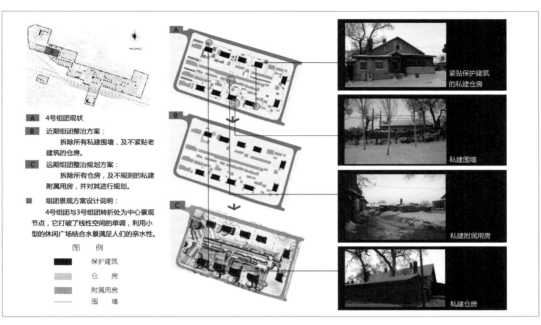

4号组团再利用方案草图

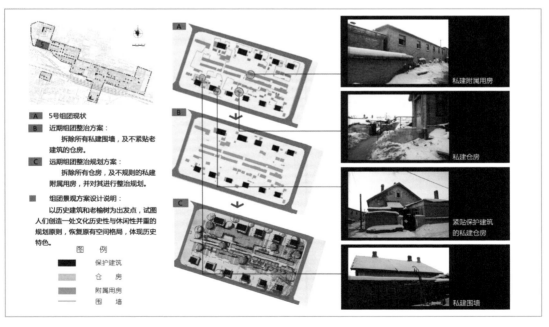

5号组团再利用方案草图

卉和绿地为主要软质景观要素，增加建筑周边绿化覆盖率，创造和谐
美好的居住环境。

（三）公共建筑组团的再利用方案

1. 火车站站前广场区

昂昂溪火车站前广场是整个昂昂溪中东铁路建筑群的核心景观节
点，该区域现状周边有苏联红军烈士陵园、体育场和铁路工人俱乐部
及教堂遗址。在规划方案中重点设计了广场的绿篱、灌木、乔木和喷泉
水体等景观软质要素和装饰灯柱、地灯、地面铺装等形式相结合的硬
质景观要素，建构多层次和丰富视觉效果的景观体系，以提升火车站
站前广场的景观品质。

2. 铁路景观风貌区

昂昂溪中东铁路建筑群紧邻滨洲铁路，而滨洲铁路又是昂昂溪
中东铁路建筑群产生和存在的物质载体。因此，昂昂溪中东铁路建筑
群与滨洲铁路关系密切，将铁路文化列为昂昂溪中东铁路建筑群的
主要旅游主题文化之一。在规划中，沿迎宾路设置沿火车线景观风貌
带和绿化景观隔声带，目的是一方面降低铁路噪声对核心保护区的
干扰；另一方面，让游客在绿树丛中感受到中东铁路的历史文化脉
络，进行铁路文化的景观特色展示活动和同时对游客进行爱国主义
教育。

铁路俱乐部组团再利用方
案草图

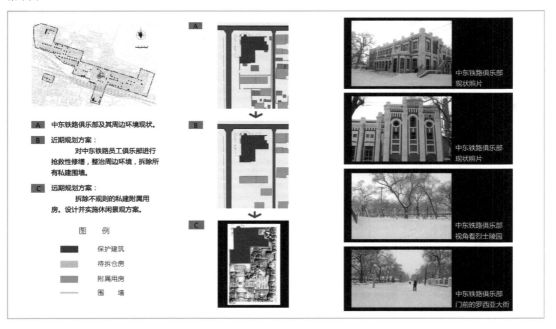

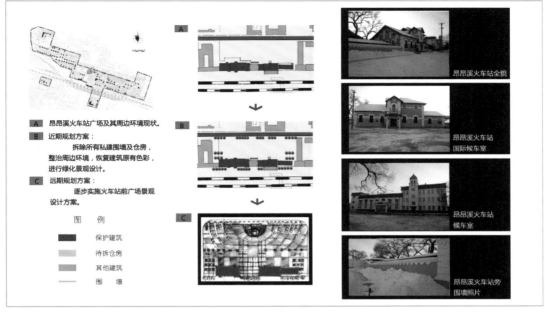

A　昂昂溪火车站广场及其周边环境现状。
B　近期规划方案：
　　　　拆除所有私建围墙及仓房，
　　整治周边环境，恢复建筑原有色彩，
　　进行绿化景观设计。
C　远期规划方案：
　　　　逐步实施火车站站前广场景观
　　设计方案。

图　例
　■　保护建筑
　　　待拆仓房
　■　其他建筑
　──　围　墙

昂昂溪火车站全貌

昂昂溪火车站
国际候车室

昂昂溪火车站
候车室

昂昂溪火车站旁
围墙照片

火车站组团再利用方案草
图

四、小结

　　昂昂溪中东铁路建筑群是中东铁路沿线建筑遗产的重要组成部分，对其进行认真的保护与再利用研究意义重大。本论文是在对昂昂溪中东铁路建筑群保护规划的基础上所进行的再利用研究，所采用的保护措施与再利用方案只是一个初步的探索性研究，还需要在保护规划落实的基础上作进一步的探索，以便总结出更为有利的保护与再利用措施，保护好这一组建筑遗产。

　　　　　　刘松茯　哈尔滨建筑大学建筑学院　教授
　　　　　　陈思　哈尔滨工业大学建筑学院　博士研究生

台湾工业建筑遗产再利用探讨
——以华山文创园区及台中文创园区为例

杨宏祥

摘要

过去台湾菸酒工厂所支撑民生经济的产业，因为面临全球化冲击及经营模式的改变导致部分地区的生产厂房停止运作或闲置，尤其是场域及机具闲置状态会直接影响都市的发展；其中关键的部分为日据时期工业型建筑，此类重要工业遗产保存及再利用课题及因应政策下开创文化创意产业的内涵是本文所欲探讨的重点。

本文先基于台湾工业建筑遗产再利用议题及落实推动文化创意产业政策的基本论述，进一步来探讨华山文创园区（昔台北旧酒厂）及台中文创园区（昔台中旧酒厂）在相关保存及再利用课题，包括定位、功能、保存再利用策略与原则、经营管理模式及产出社会利益等议题，最后检验、比较这两大园区其转型为文化创意产业基地需具备之价值，并提出具体结论与后续对于工业建筑遗产转型为文化创意园区基地之建议。

关键词：工业遗产，保存修复及再利用，华山文化创意产业园区，台中文化创意产业园区

Abstract

Taiwan's former industries, such as sugar, wine and tobacco factories, have been forced out of production due to changes in the business model or from the impact of globalization and now these industrial complexes lie idle. This industrial heritage is very different from the generally understood traditional cultural heritage and monuments. Currently in Taiwan the question of how to preserve, reuse and transfer old industrial buildings into a base for cultural and creative industries is an extremely relevant concern for government, academics and local organizations.

The article first focus on industrial heritage issues and the policy of cultural and creative industries, further to explore the Huashan Creative Cultural Park (Taipei Old Winery) and Taichung Creative Cultural Park (former Taichung Old Winery) in the relevant of reused issues, such as the positioning, functions, reuse strategies and principles, operation and managements. In conclusion, the article considers the interpretation of cultural connotation and the inner values of a pluralist society by means of the recent achievements in Huashan and Taichung Creative Cultural Park.

Keywords: Industrial Heritage, Restoration and Reuse, Creative Cultural Park

前言

本文欲探讨台湾文创园区在工业遗产保存修复及再利用的几种向度的阶段性成果，以目前台湾在文创产计划下所进行的文创园区中，以华山文创园区及台中文创园区的现阶段成果最为显着，尤其华山文创园区系以设计流行文创产业为基础，委外由私部门经营；台中文创园区则以文化及设计为基础，是由官方经营的案例。在本文的交叉比对讨论下，以文献回顾、文件搜集、基地调查及访察等方式进行，最后以综合、评估分析等来进行内容的研究并得出结论与建议。

一、文献回顾

（一）台湾工业遗产定义及内涵

对于工业遗产一词在中文上多有所定义与诠释，根据台湾成功大学建筑系傅朝卿教授（2004年）对于"industrial heritage"解释为"工业遗产"，指的是"包括仍然持续运作或已经闲置之产业设施与产业人造物的遗物"。

台湾文化部门（2004年）的定义则偏向广义解释，定名为"产业文化资产"，其具体范围及内容包括"伴随工业发展而出现之相关农、林、渔、军、工业、食品、商业设施及相关附属设备及文物"。产业遗产的内容：包括具有自然、历史、艺术、科学等文化价值，而可供监赏、研究、教育、发展、宣扬之产业文献、产业文物、产业建筑、产业聚落、产业遗址、产业器具、产业文化景观、产业自然景观等。目前台湾虽已推行许多产业遗产的保存工作，但尽管工业厂区被保留下来，但仍专注于建筑体及内部设备的保存，部分生产过程、居民与环境的互动、地方记忆，甚至是技术革新与重大事件的变故等并未被具体呈现。再利用的层面除了要面对新功能的定位外，对于原有的文化性资产也需要重视。空间性的资产是原工业遗产的躯壳；文化性的资产是原工业遗产的记忆；另外，创造性的资产应当是原工业遗产的新灵魂，这三种元素必须是工业遗产活化再利用的基本态度及开创的重要工作。

（二）工业遗产纳入世界文化遗产之地位

联合国教科文组织（UNESCO）于1972年制定的"世界遗产公约"，其内涵系将世界遗产分为三大类，其中工业遗产属于文化遗产类的范畴。1978年，瑞士成立了第一个国际性的工业遗产组织，之后每年陆续都有世界各国的工业遗产被列为世界文化遗产，大部分都集中在欧洲，英国数量最多。2003年，在俄罗斯召开的TICCIH第十二届大会上，通过了有关工业遗产的《下塔吉尔宪章》，这是保护工业遗产最重要的国际宪章。在2005年颁布的"实施世界遗产保护公约操作指南"中，ICOMOS将TICCIH指定为世界遗产在工业遗产方面评审咨询的组织；同年10月，在大陆西安召开的第十五届学术研讨会，也将2006年4月18日的国际文化遗产日的主题订为"工业遗产"，这表明世界文化遗产中的工业遗产越来越受到重视，也代表着工业遗产保护走向国际关注的阶段。

本文试图进一步援引《下塔吉尔宪章》第五章《维护与保护》第四点[1]及第五点[2]原则。上述宪章中也提到工业遗产的保护与一般文物保护不同，最为重要的就是要让这些构筑物进行适当的再利用。工业遗产的脉络保存是重要的，在尽可能地保留、保护其工业生产类建筑的特征和它所带来的历史信息的前提下，一定要注入新的空间元素、开发新的功能，这是顺应时代演变的发展。工业遗产的保护不仅是要使旧建筑留存下来，更重要的，是要复苏工业遗产的生命力，使之能够融入当代都市生活中。因此工业遗产不太可能以原貌原机能保存的方式来维护，若是如此，可能会因结构性的改变而与其所在的环境格格不入。最好能够透过再利用的方式，重新建构其与都市空间、使用形态的新旧关系。

---

[1] 提到："赋予工业遗址新的用途以保证其生存下去是一种可行的途径，新的用途必须尊重原有的材料，维护原始的人流活动，并且尽可能与初始或主要用途兼容，推荐留出某个区域展示曾经的用途。"

[2] 提到："对工业建筑的再利用可以避免能源浪费有利于可持续发展。工业遗产能够在衰退地区的经济振兴中发挥重要作用，持续的利用可以给面临突然改变的社区居民提供长期持续的就业机会和心理上的稳定感。"

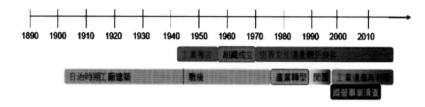

台湾工业发展年代示意表[1]

（三）台湾工业遗产转型之推动机制

台湾的工业遗产保存、修复及再利用主要由文化部门主导。1982年，台湾文资法公布，当时古迹保存概念偏向单栋指定及冻结静态式保存，那时并无"再利用"的积极观念或作为。直到1997年文资法修法，才将古迹、历史建筑的保存方式纳入了"再利用"的观念。后来因为发生了艺术家争取华山艺文特区的使用而引发的种种效应，"再利用"的议题才从历史建筑延伸到工业遗产上。这是一系列从公共建筑到非公用建筑、从单栋式再利用扩大到整个园区的再利用，以及从官方主导变成有民间力量介入的过程。

比较海内外发展状况后，发现再利用造成空间改造有两个最重要的因素，其一是古迹与历史建筑的保存，其二是社会经济产业结构的改变。而社会经济结构的改变，影响了大部分工业遗产的再利用。当产业结构改变，原有工厂无法继续生产而逐渐被闲置。本文所探讨的对象为都市中闲置的工业遗产，是属于二期产业。现存大规模的工业闲置空间为日据时期兴建完成，之后因都市扩张及原有功能不足以满足所需的情形而搬迁。位于都市中心区域的工厂留下许多空间及保留大量的机具设备，这些重要的空间与材料不能弃而成为都市的滞留物；另一方面，重新定位、修复再利用及转型后的营运管理也是自身场域的重要环节。在台湾，乃由政府主导将这些工业遗产转型成为创意文化园区，积极地使这些园区成为文化创意产业聚集与发酵的创意基地。

（四）台湾文化创意产业计划目标

1. 推动文化创意产业计划

台湾于2002年正式将"文化创意产业"列为"挑战2008：重点发展计划"之一，这是首次将抽象的"文化软体"视为政府建设的重大工程。文化主管部门于是提出将公卖局停止使用之台北酒厂、台中酒厂、

---

[1] 吴明慧：《工业遗产再利用为商场之研究》，台湾成功大学建筑研究所硕士论文，2008年，第32页。

嘉义酒厂、花莲酒厂等旧址与台南仓库群纳入"文化创意产业发展计划"项目。

2.结合区域形成产业群聚效应

文化部门基于"文化创意专用区"可发挥集聚、扩散、示范与文化设施服务等多项功能，将台湾菸酒公司减资缴回政府的华山（台北）、台中、嘉义、花莲等酒厂旧址及台南仓库群等五个闲置空间，规划为"创意文化园区"，作为文化创意产业发展据点、艺文展演空间及跨领域交流平台。

3.文创园区的阶段性任务

因旧酒厂长期闲置导致园区厂房建筑物毁坏相当严重，故文化创意园区初期发展策略在于修缮毁坏建物与改善园区景观，让园区能重新活化。因此，积极从园区整体发展规划、都市计划变更、土地拨用、调查研究、修复工程进行、经营管理策略拟订等逐步予以落实。在经过这几年的努力后，已逐步推动完成五大园区土地移拨、文创专用区都市计划变更、环境整备及建筑修复再利用，让委外经营管理工作可以更顺利推动。

二、华山及台中文创园区发展过程

（一）文创园区短、长期推动计划概述

在文创产计划下，对于"创意文化专区"的短期推动计划主要在尽快修缮毁坏建物与改善园区景观，在第一期（2003–2007年）计划[1]总预算不足情形下，导致各园区进度不一，其中仅华山文创园区预算较多，已完成大致的修缮工作，并于2007年4月重新开放园区供艺文界人士申请使用。而第二期（2008–2013年）计划在总预算持续编列下，台中文创园区才得以局部修复局部开放的平行策略，开放民众参观及使用，过程中且不断与各界人士共同激发对园区的多面向定位与功能的讨论。

（二）华山文创园区的基本资料

1.园区背景说明

原为台北酒场使用，1987年开始闲置。原属台湾菸酒公卖局经管之土地，于2004年6月变更由文化主管部门经管。"创意文化专用区"总面积计7.21公顷，其中文化主管部门的持有土地面积约5.56公顷。园区既有建物总楼地板面积约15,516平方米，目前已规划之总楼地板面积（包

---

[1] 在第一期计划的过程中，在土地问题、都市计划变更创意专区、古迹或历史建筑修复工程等程序中，最常面对都市建管法令的课题，尤以日据时期下的有价值建筑物涉及诸多再利用观点，因此决策必须在硬体修缮及软体定位两大面向兼筹。

含既有建筑再利用部分及 ROT、BOT 规划新增量体）约 34,089 平方米。

2. 园区定位

定位为"文化创意产业、跨界艺术展现与生活美学风格塑造"，以"酷"与"玩"为规划主轴，突显华山文创园区作为跨界创意的发挥空间，扮演媒合跨界艺术、产业互动的场所，建构异业、异质交流结盟的平台，并发展成文化创意产业人才的育成中心。

华山创意文化园区历史建筑及引进民间参与计划分布示意图

台中文创园区的基本资料

1. 园区背景说明

原为台中酒厂使用。"台中创意文化园区"总面积计 5.9 公顷，至 2007 年 2 月底土地拨用完成。2006 年经内政部门营建署审查通过"变更台中市都市计划主要计划"，台中市政府都发局已于 2006 年召开都市计划协调会，2007 年已通过都市计划细部计划变更审查及公告完毕。本园区既有建物总楼地板面积约 42,614.08 平方米（约 12,891 坪）。

台中文创园区历史建筑分布及建筑修缮情形示意图

2. 园区定位

台中文创园区发展以建筑、设计与艺术为主体，其主要用意在促成台湾与世界建筑设计产业的接轨，强化建筑与设计的专业领域，培养全民空间美学，并提升台湾中部成为亚洲创意设计产业的重镇。除文创活动之外，台湾文化资产管理机关以其角色，带来文化发展趋势重点，包括文化资产之活化与再利用、传统艺术、展演及文资维护人才的传习。

三、保存修复及再利用分析

（一）保存机制与法规面环境分析

保存机制与相关法规程序

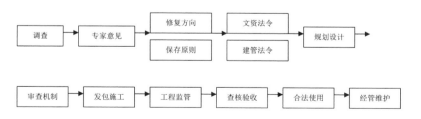

1. 华山文创园区

保存机制："华山文创园区"于 1987 年酒厂迁厂后一直闲置未用，1992 年被选为立法机关新址用地，但因兴建费用庞大而多年未决。至 1997 年，一群艺术工作者透过游行、展演、连署，终于争取到将该区划定为艺文特区，保存下来作为艺术发展空间。

法规面环境：都市计划细部计划变更，台北市政府于2004年通过都市计划变更为"创意文化专用区"，于同年将园区（属台北酒厂旧址）部分拨用文化部门管理使用。古迹及历史建筑指定与登录，园区内部分厂房于2003年1月通过台北市古迹及历史建筑审查委员会古迹资格审查并登录为局部建筑物为古迹及历史建筑，面积比例约占全园区45%。

2. 台中文创园区

保存机制：1998年由台中市政府规划为台中市火车站后站之住商联合开发区，当时台中旧酒厂里的建筑群虽然仍保持相当完善，部分台湾菸酒公卖局未搬离的机具设备也成为酒厂内的重要资产，但却未能指定为历史建筑园区。当时并未面对产业文化资产的存废问题，所以在混合开发区的规划下，有两条都市道路穿越园区的街廓。所幸在台中地区相关文史工作者、学校及团体的大力推动下，才得以保存整个完整街廓的厂址。

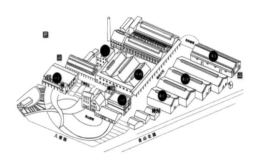

华山文创园区建筑群区位关系

法规面环境：都市计划细部计划变更，园区在都市计划发展的范畴是依据"变更台中市都市计划主要计划"，本案主要计划的土地使用分区为创意文化专用区。

古迹及历史建筑指定与登录，在土地拨用及订定都市计划细部计划的同时，园区内部分厂房于2002年通过"台中市古迹及历史建筑审查委员会"古迹资格审查并登录为历史建筑，共有16栋历史建筑。历史建筑受到文资法的法令保护及规范。

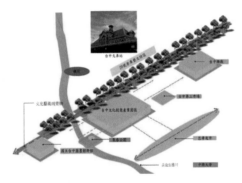

台中文创园区都市区位关系

3. 二大园区面临的建管法令问题

园区再利用初期面临的都市建管法令是由地方政府针对都市计划下相关都市设计审议及建管程序予以审查，另由各管市政府文化局对于历史建筑修复再利用的文资法规范审查加以把关，这是一系列在各级政府共谋之下所必须磨合的过程。在都市计划、都市设计审议、建筑法令与文化资产保存相关因应计划多有模糊未界定的区块，例如旧有合法历史建筑物办理消防安全管理的因应计划所涵盖的消

台中文创园区历史建筑物配置

防设备、结构安全等审查标准，会影响历史建筑物修复、再利用与维护管理的功能，直接影响园区转型的过程与时效性。

建筑物修复工程须办理建管或因应计划书审查程序

（二）定位与空间机能分析

华山文创园区

1. 定位：从"表演艺文群聚地"到"艺文特区"到"文创旗舰基地"。

1997年"金枝演社"进入废弃的华山园区演出被指侵占公产，艺文界人士群起声援，结集争取闲置十年的台北酒厂再利用，成为一个多元发展的艺文展演空间，在后续过程中，华山艺文特区转由文化部门管理，经营前卫艺术展演外，也引入设计、流行音乐等活动。直到2007年，以促进民间参与模式将园区朝"台湾文化创意产业的旗舰基地"的目标前进。

空间机能：华山文创园区委外后的机能以商业性质居多，包括文创商店、文创生活概念店、酒馆、茶室、餐厅、音乐主题表演、电影院等；另外，将局部修复后的空间再利用为展览用途，由委外营运公司主导，自办展览或开放民众申请展览，文化部门是督导的角色。

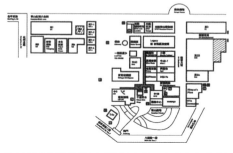

华山园区空间机能图（资料出处：文化部门文创产计划及华山文创园区官方网站）

2. 台中文创园区：定位：从"建筑设计、艺术中心"到"文化、设计与艺术类展演场"。

台中文创园区以建筑、设计与艺术领域为内涵推动相关软体计划为主。自2008年台湾文化资产主管部门代管以来，又纳入了文化资产的区块，多为艺术类及台湾传统文化的范畴。

空间机能：目前园区的空间机能规划，第一部分是文化展演区，目前由文化资产主管部门自行管理，接受申请办理展览使用，并规划年度大型展览及活动。第二部分是商业机能区，委外开放相关商业音乐主题、文创商品店及咖啡厅等使用。第三部分是酒文化馆暨设计工坊区，目前正进行设计工坊及酒文化博物展示馆之修复再利用工程。第四部分为行政所使用之办公室区域（含育成中心）及图书资料中心等。

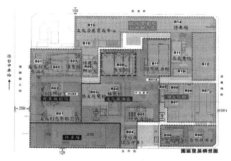

台中园区空间机能图（资料出处：本研究制作）

（三）硬体空间发展策略及分析

1. 设计策略

两大文创园区的建筑群多为日据时期建造的工业遗产，对于旧建筑物的设计策略，依保存（旧）与改变（新）的相对比例程度可分为原貌保存（original preserved）、部分改变（portions changed）、部分保存（portions preserved）、新旧并置（co existing）四种。以下就这四种设计策略辅以示意图例加以诠释，以利阅读理解（以下图示为本文绘制）。

修复策略

1. 原貌保存 旧建筑以原貌保存之策略，目的在于修复还原成建筑物之原始样态，包括建筑主体、空间组织、结构系统、造型式样、构造形式、装修形式及物理环境系统等；材料上可以原材质新品置换，在颜色表现上稍显差异。	Old　　　　　New
2. 部分改变 保存旧建筑原有主要特征，局部改变次要之空间或元素，进行调整以提供新机能使用。	
3. 部分保存 保存旧空间之原始空间架构（建筑主体、结构系统、构造形式），大规模改变空间功能、形式，以因应新机能之使用。	
4. 新旧并置 以尊重旧建筑原涵构为基础，新建筑依循适当姿态自行发展。新旧两者同时并置，相互彰显、过渡、对比、联想或以为衬托。	

2. 设计时间着重内涵（包括以下几方面）

保存计划：以局部修复的方式进行，以解决机能性需求的低限度空间变动为原则。采用由室内结构补强方式，以维持原有历史建筑物的建筑外观美感，赋予旧建筑的新时代意义。

空间再利用计划：内部空间机能将在保持原有建筑结构下做调整，以满足新的空间使用之需求。

满足新空能设施：原空调主机重新调整位置并提高风管高度，以减少噪音震动并增加展场空间高度，并将灯光、机电、空调、消防等设施系统化处理，以因应展场机能之设施需求。

赋予新使用涵构新的空间精神：于现有旧建筑加入对比性的新建

筑元素，例如钢构、玻璃构造物、金属铝扩张网，呈现新旧建筑元素对话的趣味空间效果。

维护计划：古迹及历史建筑最重要是管理维护，要当成是对生命有机体的照应，来妥善执行维护计划，以持续建筑物的寿命及人类的记忆。

（1）华山文创园区

建筑物价值：园区内的建筑具有台湾近代产业历史上的特殊价值与意义。

建筑物修复策略：华山文创园区修复策略很清楚且专一，大部分为：原貌保存及修复的原则。也有采用部分改变的原则，以适应新功能及现况建筑条件无法回复的建筑物。

总体而言，华山文创园区的历史建筑物是采取"低限修复观点"，以注重结构安全及消防法等规定为优先考虑，因采委外营运模式，后续建筑物改善或修缮部分也由委外团队自筹办理。

建筑物空间机能与修复方法

1. 四连栋（历史建筑） 展览空间，四连栋建造于1933年3月，最初主要作为"红酒贮藏库"，在1981-1987年因金山南路拓宽，面积缩减，而改装成四栋连续但长度不一的建筑。空间特质为独栋式长形厂房建筑，室内为长廊式的空间，钢骨钢筋混凝土柱梁系统，加强砖造结构。 原貌样修复方法。	
2. 行政大楼 办公、展览空间，表演空间及咖啡厅。前身为1914年清酒工场，为芳酿社时代第一批建筑，于1922年作为总办公室。立面采大量开窗，采光充足，内外墙均厚达1米，洗石子墙面，坚固又耐热，冬暖夏凉，是一适合办公之建筑空间。 原貌样修复方法。	
3. 果酒大楼 展览空间，建于1959年，一楼原为水果酒仓库，二楼原为酒厂礼堂。礼堂保留一个镜框式舞台，长廊及三面开窗采光，极具空间感。 原貌样修复方法。	
4. 维修工厂 餐厅，建于1931年，酒厂都设有工场以检修厂区机具门窗。南侧小隔间为当时需领料之仓管空间；西北侧玄关方形建筑，其水平饰带与厂房山墙巧妙连接。 原貌样修复方法。	

5. 蒸馏室 展览空间，建于1933年，楼高三层，与米酒作业场相连，为制作米酒流程一环，楼层有许多因设置蒸馏机留下圆形穿孔。四楼屋突圆弧外观，三楼露台及大型拱窗，窗缘为北投窑砖。 原貌样修复方法。	
6. 锅炉室（历史建筑） 展览空间，建于1931年，为铁骨屋架，挑高一层砖造建筑，内遗有与蒸卤相连之砖砌炉口、锅炉机具，表现酒厂记忆的时间魅力。 原貌样修复方法。	

（资料出处：文化部门文创产计划及华山文创园区官方网站）

（2）台中文创园区

1. 建筑物价值

　　台中旧酒厂为中部重要产业遗址，累积由日据时期遗址而至当代建筑的脉络，它的再利用规划与整体城市发展息息相关，包括1930年代古绿川消失、1998年迁厂的乔木大移植及神社公园夷平等重大开放空间及建筑物体系的结构性变迁。

　　建筑物空间机能与修复方法

台中文创园区现况3D模型示意

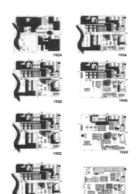

台中文创园区历年都市计划发展示意

B03（历史建筑） 艺文展览馆，原为黄酒及花雕酒成品仓库，建于1936-1938年。窗台的收边、高墙与屋桁架接合处作工细致，为工整的四连栋展览空间。 原貌样修复方法。	
B05（历史建筑） 礼堂及展览空间，原为礼堂、餐厅、供应部，建于1941年。舒适宜人的回字形木造日式建筑，以柱列回廊环绕幽静中庭，礼堂内部充满浓郁桧木香。规划作为小型表演及展览空间使用。 新作原貌样修复方法。	 修复后
B07（历史建筑） 锅炉室，原为锅炉室，为砖造维多利亚式建筑物，立面造型精美，建于1928年，为酒厂动力来源。现经原貌样保存，为酒文化馆重要生命史展示功能，视为园区指标建筑。 原貌样修复方法。	

B08（历史建筑） 台中旧酒厂生命史展示馆原为机械修理厂，建于1923年，为园区内最早的砖造建筑物之一，目前为台中旧酒厂再生故事的展示区。 原貌样修复方法。	
R05（历史建筑） 原为气罐室，建于1925年，后续改为变电室，目前修复后也作为变电室使用。特殊的立面山墙及13沟缝砖是其建筑特色。 原貌样修复方法。	
R10（历史建筑） 原副厂长办公室及试验室，建于1927年，为日据时期早期钢筋混凝土的重要案例，有特殊拱形门廊。修复后提供台中市政府文化局作为办公厅舍使用。 原貌样修复方法。	
S02/S03 原菸酒储藏仓库及销货场地，后增改建为文化资产资料中心暨建筑设计图书馆，含展示空间。 新包覆式修复方法。	修复后 

建筑物修复策略：台中文创园区中的重要历史建筑修复策略，如B05礼堂、B11仓库、B09五连栋仓库的案例，是采尊重原有历史性条件从事局部调整，在外观上维持原样态不变的原则；另一方面则尽情在室内空间使用上发挥改造之创意。另一种类型为一般建筑物，如作为台中都市愿景馆的R04仓库，仅留下原建筑历史外墙，是以崭新的材质工法以及空间使用的新建建筑物，是一栋可以诠释园区当代建筑表现的著名案例。

（三）小结

二座园区在从事历史建筑的修复过程中，其重要基底为旧与新元素共存的建筑构成。解析华山园区与台中园区的案例后可以获知，华山园区是以低限的修复手段，保持外观原貌样的大原则，在内部新增新空间及新机能，可以说，是在每栋单体建筑物中"创造新内覆空间"的重要设计手法。

而台中园区，则是邀集台湾数位知名建筑师协助建筑物改造计划。在开发过程中，采取由"重要而次要"、"由大到小"、"由公共到私密"、

华山文创园区空间营运规划示意

意式小酒馆

室内流行歌手乐团表演

"尽量维持原貌"等机制,才决定最后细部设计的准则。综观被改造后植入新建筑构成元素,其中比例最高者为材质与颜色,其次为开口部位置与形式、屋顶形式。为了使原有仓库空间转化为展览与办公集会之新机能使用,以当代的材料与工法修正整理原有空间构造所缺乏的部分,可以说,是在每栋单体建筑物中"创造旧体新用空间"的重要设计手法。

(五)软体计划发展策略及分析

1. 华山文创园区

2007年由台湾文创发展股份有限公司与文化部门正式签约取得华山园区ROT案未来15年加10年的整建及营运权利。华山在经过以短期活动为主的十年艺文特区转型酝酿阶段后,正式定位为推动台湾文化创意产业发展的旗舰基地。这是"由上而下"的推动机制,将整个园区以"企业运作"方式经营。

文创商店（左）
简单生活节-每年固定举
办（右）

商业申请展（左）
戏塔区（右）

储酒仓库群（左）
红砖仓库群迹（古迹）（右）

乌梅酒仓库（古迹）

　　经营管理方面之推展：举办年度创意生活主题活动或竞赛，并邀企业赞助合作，增进消费者对台湾生活创意产品之认同；建立市场流通性，介绍海内外生活创意品牌的趋势与研究，办理"华山艺术生活节"等。形塑台北文创产业轴带：整合华山创意文化园区、松山菸厂、建国啤酒厂、台北故宫博物院等文化创意产业园区资源，结合沿线文化设施、时尚设计街区、科学园区、软体园区等场域，并推动创意城市产业集聚效应。举行各类活动如：食酒生活、都会夜生活、创生活、市民共享生活、建筑遗产生活等。

　　2. 台中文创园区

　　再利用后的四大类文创展演活动：台中文创园区的自办展演活动

入园广场（左）
ADA音乐主题餐厅（右）

阳光草坪（左）
中央大街的节庆嘉年华（右）

主办台湾设计博览会（左）
国际工作营及研讨会（右）

设计图书馆（左）
高架管线美学（右）

传统歌仔戏排练与表演（左）
木工坊教学及展览（右）

保留仓库内旧有设备，以
文教方式活化（左）
保留户外管线及酒桶（右）

户外演唱表演（左）
电影海角七号之场景回溯（右）

分为四大类，分别是"艺术展演"、"文化资产活化再利用"、"人才培育"
及"建筑与设计"。

软实力的三大方针：营运软实力的三大方针，第一，多办展览；
第二，主动策展；第三，招揽合作。透过四大类文创产演活动及软实力
三大方针，让这个园区关于有形及无形的资产与社区重新连结，进一
步与全台湾互动。目前人性的、贴近民众享用与互动的营运状态所发
挥的社会效益是很大的，也达到当初所设立的目标。

再利用模式分析：2005年开始局部对外开放、举办相关主题活动、
文创设计单位进驻、积极办理公共服务设施建置，以及建筑、设计展览
馆的建置等，吸引相关文化艺术工作者、经营者进驻及举办文化创意
活动。这是一种由公部门与私部门"平行渐进"的营运模式，且是"由
观察到介入"逐渐明确的落实程序。如商业软实力、休憩软实力，广场
与户外装置、设计软实力、创意建筑软实力：设计图书馆、艺文软实力、
酒文化软实力、舞蹈、音乐软实力、文化资产软实力、获奖经历等。

台湾世界遗产潜力点展（右）

台中园区开园传统文化仪式（左）

园区营运空间获奖成果——台中市第二届都市设计奖

经营管理方面之推展：在台湾文化资产主管部门代管经营下，除了推广文创活动，更有优势利用资源培育台湾传统艺术文化的重点工作。在现况已有四栋建筑物招租委外经营外，未来亦朝向将整个园区引入民间促参 OT 方向推动，期使园区能永续经营。

	S01《设计·点》台中店	B01 TADA方舟·音乐艺文展演空间	B03艺文展览馆
委外方式	选予出租（国有公用不动产收益原则）	公开标租（国有公用不动产收益原则）	促参（OT，经营-移转）
面积	约364.00㎡（100坪）	约661㎡（200坪）	约1056㎡（320坪）不含a栋
经营类目	文化创意商店	文化创意主题餐饮空间	艺文展览馆
管理年期	9年	5年	10年
最少投资金额	-	700万元	350万元
租金	46万元/年	46万/年	兴建期：申报地价x1%x期营基地面积 营运期：（申报地价x5%x期营基地面积）x60%
权利金或回馈金	本案係选予出租，无权利金或回馈金。	每月营业额回馈金之计算方式： 1. 超过一百万以上，未达一百五十万部分为营业额百分之一； 2. 一百五十万以上，未达二百万部分为百分之二； 3. 二百万以上，未达二百五十万部分为百分之三； 4. 二百五十万以上为百分之四。	1.定额权利金：20万元/年 2.该年度营业收入（不含5%营业税）支付1%之金额为经营权利金。

委外民间营运管理方式

四、结论、建议与反思

（一）结论

1. 华山文创园区再利用之优势与劣势

优势：都市区位、运通便利、挹注经费与人力多、多元价值并容、委外手法、公部门重视的示范点。

劣势：商业化太强，缺乏文创整合性、涵容性，经营条件独立，造成一般有意愿的文创人士进入不了。

2. 台中文创园区再利用之优势与劣势

优势：官方主导、支配性统一，以文化资产为基础，具有开发文创业的契机。

劣势：都市区位不佳、交通运输不便，中部设计产业未及台北地区热络，开发预算不足、潜在委外营运单位意愿不高等。

3. 两座园区皆经由土地管理程序，利用公有财产土地拨用及都市计划变更，将原有工业用地区位转型为文创基地区位，在都市发展及更新机制上为成功的案例。

4. 二座园区在历史建筑修复过程中，积极与建筑主管机关协商有关处理都市建管法令的层面，成为办理因应计划书的先驱及台湾其他单位参考的借镜。

5. 工业建筑遗产修复再利用成为台湾相关案例新典范

两座园区所见的"修复"，是以实质情况还原的理性介入做法，"再利用"则是依着历史思考层级、设计策略以及处理方式之间反复检讨下的创意表现。操作过程以来，除了面对历史建筑及酒厂功能的真实性外，对于活化再利用方面兼备关照与创新两种态度。

6. 工业遗产转型后的文化资产遗憾

面对文创议题下，华山园区将原厂房内部机具设备及管线皆移除，转型后空间已经看不到原来制酒流程的重要脉络；而台中园区则在2013年积极与台湾菸酒公司商议，希望后续将四栋历史建筑物转型为酒文化馆，藉由局部保存下来的机具设备，来展开一段有关酒文化的延续。这个情形也反映出当下对于工业遗产保存与废除的文化资产议题，在取舍之间必须有责任的面对诸多批判。

7. 带动城市创意生活圈形成，丰富市民生活、提升环境美感、增加城市竞争力。

（二）建议

1. 更进一步架构出文化创意产业的平台，发挥文创产业区域整合及集聚效益，提升产值经济效益。

2. 台湾文创产业与传产的连结与转型契机。

3. 冷静评估后续文创定位，深化育成推广的目的。

（三）反思

1. 台湾文化创意产业法令未明、预算不足，各方人马未完整到位，应缜思行动；可集中资源先开发一个示范点。

2. 应尊重工业遗址的自明性，以轻微的手段执行改造；植入合宜的功能，塑造一个旧瓶新酒的新典范。

表5-1　两座园区修复再利用议题对照表

分项	华山文创园区	台中文创园区
1.目前定位	主线文创产事业、流行设计产业基地。	以文化资产为基础，开发文创价值。
2.目前功能	商业功能为主、展览空间为辅。	展览空间为主，文化资产及创意设计活动为辅。
3.经费挹注	五大园区中占文创计划经费最高。	五大园区中占文创计划经费次高。
4.区位	文创专区，位居台北市文教、行政及商办区，交通运输便利。	文创专区，位居台中市后火车站商业区及住宅区，交通运输较不便利。
5.开发期程	文创计划前即进行开发，期程较长。	文创计划始进行开发。
6.修复策略	原貌样低限修复，后续由委外单位自行改善。	因应新功能，改善原仓库通风采光不良的缺点，进行修复及局部改造。
7.再利用经营模式	全区委外，ROT案。	全区自管，目前仅四栋建筑物招租委外经营，另有四栋为公部门办公使用。
8.文创产影响成效	地处国际都市之便，带动人潮及产业聚集。	条件较差，尚无文创产方面的成效。
9.文化资产保存能力	以全心流行设计趋势经营园区，并无着眼文化资产保存能力。	台湾文化资产主管部门推定文化资产类保存推广等，具有成效。
10.法令困难度	都市计划、都市设计审议及建管程序获得台北市政府大力协助，耗时少。	都市计划、都市设计审议及建管程序，与台中市政府协商讨论过程多，耗时较多。

杨宏祥

台湾东海大学建筑设计博士研究生、台湾文化资产主管机关助理研究员

参考文献：

书籍类

1 王玉丰主编：《揭开昨日工业面纱：工业遗址的保存与再造》，台湾科学工艺博物馆，2004年。

2 王怡芳、詹彩云：《4th马勒侯文化管理研讨会——法国工业遗址的保存与再利用专刊》，2005年。

3 黄柏铃：《闲置空间再利用营运管理之法规课题及其策略》，《推动闲置空间再利用专题计分区座谈会》，2001年。

4 萧丽虹、黄瑞茂：《文化空间创意再造：闲置空间再利用海外案例汇编》，2002年。

5 杨凯成主编：《废墟的再生：工业遗址再利用海外案例探讨》，2006年。

6 李素馨：《旧建筑再利用法令程序探讨》，台中市政府，2004年。

7 傅朝卿：《台湾闲置空间再利用理论建构》，推动闲置空间再利用国际研讨会，2001年。

8 傅朝卿：《建筑再利用专题讨论课程讲义》，2007年。

9 《创意文化园区总结报告》，2007年。

10 王玉丰：《参加2006年第十三届国际工业遗产保存委员会（TICCIH）国际大会出国报告》，台湾科学工艺博物馆，2006年。

11 朝阳科技大学杨敏芝教授：《台中酒厂创意文化园区整体规划结案报告书》，2004年。

12 中华建筑文化协会：《台中创意文化园区历史建筑"原公卖局第五酒厂"调查研究及修复再利用规划结案报告书》，2004年。

13 《文化创意产业计划创意文化园区总结报告》，2007年。

14 《唯有酒香似旧时——台中文化创意产业园区的前世今生》，2011年。

论文类

1 王熏雅：《日据时期新式制酒工场产业遗产保存策略》，台湾中原大学建筑研究所硕士论文，2000年。

2 朱淑慧：《从经营观点谈历史空间再利用修复之研究》，台湾淡江大学建筑研究所硕士论文，2004年。

3 吴国硕：《永续都市发展下闲置空间再利用之研究——以高雄桥仔头糖厂为例》，台湾成功大学都市计划研究所硕士论文。

4 黄淑晶：《创意文化园区经营管理策略之研究——从加拿大温哥华葛兰湖岛园区看华山创意文化园区》，台湾中山大学艺术管理研究所硕士论文，2005年。

5 蒋永辉：《藉历史建筑再利用带动更新地区发展之研究：以台中火车站地区为例》，台湾东海大学建筑研究所，1994年。

6 吴明慧：《工业遗产再利用为商场之研究》，台湾成功大学建筑研究所硕士论文，2007年。

保护遗产 共享成果
——沈阳市铁西区工业建筑遗产保护初探

侯宁 侯占山

摘要

工业是人类文明的结晶，是人类社会进步的象征。随着城市发展、企业升级、搬迁改造，保护工业建筑遗产成为工业发展过程中的一个重要课题，也是文物保护工作的重要组成部分。沈阳市铁西区作为闻名全国的老工业基地，是工业建筑遗产最丰富的区。保存、利用好这些工业建筑遗产对推动地区经济文化发展具有重要作用，铁西区对此进行了初步探索。本文将系统梳理铁西区对工业建筑遗产保护利用的具体做法，并提出未来发展建议。

关键词：沈阳市铁西区，工业建筑遗产，保护利用

Abstract

Industry is the crystallization of human civilization, symbolize human society progress. Following the city development、enterprise upgrading、relocation and transformation, protect industrial architectural heritage is an important task during the industry development. Shenyang Tiexie district is a famous old industrial base of China and is an industrial architectural heritage most important abundant district. Saving、using these industrial architectural heritage plays an important role to promote regional economic and cultural development, TieXi district proceeded primary exploration for it. This article compile Tiexi district's special practice for industrial architectural heritage protection and utilization, and puts forward future development suggestions.

Keywords: Shenyang Tiexi district, Industrial architectural heritage, Protection and Utilization

工业是人类文明的结晶，是人类社会进步的象征。世界工业从18

世纪60年代英国发起的第一次工业革命至今已经走过了200多年的发展历程，中国工业从19世纪60年代洋务运动开始也经历了100多年的发展历程，工业的发展为人类和社会进步做出了巨大的贡献，同时也为这个人类社会发展的新纪元积淀了深厚的工业文化，然而，作为工业文化重要载体的工业建筑却随着城市发展、企业升级、搬迁改造大量消失。工业建筑是工业发展不同阶段科技和人文精神的结晶，不仅代表着工业历史和文化，更在建筑学、考古学、社会学、美学、艺术等方面具有独特的价值，且不可再生，因此，保护工业建筑遗产已经成为现代工业发展进程中的一个重要课题。为了有效保护全人类的文化遗产，联合国教科文组织于1972年在巴黎通过《保护世界文化和自然遗产公约》，截至2011年6月全球世界遗产总数936处，其中世界工业遗产54处，而我国现有40处世界文化遗产中，没有一处是工业遗产。这充分说明我国在工业遗产保护方面的差距和加强工业遗产保护的重要性及紧迫性。沈阳市铁西区作为闻名全国的老工业基地，对工业建筑遗产的保护有着强烈的历史责任感和使命感，秉承着高度的文化自觉，在区域建设的进程中对此进行了初步探索。

一、铁西区开展工业建筑遗产保护的优势

（一）深厚的工业文化积淀是开展工业建筑遗产保护的基础

铁西区，素有"东方鲁尔"之称，从1905年建设的第一个工业企业开始，经历了民族工业、殖民工业、国民党统治时期的漫长发展过程，1948年11月2日沈阳解放后，铁西区在新中国的怀抱中，又经历了从计划经济到市场经济的转型，是享有"共和国工业长子"和"共和国装备部"美誉的老工业区。百余年的发展历程，让这里拥有大中型企业230余家，产业工人30多万，被誉为新中国机床的故乡和重型机械的摇篮，在中国有能力制造的24类210种成套设备中，沈阳独占三分之二，铁西区工业总产值占沈阳市的66%。铁西区在为共和国创造了数百个工业第一的同时，也积累了无数优秀的工业建筑，67条铁路专用线，67条以"工"字命名的街路，全国最大的工人居住区——工人村，以及各类厂房、子弟学校、职工医院、俱乐部、宿舍等，这些建筑形象地记录了中国工业发展的历程，系统展示了不同历史时期中国工业建筑的风格，生动地体现了工业建筑的科技价值和美学价值。

根据工业建筑目前的几种分类方法，即按存在的空间分为太空工业建筑、陆地工业建筑、水岸工业建筑、地下工业建筑；按使用功能分

为生产用建筑、生活用建筑、娱乐用建筑；按建筑年代分为民族工业建筑、殖民地工业建筑、国民党时期工业建筑、新中国成立至改革开放前工业建筑、改革开放以来的工业建筑等。无论从哪种分类方法考量，铁西区都是拥有品类最多、数量最大的工业建筑地区之一，也是在城市发展、企业升级、搬迁改造进程中，遗存工业建筑最多的地区，这为铁西区开展工业建筑遗产保护工作奠定了坚实的基础。

（二）高度的文化自觉是开展工业建筑遗产保护的内在动力

铁西区是一个老工业基地，生活在这里的每一个铁西人都与工业有着千丝万缕的联系，参与着工业的发展，也见证着工业带给生活的改变。每一座工业建筑都有着铁西人最深刻的记忆，也饱含了铁西人对工业的深刻情感，正是这份情感演化成了铁西人对工业建筑保护的一种文化自觉。市委常委、铁西区委书记李继安说过"工业遗产是铁西老工业基地在发展进程中的一个历史符号，失去了它，就等于割断了城市的历史"，这段话道出了这种自觉的真谛，也道出了铁西区开展工业建筑遗产保护的动力和决心。

二、铁西区开展工业建筑遗产保护的具体做法

（一）政府主导，明确任务

由于工业建筑遗产除少量是建国前的遗产，多数是一五、二五和改革开放前的建筑，是计划经济的产物，基本都属于国有资产，要想有效地保护这类工业建筑遗产必须以政府为主导。在这方面，铁西区委、区政府高度重视，早在2005年，区政府就成立了以政府主要领导为组长的工业遗产保护领导小组，办公室设在区文体局，负责日常的组织和具体工作；起草了沈阳市铁西区文物保护若干规定，并以政府文件下发到全区企业和相关部门，让全体干部职工了解文物保护工作的重要性和相关要求，让文物保护工作部门明确任务，落实责任；研究制定了《铁西新区工业文物保护管理工作意见》，从落实科学发展观的高度，发掘其在历史、社会、科技、经济等诸多方面的价值，赋予工业遗产以新的内涵和功能。同时，通过广泛开展宣传活动，在全社会形成共识，凝聚力量，延续工业文脉，传承工业文明，发展工业文化。

（二）全面普查，重点保护

基于工业建筑遗产跨行业、跨年代、专业性强的特点，为了科学地对工业建筑遗产进行全面普查，2006年，铁西区聘请沈阳建筑大学工

业建筑遗产保护专家带领近300名师生，分30个普查小组，对铁西区近13平方公里工业聚集区230余家企业的工业建筑进行了全面普查，实地勘察了沈阳铸造厂翻砂车间旧址、铁西工人村历史建筑群、满洲麦酒株式会社取水井旧址、满洲住友金属株式会社车间旧址、沈阳电缆厂俱乐部旧址、奉西机场附设航空技术部野战航空修理厂旧址、奉西机场机库旧址、沈阳给水站水塔等遗址，深入沈阳橡胶四厂、东北制药厂、新华印刷厂、沈阳化工研究院、沈阳化工股份有限公司、沈阳红梅味精厂等未搬迁企业，对厂区内的遗址和老厂房进行了测点、测量，了解了铁西区工业遗址群的概况。通过普查，寻找到近100处有保护价值的工业建筑，进入工业建筑遗产保护备选目录。同时，由政府出面，聘请建筑学、考古学、历史学、环艺学等方面的专家进行论证，明确保留工业建筑遗产的三条标准：一是工业建筑遗产要具有文物价值、历史价值、艺术价值、科学价值、使用价值；二是工业建筑遗产要具有建筑风格的独特性，工业行业的代表性，建筑年代的梯次性，保留种类的齐全性；三是工业建筑遗产所在的区域和整体的分布要合理有序，和城市未来的规划融为一体。基于以上标准，对初步普查出的近100处工业建筑逐一进行分类，按照标准进行评估排队，最后确定保留工业建筑遗产22处。其中厂房3处：包括亚洲最大的铸造厂大型车间1处，占地面积4万平方米、建筑面积2万平方米，沈阳重型机器厂金工车间厂房1处，占地面积3万平方米、建筑面积3千平方米，沈阳电机厂大型组装车间1处，占地面积3万平方米、建筑面积2.5万平方米；办公楼3处：其中包括沈阳电缆厂办公楼1处，占地面积2万平方米、建筑面积1.8万平方米，沈阳低压开关厂办公楼1处，占地面积1.5万平方米、建筑面积1.2万平方米，沈阳玻璃制瓶厂办公楼1处，占地面积0.6万平方米、建筑面积0.5万平方米；沈阳工人村宿舍区1处，占地面积14万平方米、建筑面积3.2万平方米；保留50年代苏式建筑32栋，4个大的围合，2010年被沈阳市政府确定为历史文化街区，职工医院2处，子弟学校5处，工人文化宫1处，工厂俱乐部1处，1936年的工业专用水井1处，工业专用水塔1处，工业专用铁路线3条，工业专用排水干渠1处。

对于比较重要的工业遗址，设立永久纪念标志，如沈阳拖拉机厂、沈阳红旗农机厂、沈阳小型拖拉机厂、沈阳搪瓷厂、沈阳啤酒厂等，让人们在看到标志的时候就能联想到这个建筑和企业的历史。

对于有特色、成规模的工业建筑遗产，根据建筑的情况申报各级文物保护单位，截至目前，已有沈阳铸造厂的工业建筑遗产被定为省级文物保护单位,工人村居住区的工业建筑遗产被定为沈阳市文化历史街区。文物保护单位的申报将从法律政策层面对这些工业建筑遗产进行永久的保存和保护。

(三)分类开发,合理利用

工业建筑遗产相比于文化建筑遗产最大的特点是产生年代较晚,且具有提供生产生活的功能。个性化开发,合理利用是保持工业建筑生命活力,实现可持续维护的重要途径。为此,铁西区在进行企业搬迁、升级改造的过程中,对工业建筑遗产的保护实施两项重要举措:一是在保证工业建筑的外观和基本结构不变的情况下,确保水暖电等配套设施的完整性;二是将工业建筑遗产的保护纳入城市建设的整体规划,使这些具有时代记忆的工业建筑成为未来城市公共服务设施的有机组成部分,而不是城市的负担。

在以上两项措施的保障下,铁西区对工业建筑遗产进行了个性化的开发利用。

1. 改建博物馆

将工业建筑遗产改建成博物馆加以保存、保护是当今世界保护工业建筑遗产最重要的方法之一,很多著名的工业遗址都采用了这种方式进行保护性利用,如已被列入"世界遗产名录"的英国铁桥工业旧址,用羊毛仓库改建而成的波士顿儿童博物馆(Boston Children's Museum)等。铁西区根据区域内工业建筑的规模和原有的使用功能,结合新功能的需要先后改造建成了4座博物馆。

第一是中国工业博物馆,在沈阳铸造厂原址(省级文物保护单位)扩建。其前身是铸造博物馆,建成于2007年6月18日,占地面积4万平方米,建筑面积2万平方米,对外开放5000平方米,开馆3年接待观众近10万人次,受到社会各界的高度评价。在此基础上于2011年5月18日开始扩建,把铸造博物馆扩建成中国工业博物馆,新增用地4万平方米,新建馆舍4万平方米。历时一年中国工业博物馆一期于2012年5月18日建成并免费对外开放,开放面积2万平方米,共开设四个展馆,即通史馆、机床馆、铸造馆和十年成果馆,开放10个月接待观众近10万人次。2012年7月2日,时任中共中央政治局常委李长春视察中国工业博物馆,给予高度评价,并对今后建设工作作出重要指示。目前二期的建设正在紧张进行,二期将建设汽车馆、冶金馆、机电馆、重装馆、香港馆、铁西馆6个展馆,其中汽车馆、冶金馆、铁西馆建在工业建筑遗址内,计划2013年8月15日对外开放总计10个展馆,开放面积达6

万平方米，初步建成以工业建筑遗址保护利用为主，新老建筑结合，内容以装备制造业为主，全国最大的综合性工业类博物馆——中国工业博物馆。

第二是工人村主题博物馆群，即工人村生活馆、工人收藏馆和东方美术馆，利用工人村三栋50年代工人宿舍（市级文物保护单位）改建而成，占地面积1.5万平方米，建筑面积5000平方米，其中工人村生活馆建筑面积2000平方米，真实地再现了50、60、70、80、90年代13户工厂职工家庭和当年抗大小学、供销社、邮局、粮站的原貌，包括全国政协副主席叶选平在沈阳机床厂工作时的住室；工人收藏馆建筑面积1500平方米，展出了沈阳市韩之武、方振生、刘斌等5位工人收藏家收藏的古代青铜器、古代锁具、近代照相机、放映机、收音机、电话机等1000余件藏品；东方美术馆建筑面积1500平方米，由著名画家、收藏家王亮老师个人出资建设，展出多年收藏的铸铁壶、奇石、名画等2000余件藏品。这些主题博物馆建在工业建筑遗址内，免费开放，供广大居民和游客参观，是真正社区化无边界化的博物馆，让陈旧的工业建筑焕发了勃勃生机。

2.改建公共服务单位

工业建筑是为提供或辅助工业生产而建，每一个建筑在工业生产活动中都发挥着特定的作用，当它们随着产业升级退出工业建设的历史舞台，同样可以为社会生活提供服务。铁西区经过论证将一些适合提供公共服务的建筑场所改建成学校、医院，对这些建筑进行保护性利用。如将沈阳轧钢厂子弟小学改建成艳粉小学，沈阳信号厂子弟小学改建成启工一校，沈阳重型厂子弟小学改建成保工一校，沈阳高压开关厂子弟小学改建成卫工三校，沈阳铸造厂子弟小学改建成肇工三校，沈阳化工厂医院改建成铁西区惠民医院。这些工业建筑遗产改建后大大拓展了原有的功能，由原来的企业专用变成了面向全社会服务的公共服务场所，既节约了建设公共服务场所的资金，又为工业建筑遗产提供了动态保护。

3.改建旅游休闲设施

铁西区为了以更丰富的形式开发利用工业建筑遗产，以更符合城市发展需求的方式传播工业建筑遗产所承载的工业文化，深入分析工业建筑的特点与市场需求的关系，因地制宜将工业建筑遗产改建成公共娱乐场所，建设旅游休闲景观。先后将30年代建设的原沈阳重型机器厂二金工车间改建成高档酒吧街区的核心区，将50年代建设的原工人文化宫改扩建成职工文化体育活动中心，将70年代建设的原沈阳电缆厂俱乐部改建成工人会堂，具有会议、电影、演出等多种功能，这些设施实行有偿低价向社会开放，有效缓解了文化体育设施不足；将原工业建筑遗产铁路专用线部分改建成观光电车线环线，连接区内的重要工业景观，既缓解了城区的交通，又成为一道亮丽的风景线；将建于1938年的铁西区企业排水总干渠改造成长达6公里的工业水景长廊，由远近闻名的臭水沟变成新的文化景观。

对这些工业建筑遗产的保护性开发利用收到了良好的经济效益和社会效益，不仅为工业建筑遗产赋予了新的内涵，让工业建筑遗产继续服务社会，让广大群众共享工业建筑遗产保护利用的成果，也为中国工业建筑遗产的保护利用积累宝贵经验。

三、对未来工业建筑遗产保护与利用的思考

工业建筑遗产是工业文化的重要载体，是工业文明科技进步的符号，是工业发展历史长卷的目录。保护与利用工业建筑遗产是全世界工业发展面临的新问题，也是文物保护领域的新课题。以文物保护的高度对动态发展中的当代工业建筑进行保护与利用是一项事关子孙万代的长期战略任务，也是全人类全社会共同的历史责任，是充满前瞻性、挑战性和创新精神的工作。在这方面发达国家比我国起步早，为我们的保护与利用工作提供了一定的借鉴。但是，我们面临的任务仍然十分艰巨，主要表现是：一是缺少法律政策保障，没有国家层面保护工业建筑遗产的法律法规，一些有代表性的工业建筑遗产，在企业的升级改造过程中很可能被破坏，将不可再生。二是缺少统一规划，截至目前，没有全国范围内的国家级规划，各地区各自为政，造成有的行业工业建筑遗产重复保护，有的行业工业建筑遗产无人问津，使工业建筑文化得不到全面系统的保护传承。三是政府投入少，缺少激励机制，保护工作开展好的地区和单位得不到奖励和支持，无法持续开展保护工作，而随意拆除有价值的工业建筑遗产的单位没有予以问责。这些问题都严重制约还处在萌芽状态的工业建筑遗产保护工作。为了有效地保护和利用工业建筑遗产，笔者有以下思考：

一是建立完善的工业建筑遗产保护长效机制。工业建筑遗产是工业发展的动态产物，在不同时期有不同的重点，保护建筑工业遗产是一项长期任务，必须建立长效机制。各级人大要将工业建筑遗产保护列入立法和监督的重要内容，制定专门的法律法规，加大执行和监督的力度；各级政府要将保护建筑工业遗产列入重要的工作日程，及时评定公布文物保护单位；各级政协要加大对工业建筑遗产保护监督的

力度，鼓励社会各界积极参与工业建筑遗产的保护和利用，形成全社会参与，各部门齐抓共管的局面，确保有价值的工业建筑遗产得到应有的保护和利用。

二是制定完善的国家和地区的工业建筑遗产保护规划。国家组织各省、市、自治区对辖区内的工业建筑遗产进行全面的普查，制定近期、中期、远期的工业建筑遗产保护规划，根据各地区工业发展的重点，确定工业建筑遗产保留的对象，建立工业建筑遗产保护目录，向全社会公示，同时将工业建筑遗产的保护和商业旅游区建设、居民生活区建设、文化休闲区建设、创意产业区建设紧密结合，在全国设立若干个工业建筑遗产保护利用特色基地，由国家主管部门命名，在新闻媒体上公布，引导和推动全国工业建筑遗产保护利用工作的健康发展。

三是加大工业建筑遗产保护利用的宣传，鼓励社会参与，增加政府投入，建立奖惩机制。充分利用各种媒体开展多种形式的宣传，通过公益广告、论文研讨、经验交流等活动宣传，特别是利用好每年的5·18世界博物馆日，开展主题宣传，让全社会提高对保护利用工业建筑遗产重大意义的认识，自觉加入到保护利用工业建筑遗产的行列。各级政府要加大保护利用资金的投入，制定相应的优惠政策，建立完善奖惩机制，通过一系列有效的法律政策机制的调控，使我国的工业建筑遗产保护工作有一个新的突破，为建设美丽中国，实现伟大的中国梦做出新的贡献。

侯宁　国家图书馆

侯占山　中国工业博物馆筹建处

所在地：秦皇岛市海港区
保护等级：省级重点文物保护单位

案例：
耀华玻璃厂工业建筑遗址

一、秦皇岛市工业遗产资源情况

秦皇岛，中国唯一以帝号命名的城市。是古今闻名的游览胜地，同时它还是中国早期的工业基地、我国北方综合性国际贸易口岸。自1898年开埠以来，历经洋务运动、实业救国等重要历史变革时期，基础工业起步较早。19世纪末20世纪初耀华玻璃公司、山海关桥梁厂、秦皇岛港务公司等工业企业应运而生。现留存的31家省、市级工业遗产保护单位以1894年清政府投资48万两白银组建的山海关造桥厂，1922年民族实业家周学熙同比利时人合办的耀华玻璃厂最为著名。耀华玻璃厂是亚洲地区第一家用机器制造优质平板玻璃的企业，产品投放市场后，不但彻底改变了我国依赖国外进口玻璃的落后状态，且远销欧美。耀华厂在解放后为新中国玻璃工业的成长和壮大做出了巨大贡献，被誉为中国玻璃工业摇篮。

二、秦皇岛市玻璃博物馆对遗址建筑保护利用情况

（一）博物馆发展历程

秦皇岛市玻璃博物馆成立于2010年12月，整个园区依托始建于1922年的耀华玻

耀华工业建筑群落图

璃厂遗址建设，是国内首家玻璃专题博物馆，为我省重点文化遗产保护工程。总占地11.25亩，建筑面积2822平方米。2001年3月12日，市委、市政府做出建设玻璃博物馆的决定。2008年8月10日，玻璃博物馆建设与遗址维护完成。同年12月，经市编办批准秦皇岛市玻璃博物馆成立。2012年4月20日，博物馆展陈设计团队入馆施工。2012年8月6日，秦皇岛市玻璃博物馆正式开馆。开馆后先后举办"国庆、中秋""元旦、圣诞""除夕、情人节、元宵节"主题活动。2012年9月12日，被评为市级爱国主义教育基地，并与清华大学、东北大学等高等学府合作建立实践基地。 2012年4月20日，博物馆展陈设计团队入馆施工。2012年8月6日，秦皇岛市玻璃博物馆

抗战胜利后耀华玻璃厂照片

项目实施前照片

项目实施前照片

工人在玻璃裁板照片

解放初期工人受到表彰照片

耀华玻璃厂先进"浮法"生产线

正式开馆。开馆后先后举办"国庆、中秋""元旦、圣诞""除夕、情人节、元宵节"主题活动。2012年9月12日，被评为市级爱国主义教育基地，并与清华大学、东北大学等高等学府合作建立实践基地。

（二）工业建筑遗址组成

耀华玻璃厂工业遗址由电灯房、水塔、水泵房三部分组。电灯房是耀华厂重要的配套服务设施，原建筑共两层，总面积2822平方米，高13.6米，有法国哥特式建筑风格。曾为耀华玻璃厂生产、生活提供电力保障,经多次修缮，建筑保存完好，是研究中国近、现代工业历史的重要佐证。水塔于1923年建成，砖石砌筑原塔高度为16.7米，占地面积42.5平方米，储水容量95.69立方米。1977年，对塔身进行了加固、提升，提高后高度为23.15米。水泵房是水塔的配套设施，总占地260平方米，其中控制室为单层圆形结构，占地61.34平方米;蓄水池为长方体结构，下有深水井，四季有水。

（三）博物馆建设现实意义

博物馆以"传承文明、打造亮点、寓教于乐、服务社会"为目标,展示中国玻璃历史、玻璃文化和玻璃艺术精品。由博物

1954年 毛主席视察耀华玻璃厂照片

馆区、服务区、临展区、辅助设施区四部分组成。展览面积1500平方米，展线长度333延米，共收集展品1767件，其中三级以上展品55件，上展展品数量842件组。展品品类繁盛、传承明晰，既包含我国玻璃文化开端，又涵盖我国历代玻璃工艺的演变，更有我市玻璃工业辉煌鼎盛时期的生产状态。博物馆不仅在展览上推陈出新，并且对玻璃产品、玻璃工艺、互动项目有了很好的研发。与30余家企业合作，深入研发带有沿海城市特色的纪念品。引进秦皇岛歌华营地玻璃珠子DIY、玻璃工艺品制作等项目。研发工作抓紧时代脉搏，将旅游城市、玻璃之都的地缘优势与玻璃艺术品开发相融合，打造有本市特色的文化旅游品牌，提升了我市纪念品研发水平，也是对我市文化产业发展道路的有益探索。

三、工业遗产保护的经验

（一）同城市开发竞速争时，提案、立意早下手，早谋划

2004年耀华遗址成为市级文物保护单位，秦皇岛市玻璃博物馆建馆建设议案也于本年通过。2008年耀华厂遗址成为省级文物保护单位。博物馆主体建筑同年开始建设，开馆筹备工作也全面启动。只有认定工作做在先、定得准，遗址开发、保护措施跟得上，有价值的工业遗存才能得到合理的保护、开发和利用。

（二）选择博物馆主题要结合遗址历史背景

工业遗址博物馆展示主题应充分考虑原遗址使用功能，尽量保存原有工业、历史信息，即丰富博物馆展陈内容，也延续了工业遗产的生命。耀华是亚洲第一家孚克法机械制造玻璃企业，在其遗址建立的玻璃博物馆是将我市玻璃工业文化的延续。陈展主题与遗址历史信息紧密结合，使观众驻足在过往的蛛丝马迹中，探寻曾经的故事。

秦皇岛市玻璃博物馆园区景观图（项目实施后照片）

秦皇岛市玻璃博物馆园区景观图（项目实施后照片）

博物馆内玻璃灯工工艺品制作演示区

"弗克法"生产玻璃机械模型

耀华玻璃厂1922年股份会议记录

1923年 耀华曾使用的"阿弥陀佛"牌商标

法国著名玻璃艺术家莅临演讲

精心挑选的老照片、老设备与品种繁多的玻璃文物在斑驳的近代工业建筑遗址间罗列，这是工业与文化的碰撞，是历史与艺术的交融。

（三）依照遗址公园的方式运营

仅靠博物馆来保护工业遗产很有局限，尤其是对秦皇岛这座在中国近现代工业史上均留下重彩华章的城市而言。因为工业遗产大多以厂区、厂房及大型机械设备的形式而存在，博物馆现有功能很难对其实现保护，且也很难让它与当代生活发生关联。遗址公园即保护遗产本体，还保护了遗址空间环境，是对遗址充分利用的最好方式。

（四）从群众的需求出发，紧跟时代发展步伐

秦皇岛有"夏都"美称，暑期是外地游客来秦旅游的高峰期，也是玻璃博物馆最繁忙的时期。博物馆最能吸引游客的除了精彩的展示，就是到博物馆商店买个纪念品带回家或是到咖啡厅一边观看遗址园区美景，一边品味博物馆文化。因此博物馆在加强展示的趣味性、直观性、互动性的同时。还应增强博物馆餐厅、商店、休闲区、娱乐互动区等服务设施建设，让参观者在博物馆得到更多的体验，留下更多的美好回忆。

陈厉辞　河北省秦皇岛市玻璃博物馆

中秋节、春节、圣诞节主题活动

案例：
大连台山净水厂   所在地：大连

从一个沿海小渔村，到今天为世人瞩目的现代都市，大连在人们眼中无疑是一座充满魅力的城市。这种魅力来源于它独特的地理位置和城市发展历程，更来源于其特殊的历史文化。大连是我国重要工业基地，在中国近代工业发展进程中，特别是新中国的历史上占有重要位置，至今保留着较多的近现代工业遗存，这些遗存已成为见证大连城市发展的珍贵的不可再生的文化遗产。

2007年大连市政府启动了第三次全国文物普查工作，2008年大连市文广局成立工业遗产调查组，对大连工业遗产的调查第一次做为独立课题在全市范围内展开。

1890年清政府修建的海军修理船坞

1917年兴建的大西山水库水泥坝

1916年兴建的大连港办公楼

一、大连工业遗产的特点

大连工业遗产主要由近代民族工业遗产、近代殖民工业遗产和现代工业遗产三部分构成。这些工业遗产具有鲜明的特征：殖民工业遗产比重较大、重工业遗产占主体地位、工业建筑遗产数量居多。

二、大连近代工业建筑遗产现状

大连工业建筑遗产按结构形式和空间特征大致可分为三类：一是重型机械车间、设备仓库等具有高大内空间的大跨类建筑，其建筑结构多为巨型钢架、拱或排架等，如大连化学工业有限公司的合成车间、大连海港15库；二是多层建筑混合结构，外砖承重墙、钢柱梁和混凝土预制板，层高一般，空间开阔，多用做仓库、小型车间和配套的管理办公用房，如金州纺织厂的成品仓库、一纺车间；三是由特殊用途决定的特殊构筑物，其构造形式反映其特定功能，如大连沙河口净水厂的过滤室、泵房等。

三、近代工业建筑遗产的保护特点

建筑低龄化、建筑类型丰富、空间适度能力强、改造容易操作。

1973年制造的金州重型机器厂上游0652蒸汽机车

1922年建成的第一发电厂生产厂房

1933年兴建的大化合成车间

1929年兴建的大连港15库

1932年兴建的金州纺织厂办公楼

20世纪20年代制造的甘井子煤码头电力机车

1932年兴建的大连沙河口净水厂泵站

四、大连工业建筑遗产的价值

工业建筑遗产是工业文化遗存，它们仍在建筑的使用年限之内，却因为城市产业结构和用地结构的调整，造成建筑原有的功能、形象不适合新时期社会发展的要求或者由于管理经营不善而被弃置不用的产业类旧建筑。尽管部分工业建筑遗产已经完全丧失了最初的生产功能和经济效益，但它们具有独特的历史价值、经济价值、环境价值、技术价值等。

五、台山净水厂的保护性再利用

净水厂虽已停用10年，但净水厂院内绿树成荫，空气清新，虽地处市区，但闹中取静。建议将其改建成大连净水公园，总体保留原有空间形态和格局肌理，利用生态理念和生物技术，运用景观设计手法，使其成为大众游憩活动的遗产景观。

1926建造的甘井子煤码头钢栈桥

1932年兴建的大连沙河口净水厂滤过室

1920兴建的台山净水厂沉淀池

1920兴建的台山净水厂过滤室

20世纪20年代建造的扇形机车库

　　改建部分要基本在内部，这样在保证了工业遗产能够原真地传递工业历史文化信息的同时又为休闲游憩提供了独特、鲜明的基础设施。不但可以成功保存工业遗产的风貌和历史信息及部分功能，还将一块原已死气沉沉、活力尽失的地方改造成一块生态净水教育的场所，唤醒人们对自然、生态环境的保护意识。

姜晔　旅顺日俄监狱旧址博物馆馆长、研究馆员

遗产

乡土

和谐和顺

余剑明　王黎锐

摘要

和顺是一个有600多年历史的古镇，是滇西著名的侨乡、西南丝绸古道上的明珠，也是中国历史文化名镇、中国第一魅力名镇。有国家级、省级、市级、县级文保单位十余个和清末民初的古建筑8万多平方米。

成立了专门的和顺古镇管理机构，确立了政府的主导地位，颁布了《云南省和顺古镇保护条例》，制定了《和顺古镇保护规划》。

引入成立云南柏联和顺旅游文化发展有限公司对和顺开发。公司为和顺的开发注入了上亿元的资金，维修了元龙阁大月台，修复水碓、水碓、水磨、水车等；修建了环村道路；设立了滇缅抗战博物馆，重布艾思奇纪念馆展览，建设了大马帮博物馆，展示了古法造纸、打铁、织布、木雕、土锅酒、扯丝糖等民俗文化表演，保护与集中展示了洞经、神马艺术、皮影艺术等非物质文化遗产。

文物部门管文保单位，旅游部门、公司管旅游营销和产品开发，各履其职、各尽其能，使保护与发展旅游相结合。

原有居民仍然保持过去的生产生活方式，不因为旅游机制的引入而改变。对于村民建设民居旅馆，也在建筑风格、经营思路和宣传上给予无偿帮助和引导。

和顺古镇及其建筑遗产的保护、利用和开发做到了政府引导有力、企业效益良好、村民获得实惠、旅客满意而归、文物得到保护。

和顺模式可概括为三个和谐。一是遗产保护和旅游发展的和谐；二是古镇景区自然、人文景观与新建景点、配套设施的和谐；三是景区内开发公司与居民的和谐，从而创造了中国历史文化名镇遗产保护和旅游产业和谐发展的典范。

关键词： 政府主导，企业引领，民众参与，文旅合作，保用结合和谐共赢随着中国经济社会的飞速发展，文化遗产在受到大规模建设的广泛影响的同时，一些地方也看到了文化遗产在经济和社会发展中发挥着日益重要的作用，而古镇历史文化是我国文化遗产中的重要组成部分，也是人类宝贵的物质和精神财富。古镇所独有的文化资源是地域文化的集中表现，其民族性、地方性既反映了地域自然地理的各种客观条件，也反映了地域社会人与人的关系，具有重要的社会、历史、人文、审美等价值。最近几年，随着古镇旅游业的蓬勃发展，古镇经济取得了长足的进步，但是在旅游经济和社会效益高速发展的背后，却是文化资源过度开发的巨大代价，古镇保护与更新问题日益突显出来。由于文化遗产属于有限资源，具有不可替代、不可移植、不可再生等特点，因此必须寻找一条科学发展的路子，找到开发和保护的最佳契合点，才能实现古镇文化遗产的可持续发展。这已经引起学界和各界人士的探讨、争论，并做了有益的探索。

本文拟从云南省保山市腾冲县和顺古镇文化遗产保护、再利用和价值展示所走过的路，寻找其规律性的经验和模式，并加以研讨和完善。

一、和顺古镇的基本情况和历史文化特点

云南省国家级历史文化名镇、著名侨乡和顺，位于腾冲县城西南4公里，国土面积17.4平方公里，辖3个村委会，21个村民小组，有居民1691户，6454人，在外华侨18000多人，主要分布在缅甸、泰国、美国等13个国家和地区。主要民族为汉族。追溯历史，和顺古名"阳温登"，明末大旅行家徐霞客在其《游记》中称为"河上屯"，清康熙间称"河顺"，后取"和睦顺畅"之意，雅化为"和顺"。清道光二年（1822）实行团练制，改和顺练。民国十八年（1929）改和顺乡，现改为和顺镇。

和顺继2005年获得"中国第一魅力名镇"后，还荣获了"全国环境优美镇"、"国家4A级风景旅游区"、"国家级历史文化名镇"、"全国旅游文化产业示范基地"、"中国十佳名镇"、"中国最美丽的十大乡村"等荣誉称号。目前，和顺镇境内有国家级重点文物保护单位和顺图书馆，省级文物保护单位艾思奇故居、和顺八大宗祠，市、县级文物保护单位及古民居更是比比皆是。纵观和顺历史、文化，主要彰显六大特点：

（一）和顺是面向南亚的第一镇

腾冲自古就与南亚各国交往密切，和顺更是腾冲面向南亚开放的先行者。和顺人尹蓉曾担任过缅甸四朝国王的国师。以寸玉为代表的翻译家、外交家群体曾在明朝朝廷内长期担任鸿胪寺序班、四夷馆教

授，为中国与南亚、东南亚的外交工作做出了积极贡献。在缅甸担任侨领的和顺人一代接一代，进行经商贸易、文化交流的和顺人更是数不胜数。和顺在中国面向东南亚、南亚的政治、经济和文化交流中，一直充当着重要的角色。

（一）和顺是火山环抱的休闲胜地

和顺坝子四面火山环绕，古镇、火山、温泉、湿地相伴而生，牌坊、亭阁、石拱桥、闾门、照壁、宗祠、寺观与田园牧歌和谐共存，龙潭、瀑布、峡谷、荷花、古树名木等各类奇观隐身其中。这里有全国最大的乡村图书馆——和顺图书馆，有中国第一个民间投资、民间经营的博物馆——滇缅抗战博物馆。和顺四时鲜花不断，是人们生活和休闲旅游的胜地。

（三）和顺是大马帮驮来的翡翠之乡

和顺人世代出国闯荡，以马帮为连接中、缅、印的主要交通工具，成就了翡翠大王、棉纱大王、谷米大王等一批雄商巨贾，形成了亦农亦商、亦儒亦侨的生存方式。张宝廷、张南廷和寸如东是和顺的"翡翠大王"，其中张宝廷曾获得过英国女王颁发的勋章。

（四）和顺是汉文化与南亚文化、西方文化交流融合的窗口

和顺文化具有包容性和多元性，体现了"和与顺"的特点。在这里，可以领略徽派建筑粉墙黛瓦的神韵，欣赏江南古镇小桥流水的身影，也可以看到西方建筑、南亚建筑的种种文化元素。寸氏宗祠的南亚风格大门、艾思奇故居的欧式窗户、"弯楼子"民居的英国铁艺，都与四合五天井、三方一照壁的云南传统民居恰到好处地融为一体。洗衣亭、大月台、总大门等古建筑独具特色。八大宗祠保存完好，族谱和宗族活动流传至今。七大寺庙，佛、道、儒共存。六百年历史形成了大量的诗词、匾联、碑刻和著作，养育了马克思主义哲学家艾思奇，缅甸总理许名宽，知名教育家寸辅清、寸树声，华侨领袖寸如东等一大批历史名人。

（五）和顺是西南丝绸古道上最大的侨乡

在和顺这一方热土上，有6000余原住居民，但侨居海外的和顺人却有18000多人，他们很多人进入了东南亚、南亚乃至欧美国家的主流社会，形成了"海外的和顺"。

和顺是6000居民和谐生活的家园 和顺与中国其他古镇最大区别，在于它是一座"活着的古镇"，6000居民是和顺文化的传承者和创造者，他们的生活是古镇亮丽的风景线。在这里，可以看到在洗衣亭下捣

衣的村妇，可以看到乡村图书馆里读书的农民，展现的是令人向往的田园牧歌式的乡村生活。

二、和顺经验——和谐和顺

在和顺古镇保护与发展过程中，始终坚持了"保护第一、开发第二"的理念，走"文化和顺、生态和顺、富裕和顺、和谐和顺、魅力和顺"之路。通过近十年的努力，和顺的古镇及其文保单位、古建筑、田园风光得到了妥善的保护；村民在旅游文化的发展中开始致富；参与开发的企业获得了良好的效益；政府在旅游文化发展中增加了税收、就业。和顺模式得到了政府、专家、华侨、村民一致的认同。和顺经验归纳起来就是和谐和顺，体现在三个方面：

（一）遗产保护与旅游发展的和谐

1. 政府、文物部门主导的"保护第一、开发第二"的古镇保护理念是保护与发展和谐的根本。一是提高全民对古镇保护的意识。由政府宣传引导，让全社会了解古镇存在的价值，树立"古镇是宝，古镇必保"的理念，使古镇保护成为了全民的自觉行为。同时，通过采取"政府指导，企业策划"的模式，成功举办了一系列高端节庆活动，营造了全社会保护古镇的氛围，让世人记住了"和顺印象"；二是下大力气加强基础设施建设。争取项目和资金重点实施古镇"管网改造"工程、绿化美化亮化工程等，不断改善古镇整体保护条件，并为古镇的发展打下硬件基础；三是全力做好古镇保护工作。腾冲县人民政府成立了古镇保护管理局，负责古镇日常管理和保护。颁布实施了《云南省和顺古镇保护条例》、编制了《和顺古镇保护与发展规划》，使古镇保护有法可依、有规可循；四是采取有力措施，做好古镇交通管制、市场经营秩序管理和环卫保洁等工作，着力整治随意拆建行为。按照"突出保护一批、极力整治一批、改造提升一批"的原则，对挂牌保护古民居、古树名木、寺观庙宇等进行重点保护，对极少数与古镇风貌不协调的建筑物进行整治，对不协调建筑物、构筑物进行扶持改造提升。对需进行改造的建筑物实行一户一调查、一户一审批、一户一把关，确保古镇风貌原样保存，不失真、不走色。　"政府主导、企业运作"是近年来探索出的一条成功之路。因此，我们说政府、文物部门主导的"保护第一、开发第二"的古镇保护理念是保护与发展和谐的根本。

2. 企业的文化理念和执行力是保护与发展和谐的基础。在招商选商中，始终将引进企业的文化理念作为考察的重要指标，2003年年底在县政府的主导下，经过审慎选择决定引进云南柏联集团，成立"云南柏联和顺旅游文化发展有限公司"，对和顺古镇进行整体打造提升、开发和顺。经政府与公司反复研究，明确了"以文化为灵魂，以保护为基础，将和顺建设成中国的和顺，世界的和顺"的指导思想。提出了"保护风貌，浮现文化，适度配套，和谐发展"的十六字方针，稳步推进古镇开发。企业在保护、开发中一直认真执行了上述指导思想和工作方针。

3. 文化、文物部门依法执行文物保护方针是保护与发展和谐的保障。和顺600年历史，留下了丰富的文物财富，如何加大对不可再生的文物资源保护力度，促进和顺的文物保护、生态环境与经济社会的协调发展，在国家、省、市文物主管部门的关心支持下，腾冲文广局认真探索、积极参与到和顺古镇的保护开发过程中。一是严格按《文物保护法》和《文物保护法实施细则》的规定对文物保护单位进行保护，监督镇内文物保护单位的修缮使用，遵循"保护为主、抢救第一、合理利用、加强管理"的工作方针。二是自柏联集团进入和顺迄今已近十年，与当地政府和文物部门相互配合，充分挖掘文物资源，先后对国家级文物保护单位和顺图书馆、省级文物保护单位艾思奇故居、和顺八大宗祠以及和顺传统民居建筑群进行了修缮，并斥资对各文物景点进行打造，同时与民间收藏家合作，建成了滇缅抗战博物馆、大马帮博物馆，展现了腾冲丰富的历史文物，为腾冲和顺古镇的文化遗产保护和旅游资源宣传发挥了重要作用。

4. 旅游开发为古镇保护提供后续力量，是保护与发展和谐的良性循环。和顺古镇结合发展旅游的需要，在实施保护规划的前提下，考虑了发展旅游、组织游线的问题，规划将一些相邻或分散的文化古迹串联起来，并赋予新的社会文化和旅游休闲服务功能，使保护与发展旅游相结合，既提升了古镇的环境空间品质，又保留了传统的文化精神，使古镇独特的历史风貌、景观特色、社会结构、民风民俗等这些珍贵的不可再生资源的经济价值得到了提升，使古镇的历史文化特色通过旅游这一手段得到了宣传，提高了古镇的知名度，为宣传和顺古镇所蕴涵的独有的风土人情起到了积极的推动作用。

和顺古镇自保护规划实施以来，促进了旅游业的快速发展，拉动了古镇社会经济的增长，已成为滇西旅游的后起之秀。2006年，和顺游客总数为11.89万人，比2003年的5.15万人增长130.87%；总收入为320.18万元，比2003年的205.26万元增长55.98%；农民人均纯收入为2 486元，比2003年的1950元增长27.49%。2009年和顺农民人均收入

3726元，2010年和顺农民人均收入4300元；2009年和顺景区游客人数为14.6万，公司综合收入2800万，2010年和顺景区游客人数为32万，公司综合收入3800万。至2012年，景区游客人数近40万，公司综合收入突破4000万。随着效益的增收，在还利于民的同时，还利于文物保护。形成了保护——再利用——再保护的良性循环，实现了保护与发展的和谐。

（二）自然、人文景观与新景点、配套设施的和谐

建筑是古老小镇的象征，可遗憾的是古镇的建筑却已新旧杂陈，古建筑的韵致虽然依稀可见，但渗透了现代文明的水泥柱和瓷砖。随着生活水平的提高，许多村民在古镇中建起了颇具现代气息的房屋，而且为了旅游业的发展，开发者也建起了现代化的建筑和各种设施，再加上在古建筑修复过程中人为加进去的现代文明，与古色古香的氛围极不协调，影响了古镇的总体效果。

保护古镇的建筑、生态、民俗风貌，是古镇景区可持续发展的基础，和顺古镇就走出了一条"保护第一，开发第二"的可持续发展的路子，把和顺古镇划分为核心保护区、建设控制区、风貌协调区进行分类保护。采取整体保护的方式，保持传统格局、历史风貌和空间尺度，不得改变与其相互依存的自然景观和环境。经营开发公司组织有关专家对和顺8万多平方米古建筑和名木古树进行调查研究，建立电子文档。对保护区内的重要建筑物、构筑物、古树名木、文物古迹等由政府实行挂牌保护。对一些年久失修的古建筑，在修复之前反复论证，按照"修旧如旧"的原则，应用古建筑修复技术，尽量保持它的原貌，符合古镇的传统风格。对保存尚好的民居，加以精心修复。修复的原则是整旧如旧，木质部分绝不涂漆加彩，以保持历史的时间感和岁月的沧桑感，并把原居民请回来，作为本公司的员工，拿一份工资，活态的民居生活中有了鲜亮的色；对残损的民居进行修补，但不使用新材料。缺失的构建物，从其他同时代并残破的民居中取下补齐，以恢复其原貌与全貌；将20世纪50年代以来，新建的民居拆除。拆除后空缺的地方，从这一地区其他地方寻找同时代、同品类、同规格的民居拆迁中抢救性地搬迁过来，以使整个古镇的建筑群落达到完整和恢复如初。通过以上三种针对不同情况而采用不同的修复方式，最终达到了整体的一致性。

所有工程都是经过相关政府职能部门严格审批后才施工，建筑风格均与古镇风貌协调一致，而且尽可能融入周围的景观和文化氛围。比如为了保持古镇旅游环境与居民生活的安宁，和顺修建了环镇公路，不让汽车开过双虹桥。在和顺古镇入口处，建立了田园风光保护带，让

和顺保存白鹭牧牛、稻花油菜、龙潭湿地的田园牧歌、世外桃源的景致。另外，还修复了龙潭、牌坊、大月台、双虹桥、刘氏宗祠、水车水磨水碾等文物建筑，不但恢复了古镇的历史风貌，而且成为了古镇旅游的新景点。

在开发上立足于适度配套的原则。作为旅游景区，肯定要有吃住行游购娱的要素配套。但是这种配套，一定要把握"度"。不少景区商业氛围过度，使游客烦不胜烦。而且过度的商业配套设施，破坏了古镇的风貌，古镇景区可能有一时的繁荣，但难有长久的发展。这个"度"，包括质与量的度。在商业配套上，不能过度商业化，要保持古镇的古朴风貌。配套设施，在质的把握上，也要有度，要有本古镇特有的文化内涵。和顺的商业配套，坚持少、精、特的发展方向，严格按照规划布局、严格按照与和顺文化为内涵的指导思想来建设。和顺人家酒楼，是在城里买的腾冲巨商、富滇银行香港分行创始人张木欣图书馆的老宅子保护建设的。总兵府客栈，也是买的清末腾越总兵张松林的老宅子建设的。这些老宅子的异地保护，使腾越文化得以传承，又使商业配套赋予了深厚的文化内涵。民俗表演以及非物质文化项目，既是文化内容，又是商业性质，可看可参与可购买，游客在了解和顺文化的同时，购买了极具和顺特色的旅游产品。村民个人的商业配套，都在自己居住的房子里进行。通过上述努力，和顺古镇形成了自然、人文景观与新景点、配套设施的和谐。

（三）景区内开发公司与居民的和谐

古镇是古镇居民祖祖辈辈生产生活的地方，是古镇居民赖以生存的资源和基础。古镇居民是古镇的主人，也是古镇的灵魂。古镇中的历史建筑和历史环境与当地的居民生活密切相关，其保护与更新牵扯到居民的利益，因此最根本的保护方法就是寻求全体居民的理解和主体性参与。只有当古镇的价值成为一种公众意识和古镇原住民的共同利益时，其保护与更新规划才可以顺利实施。正是基于这些认识，如前所述，政府在理念上主导、宣传了保护为主、渐进适度配套开发的思想。和顺古镇管理、经营开发部门对和顺的历史和文化进行了深入的研究，在总结国内其他古镇保护与开发的经验教训基础上，决定不能把和顺建设成为没有灵魂的空壳，而是要保持和顺景区的可持续发展，和谐发展。在"以人为本"理念的指导下，通过和政府、居民签订协议的方式，原有居民仍然保持过去的生产生活方式，不因为旅游机制的引入而改变。而且为让当地居民参与到和顺的旅游中来，修建了和顺特色小吃一条街及特色小商品一条街，基本上无偿供给居民使用。并制定了相关经营政策，采取经营行业登记申请的管理方式，做到了经营活动合法有序。古镇居民和政府、企业一样成了旅游开发的主体之一，不但增加了居民的收入，而且调动了居民的积极性，使他们更加主动积极地参与到和顺古镇的保护和开发当中。为了保护和顺古镇的民风民俗的原则，政府和旅游开发企业鼓励对和顺古镇传统文化、艺术和民风民俗的发掘、收集、整理和研究，鼓励群众开展合法的宗教活动、艺术活动、制作和经营传统手工作坊、民间工艺及旅游产品、举办传统娱乐业及民间艺术表演展示、交易民间工艺品等民俗活动。该模式的运作已成效显现，政府管理有序，企业经营顺利，居民收入显著增加。对于村民建设民居旅馆，也在建筑风格、经营思路和宣传上给予无偿帮助。公司还投资道路、灯光等公共设施，投资建设希望小学、幼儿园，并出资全镇农村人口参加新型合作医疗，保障了村民的基本医疗条件。通过采取这一系列惠民政策，不但保存了和顺最本真的民风民俗，而且形成了政府、村民、公司三赢的良好局面，收到了良好的社会和经济效益。和顺已经成为一个民居保存完好、民风淳朴浓厚、民俗活动频繁、企业与村民和谐相处、共同富裕、共谋发展的和谐古镇。

　　具体做法：一是共同参与古镇保护。和顺对外知名度和影响力的不断提升，也备受各级领导和社会各界的重视和关注，无论是游客，还是当地的居民，都充分认识到古镇保存的价值和保护的重要性，大家都用实际行动自觉地参与到古镇保护中来，都积极地为古镇保护出策献计，形成了全社会参与古镇保护的共识和行动；二是参与旅游就业。住地居民开办民居旅馆、家庭餐馆的，参与开发旅游特色产品的逐渐增多，全镇1600多户6500多居民中，开设民居旅馆的有100多户，开办餐馆(小吃)、商铺的有120多户，从事交通运输的50多户，发展连藕、草莓、红花油茶等特色农业产业的有600多户，从事藤编、果脯等旅游产品开发的有20多户，直接在当地旅游企业工作的当地居民有350人，全镇直接参与旅游的有2000多人。2010年，到和顺的游客达31万人次，旅游总收入达4500万元，农民人均纯收入达4126元，其中旅游收入占65%，旅游经济成为当地居民增收致富的主渠道。

三、结语

　　和顺古镇在开发和保护方面的成功经验使我们认识到：第一，对古镇文化遗产的保护，并不是无效之功，而是为古镇旅游经济的发展提供了平台和基础，文化遗产的保护绝不是旅游业的负担，而是赖以存在和发展的基础。第二，让居民如何参与到古镇保护的行动中来，也是一个不可或缺的因素，居民作为古镇发展的主体，应该是规划实施的执行者，同时也是最终的受益者。第三，在保护基础上进行合理的开发利用，不但可以带动当地经济、宣传文化资源，更重要的是可以为文化遗产的进一步保护和开发提供后续资金。

古镇的发展是以保护作为基础的，古镇的历史文化价值之所以提升，是得益于对古镇保护的结果。因此，在处理保护与利用的关系时，必须形成保护和利用的良性互动机制，才是古镇保持社会和谐和可持续发展的有效途径。

和顺经验、模式既是我们探讨的主题，也已经为各界所界定。原中共中央政治局常委李长春认为："和顺是旅游与文化的典型。"中共中央政治局常委刘云山说："这里是旅游和文化结合的最好的地方。"著名文物专家谢辰生评价说："企业能够让利于民，很难得。在和谐发展上处理好了旅游发展和文物保护的关系是一种成功的探索"。

余剑明　云南省文物局副局长

王黎锐　保山市博物馆馆长、文管所所长、副研究员

从空间到场所：失落空间的再生
——以嘉义阿里山林业村的活化再利用为例

邱上嘉

摘要

清光绪二十年（1895）年日人据台之后，极力于开发台湾的资源。1899年日本人在嘉义阿里山地区发现了大面积的森林后，经由调查发现阿里山林相优秀、材质良好且蓄积丰富，便开始推动阿里山森林开发事业。他们在嘉义积极投资，经营木材产业、进行阿里山森林砍伐、兴建森林铁路、北门驿、贮木池、制材所、阿里山作业所嘉义出张所办公房舍、营林俱乐部、附属宿舍建筑群（包括：本村、阿里山村、藤田村与青叶寮）及火车修理工厂等，这些可以统称为"嘉义营林机关建筑群"或"嘉义阿里山林业村"。但是随着阿里山林木的砍伐无度，不仅出材量渐减，与林业相关的产业开始没落，这些与营林相关的建筑遗产亦逐渐成为城市中的"失落空间"。

目前阿里山森林铁路不仅是台湾18处"世界遗产潜力点"之一，日据时期在嘉义市境内所遗留与林业发展的相关建筑遗产（营林机关建筑群）业已分别被指定为古迹及登录为历史建筑、文化景观，被赋予法定文化资产的身份，受到文资法的保护。本文通过对文献回顾探讨嘉义市的城市发展与阿里山林业开发的关系，并借由2004年起推动的相关城市规划与建筑遗产保存再生计划，讨论这些"失落的空间"如何获得再生及重回市民的城市记忆里，并发挥其场所精神。

关键词：阿里山，嘉义，建筑遗产，再利用，失落空间，场所。

Keywords:　Mountain Ali, Chia-yi, Architectural Heritage, Adaptive Reuse, Lost Space, Place

一、前言

嘉义市位于嘉南平原东隅，位处嘉义县境中心地带。西临太保市，北临民雄乡，东临中埔乡、番路乡，南临水上乡。地理上属温热带，海拔35至50公尺，东西长3公里，南北宽2.5公里。东为阿里山，北有牛稠溪流经并由东石港入海，南有八掌溪经过。

康熙四十三年（1740）知县宋永清奉文归治，文武官员移驻诸罗山，开始筑城，定县治范围，为台湾一府三县中最早建筑之城。康熙五十六年（1717）知县周钟瑄于木栅外围加植莿竹，使诸罗城成为台湾第一座竹城。雍正元年（1723）建土城，城墙范围扩大，将县学（文庙）纳入城内，扩大西、北两方范围，略成蟠桃型，故又有"桃仔城"之称。雍正五年（1727）建砖石门楼及砖砌水涵，为四城门赐以嘉名，东曰"襟山"、西曰"带海"、南曰"崇阳"、北曰"拱辰"[1]。城楼上分祀神祇，作为守护神，东门祀关帝、西门祀妈祖、南门祀观音、北门祀玄天上帝。雍正十二年（1734）知县于土城外环植莿竹，至乾隆五十三年（1788）规划改筑三合土城，于乾隆58年（1793）完工。道光十三年（1833）城垣大整修，于三合土外缘加砌砖石及增建炮台及门外月城。但清代因震灾及战祸，城垣多处倒塌，同治年间仅作局部修补，未大规模整修，至光绪十五年（1889）为最后一次整修。日据时期因城墙失去防御功能，明治三十九年（1906）3月17日及4月14日嘉义大地震，城垣全数倒塌，仅东门城幸存，然日人并不整修。而后日人实施市街改正计划，陆续拆城辟路，不留东门城楼，改设圆环。至1930年1月20日嘉义街升格为市时，城垣已拆除殆尽，未留残迹。

1906年嘉义大地震，日本当局乘机制定都市计划并实施市区改名，重建后的嘉义市为台湾全岛当时最现代化的街市，工商业及交通开始

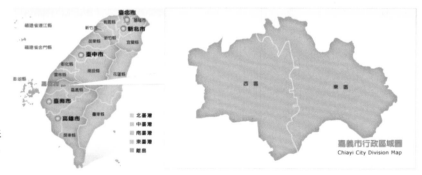

嘉义市位置图（图片来源：http://glocalgov.nat.gov.tw/NCity/ChiayiCity/）

---

[1] 清代诸罗城木栅城及土墙城城门位置，共有六个城门地点：
（1）北城门（土墙城）：位于今民权路与吴凤北路交叉口。
（2）北城门（木栅城）：位于今忠孝路与安乐街交叉口。
（3）西城门（土墙城）：位于今中正路与兴中街交叉口。
（4）西城门（木栅城）：位于今公明路与成仁街交叉口。
（5）东城门（木栅城及土墙城）：位于今公明路与和平路口，即今日东门圆环。
（6）南城门（木栅城及土墙城）：位于今民族路与光华街交叉口。

发展[1]。日据时期由于市街改正、纵贯全岛的铁路经过市区西侧、公路兴建、行政衙署官舍兴建、公共建设、文教设施出现，及阿里山支线铁路运送木料、大日本制糖会社线北港铁道、明治制糖会社线蒜头铁道（朴子线）、中嘉轨道会社轻便车线及糖厂的出现，使嘉义市的城市样貌出现与台湾其他城市迥异的特色。另一方面，若以都市及建筑文化的角度视之，嘉义市的现代性，包括公共领域的萌芽（如办学）、公共服务的提供（如自来水及电气接通）及城市生活的改变，同时因日本人在这里生活，由于异文化的碰撞、冲突、转化、融合，除了表现在日常生活习惯、饮食、语言、服饰的面向外，同时亦在实质空间的营造上体现出来。事实上，若以更细微观点来探究嘉义市的城市发展，可从市区改正带动都市发展看出端倪。日人在嘉义市实行的市区改正计划以及后来升格为嘉义市之后所进行的町名改正[2]，对日据时期嘉义市的都市发展都产生了深远的影响力。

　　嘉义市从清领时期极小区域的诸罗城建城（1704）到日据时期震灾（1906）后的城市蓬勃发展，日本官方在嘉义积极投资经营木材产业，进行阿里山森林砍伐、兴建森林铁路、北门驿、贮木池、制材所、阿里山作业所嘉义出张所办公房舍、营林俱乐部、附属宿舍建筑群（包括：本村、阿里山村、藤田村与青叶寮）及火车修理工厂等，可以统称为"嘉义营林机关建筑群"或"嘉义阿里山林业村"。战后由于嘉义市的开发较台湾其他城市缓慢，也因此留下为数不少具有历史意义与文化价值的建筑物，但过去因地方对文化资产的轻忽，使许多历史建筑物未受到应有的重视而渐为市民所淡忘。嘉义有特殊的历史文化背景，从三百年前诸罗城的兴建到日据时期市街改正、阿里山森林运送铁道，型构出与台湾其他城市极为不同的风貌及地方性。

---

[1] 1906年7月13日凌晨6时43分嘉义发生芮氏规模7.1强烈大地震，城垣全毁，仅存东门，遇难者至少1258人，为台湾有文献记载以来，死亡总人数第三惨重的震灾。是年起，日本乘机制定都市计划并实施市区改名，重建后的嘉义市，一跃成为台湾全岛当时最现代化的街市，工商业及交通开始发展。

[2] 嘉义市今日的辖区范围是在1920年确立的，日据期间嘉义市市区的街路名可区分为二时期。1895年到1931年间主要承袭清代留下来的街路名，并未更动；市区部分编为嘉义街大字，大字内再划分成东门内、东门外、西门内、西门外、南门内、南门外、北门内、北门外、大街、内教场、总爷等11个小字，小字内仍保留清代的街路名，但在行政使用上（户籍和地籍），则以小字为编号的基准。1932年实施"町名改正"后，改为17町78丁目。至于郊区的旧聚落在日据期间则仍然保留清代留下来的地名。日据时期，一个都市必须在市街景观和卫生条件等方面都已经达到一定的水平，才有资格提出"町名改正"，因此一个都市能够"町名改正"是该都市至高无上的荣誉，此也反映当时嘉义市的城市发展已经达到相当的水平。

二、阿里山的林业开发

清光绪二十一年（1895）日人据台之后，极力于开发台湾的资源。1899年，日本人在嘉义阿里山地区发现了大面积的森林，当时蕴藏量足够执行伐木计划80年，于是开始了开发采伐的计划。1903年东京帝国大学教授河合铈太郎（かわい したろう，1866–1931）以阿里山林相优秀、材质良好且蓄积丰富，而力主开发。1904年台湾总督府开始推动阿里山森林开发事业。1910年时嘉义至竹头崎之间的路段通车，阿里山铁道开始局部营运，北门驿也在当年完成启用[1]。1912年，阿里山森林铁路正式通车，与当时铁路沿线的其他车站有点不同的是，北门车站并不只是一般的车站而已，它与嘉义车站分别构成一面积非常广大的木材专业区之东界与西界，附近设有包括营林所、贮木池、制材场之类与伐木有关的设施，以及负责车辆维修调度的北门修理工厂。1912年12月设阿里山森林作业所，阿里山森林铁路嘉义到二万坪间正式通车，并运出木材至集货地嘉义制材所。阿里山林业的开发开始吸引大批外移人口来此地寻找工作，使得嘉义市迁入人口迅速发展，1920年的嘉义人口已是当时台湾各"郡"人口的二倍；也由于林业的兴盛，嘉义市开始聚集与木业工作有关的人口。

嘉义阿里山铁道在1910年开始通车后，台湾总督府同步在嘉义市建立了东亚最大的制材所，北门地区逐渐形成木材、制材业集中的"桧町"（Hinokichō），当时计有大小制材所八十余家之多，使嘉义市成为

---

[1] 阿里山实际上并不是一座山的名称，只是特定范围的统称，正确说法应是"阿里山区"，地理上属于阿里山山脉主山脉的一部分，东邻玉山山脉，北接雪山山脉。阿里山位在嘉义县境，为玉山山脉的支脉，海拔两千公尺以上，由十八座大山组成，总面积三万九千余公顷。阿里山森林铁路是世界著名登山铁路之一；其蜿蜒于重山峻岭之间，桥梁隧道特多，现有桥梁77座，隧道50个，隧道最长者为32号，长度767.98公尺，桥梁最长者为13号，长度96.4公尺。阿里山森林铁路坡度极大，由海拔30公尺之嘉义站运转至2216公尺之阿里山站，最大坡度6.26%，最小曲线半径40公尺。阿里山森林铁路长71.4公里，自竹崎站至阿里山站长度57.2公里，因山峦重叠，地势急陡，为山地线，它的最大坡度为6.25%（台铁为2.55%），最小的弯曲率半径为40公尺（台铁为211公尺）。阿里山森林铁路最著名的为回旋铁路及Z字形上山。回旋铁路由琴山河合（河合铈太郎）博士设计，火车以螺旋形环绕独立山三周约五公里，上升200公尺。因为山势急剧升高，路线无法提升，因此为了迁就山区的地形，在独立山一带长约五公里的路程需要环绕三周以螺旋形（Spiral line）盘旋上升到达山顶。当回旋上山时，在车上可三度看到忽左忽右的樟脑寮车站仍在山下，最后再以"8"字形离开独立山，这就是世界上独一无二的独立山回旋路段。Z字形（Zigzag line）的爬坡方式为各国爬山铁道最常用的方法。阿里山森林铁路共有四处Z字形路段转折站，因此每过了一个分道，火车便要换个方向走。参考资料来源：阿里山铁路，北门驿官方网站；http://www.cabcy.gov.tw/alishan/index.htm，查询日期2013/04/01。

阿里山森林铁路示意图（底图图片来源："新高山阿里山鸟瞰图"，1933年7月30日发行）

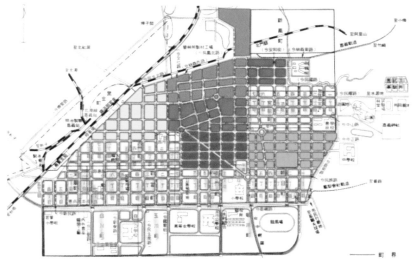

1932年嘉义市与林业相关人口的主要聚集地区

日本领域内拥有最具现代化制材工厂的城市，这是位于铁道起点的嘉义市有过的繁华景象。由于林业的开发逐渐聚集人口，各种产业应运而生，加上位处北回归线，气候怡人，嘉义市在日据时期已俨然发展成为适居的城市，并吸引众多的移民来此定居。这样的荣景一直维持到1928年世界经济大恐慌[1]前。1920年台湾正式施行废厅置州行政区划

[1] 经济大恐慌（Great Depression）或称经济大萧条，系指1929年至1933年间全球性的经济大衰退，其起点为来自于农产品价格的下跌，所产生的一连贯经济冲击。1928年由于苏联木材竞争的缘故而首先发生在木材的价格上，更大的灾难则是1929年加拿大小麦的过量生产，美国强迫压低所有农产品产地基本谷物的价格，因此从农业衰退到金融的大崩溃而进一步恶化。经济大恐慌亦被认为是间接造成第二次世界大战爆发的原因之一。

以前，嘉义市早已成为依赖机械化制材及流通的"木材都市"，这样产业的形成，有赖基本生产条件与相关支持配备的结合，其中最重要者包括原木供应、运输、仓储、电力、机械化制程、人力资源及市场配销，而形成一个木材的产业价值链；将台湾上等桧木、扁柏转运到日本及台湾平地盖神社，同时供应给日本关东、关西、九州岛的造船业，运材铁道终站设在嘉义北门。而北门驿不同于阿里山沿线车站，因为林务管理、铁路机械维修以及制材需要，从北门驿延伸的广大腹地设了营林所、北门修理工厂、嘉义制材场、大如湖泊的贮木池，林业与铁道繁荣了嘉义，北门驿一带曾是全台湾最大的木材交易市场。

嘉义市营林事业于日据时期的发展，基本上可以区分为下列几个时期：（蔡荣顺、蔡旺洲，2003）

1. 阿里山森林与铁道调查（1896～1906）

2. 藤田组开发（1906～1908）

3. 台湾总督府收归官营（1908～1915）

4. 阿里山作业所改制为营林局（1915～1920）

5. 营林局改制为营林所（1920～1943）

6. 废止营林所，伐木改为台湾拓殖株式会社经营（1943～1945）

至二次世界大战后则可分为下列几期：

1. 成立林务局（1945～1947）

2. 成立林产管理局（1947～1960）

3. 林产管理局改制为林务局（1960以后）

如果从营林机关建筑群（阿里山林业村）的范围来看当时呈现的文化地景，可见历史的纹理展现在城市生活上。当时日人在嘉义市规划林业村的范围，包括新高町、山下町、桧町、北门町、荣町等区域，方圆约一百余公顷。当时嘉义市的营林机关群，包括下列建筑：

（一）营林出张所（嘉义林区管理处）：负责木材事业的规划、经营与指挥。嘉义林区管理处办公区内木构造建筑群于2005年10月26日经嘉义市政府公告登录为历史建筑。

（二）嘉义制材工厂（原嘉义制材所）：依市场需求，利用机械将原木剖锯与加工。2002年8月6日经嘉义市政府公告登录为历史建筑。

（三）动力室：购置美国制造的交、直流发电机，及装置英国制造的耐震烟囱，以火力发电方式提供制材机械所需电力。动力室于1913年完工，是嘉义市第一座钢骨构造的混凝土建筑物。

（四）阿里山铁路北门驿：为阿里山森林铁道起点车站，并作为木材集散中心。于1998年4月30日经嘉义市政府公告指定为嘉义市市定古迹。

（五）火车修理工厂：负责阿里山铁路火车头与车身修护，维持火车正常行驶运转。

（六）嘉义营林俱乐部（阿里山林场招待所）：于1914年兴建，提供作为台湾总督府来访宾客及当地职员休闲娱乐的高级场所。于1998年4月30日经嘉义市政府公告指定为嘉义市市定古迹。

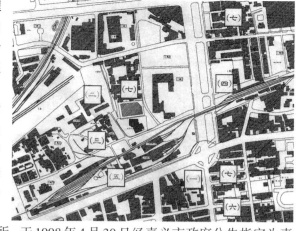

嘉义市的营林机关建筑群
注：图中之符号分别为：
（一）营林出张所、
（二）嘉义制材所、
（三）动力室、（四）阿里山铁路北门驿、
（五）火车修理工厂、
（六）嘉义营林俱乐部、（七）宿舍区（图片来源：http://teacher.yuntech.edu.tw/yangyf/topre/204chenzen1.files/image002.jpg）

（七）宿舍区：在事务所或厂区附近，分为官舍及劳工宿舍。

当时贮木池，嘉义人称作"杉池"[1]，用来浸泡运下山的原木。泡水的目的在防止木材裂开，增加木材寿命。贮木池是制材厂的局部范围，整个嘉义制材厂还包括到现在北门新站、玉山一村、二村附近。原木泡完水之后，制材工厂制成角材或板材作为建材买卖，阿里山木材也曾经是电线杆的来源，内销之余也外销韩国等地。[2]

从产业的观点来看，嘉义市营林事业区域也是台湾木材产业发展的非常重要的地点。其主要是因台湾木材产业历史发源于嘉义制材所。当时利用阿里山铁道的运输，造就嘉义市营林工业村成为台湾的木材集散中心。而嘉义市营林制材所运用当时最技术化的机械制造加工，将木材锯成不同厚度与长度，再透过铁路、公路与货轮运销到海内外，从而建立起营林事业区域工业村的规模[3]。

---

[1] 杉池位置现今已改建为文化中心、果菜市场及鱼肉市场。杉池从前四周植树成林，池中桧木飘香，嘉义有旧八景，八景之一的"桧沼垂纶"就是指在杉池垂钓，诗情画意地说明了当年杉池也是嘉义人休闲的去处之一。

[2] 营林所及营林俱乐部是林务局的前身，阿里山铁道属于林铁。日据时期营林所是规模很大的公家单位，现在共和路一带、玉山一村、玉山二村这些宿舍聚落都是林务局所属员工宿舍。而北门修理工厂当年编置一两百人，自己进行维修、改装、制造。零件坏了自己手工打造，外锅炉、蒸汽引擎也能自产，阿里山桧木车厢也是修理厂的经典杰作之一。

[3] 当时木材专卖区林森路，从阿里山运下木材，木材商人带着丈量的尺，交易就可以搞定。转运业早期还是由牛车将原木载到工厂，从原木到零售建材，于是造就了林森路整条木材店的盛景。从进出口到批发零售，木材业汇集了不只嘉义的在地人，还有云林、嘉义县沿海来经商打工的人，全省林业及建筑相关商人也必须来嘉义采买。木材业的商机加上外地人口，附近多了旅馆、餐厅、酒家，形成木材业的繁华商圈。

当时以制材工场为中心，在东西约1.5公里，南北约1公里地区内，设有木材的集散管理、生产加工、销售运输的设施，包含了木材产业上、中、下游体系。在区内更有林业及阿里山森林火车从业人员专用的宿舍、庙宇、学校，广阔的水池与空地储放堆积如山的木材，在市街上可见装满木材的卡车、牛车、人力车在街上不断穿梭，数以百计的木材商店贩卖各类木料建材或木业器具。

当时日本人于嘉义出张所附近兴建官舍，并于工厂外围盖职工宿舍及单身宿舍，最先一批是于1913年在出张所的东边与制材工厂的北边分别建官舍；第二批是于日据后期于北门驿北边兴建劳工宿舍，目的在供营林机关人员就近居住；第三批在1950年后，当阿里山木材砍伐殆尽后，制材工厂结束营业，部分厂房撤废，改建为员工宿舍，取名为"玉山一村"与"玉山二村"。

依据上述，可将当时营林机关群的住宅区依日籍、台籍，以及职务等级与服务部门划分为本村、阿里山村、藤田村、青叶寮等四区（蔡荣顺、蔡旺洲，2003）：

本村：位于出张所以东区域，属高级职务官舍，讲究内部格局与庭院造景，全部供日人居住。

阿里山村：位于北门驿北边，有职员宿舍与劳工宿舍，供台湾籍基层员工与技工居住。东北侧有称为苦夫寮的宿舍区，是阿里山铁道维修道班工人的住所。

藤田村：位于制材工场北边。初期作为开发阿里山森林的"合名株式会社藤田组"的宿舍，在藤田组终止阿里山开发后，移为出张所的官舍，全供日本人居住。

青叶寮：位于北门驿南侧，为日本人专用的单身宿舍。

嘉义市的营林机关附属宿舍建筑群现今保存较完整之范围，即属阿里山森林铁路北门驿西南侧及嘉义市北门街、共和路一带历史建筑区。基地面积3.45公顷，包括2栋钢筋混凝土造建物及27栋木构造历史建筑，嘉义市政府于2005年10月26日将上述建筑群公告登录为历史建筑（登录名称为："嘉义市共和路与北门街林管处'国有'宿眷舍"），其理由胪列如下：

1. 本区木构造日式建筑为日据时期所建官舍，年代已久，且光复初期所建宿舍亦具时代背景价值。

2. 林业为嘉义产业最具代表性者，林业宿舍群见证该产业文化及嘉义城乡发展史的历史意义。

3. 林管处官舍群种类多样而完整，邻近文化园区、市定古迹北门驿及营林俱乐部，可作整体规划保存，发展契机宏远。

4. 林管处保存意愿高，活化再利用的可能性高。

全区 27 栋历史建筑群。经由调查研究发现，本区共有 4 种建筑样式，分别为一户建、双并二户建、四户建及连栋建，面积介于 43～99 平方米之间。其中有 2 栋一户建为当时台湾总督府营林区嘉义出张所所长及副所长官舍，最具历史意义。另外以双并二户建最多，计有 17 栋，推测为当时眷属宿舍。其余为独身官舍的四户建及连栋建。显见当时官舍即依官阶高低及眷属人口数作为配给宿舍之依据。另一方面，本区尚存有 1 栋澡堂及招待所，可见日据时期兴建宿舍时即有聚落形态的规划考虑。另根据目前由建物遗留的栋札及使用工法、材料推测其兴建年代，应为 1914 年以前至 1943 年之间，分成 3 至 4 批兴建，其历史脉络清晰可见。

2002 年初，台湾为促使民众对文化资产的保存观念与国际同步，开始进行"世界遗产"潜力点的征选工作，并于当年度召开评选会议，选出 11 处台湾世界遗产潜力点[1]，"阿里山森林铁路"以符合世界遗产登录标准第一、三、四项而雀屏中选，名列其中。2005 年 2 月 5 日，文资法修正施行，新增"文化景观"[2]文化资产类别。2010 年 5 月 5 日，嘉义县政府将阿里山林业暨铁道（嘉义县内铁道沿线经过竹崎乡、梅山乡及阿里山乡）公告登录为嘉义县文化景观。2011 年 2 月 16 日，嘉义市政府将辖内之北门驿与阿里山森林铁道（嘉义市段铁道由台湾铁路管理局嘉义站阿里山窄轨铁道起至崎顶平交道止，计 4.46 公里）公告登录为嘉义市文化景观。

---

[1] 2002 年的 11 处世界遗产潜力点为：太鲁阁公园、栖兰山桧木林、卑南遗址与都兰山、阿里山森林铁路、金门岛与烈屿、大屯火山群、兰屿聚落与自然景观、红毛城及其周遭历史建筑群、金瓜石聚落、澎湖玄武岩自然保留区、台铁旧山线；2003 年增加玉山公园 1 处。2009 年 2 月 18 日第一次"世界遗产推动委员会"决议将原"金门岛与烈屿"合并马祖调整为"金马战地文化"，另建议增列 5 处潜力点（乐生疗养院、桃园台地埤塘、乌山头水库与嘉南大圳、屏东排湾族石板屋聚落、澎湖石沪群），经会勘后于同年 8 月 14 日决议通过，台湾世界遗产潜力点成为 17 处（18 点）。2010 年 10 月 15 日再次通过将"金马战地文化"修改为"金门战地文化"及"马祖战地文化"。因此，目前台湾世界遗产潜力点共计有 18 处。

[2] 依据文资法第三条之规定，文化景观"指神话、传说、事迹、历史事件、社群生活或仪式行为所定着之空间及相关连之环境。"另依文资法施行细则第四条之规定："文化景观，包括神话传说之场所、历史文化路径、宗教景观、历史名园、历史事件场所、农林渔牧景观、工业地景、交通地景、水利设施、军事设施及其他人类与自然互动而形成之景观。"

三、嘉义市的城市发展蓝图

日据时期，嘉义市因属周围乡镇糖业的中心，加上阿里山林业的开发，使嘉义的城市建设蓬勃发展。此时期嘉义市的都市发展主要受到下列因素的影响：

（一）利用嘉义大地震城市重建机会，于三十年间进行数次市区改正，使嘉义市转变成现代都市规划的城市。

（二）从阿里山森林的经营开发，形成营林机关群及宿舍群之"产业聚落"，增加木材产业及人口的增长。

（三）台湾地方"制度改正"，使嘉义市街从清代的地方中心的角色消失，日后造成地方官民组织"置州运动"、"市制运动"及"大嘉义"论说的改革建言，促进日据后期嘉义市的城市改造[1]。

在大嘉义计划推动中，对于嘉义市都市定位的未来愿景上，主要以"区域中心都市"及"观光都市"二面向为基本定位。在大嘉义论述中，以"虎尾郡"、"斗六郡"、"北港郡"、"嘉义郡"、"东石郡"及"新营郡"等"台南州北六郡"为范围，嘉义市定位在成为从农产地变成商工、消费地的都市，及从木材、物产集散都市变成区域中心都市。在"观光都市"的定位上，嘉义市做为阿里山的登山口，不止是台湾本岛居民（日、台人）的游览地，也是日本本国与欧美人士的观光地，朝向所谓的"健康都市"发展，祛除嘉义地区在清代被认为是不卫生、不健康的评语；并在此前提下，产生游园地区等都市设施，成为让来阿里山游玩者驻足之地；不仅成为桧木流通、再制材都市，更成为周边平原糖厂的官员、职工消费及性娱乐的场所——"美人乡"。

二次世界大战后，"嘉义市的城市建设倾向以延续日据时期发展模式为城市治理的主要态度，除了开始逐步发展工业化的改变以外，于都市定位上无太大改变；这使得嘉义不仅作为以林、糖等农业生产的主要都市，连结阿里山的自然观光资源，仍持续被定义为嘉义都市发

[1] 1920年至1936年间，嘉义市由于"置州"失利开始发展"大嘉义"，而日本官方也预估阿里山木材将于1950年用罄，因此城市定位开始由农业都市转变为商工、消费都市，并以周边物资（平原物资、阿里山材及竹材等）作为基础，企图将嘉义市发展成为收集该区物资及提供区域生活物资的商业都市，林业事业亦开始转型为观光。1920年嘉义因"置州"的失利，地方士绅等开始出现"置州运动"、"市制运动"及"大嘉义论说"，均对嘉义市的城市改造产生莫大影响。在大嘉义论说下的三个阶段："大嘉义桃城"（1925～1929）、"大嘉义建设"（1930～1936）及"南进的大嘉义"（1936～1945），嘉义的城市定位与发展从一个强调嘉义桃城的历史性、观光发展性，转为强调嘉义市作为区域中心、以阿里山为前提的观光都市，再转为强调军事、军需工业、防空新功能的城市。

展的主要定位。"停滞不前的城市发展，不仅使嘉义市的都市发展定位逐渐模糊，也让整个城市逐渐失去竞争力。2004年嘉义市政府借由"嘉义市桃城风貌整体发展计划"的推动，重新检讨并定位整体的城市发展计划，提出三大规划理念：

（一）整合现有环境景观要素，改善既有设施的景观风貌，丰富都市表情。

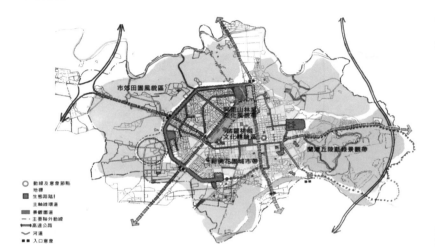

嘉义市城市发展空间架构图（图片来源：林锹，2004年）

嘉义市都市发展的四大主要轴带

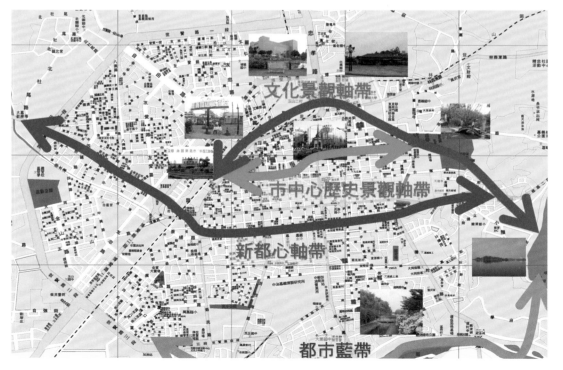

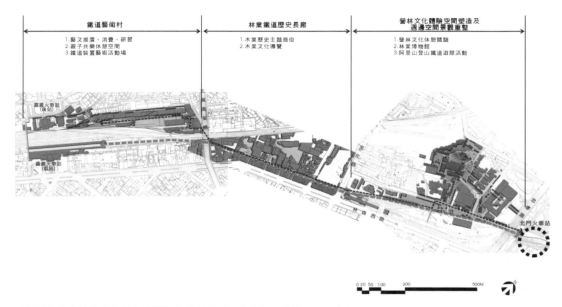

"阿里山林业铁道文化艺文轴带"全区现况（图片来源：林锹，2004年）

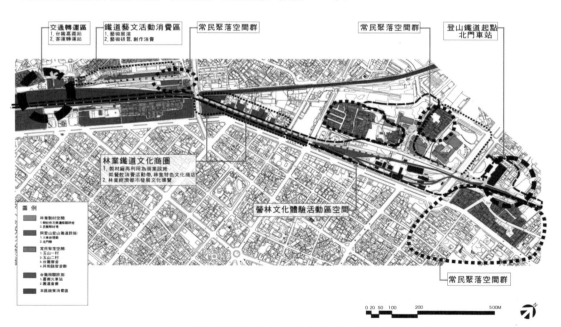

林业文化园区环境空间现
况（图片来源：林锹，
2004年）

（二）修复并活化大型文化纹理，创造都市魅力。

（三）改善并适量增加基础建设，提升都市生活质量。

在上述的规划理念下，规划单位具体提出五大风貌架构，包括：诸罗桃城文化体验区、新兴花园城市带、兰潭丘陵蓝绿景观带、市郊田园风貌区及阿里山林业文化风貌带。

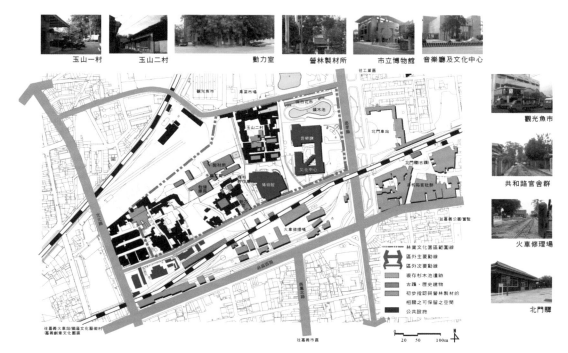

林业文化园区环境空间现况（图片来源：林锹，2004年）

这五大风貌的城市发展空间架构，最后被具体发展成为嘉义市都市发展的四大主要轴带：文化景观轴带（即"阿里山林业铁道文化艺文轴带"）、市中心历史景观轴带、新都心轴带及都市蓝带。其中"阿里山林业铁道文化艺文轴带"便是以阿里山森林铁路为轴线，借由空间轴线改造向度，城市新旧空间衔接与转换；环境经验营造向度：历史文化空间之体验游憩；地方产业文化向度：商业机能之导入进行城市空间的缝合。在空间的串接上包含了铁道艺术村、林业铁道历史长廊与林业文化园区等三部分。

2005年起嘉义市政府开始有计划地进行"阿里山林业铁道文化艺文轴带"的各项规划与空间的整修工程。这些工作亦为后续之"阿里山林业村及桧意森活村计划"提供了重要的基础。

四、阿里山林业村与桧意森活村计划

"阿里山林业村及桧意森活村计划"于2007年由台湾"农业委员会林务局嘉义林区管理处"委托财团法人成大研究发展基金会进行全区整体规划[1]，并列为"振兴经济扩大公共建设投资计划"之一。此计划

---

[1] 此计划从都市发展的脉络上来看，或许可视为"文化景观带"（"阿里山林业铁道文化艺文轴带"）计划的延伸。

为配合嘉义市政府的"嘉义火车站附近地区都市更新"[1]案（图10），打造嘉义市成为"嘉云南艺文休憩中心"构想，企图"以林业为核心价值之经营主体，延续保存珍贵林业文化史迹、维护及动态保存森林铁路历史资产、并能呈现早期阿里山林场风貌"所提之重大公共建设计划之一[2]。此计划之目标为：[3]

（一）以林业文化为根基，旧有历史建筑"保存、复旧、再利用"，重现阿里山林场风华；推展木材工艺之美，活化历史记忆，强调文化、产业与环保等结合机制，创造艺文城市新风貌。

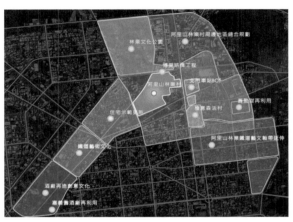

嘉义火车站附近地区都市更新及相关计划（图片来源：台湾"林务主管部门嘉义林区管理处"，2010年）

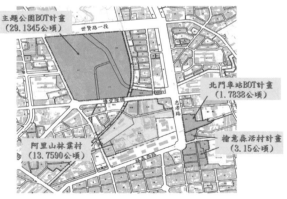

阿里山林业村及桧意森活村计划位置图（图片来源：http://www.forest.gov.tw/public/Attachment/94812461371.jpg）

（二）尊重既存的自然生态环境，并调和现存人为设施与建物，寻求适合地方之发展方向，提供教育、休闲、创意产业等多元复合之林业文化艺文特区，有偿设施提供民营。

（三）营造特色观光景点，提供游憩及自然生态体验与解说教育服务，吸引游客驻留，提升地区经济繁荣。

阿里山林业村计划之规划范围位于嘉义市博爱陆桥、忠孝路、林森西路、文化路及纵贯铁路所围成之街廓内，不含街廓东北隅之住宅区

---

[1] 嘉义火车站附近地区都市更新计划最初于2005年提出，主要为配合铁路高架化及火车站周边65公顷（之后曾扩大为115公顷）之都市开发；该计划于2007年10月17日经核定，范围缩减为55.32公顷；其中公有土地52.53公顷，占94.95%，私有土地2.79公顷，占5.05%。

[2] 此计划列为"爱台十二建设"及"六大指标都市更新案"之一。

[3] （参见：http://www.forest.gov.tw/ct.asp?xItem=45192&CtNode=4302&mp=1）

及西南隅之机关用地（机7，现作台湾嘉义地方法院嘉义简易法庭、法官职务宿舍、"财产局"嘉义分处及法务部调查站等使用）、文化中心区、车库园区，总面积约为13.76公顷。区内共有5栋历史建筑，预估总工程经费为23.15亿元，预定于2016年底完成。

阿里山林业村规划构想说明[1]

分区规划	功能定位	导入设施或活动说明
入口意象区	凸显林场文化特色	于基地东北隅之主要入口处，形塑并强化游客入园印象。 贮木池再现/天车/木桥/奇木等。
游客服务区	行政管理及观光游憩服务	提供游客服务机能。 林业村全区立体模型/旅游咨询服务/木材标本馆/多媒体放映室/会议室/特色小吃/农特产品展售中心/花市/行政管理中心/停车场等。
林产展示区	林产文化展示重心	主要利用区内第一制材厂域之复原，展现当年风貌与运作情形。 户外展场（伐木、集材、运材相关设施实体展示体验）/制材过程展示/木材制品展示馆/干燥室/板类标本室/打铁所/煤料库/火力发电设施遗迹/木匠街/林业未来馆/木雕馆/工艺教室等。
活化利用区	旧建筑活化再利用	主要利用区内现有日式建筑空间，延续人文历史脉络，凸显活化再利用功能。林业村生活馆/木竹炭馆/木竹浆馆/樟脑油提炼工坊/桧木精油提炼工坊/纪念品展售馆/简易餐饮等。
生态园区	都市绿化	引进台湾（嘉义市）之原生植物，重现原始生态风貌。 原生植物/停车场。
多功能展演区	传统艺术文化展示	开放式空间，提供多元展演功能或竞赛场地。 木制表演台/大草坪开放式观众席/休憩赏景/文化活动、林业主题活动等。
文化中心区	嘉义市主要文化设施之场所	维持现状。 既有设施包括音乐厅/文化中心/博物馆，经营管理单位为嘉义市政府文化局。

桧意森活村计划范围之面积合计约3.15公顷，配合上述之计划目标，全区之定位为朝向"以林业文化为核心旧建物活化再利用之特色景点"发展，计划利用历史街区之日式木造宿舍及周边地区，以现有建物整修再利用方式提供住宿、木材艺术文化之展示、体验空间及生态保育倡导等功能使用。

---

[1] 资料来源：http://www.forest.gov.tw/ct.asp?xItem=45192&CtNode=4302&mp=1.

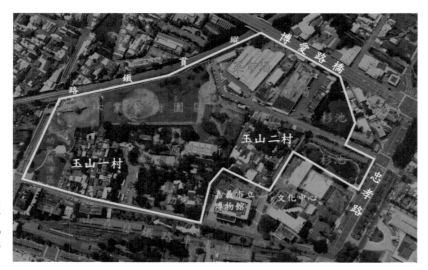

阿里山林业村计划范围
图（图片来源：http：//
chiayi.forest.gov.tw/ct.asp
?xItem=60824&ctNode=425
9&mp=340)

桧意森活村规划构想说明[1]

规划分区	功能定位	导入设施或活动
1.农业精品区	贩卖精致农业、OT招商提供林业精致特殊商品或餐饮	农业精品展售/精致农产品/特殊商店/餐饮
2.桧町原宿区	日式木构建筑宿舍、住宿、日式	入口意象区/住宿区/日式澡堂/美术艺文
3.木材艺术区	林业文化史迹展示、木材艺术展览、木雕展示、多媒体展示。	林业文化史迹展示/木材艺术展览区/木饰精品展售区/木雕观赏区/咖啡餐饮休闲区/木工教室/旧家具修复教室/庭园景观绿化区
4.综合行政区	行政空间。	森警队办公室/备勤室/森林志工教室/林业推广多媒体教室/生态保育信息教室/轮调主管宿舍
5.美术艺文区	提供参访游客心灵飨宴、提升文化素养。	提供参访游客心灵飨宴、提升文化素养。
6.入口意象区	地标性功能；营造外来观光者必经的空间平台，也是周围在地居民对外的窗口。	以日式风味景观引领大家进入原始风貌的日式宿舍聚落。

　　桧意森活村历史建筑物（含1栋市定古迹及28栋历史建筑）的修复工作基本上依据文资法与古迹修复及再利用办法等相关规定办理。由于"桧意森活村"全区共有5条巷弄穿越其中，基于工区的完整性、日后维护管理的方便性及避免影响周围交通通行，全区区分成4个工区进行整修，分别为农业精品区、综合行政区、木材艺术区第1期及第2期，建筑物的修复工程陆续于2009年底至2010年中开始动工整修，并由项目管理厂商（Professional Construction Management, PCM）进行整

[1] 资料来源：http://www.forest.gov.tw/ct.asp?xItem=45192&CtNode=4302&mp=1

桧意森活村位置及范围示意图（图片来源：桧意森活村招商文件）（左）

桧意森活村营运范围图（图片来源：桧意森活村招商文件）（右）

合研拟各项修复工法的一致性。

　　其中，农业精品区基地面积0.4公顷，包括2栋历史建筑的修复工程，及农业精品展售馆及公共厕所新建工程，于2010年底完工，复于2011年5月27日正式落成启用。综合行政区、木材艺术区第一期及第二期则分别于2012年2月、7月及10月完工，全区景观工程则于2012年底完成，总工程经费为新台币5.6亿元。2013年2月春节期间桧意森活村已正式开放，并于3月21日正式对外公告办理委外营运招商[1]。依据嘉义林区管理处的规划，桧意森活村未来将采取营运移转方式（OT，Operation营运 –Transfer移转）办理，也就是由政府投资新建完成后，委托民间机构营运，营运届满后，营运权归还政府。根据目前公告的招商文件，其营运期为10年，营运期间如经评定营运绩效良好得优先续约1次，续约期以5年为限。此外依据招商文申请须知之规定，桧意森活村之公共建设属性为"文教设施"，因此其营运之本业凡属文创产业发展法第三条所规定之产业[2]，均得规划为本业，且由各项本业所直接衍

[1]　"嘉义市桧意森活村营运移转案"之公告开始日期为2013年3月21日，截止送件日期为2013年5月9日下午5点。相关信息参见http://www.forest.gov.tw/ct.asp?xItem=63104&ctNode=1917&mp=1 及http://ppp.pcc.gov.tw/PPP.Website/Case/ShowGovplanAnnounce.aspx?Type=tube&AnnounceNo=chiayiforest01.

[2]　依据文创产业发展法第三条之规定："文化创意产业，指源自创意或文化积累，透过智慧财产之形成及运用，具有创造财富与就业机会之潜力，并促进全民美学素养，使国民生活环境提升之下列产业：一、视觉艺术产业。二、音乐及表演艺术产业。三、文化资产应用及展演设施产业。四、工艺产业。五、电影产业。六、广播电视产业。七、出版产业。八、广告产业。九、产品设计产业。十、视觉传达设计产业。十一、设计品牌时尚产业。十二、建筑设计产业。十三、数位内容产业。十四、创意生活产业。十五、流行音乐及文化内容产业。十六、其他经主管机关指定之产业。前项各款产业内容及范围，由主管机关会商目的事业主管机关定之。"

生之餐饮业或零售业，例如贩卖本业所产出之商品，亦为本业。

五、结语

　　Roger Trancik（1986）在他的经典之作 Finding Lost Space: Theories of Urban Design（《寻找失落的空间：城市设计的理论》）中认为"失落空间系指位于高层建筑底层，被弃置、无结构性的地景、或与都市步行活动路径分离，无人闻问的地下广场（sunken plaza），它散落在都市核心地区周围，破坏商业区与住宅区联系的地面停车场，是公路两侧无人管理、维护、人烟稀少的无主土地；失落空间也是闲置的河岸、铁路调车厂、废置的军事基地，以及因为工厂迁往交通方便或租金便宜的郊区后，在都市内遗留的工厂废址，是以往推行都市更新期间所清除的衰退地区，却因为种种原因未进行开发，再利用的土地，它也是各地区之间的残余土地，或规划草率的商业分割剩余的三不管土地。"并直指"功能主义"是造成失落空间的重要原因。"功能主义"（Functionalism）讲求"从零开始"，其对待历史涵构的态度基本上是破坏的，因此对城市产生的影响就诚如 David Harvey（1991）在 The Condition of Postmodernity: An Enquiry into the Origins of Cultural Change（《后现代的状况：对文化变迁之缘起的探究》）里所言，是一种"创造性的破坏"（Creative Destruction）[1]。

　　从1904年台湾总督府开始推动阿里山森林开发事业，嘉义市历经1906年的大震灾，1910年阿里山铁道嘉义至竹头崎之间路段通车及北门驿完成启用，到1912年阿里山森林铁路全线正式通车；由于林业的开发，让嘉义市快速成为现代化的林业城市。日据时期嘉义市蓬勃发展，成为当时台湾第四大都市，台湾总督府以"殖产兴业"作为统治的主要方针之一，并谋求财政的自主，因为交通是产业发展重要动脉，所以官方积极发展铁路、港湾与道路建设。在与嘉义市相关的产业上，日本人积极开发阿里山森林，发展木材产业，也影响了当时嘉义市城市空间的发展。只是这样的荣景，由于1920年（大正9）嘉义市置州失利，

---

[1]　"创造性破坏"的理论为经济学家Joseph Schumpeter于1912年出版的Theory of Economic Development（《经济发展理论》）一书中所提出。Schumpeter认为，企业家就是"经济发展的带头人"，也是能够"实现生产要素的重新组合"的创新者。Schumpeter将企业家视为创新的主体，其作用在于创造性地破坏市场的均衡（即所谓的"创造性破坏"）。他认为，动态失衡是健康经济的"常态"，而企业家正是这一创新过程的组织者和始作俑者。通过创造性地打破市场均衡，才会出现企业家获取超额利润的机会。参见：http://wiki.mbalib.com/zh-tw/熊彼特的创造性破坏理论。

政经地位受到冲击,加上日本官方预估阿里山木材将于1950年(昭和25)用凿及1928年(昭和3)世界经济萧条的影响,城市的发展面临严重的挑战,不得不重新寻找新的定位。回首过去百年的历史,嘉义市境内与阿里山林业有关的建筑遗产俨然是Roger Trancik笔下"失落空间"的最佳写照。如今透过"文化景观轴带"("阿里山林业铁道文化艺文轴带")、"阿里山林业村及桧意森活村计划"等相关计划的推动及执行,不仅让这些"失落的空间"开始燃起新的生命,也让这些破碎的"空间"重新回到市民的城市记忆里,重回"场所"的本质,并找回其"场所精神"。只是这样的工作,就建筑遗产的保存而言,应该只是一个"起点",后续还有很长的路要走。

邱上嘉
台湾云林科技大学建筑与室内设计系设计学研究所博士班特聘教授

参考文献:

1 太城ゆうこ:《殖民地台湾における观光地形成过程:伐木事业地阿里山の变容》,大阪:大阪大学文学研究科硕士论文,2000年。

2 台湾总督府阿里山作业所:《阿里山木材案内》,台北:台湾总督府阿里山作业所,1913年。

3 台湾总督府营林所嘉义出张所:《阿里山年表》,嘉义:台湾总督府营林所嘉义出张所,1935年。

4 台湾省文献会采集组:《嘉义市乡土资料》,南投:台湾省文献会,1997年。

5 平冈正夫:《工场的建筑》,东京:相朴书房,1941年。

6 永山止米郎:《阿里山事业ノ概况》,1925年。

7 田村刚:《阿里山风景调查书》,台北:台湾总督府营林所,1929年。

8 石万寿:《嘉义市史迹专辑》,嘉义:嘉义市政府,1989年。

9 林务主管部门嘉义林区管理处:《振兴经济扩大公共建设投资:阿里山林业村及桧意森活村计划》,2010年。http://140.130.211.8/eweb/module/download/update/tt005/file5221_54.pdf.

10 孙全文:《嘉义市"竹材工艺品加工厂"等四栋历史建筑修复及再利用计划调查研究》,嘉义:嘉义市文化局,2003年。

11 师嘉瑀:《图绘复原下的嘉义市街生活历史变迁》,台南:台湾台南大学台湾文化研究所硕士论文,2007年。

12 吴仁杰:《阿里山森林铁道经营之研究(1896~1916)》,嘉义:台湾中正大学历史研究所硕士论文,1999年。

13 吴芳铭:《百年森铁:阿里山铁道特展专辑》,2013年。

14 张志源：《台湾嘉义市空间变迁之研究：空间地方性想象之观点》，斗六：台湾云林科技大学设计学研究所博士论文，2008年。

15 苏昭旭：《阿里山森林铁道与世界遗产铁路巡礼》，2011年。

16 苏昭旭：《阿里山森林铁路深度之旅》，台北：人人月历出版社，1999年。

17 邱上嘉：《嘉义市历史建筑清查计划》，嘉义：嘉义市政府，2002年。

18 陈正哲：《台湾震灾重建史：日治震害下建筑与都市的新生》，台北：南天书局，1999年。

19 陈亮州：《从口述历史看嘉义市木材业》，《嘉义市文献》，嘉义：嘉义市文化局，2006年第18期，第109~128页。

20 松元谦一（等）：《阿里山森林铁路》，东京：株式会社エリエイ出版部プレス，1985年。

21 林兰芳撰、台湾总督府编：《台湾事情》（1916~1922），台北：成文出版社影印本，1929年。

22 林秀姿：《一个都市发展策略的形成：1920至1940年间台湾嘉义市区政治面的观察（上）》，《台湾风物》，1996年46卷第2期，第35~57页。

23 林秀姿：《一个都市发展策略的形成：1920至1940年间台湾嘉义市区政治面的观察（下）》，《台湾风物》，1996年46卷第3期，第105~127页。

24 林秀姿：《都市发展策略的形成：1920到1940年间的嘉义市街》，台北：台湾大学历史研究所硕士论文，1993年。

25 林锹：《嘉义市桃城风貌整体发展计划》，嘉义：嘉义市政府，2004年。

26 河合铈太郎：《阿里山森林经营费参考书》，1909年。

27 青木繁：《阿里山所感》，台北市，1925年。

28 青木繁：《所谓公园与阿里山の将来》，1928年。

29 洪致文：《阿里山森林铁路纪行》，台北：时报出版社，1994年。

30 钟家成：《嘉义市志五周年纪念志》，（1935年嘉义市役所发行）台北：成文出版社，1985年。

31 梁志辉：《嘉义地区汉人社会发展之研究（1683~1895）》，嘉义：台湾中正大学历史研究所硕士论文，1994年。

32 谢晓琪：《嘉义市市街空间变迁之研究：以清代至日治时期地图为例》，斗六：台湾云林科技大学文化资产维护研究所硕士论文，2007年。

33 嘉义市玉川公学校编：《嘉义乡土概况》，台北：成文出版社，1983年。

34 嘉义市立文化中心：《嘉义市传统建筑与近代建筑调查》，嘉义：嘉义市立文化中心，1998年。

35 嘉义市政府：《嘉义市志·卷二·人文地理篇》，嘉义：嘉义市政府，2002年。

36 嘉义市政府：《嘉义研究文献书木之搜集与整理》，嘉义：嘉义市政府，2000年。

37 蔡荣顺、蔡旺洲：《阿里山森林铁道机关群之研究：嘉义市营林事业调查》，嘉义：金龙文教基金会，2003年。

38 颜尚文：《嘉义市木材业口述历史》，嘉义市口述历史丛书第1辑，嘉义：嘉义市文化局，2003年。

39　颜尚文：《嘉义市志》，嘉义：嘉义市政府，1999年。

40　薛琴：《嘉义营林俱乐部（阿里山林场招待所）调查研究》，嘉义：嘉义
　　市文化局，2000年。

贵州传统村落保护和可持续利用的思考
——以黎平地扪侗族人文生态博物馆为例

张勇　任和昕

摘要

传统村落是重要的文化遗产。在现代化的强烈冲击下，传统村落逐渐丧失了内生的传统文化和发展动力。传统村落的保护和可持续利用是中国农村发展的一个重要课题。贵州省通过30多年的探索，为传统村落的保护和可持续利用寻找了多条路径。其中，贵州在传统村落建设生态博物馆的形式，比较有效地解决了传统村落整体保护和科学利用的矛盾，使得传统村落的保护和发展焕发新的活力。

主题词：传统村落，生态博物馆，整体保护，可持续利用

中国农业文明与传统村落是紧密相连的。中国文联副主席冯骥才先生对传统村落有独到的认识。他说，中华民族历史悠久的传统文化主要体现在农耕时代遗留下来的丰富文化遗产中，而村落是农耕文化的重要载体，所以，文化真正的根扎在农村。古村落是民间文化生态的"博物馆"，每一个村落都是一部历史。村落承载的物质文化遗产和非物质文化遗产都蕴涵着丰富深厚的历史文化信息，这些具有多样性村落文化形态体现了中华文化的丰富与厚重[1]。因此，毫无疑问，传统村落是重要的文化遗产，包括了村落环境、建筑、遗址遗迹、农业文化景观以及非物质文化遗产等内容。

在百余年中国现代化的进程中，遍布全国各地的传统村落不同程度地逐步走向衰败。"人在村落中生活，有意无意地创造着这个地方独有的、不可取代的地域文化，从而产生了地域文化的多样性，而中华文化的灿烂正体现在文化的多样性上。如果村落消失了，它所承载的物质文化和非物质文化都会消失，文化也会变得稀薄，从而失去其博大

---

[1] 冯骥才：《守护中华民族的"根性文化"》，《设计艺术》，2012年第04期。

性和丰富性。这种危机在少数民族地区尤为严重，因为少数民族生活
的村寨大多分布在农村。"[1]2005 年，我国提出要按照"生产发展、生
活宽裕、乡风文明、村容整洁、管理民主"的要求，扎实推进社会主义
新农村建设[2]。实践证明，过去几年各地新农村建设主要围绕经济建设
展开，改善基础设施，增加经济收入，农民脱贫致富成为主要的任务。
因此，在社会主义新农村，传统村落的面貌多以"焕然一新"为标准。
然而，不加分析的对传统村落建设和改造，破坏了中国农村的生态系
统，危及到中国文化的根本，保护传统村落已经成为文化遗产保护的
重要内容。

近年来，许多地方已经意识到农村的建设不能"万村一面"，对传
统文化的继承和弘扬必须摆到突出的位置。换句话说，社会主义新农
村建设进入了全面发展和质量提升阶段，不仅要经济建设，更要文化
建设和社会建设。贵州省在传统村落保护和发展中，探索建设生态博
物馆形式，为传统村落的保护和利用提供了新的借鉴。

一、 贵州传统村落保护与利用历程

贵州位于中国西南的东南部，境内地势西高东低，自中部向北、
东、南三面倾斜，平均海拔在 1100 米左右，高原山地居多，素有"八山
一水一分田"之说。贵州的气候温暖湿润，属亚热带湿润季风气候，气
温变化小，冬暖夏凉。贵州还是一个多民族共居的省份，全省有 49 个
民族成份，世居少数民族有苗族、布依族、侗族、彝族、仡佬族、水族、
土家族等 17 个，少数民族人口占全省总人口的 37.9%。长期以来，各
民族和睦相处，共同创造了多姿多彩的贵州文化。贵州省有 1534 个乡
（镇、街道办事处），18091 个行政村，其中，少数民族聚居的村寨约有
6000 多个[3]。

贵州是多民族省份，传统村落是丰富多彩的民族文化的汇聚地。
文物保护部门在实际工作中，很早就注意到少数民族文化的特殊意义，
不断研究制定保护办法，采取保护措施，积极推动传统村落的保护和
利用。建立在民族学的基础之上，对传统民族村落的田野调查开始于

---

[1] 冯骥才：《守护中华民族的"根性文化"》，《设计艺术》，2012 年第 04 期。

[2] 2005 年 10 月，党的十六届五中全会通过《中共中央关于制定国民经济和社会发展
　　十一个五年规划的建议》。

[3] 贵州省情，贵州省人民政府网。

上世纪20、30年代。之后的民族识别，民族文化研究，民族政策制定等，都得益于田野调查工作成果。80年代初，贵州最早从文物保护的角度对民族村寨进行研究，提出民族村寨保护以及经济发展的相关课题[1]。经过30多年艰辛探索，贵州在延续传统文化和保存文化多元性等方面所取得的经验，对于当前传统村落的保护和再利用，仍然具有一定的意义。

回顾贵州传统村落的保护历程，归纳起来有三个主要阶段，一是民族民俗露天博物馆建设阶段，二是生态博物馆建设阶段，三是村落文化景观建设阶段。其中，生态博物馆的建设，不仅开拓了我国博物馆建设的新领域，也为传统村落的保护、发展打开了全新的视野。

生态博物馆产生于20世纪70年代，是对自然环境、人文环境，物质遗产、非物质遗产进行整体保护、原地保护和当地居民自己保护，从而使人、物与环境处于固有的生态关系中，并和谐发展的一种博物馆新理念和新方法。

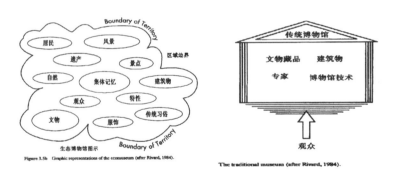

传统博物馆概念图示　　　　　　生态博物馆概念图示

生态博物馆有如下特征：第一，高度重视传统文化和现实生活，是连接过去、现在和未来的纽带。第二，强调生产、生活及其环境的关联性。注意保护建筑与建筑，聚落与环境以及人们生产、生活之间的关系组合。第三，当地居民是文化的主人，博物馆专家是合作者。第四，强调社区所有自然和人文景观，都是博物馆的组成部分。第五　　，激发当地居民对文化的自豪感，重建文化自尊和自信，提升保护文化的自觉性。第六，强调文化是一个动态的而非静止的标本。

20世纪90年代，贵州省引入国际生态博物馆理论，在中国率先建

[1] 吴正光：《沃野耕耘——贵州民族文化研究》，学苑出版社，2009年。

立生态博物馆[1]。到21世纪初期，已经建立了7座生态博物馆，被称为贵州生态博物馆群。其中，4座为国际合作建设的生态博物馆，1座为民间机构建设的生态博物馆，2座为贵州省文化、民族等部门支持建设的生态博物馆。生态博物馆秉承整体保护、原地保护、活态保护、自我保护、开放性保护、发展中保护和可持续保护等方面的独特理念，成为中国博物馆的一种新类型。

生态博物馆和传统博物馆对比

属性	生态博物馆	传统博物馆
空间	文化遗产的原生环境，即整个社区区域	特定的建筑物
资源	不可移动文物、可移动文物、非物质文化遗产、文化景观、自然景观等社区区域内所有可利用资源	以实物为主的藏品体系
科研	全方位视角，多学科取向	特定的专门学科和专家
服务对象	社区居民、到访者	观众
传播	文化记忆	科学知识
获取	公众知识	科研成果
目标	提升当地社区居民的创造潜能	追求知识、教育和娱乐

由于有国际生态博物馆理论的支撑，加上多年的不断实践，贵州生态博物馆群逐渐走出了符合本地实际的生态博物馆建设和发展道路，得到了国家文物局的认可[2]。生态博物馆日益为我国文化遗产保护和博物馆领域所广泛认知和应用。在系统总结既往经验和实践的基础上，大力推进生态博物馆发展，将为保护和传承民族文化遗产，促进经济社会可持续和谐发展发挥不可替代的作用。

二、整体保护和科学利用

贵州少数民族依山傍水、聚族而居，文化环境相对稳定，民族传统村落成为民族文化的主要物质载体。贵州民族传统村落，无论是村落环境、建筑格局和风格，还是建筑工艺、功能、习俗，都独具民族特色和地域特点，是物质文化遗产与非物质文化遗产紧密结合的有机载体[3]。贵州在传统村落建立生态博物馆，倡导文化主人在文化的原生地全面保护文化和自然遗产的行动，翻开了整体保护和科学利用传统村

[1] 胡朝相：《贵州生态博物馆纪实》，中央民族大学出版社，2011年10月出版。
[2] 国家文物局公布首批5个生态（社区）博物馆示范点，新华网2011年08月23日。
[3] 贵州省文化厅：《贵州文化事业60年》，贵州人民出版社，2010年。

落的崭新一页。

（一）村落环境保护和景观培育。村落周围的山、川、田、地、林，是构成传统文化的客观因素。常言道："一方水土养一方人"，自然环境、地理气候不同，导致各个地区的人文历史、文化特征有不小的差异。要全面认识村落的文化，必须对村落环境进行调查、研究，对村落周围珍稀物种、自然遗产、地貌景观等提供保护，并把保护自然环境纳入传统村落保护和利用的重要内容。传统村落的自然环境，直接影响村民的生产生活和文化行为，传统村落与自然和谐相处，是村民的生存智慧的总结，应当不断弘扬和发展。人们建设活动不能以破坏村落环境，地形地貌、植被生态为代价，而是尽可能在保护环境、培育景观的前提下，促进村落的发展。与自然和谐相处，是传统村落有效保护和科学发展的前提。

（二）村落风貌整治和肌理保存。村落的坐落、布局、街巷以及设施等，是村落物质文化遗产的重要组成部分。传统村落是人们经过长期改造而形成的，村落的风貌和肌理是历史传统的真实反映。传统村落风貌和肌理应当是一种继承的延续，而不应当是急剧的变化，以至于没有了农村的摸样。在一些地方的农村，极不协调的高楼大厦开始出现，由此导致了农村传统文化迅速瓦解。保护传统村落的同时，要更加重视村落里面老百姓的生活，村落里面的基础设施必须改造好，提高人们生活的质量。传统村落基础设施的改造应当倡导小心为之，用心为之的思想，不要因基础设施建设造成对村落风貌和肌理的破坏。

（三）建筑分级保护和有机更新。传统村落的建筑是传统文化重要的物质载体，一般应对所有传统建筑进行调查、研究，提出分级保护管理措施。第一类是文物建筑，按照文物保护规定进行保护管理。第二类是风貌建筑，应当根据村落的规划和历史文化表现的需要，进行科学保护、合理利用。第三类是新建筑，应当按照现代生活的要求，并结合传统村落的特点，进行设计和建造。通常而言，传统村落建筑的有机更新十分重要，这是检验传统村落成败的主要标准。冯骥才先生有过一段很好的论述："比如意大利的经验就是，外墙不动，但里面的卫生间、厨房都进行了改造，一点一点地改善。我们所说的保护不是要它原封不动，村落归根结底是人们生活的地方，不能让人们的生活也一成不变，而只能让那些历史文化遗产不变，但生活要在此基础上加以改善，这恐怕是我们未来保护传统村落的一个重要的方面，所以我们提出'保护与发展'这一理念，保护和发展不是矛盾的，而是一块进行的[1]。"

（四）非物质文化遗产传承发展。传统村落保存有大量的非物质文化遗产，如民间文学、表演艺术、民俗活动、礼仪节庆、民间知识、传统手艺等，可谓"深不见底，浩无际涯[2]。"贵州国家级和省级的非物质文化遗产基本上在农村，而且以民族村落里保存的非物质文化遗产为多。保护传统村落，为非物质文化遗产的保护提供了物质条件，同时，让非物质文化遗产传承和发展，就必须得以应用。传统民间艺术要教授、表演，传统民俗活动、节庆要开展，传统手工技艺要生产运用等等。

（五）传统生产生活方式的延续和演变。传统村落里人们的生产生活方式是在农业文明背景下产生的，与现代生产生活方式不免发生矛盾和冲突。要科学分析传统村落的生产生活方式的价值和作用，既不能一味否定，也不能全盘接受，而要根据时代发展的需要进行科学延续和发展变化。比如，为生产有机食品、绿色食品，在贵州一些传统村落开始采用传统的生产方式种植有机水稻、茶叶，不仅为城市提供安全食品，也保存和延续了传统生产方式，创造了良好的经济效益。传统手工艺也是如此。比如传统造纸是通过开拓纸品的用途，研发衍生产品等，推动了传统造纸技艺的保护和发展。传统村落的生产生活方式及其文化现象，如简朴、和谐、歌舞及审美体验等，正是现代社会所缺乏的价值，传统村落可以成为现代社会和传统村落相互学习、借鉴的学校。

（六）传统村落管理机制建立和创新。经过几十年的探索，贵州传统村落的保护、利用和管理呈现出多种模式。在管理方面，建立生态博物馆和乡村合作社相结合的方式，取得了一定的经验。生态博物馆首先是当地村民的博物馆，是一个非盈利的文化机构。在传统村落保护与发展中，生态博物馆主要有三个角色：它是文化记录机构，具有资料信息中心的功能；它是与外界交流的平台，具有合作媒介的功能；它是一所相互学习和借鉴学校，具有文化解释和生活体验的功能。合作社的建立为乡村集体经济的发展提供了组织保障。合作社可以选择

---

[1] 余姝、任明杰：《冯骥才：把书桌搬到田野上》，《羊城晚报》，2012年10月12日。

[2] 余姝、任明杰：《冯骥才：把书桌搬到田野上》，《羊城晚报》，2012年10月12日。

当地具有特色的产业组建，比如旅游合作社、农业产业合作社等，目的是对区域内的经济活动进行规范管理，创造更高的价值。生态博物馆与合作社是平行的关系，侧重面有所不同。前者侧重文化的保护、传承，并在村落的发展中起到"智囊"的作用；后者侧重经济发展，是当地经济活动的执行人。在传统村落中，政府通过村级基层组织和生态博物馆发挥宏观管理作用，引导乡村经济社会和谐、有序、健康发展。

三、传统村落保护和可持续利用案例

2005年1月8日，地扪侗族人文生态博物馆正式开馆，成为中国第一座民办生态博物馆，标志着民间机构联合社区居民以社区公共服务的姿态投入生态博物馆建设，为推动当地社区文化保育和乡村产业发展开启了新的思路。

（一）地扪侗族文化社区

地扪侗族文化社区，是指以地扪侗寨为中心，辐射腊洞、樟洞、登岑、罗大4个核心文化村寨，覆盖茅贡、高近、流芳、寨母、寨南、寨头、中闪、额洞、己炭、蚕洞等15个村的"侗族文化生态保护区"，社区范围等同于茅贡乡人民政府的行政管辖区域，以"地扪侗族人文生态博物馆"作为社区文化号召和乡村建设牵引。

（二）地扪侗族人文生态博物馆

地扪侗族人文生态博物馆2004年12月经黎平县人民政府批准建立，由中国西部文化生态工作室与当地社区共同创建，属于社区居民共同拥有，是中国第一座民办生态博物馆。地扪侗族人文生态博物馆是一个特定的文化生态保护区，等同于地扪侗族文化社区的15个行政村、46个自然村寨，由文化社区、文化研究中心、信息资料中心、文化记忆中心等几部分组成。地扪侗族人文生态博物馆定位为公益型非营利性质的社区文化管理和公共服务机构，其宗旨是致力于地方原生文化保育、传承和社区可持续发展。

（三）地扪社区文化活动

地扪侗族人文生态博物馆持续跟踪和忠实记录社区发展变化全过程，并关注和推进社区文化的传承保育工作。通过实施"百首侗歌侗戏传承计划"、设立"博物馆文化传承助学奖"等措施，培训社区侗族文化传承人800余人。

由地扪侗族人文生态博物馆主办、中国西部文化生态工作室协办、黎平县人民政府和相关媒体机构支持配合的"生态博物馆论坛"每年举办一次，邀请国内外专家学者深入探讨地方文化保育和乡村发展的相关议题，受到学术界和传媒界的关注和好评。

（四）地扪社区经济建设

2009年以来，地扪侗族人文生态博物馆与茅贡乡人民政府以及黎平县有关部门，积极探索促进社区经济可持续发展的有效路径，强化社区自我管理能力，推动乡村建设发展。目前，生态博物馆已经引导和联合当地村民先后组建了"社区传统种养产业农民专业合作社""社区传统手工农民专业合作社"、"社区乡村旅游农民专业合作社"，开发推广"地扪古稻米（小红米）"、"地扪手做茶"、"地扪窖酿酒（野生杨梅酒、野生羊桃酒、小禾糯酒）"等原产地全生态产品，推出民居旅馆、家庭餐饮、传统侗歌演出等乡村旅游接待服务，并逐步提升"地扪古法手造构皮纸"、"地扪侗族亮布"、"地扪天然植物染"、"地扪手织土布"等传统手工产品。

（五）地扪社区公益活动

地扪侗族人文生态博物馆自2009年发起推动"农村家庭与城市家庭'手拉手'农特产品私家订购计划"，村民以家庭定制生产的形式加盟"社区传统生态产业农民专业合作社"，定向生产提供私家订购的农特产品。"计划"旨在通过生态博物馆和相关机构以及社会热心人士牵线搭桥，帮助当地社区恢复建立起农村家庭与城市家庭的传统"主顾"关系，构建"一对一"友情互动的生产消费联盟，使侗族村寨祖祖辈辈存留的传统品种和天然生态的自然农作方法得以延续。目前已帮助参与示范种植的300余户村民家庭与香港、广州、北京、贵阳等地的城市家庭实现"一对一"产品直销，部分产品还成为政府以及银行、上市公司等企业特别订购的VIP礼品。

（六）地扪社区美丽乡村建设

地扪侗族文化社区美丽乡村建设的目标是：和美侗寨，生态家园。乡村建设致力于保护纯净的自然生态环境、独特的村落文化景观、传统的生产生活方式，强调保持侗族村寨的独特个性，引导乡村社区可持续发展，注意避免损害地方文化的短期利益行为。保存和延续环境友好、生态自然、自给自足的"乡村慢生活"，传承"崇尚自然、追求简朴、天人合一、和谐共生"的中国传统田园乡居生活理想，重视保持与提高当地村民和来访客人的生活品质，维护和修复"生态自然和谐、风土人情浓厚、邻里互帮互助、富有生机活力"的乡村生态文明社区。

四、结论与思考

上世纪80年代起，不断探索传统村落保护和可持续利用的途径。无论是在传统村落建设露天民族民俗博物馆、生态博物馆，还是公布为民族文化保护村寨，民族文化保护区，都为传统村落走向现代社会提供了有益的经验。文化部副部长、国家文物局局长励小捷同志考察了贵州苗村侗寨后指出，贵州在民族传统村寨保护和利用方面做了不懈的探索，可以归纳为三个理念，一是综合的理念。不仅关注传统村寨文物的保护，还关注了自然遗产、文化景观、非物质文化遗产的保护。二是开放的理念。保护民族传统村寨应当具有开放的心态，向社会开放，向体制外开放，吸引各方面的力量关注和支持传统村落的保护和利用。三是民生的理念。保护和利用传统村寨，要充分尊重村民的意见，做好相关产业发展，着力改善民生。正是在这些理念的指导下，贵州省传统村落的保护和可持续利用才取得了良好的社会效益，获得了可贵的经验。

在全球化的浪潮强烈的冲击下，中国传统村落保护面临极大地挑战。贵州的经验是顺应历史，适应变化，充分发挥传统村落在现代社会和生活中的作用，以文化为核心，发展为动力，不断创造新的辉煌。因此，美丽新农村应当是生态环境优美，村民文化素养高、生活质量高、道德水准高。传统村落的文化千差万别，经济发展条件和路径也各不相同各异。新农村建设必须正确处理保护与发展的关系，既要保护优秀的文化传统，不丧失中华民族文化之根，也要促进经济社会的发展，在发展中寻求新的保护。

张勇　贵州省文物局
任和昕　贵州省黎平地扪侗族人文生态博物馆

参考资料：

1 苏东海：《博物馆的沉思——苏东海论文选》，文物出版社，1998年。

2 胡朝相：《贵州生态博物馆纪实》，中央民族大学出版社，2011年。

3 中国博物馆学会：《贵州国际生文集》，紫禁城出版社，2006年。

4 冯骥才：《传统村落的困境与出路——兼谈传统村落类文化遗产》，人民日报，2012年12月7日。

5 薛宝琪、范红艳：《传统村落的遗产价值及其开发利用》，《农业考古》2012年第01期。

6 谢仁生：《侗族传统生产生活方式的生态伦理价值》，《学理论》2012年26期。

后聚落保存渴望社会创新
—— 一个文化生态观点

林崇熙

摘要

文化资产保存经常面临活化再利用的议题，尤其是以巨额经费修复后的再利用，经常仅是附身式功能使用。本文将以废村三十余年的东莒大埔聚落为案例，论证聚落保存不能复制控制式意识形态的古迹修复再利用作为，而需以"后聚落生活"概念把握传统文化核心价值，来进行社会创新式的聚落保存、突破与发展。其关键在于如何转译传统文化的核心价值，建构出新的社会秩序与相应的文化生态，来开展新的文化可能性与营造新的聚落生命。

关键词：后聚落保存，社会创新，文化生态，大埔聚落

一，前言

当今聚落保存的重大课题有四，其一，是强大外力介入造成文化生态骤变而风险增高；其二，是内部人口流失或产业消失而造成文化生态崩解；其三，是公部门以控制式保存的意识形态对传统聚落进行殖入式保存，巨额经费修复后再利用，经常仅是附身式功能使用；其四，是缺乏适当的基础论述来支持多元的保存样态。东莒大埔聚落六十年前遭受战地政务之巨大外力殖入，如今又遭受人口严重流失与产业流失的严重威胁，未来又面临马祖可能引入博弈产业而带入远比当地人口还多的外来人口殖入。因而我们必须发展"后聚落生活"概念，来思考聚落保存的新取向。

与台湾闽南文化或客家文化相较，东莒有着丰富、相似又相异的闽东文化样态，因而能让我们有着进入异质地志（Heterotopia）情境而脱离惯习思考的机会，让身体与思想因为解放而自由，让思想因为文化群落交错而激发开创性想法。希望我们能因为东莒的丰富异质文化

样态而有着贡献于台湾文化资产保存的前瞻性突破。

一、控制式保存的意识形态

面对当前聚落保存的文化生态崩解与人口流失等重大危机，文化资产保存法无法有效处理，问题不在于聚落保存法令缺乏监管、保护机制，而在于其物质性控制的意识形态：一方面将聚落当成古迹的放大版，因而见树不见林；二方面控制式意识形态忽略了聚落的有机发展机制；三方面是工程导向的聚落保存再利用，忽略了聚落保存应该是社会议题，重点应在于重构社会秩序与文化生态。更深层地从文化共构性的观点来看，以物质性控制为意识形态的文化资产保存法于1982年公告时，是呼应当时政府的威权统治政治氛围。文资法虽然经过多次修订，但其基本意识形态并没有改变，因此，适用于80年代初期政治氛围的文化资产保存法相对于当今台湾民主社会发展的社会氛围，就会发生价值扞格的窘境了。

文资法将古迹、历史建筑与聚落归于同一类"指人类为生活需要所营建之具有历史、文化价值之建造物及附属设施群。"那么，文资法就是将聚落当成古迹或历史建筑的量体放大版。然而，就像森林是一个丰富的生态，而不是许多树木的集合体而已，聚落应该是一个丰富的文化生态，而不是许多建筑物的集合而已。因此，我们不能将聚落保存等同于古建筑群保存。

许多既有的聚落保存规划都包括历史研究、信仰、人口、组织、民俗、空间、建筑、社经、产业、交通、生态环境、土地使用、土地权属等基本数据调查，进而检视上位计划与相关法令后，提出保存基本理念与原则，从而规划出聚落保存计划与聚落再发展规划。这般的规划基本上是以学术精英的角度来进行美学式保存，着重点在于聚落之传统建筑及空间纹理之为"物"的保存，并以控制式管理来进行地景、空间、建筑风貌等管制及修复再利用，此为"技术永续性"作为；认为任何问题都能以科技来解决，或者以市场方案来解决。[1]技术永续式聚落保存作法是面对建筑倾颓败坏，就进行原样修复；面对传统技艺濒临失传，就进行人才培育；面对人口流失与传统产业萧条，就引入观光旅游与文创商品开发。此皆着重于物质层次，而忽略了文化生态、价值理念、社会网络、社会运作、在地知识、生命定位等面向，也就难以掌握聚落文化的内涵、运作方式与生命感。

---

[1] Sim Van der Ryn & Stuart Cowan、郭彦铭译：《生态设计学》，马可孛罗文化，2009年，第33页。

由于技术永续式聚落保存相关法令与补助办法只注重景观风貌，就会走向形式主义式规范，例如要求公部门补助的传统建筑修缮或新建必须符合石砌墙、木窗、木门、斜屋顶、薄瓦覆盖等要项。其结果是许多的都市的RC结构加铝门窗为内里，而外面包覆石砌墙、木窗、木门、斜屋顶、薄瓦覆盖的"传统建筑"于是出现。这样的建筑看起来有传统建筑风貌，却仅有其形貌而无其灵魂，忽略了海岛上一年四季的阳光、风、土、水等微气候变化，更忽略了传统建筑所蕴含的传统智慧。

马祖列岛处于离岛的隔绝性及曾长期受到战地政务管控，其宗族社会关系绵密，因而连江县文化局近年逐渐舍弃由上而下的精英主义作为，不再以古迹审议委员会决议为唯一主导，也逐渐舍弃前述技术永续式保存再利用方式，而愿意以社区营造精神与社区居民充分沟通协商，来面对金板境天后宫修复案的争议。[1]或如福正境天后宫的神像文物修复案，文化局充分尊重社区居民的文化理性，以七个月内修复43尊神像为基准，来决定修复的弹性策略与工法，舍弃一般的科学检测与科技修复作为。[2]连江县文化局尊重社区文化生态的作法，让东莒

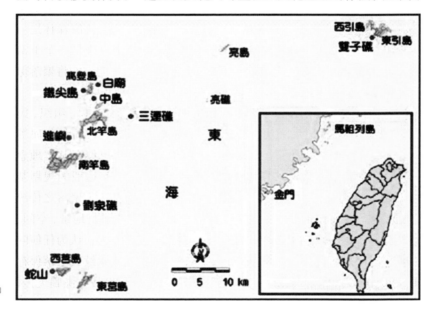

马祖列岛区位[1]

[1] 金板境天后宫需进行主体修复，社区年长者为主的庙宇管理委员会主张修复回1940年代的样貌，文化局古迹审议委员会决议维持被军队进驻后更改的庙宇格局与外貌。文化局面对此两造争议，并不以文资法来压服庙方，而是进行长达两年余的沟通协商。

[2] 包括以掷筊来决定主持神像修复的师傅，并尊重社区居民要求在来年元宵摆暝活动之前完成神像修复与开光。林崇熙：《从文物修复到人心修复》，第13届文化山海观学术研讨会，台湾云林科技大学，2013年5月3日~4日。

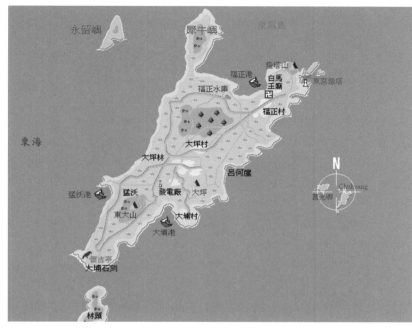

东莒岛地图[1]

岛上的聚落保存逐渐发展出不同于前述的技术永续式作为，尤其大埔聚落已经废村卅余年，更不能以技术永续式作为来处理，因而开启了以新文化生态建构为内涵的生态永续式保存的可能性。

三、大埔聚落的前世今生

位于闽江口的马祖列岛为台湾之北疆。大埔聚落位于马祖列岛之东莒岛上，行政上属连江县莒光乡大坪村。东莒岛位处马祖列岛的最南端，旧名"东河"、"下沙"、"东肯"、"东犬"，总面积2.64平方公里，从北至南有福正、大坪、大埔三个聚落，常住人口只有百余人。大埔聚落曾盛极一时，70年代因人口大量外移而废村并入大坪村。

从炽坪陇遗址表征的五千多年前史前时代，到菜园里遗址的宋元遗物，再到明朝万历年间的大埔石刻，[3] 以及清朝的东犬灯塔，[4] 都表征了东莒岛作为大陆闽江口列岛之一的海上角色，千百年来一直有海上民族来来往往。东莒岛四周多峡湾港澳，且以前盛产黄鱼、鲳鱼与

---

[1] 资料出处：http://july7july26.blogspot.tw/2010/06/blog-post_592.html.

[2] 取自连江县政府http://www.matsu.idv.tw/tour/map_j.php.

[3] 县定古迹大埔石刻，为明朝万历年间，董应举勒石为记，赞许沈有容不耗一兵一卒生擒69名倭寇之事迹。

[4] 位于福正村的东犬灯塔（现名东莒岛灯塔），乃1872年（清朝同治十一年）由英国伯明翰强斯兄弟灯塔工程建造有限公司所造。

带鱼，故渔业是东莒岛早年主要的经济重心，大埔聚落即如此而形成村落。1949年军队进驻，使得全岛进入军管时期。尤其是从1956年至1992年之间实施了36年战地政务，将全岛民众皆编入自卫队，平时蓄水、屯粮、海漂、演习、出公差勤务、站卫兵、挖壕沟、村落自卫，战时支持军事作战则全民动员。

1970年代以后，渔业开始下滑，渔业人口锐减。同时，军队庞大员额的消费，引领居民朝向服务业发展。战地政务管制虽然令生活大为不便，但曾高达两千多驻军的消费（如饮食、洗衣、娱乐、澡堂、性产业等），给岛上居民带来相当丰厚的收入。加上台湾外贸导向的劳力密集产业兴起，经济快速发展而亟须劳力，吸引许多东莒人民移民至桃园、土城等地。当渔业没落了，则整个渔村随之萧条，福正仅剩十余户，而大埔则人去楼空而至废村。

1992年战地政务解除之后，马祖地区开放观光。但随着两岸情势转变，军方实施"精实案"，当地驻军大量减少，对东莒岛居民经济影响甚巨。由于马祖长期军事管制而保有特殊闽东文化风味，让东莒岛居民逐渐朝向文化观光转型，包括民宿、花蛤节、导览、租车、特色餐饮、矶钓等。公部门亦相应于时代趋势而成立"马祖风景特定区"（1999年）及进行马祖地区传统建筑聚落保存计划（2006年），连江县政府于此地进行社区总体营造计划（2003年）、区域型文化资产环境保存计划（2009年）、世界遗产潜力点发展计划（2010年）及公告登录大埔聚落为法定文化资产（2010年）等相关于大埔聚落保存的努力。甚至，莒光指挥部皆能配合花蛤节出动装甲车供游客战地体验。这些努力开启相对于技术永续式聚落保存之生态永续式聚落保存的可能性，虽然大埔聚落目前还是处于没有住民的废村状态。

三、文化生态永续式的聚落保存

聚落保存犹如人的身体保养。人体生病时最忌讳头痛医头、脚痛医脚而忽略了病因经常来自生活方式失衡、扞格或崩解。聚落保存问题亦然。聚落保存若仅看到计划经费争取、硬件修缮、旧建筑再利用等功能面向，加上处理业主保存意愿及公部门法令等问题，就会觉得聚落保存是令人感到无力的麻烦事。聚落保存若不是社区的荣耀与认同所在，就很难超越私有财概念来成为文化公共财。聚落保存若无法体认原来的文化环境、文化生态已然改变，就很难在当前社会生活中找到传统聚落生存与发展的适当区位。

文化生态是指文化物种之为生命体所赖以维生、滋养、发展的文化环境系统。文化生态由许多微系统互动交织而为小系统、中系统、大系统。各微系统的运作包括生命体之间、生命体与环境的种种互动。以个体所处的文化生态来看，即由家庭、人际网络、社群、社会、环境、知识、技能、价值观、信仰等所共构交织而成。以产业所需的文化生态来看，就是市场、消费者、生产者、生产工具、生产原料、基础设施、赋税条件、环保法规、劳动法规、公司法、商务仲裁、产业政策、人才供给、教育训练、技术研发等种种影响产业发展的因素所交织出来的文化环境。[1]

　　文化生态的系统运作机制是一种动态性的耗散结构（Dissipative system），以开放系统确保持续能量输入，达成一种动态系统性，从而使各文化物种能于适切的文化生态区位（niche）中适性适才适所地发展生命。一个良好的生态必须具备自发的协调性、自我修复性及因应环境变迁所需的弹性调整或创新。因而生态必须具备种种多样性，依脉络可指物种、文化、生态系、产业或科技等多样性。此多样性必须至少有三种不同但相互联系的生态系，可谓为系统在面临压力下要能自我设计，需达到最低限度的复杂性。低于这个门槛，系统面临新环境变异与挑战时将瓦解恶化。[2]

　　东莒具备至少四种生态多样性。其一是海洋生态系，从海鸥、贝类、鱼类、礁岩、海滩、太阳、月亮、星沙、港口等皆备。[3]此外，福正澳口处有着附近山丘汇集且经过沙地过滤的水源，此水源流向澳口沙滩，营造了淡水与海水交会的丰富生态机会。以当地阿婆的话来说，"让沙蛤及贝类不会那么咸"。[4]其二是聚落文化生态系，此于大坪村为主的社会网络还保持相当程度的亲族网络、社协网络、公务体系、教育体系等健康地运作。只是，聚落文化生态系的开放性不足，除非是婚嫁或公教人员派遣，外人不易进入此聚落文化生态系。其三是正在消颓的战地文化生态系。此生态系有着军事防卫体系的严谨，又与聚落民众互动密切，包括早年的战地政务管制，或军人的消费带给居民庞大的商业利益。然而，由于军事战略改变而大量减少驻军，使得此生态系缺乏环境能量的补充与交换，因而正在凋萎中。其四是正在成型的文化观光生态系。除了一般的名胜古迹导览外，东莒正在形成一个新的文

[1] 林崇熙：《以新文化保存旧产业：文化生态观点的产业文化资产保存》，《文化资产保存学刊》，2012年第22期，第67~78页。

[2] 例如，一个农业系统若少了多样性，其作物必须仰赖额外的输入才能生存下去。Sim Van der Ryn & Stuart Cowan，郭彦铭译：《生态设计学》，马可孛罗文化，2009年，第146~153页。

[3] 只是，海飘来的垃圾是一大问题。

[4] 如今自来水厂在此取用地下水，是否会影响此沙滩生态呢？尚待考察。

化观光生态系，包括战地文化遗迹转译、古迹、美食、景致、活动、悠闲、在地知识、生态体验等活动外，更需进一步提升全岛居民的服务业精神与水平。此为亟须发展转译的生态系。

聚落保存不能只看到聚落区域内在的建筑、空间、设施等硬件而已，而需以整个聚落生命发展为念。那么，除了聚落内部的人、文、地、景、产外，还需考虑如何营造聚落的群落交错场域，透过丰富互动与交换，来增进聚落的多样性与生产力。群落交错区位于两个或两个以上不同的微系统交会的边界。在群落交错区，生物的多样性与生产力最高。就像海湾边缘，栖息在各群落的生物到此猎食、杂处、繁殖、嬉戏，让生命之戏更丰富。这些群落交错场域由于不是单一领域的范围，因而经常具有异质地志（heterotopia）般的魅力。[1]

首先，整个东莒就是人类与自然群落交错的场域。聚落产业如农耕、渔业等为人类与大自然的阳光、水、土壤、风等密切互动共生。同时，东莒沿岸有着港湾、沙滩、礁岩、小岛等，亦有淡水与海水交会的澳口，具有丰富的海洋生态，适合矶钓、海钓、岸钓、采集贝类、游泳、戏水、划船、赏鸟、看夕阳、吹风、踩星沙、看星星，因而是人类与大自然群落交错之场域。

其二，东莒能创造社会群落交错场域。东莒的异质地志感非常适合艺术家、作家、知识分子、禅修者、移地教学等进驻，因而东莒以区域型文化资产环境保存计划作为友善机缘引进艺术家、夏日学校、打工换宿者等进驻大埔聚落，来与社区居民交流、活化聚落传统建筑、活化当地经济。

其三，东莒创造新的军民群落交错场域。随着驻军大量减少而使原来的战地文化逐渐消退中，因而可开创新的战地文化。过去是平民禁区的营区如今逐渐释出给县府，就能成为军民群落交错处，例如大埔聚落旁的六四据点就已经由社区居民合力整理完成，而成为文化导览的新景点。居民更希望胜利坑道能成为下一个酿酒闻名的八八坑道。[2]

其四，东莒是古今群落交错场域。东莒具有文化遗址（大埔石刻）、考古遗址、产业遗址、居民遗址、生活遗址（废弃水井）、军事遗址、教育遗址（废校）、娱乐遗址（中山堂、军中茶室）、政治遗址（伟人铜像圆

---

[1] 异质地志（heterotopia）概念来自Michael Foucault,：《Of Other Spaces》Diacritics 16，pp.22~27。异质地志让人脱离日常生活常轨，逸入暂时差异、隔离或跨界的新场域。在其中获得新能量后再回到生活常轨时，有着新的身份、角色、关系或力量。

[2] 后续若能于此处开发类似生存游戏、漆弹场、极限游戏等具有挑战性、竞争性、战斗性的游戏场，将能开创新的战地文化之意。

环），亦有东莒岛灯塔、文物馆、鱼路古道等文化资产，更有着承载于聚落人们、建筑、产业之中的传统智慧。这些文化资产需经营出其丰富的历史内涵，并能与当今社会的社会想象进行对话，来让古老岁月与现今想象于聚落中交错。

我们无法期望已经废村卅余年的大埔聚落重回早年打鱼的生活，甚至难以期望移居大坪村、南竿、台湾的住民们及其后代回流。因此，应以"后聚落生活"样态来看待大埔聚落。东莒有着生态永续式聚落保存所需的文化有机长成氛围、多元生态系统、以及促进新文化发展的多元群落交错场域，此皆有助于东莒进入后聚落生活情境来进行聚落保存再发展。

四、后聚落情境需要社会创新

"后聚落生活"之意在于聚落不可能回复当年生活样态及产业样态，而应把握聚落传统文化核心价值，来经营出新的聚落生活。以"后聚落生活"来看待大埔聚落，即需把握东莒既有的文化有机长成氛围、多元生态系统、及多元群落交错场域等资源，以新的思维、价值观、社会运作、知识技能、产业发展等"社会创新"来建构出后聚落生活所需的文化生态与社会秩序。

首先，关于后聚落情境的聚落概念。如果我们继续过去大埔、福正、大坪三个聚落的区分，就会分别处理各自聚落的问题。这对于已经没有住户的大埔聚落或人口稀少的福正聚落而言非常不利，也难以让大坪村有所开展，更无法发挥东莒的整体潜力。因此，"后聚落生活"要以整个东莒岛为聚落保存的主体。大埔聚落虽然废村，但移住大坪村的居民仍然回大埔养鸡、种菜、储物。近年来，东莒社区发展协会以"劳委会"的多元就业方案，雇请十余位社区居民定期对大埔聚落进行环境清洁维护，及进驻东莒岛灯塔文物馆担任导览解说，都可看出东莒岛居民已经能扩充聚落保存概念到东莒岛的整体经营了。

其二，关于后聚落情境的文化概念。"后聚落生活"把握传统文化的核心价值，据以发展出新的文化取向，则所谓的范围界定就不再以行政区域为范围，而是以此文化的意义作用为范围。东莒过往的渔业文化与战地文化都是珍贵的文化资产，在不可能回复渔业生活及战地政务的前提下，"后聚落生活"就需以过往的渔业文化与战地文化之传统智慧与场域为基础，来开展新的文化可能性。[1]尤其是把握前述多元

---

[1] 例如东莒充满落差甚大的陡坡，可设想以"挑战"为主轴的新产业，如自行车挑战赛、铁人三项挑战赛、马拉松赛跑、战斗营、企业主管训练营等。

群落交错场域来刺激新文化发展的可能性。

其三，关于后聚落情境的住民概念。人是聚落保存与发展的核心行动者。没有人居住，聚落生命就此停止。由于无法期待外流乡亲回来过着当年的渔村生活，因而东莒的"后聚落生活"需发展出多元样态住民，包括：现住民、旧移民（从外地移入数十年，认同此地者）、新移民（从外地移入，认同感尚待加强者）、回流民、工作民（因工作而留住与异动者）、关注民（移地教学师生）、外流民（搬到外地的乡亲）、外出民（到台湾读书的学生）、候鸟民（只有夏天回来玩一段时间的外流乡亲）、投资民、度假民、交换民（交换学生）、壮游民（寻找自己生命心灵而深度旅游者）、消费民（游客）等14种。将每一种样态住民视为一种文化物种，就需经营出让这些文化物种得以适切存活的文化生态。此一方面需把握多元群落交错场域来发展新文化生态，另一方面也需发展出多元样态住民的新身份与新角色。就像灯塔与多元就业方案阿姨们发展出古迹导览员此一新身份，而渔夫也可转译为海洋博士。如果"后聚落生活"要发展出新文化，住民就需发展出社区新角色。

其四，关于后聚落情境的社会运作概念。新的住民进入东莒的最大障碍在于面对庞大数量的空屋时难以购屋入住。在居民"不卖祖产"的传统文化下，"后聚落生活"需发展新的社会运作概念，例如成立"聚落文化信托"，鼓励居民将闲置空间委托经营，或者作为房屋BOT媒合平台，让业主提供土地给新住民盖屋，二十年后再连屋带地还给土地业主。亦即要让居民业主对土地的概念从"自己拥有"转译为"长期委任经营"。此外，现有的民宿、餐厅、阿姨、阿婆、渔夫、交通等若能联合起来，才有可能突破各自无政的小规模现况，来稳定承接大型会议规模的旅客，使得规模经济嘉惠更多的社区居民。

其五，关于后聚落情境的传统建筑。传统建筑之意不在于材料、工法、风貌等，而是因地制宜的风土建筑。大埔聚落中的传统建筑是因应当年的渔业生活、物资缺乏、与环境样态（包括台风、防热）所建造，可谓为"原态性传统建筑"。现今福正聚落出现几栋来自风管处高额补助的传统建筑风貌的新建筑，虽然石砌墙、木窗、斜屋顶、覆瓦、大木栋架等一应俱全，内部结构却是不折不扣的RC建造，且其开窗方式、开窗量体、内部隔间等都是移植都市生活的概念，更不用说加装几台冷气了，可谓为"拟态式传统建筑"。"后聚落生活"不宜陷入新旧之争，因为"原态性传统建筑"所相应的生活方式已然不再，而"拟态式传统建筑"仅是形式主义式皮相而已。"后聚落生活"中的传统建筑应该要能把握"原态性传统建筑"的传统智慧（如开窗采风、自然通风、气流设计、房子呼吸、木材吸湿、天沟泄水、砌石吸热等），调和现代生活及环境来契合时代，才会是人们喜爱的新传统建筑。

其六，关于后聚落情境的生态聚落。在传统的聚落生活中，所谓的垃圾极少，因为生活所需及建筑材料等率皆取自于自然，又能回到自然分解或者再利用。然而，在当今生活中却出现太多无法回到自然分解的垃圾，如塑料、保丽龙、营建废弃土等，使得小小的东莒竟然有着庞大而碍眼的垃圾场。"后聚落生活"应该重新省思当前仰赖大量资源流动、外来资源、环境不友善资源的使用方式，重新体认生态智能与落实在地知识，进行因地制宜的设计，方能传承传统文化的精神。

其七，关于后聚落情境的聚落定位。东莒"后聚落生活"的定位就在于生活，而不是观光。观光是外向式活动，是为了迎合观光客而整备自己，很容易就迷失了自己。然而，生活是一种自在，是以在地知识来认知、取得、运用在地资源，从而与环境友善对话与相互对待。在自己的在地生活中喜爱清晨、夕阳、月光、海滩、海风、钓鱼、种菜、挖沙蚌、找螺、悠闲、慢活、传统建筑、在地食材、在地生态、人际网络等，才能将生活的美好与朋友或旅客分享。分享美好的生活方式将会是重要的产业动力。

五、结语

我们若将聚落视为文化物种，有其生老病死与再生的可能性，则此生命无法被规范与设计。文化物种所需的是文化沃土与相应的文化生态，因而东莒在旧有的文化生态（渔村与战地政务）崩解后，亟须以"后聚落生活"样态的社会创新来发展出生态永续式聚落保存所需的新社会秩序与文化生态。然而，社会创新必须处理文化共构性议题。亦即，社会创新必得在于创造新文化。

新文化无法由一个中央集权式权力为之，而需把握东莒丰富多元的生态系统，进行聚落多元群落交错场域的营造，来让十四种样态住民有机会在新的文化生态形成过程中找到自己得以安身立命的区位。东莒若能发展出丰富的文化多样性，及社区居民或组织能积极互动及参与公共事务，就能自发的发展出新的链接、弹性、协调性与回复性来响应环境的变化，来解决所面临的聚落保存问题了。

林崇熙 台湾云林科技大学文化资产维护系 教授

金门聚落保存与活化再利用

郭朝晖

摘要

金门，位处福建东南沿海，是孤悬外海的蕞尔小岛，由于历代人文荟萃，孕育了丰富人文，留下甚多文化史迹与传统建筑。近年来，终止战地政务后，已进行相关大规模的保存工作，划定数个聚落与有形、无形文化资产。

金门目前有130处以上的传统聚落，其中多处的建筑特色、艺术氛围、人文价值皆具有特殊性，目前仅有"琼林村"一处于2012年10月17日依文资法第16条公告登录为聚落，针对文化资产特质做更全面的保存活化，并作为其他聚落持续推动的参考。

本研究借国际的观念与金门琼林聚落保存实作的案例，探讨金门聚落保存活化再利用的成效。研究结果发现，琼林聚落推动首重民众参与，结合各方面力量，建立共识与保存再发展计划纲要，将未来的发展由公私部门合作共同研商后达成。

关键词：金门，琼林，聚落，保存，民众参与

Abstract

Kinmen, a small island located in the Southeast of Fukeng, has a long history together with various cultural remain. After the end of minatory control, the county government has started the conservation policy and practical projects.

Kinmen has more then 130 traditional villages. Each of them was the carrier of both tangible and intangible heritages. In Oct, 17, 2012, Qionglin village was the very first village been registered as a listed settlement heritage. Under this action, the conservation concept of Qionglin had a new integrating orientation.

This article takes Qionglin village as an example to discuss its conservation process. The international trend of conservation was put into the research as well.

Public participation is the most important issue in this project. Integrating the efforts from stakeholders could cooperate general ideas and develop the conservation plan for the future.

Keywords: Kinmen, Qionglin, village, conservation, public participation

一、背景

金门之史始自晋朝，一千七百多年的岁月递嬗，发展出可大可久的文化。金门旧名浯洲，又有仙洲、浯江、沧浯、浯岛之称，而金门之谓，始于明朝洪武二十年（1387）江夏侯周德兴于岛西南建"守御千户所城"，因其地势"固若金汤、雄镇海门"，故名为"金门城"而来。金门虽是蕞尔小岛，却有独特的地理位置与文化渊源，在历史的关键时刻，屡屡扮演重要的角色。金门是典型的大陆性岛屿，其所在的地理位置，位于福建东南的九龙江口，西与厦门岛相对。此一自然地理位置，恰如门户一样，对外为闽南的海防屏障，对内则扼守九龙江的出海口，自古以来都是兵家必争的重镇，极具军事战略重要性。

不过，从历史文献和考古证据来看，金门地区的开发并不完全是因为其军事地理位置的关系。由于金门临近福建漳州、泉州地区，汉人在金门的开拓，最早可以追溯到东晋元帝建武年间（317），距今已有将近一千七百年之久。晋代五胡乱华时期，始有苏、陈、吴、蔡、吕、颜等六姓播迁于此；唐代派牧马监陈渊屯金开发，中原人士大量来金垦牧，化荒墟为乐土，被称为"海上仙山"。宋代大儒朱熹任同安县主簿，曾渡海来金讲学，以礼教民，民风淳厚，号称"海滨邹鲁"。明、清两代，科甲鼎盛，名将辈出；金门与福建本为一体，因着近代历史演变，使得双方出现长时间的分隔。2001年双方由于交通、经济及观光的开放关系，两岸文化交流进展日益密切。

金门地理位置为北纬24.30°，东经118.25°，位于东亚闽南沿海地区，全岛面积150.456平方公里，为历史上中原各氏族群迁移聚集区，并为泉州与漳州海湾交界点之最大海岛之一，过去行政及居民活动范围皆属于泉州之区域。金门传统聚落是闽南族群海洋文化孕育的重要场所，也是金门住民长久聚居的场域，更是金门地方重要文化资产与核心观光资源。根据考古与文字记载显示，金门早在六七千年即有闽族先民散居于滨海地区（如复国墩遗址、金龟山贝冢遗址等），

金门全岛图

要比中原汉文化五千年还早。随着历史的发展，金门与闽南地区融合了各种外来文化，包括公元前5世纪吴越文化，公元前2世纪秦文化，公元前一世纪至公元4世纪中原汉文化，公元4世纪至7世纪南亚印度文化，公元7世纪至12世纪阿拉伯文化与南欧意大利文化，公元1400年至公元1900年西欧殖民式文化等。由于这么多丰富文化的注入与闽文化不断融合，金门建筑与聚落在四五百年前左右就已发展出其地域风格特色。

金门目前有2千余栋传统建筑，其中48处古迹、147处历史建筑、1处文化景观、1处法定聚落以及6项无形资产等，且有2千余处军事遗迹及160余栋洋楼等；此外还保留着传统宗族祭祖礼仪、迎城隍庙会活动、各类匠师手艺等非物质文化遗产。这些承续千载、珍贵的金门文化遗产显现金门海岛在历史不断更迭的过程中所带来的丰富多彩的文化内涵。

金门大规模传统聚落大多创建于13世纪，距今已有700余年的历史，并且仍保存相当传统的空间结构纹理与生活形态环境特色。聚落内现存的传统建筑，兴建年代则多为第15世纪以后，数量相当庞大而且具有高度之历史、艺术、技术、社会文　化价值。金门的传统聚落与传统地域建筑，不仅在台湾具有非常重要的文化价值，从全球的观点看，亦有非常丰富而著着的普世价值。

二、执行策略

（一）阶段性工作成果

金门县政府在登录世界遗产及地方永续发展的目标下，推动地方文化资产保存工作，同时落实金门县"文化观光立县"的政策。针对争取金门传统聚落登录为世界遗产，文化局草拟了中长程计划，并进行初期准备计划，已有的成果如下：

按联合国教科文组织（UNESCO）的评定原则，研拟金门传统聚落的显著普世价值，让金门文化遗产更具全球性意义。金门保存最完整的是闽南文化遗产，其形成乃由社会文化因素、自然环境与气候因素，以及产业经济因素所共同影响而成。这些因素具有全球独特性，反映出金门传统聚落与风土建筑的显着价值，确实具有成为世界遗产的潜力。

按联合国教科文组织（UNESCO）"世界遗产公约执行作业指南"有关真实性（authenticity）以及整体性（integrity）的精神，进行金门传统聚落文化遗产现况保存的调查，这将有利于未来推动聚落环境整备与建筑物修复工程的适当性与正确性，也是保存工作上必须遵循的操作方向。

按联合国教科文组织（UNESCO）"世界遗产公约执行作业指南"最重视的遗产保存法律规章之要求，进行金门文化遗产保存维护管理机制的检讨。透过现行法规分析，可以看出金门文化遗产传统聚落保存工作仍存在一些管理体制复杂的情况，例如各聚落分别受县政府、"国家公园处"以及军防单位的管理，造成文化遗产保存管理维护的结果出现不完整问题的发生，将于未来持续改善。

（二）发展策略

金门为保存维护重要的文化资产，目前拟订的主要策略如下：

未来初期准备工作中，除了硬体的规划、设计与施工外，应再进一步推动民众参与文化遗产保存工作。事实上，金门当地民众积极参与文化遗产保存乃是推动所有工作的基础，只有在这个稳固的基础下，所有关于文化遗产的保存修复、环境保护与整备，以及管理维护工作，才能真正推动与确实获得效果。民众参与的部分须包括教育训练、培训种子教师、民间组织建立、社区营造等。

为了因应全球化趋势，政府近年来积极推动各县市（地方）的永续发展，亦即永续的社会、永续的自然环境、永续的产业经济。金门县也不例外。金门具有许多其他地方所没有的传统聚落，是具有风土特色的观光资源，其保存工作与金门永续发展的推动策略与成效实有密切的关系。

（三）主要工作

金门申报世界遗产初期准备作业在前期成果的基础下，并依据金门县文化局于2003年所草拟中长程计划中相关工作架构，将继续推动后续工作计划如下：

基本资料展开：金门传统聚落风土特色与气候环境分析；金门传统聚落空间形成与意义分析；金门传统聚落居民生活文化活动调查。保存法律规章研拟：金门聚落现行建管法规检讨；金门聚落现行土地法规检讨；金门聚落文化资产保存法规检讨。

周围缓冲区建立与维护机制示范计划：金门聚落与周围人文环境关联性分析；金门聚落与周围自然环境关联性分析；金门聚落与周围环境现况调查；金门聚落周围缓冲区规划与划定原则。

文化遗产修复工程示范计划：金门聚落主体修复现况调查；金门聚落周边环境保存现况调查；金门聚落主体恢复策略与规范研拟；金门聚落周边环境保存原则与规范研拟；金门聚落修复保存工程规划设计。

基础设施设置示范计划：金门聚落生活性基础设施现况调查；金门聚落观光性基础设施现况调查；金门聚落基础设施改善原则与计划研拟；金门聚落基础设施改善工程规划设计；金门聚落周边环境基础设施改善工程规划设计。

经营管理计划与措施建立示范计划：金门聚落日常使用现况调查；金门聚落既有风貌维护保存现况调查；金门聚落既有风貌维护保存管理机制研拟。

民众参与保存及营销：金门民众参与保存教育训练计划研拟；金门民众参与保存种子教师培训执行计划；金门民众参与保存数字计划；金门民众参与保存教育训练课程执行计划；金门民众参与营销策略与实施计划研拟。

三、聚落保存的观念

金门过去一直是以传统的农、渔、牧为主的社会形态，聚落的集结是由小型聚落逐步形成大型集村。金门传统聚落的选址，要考虑到地势能掩风，有水源、有柴薪、有海产，以便利农耕渔获；要考虑交通出入便利，容易与外地以行船往来；要考虑到能观望贼踪、利于御贼等。凡符合这些生存与生活的要素，传统聚落就容易形成。目前这些传统

发展策略与推动流程建议图

聚落散布在金门各地，有的依山傍水，有的靠山向海；房屋与聚落规模大小也不同。金门传统聚落为适应自然环境及气候条件，利用适合的自然材料与构造技术，以及须满足传统社会文化活动需求，而发展出许多独特的风貌：

聚落位置：按依山傍水的原则，位于山谷间、坑沟、浦边或湖边。按靠山向海的原则，而位于海边、头角等高地处，或港、澳等海湾处。

聚落格局与纹理：采"梳式布局"，住屋前后排列、左右排列。采"棋盘式布局"、"前后高低布局"，住屋纵横排列整齐且彼此分隔开来，既利通风、又利排水，也利防东北季风，也防止火灾延烧。采"宫前祖厝后布局"，住屋避开在此处兴建，以利社会文化规范之传承与发扬。

聚落公共空间：水井空间，是生活必须场所也是社交场所。家庙，是维持聚落生活规范的场所。神庙〈或称宫庙〉，是崇拜鬼神、大自然万物以追求安全与幸福的场所。庙埕广场，是供平日祭拜或祭典活动的场所。水潭，是气候调节、灌溉、生产、排水调节、景观的场所。巷道，是供居民行走往来，以及通风、排水、防火用途之场所。

聚落内活的闽南文化：金门的聚落拥有丰富的闽南文化历史，至今仍透过建筑、产业、信仰、语言等持续成长，是一个"活的文化体系"。金门保存的闽南常民文化，延续了历史的发展，借着有形的传统建筑、聚落作为载体，蕴含了丰富的非物质文化遗产，这种完整的、活的文化，在现今世界上是十分珍贵且稀有的。

金门传统聚落的住屋、家庙、神庙等建筑，都是具有地域风格特色之闽南传统建筑。其中住屋为求避风向阳与冬暖夏凉，大致以南北座向为主。金门传统建筑应用大量的花岗石土角砖或红砖，经堆砌成墙，

琼林聚落

琼林蔡氏宗祠

形成一种坚硬巩固、牢不可破的感觉。这种厚实的土、石、砖成分的墙体以及狭小的窗口，可充分调节亚热带与季风气候，又可兼具防御与防台风之效果。

鉴于金门具有文化资产价值的聚落较多，采单点保存显然不足，故基于2005年文资法与聚落登录废止办法，对聚落保存有新的思考方向。

四、国际的聚落保存观念与趋势

世界遗产公约执行作业指南（The Operational Guidelines for the Implementation of the World Heritage Convention.）提到，监控为聚落保护中重要的工作，包含聚落内的防灾训练、管理维护皆为重点任务。

除了相关硬体与软体的配合，当地民众的参与亦是重要的工作。ICOMOS（2011）通过针对遗产保存与发展所拟定的巴黎宣言（The Paris Declaration 2011），其主要内容在于宣扬有关文化遗产的价值，及其与在地社群、社会、经济发展的知识。

巴黎宣言建议，宣扬遗产的固有价值，并对于在地社群的文化、社会以及经济发展有所帮助。基于全球化、经济发展、人口成长等因素之影响，文化遗产之角色已产生极大的转变，尤其对于文化遗产的保存和再利用等方面。

（一）台湾的聚落保存方式

登录聚落所需的数据包括历史、环境（景观）、现况、土地权属、建筑与产业、视觉景观分析以及在地公私机构、组织、法令、规约等七项基础数据。因聚落具有文化资产价值，单点保存的方式难以完整规划，

2005年文资法修订第34条与聚落登录废止办法，采"聚落"大范围的保存方式执行。文资法第16条：登录聚落。文资法第34条：聚落保存及再发展计划，土地编定、划定、变更及公听会。

聚落登录废止审查及辅助办法（共12条），登录基准、审查程序、公告事项、备查数据、废止基准与程序、辅助方式等。

（二）琼林聚落保存实作

1. 基本数据

琼林位居金门岛最高峰太武山西麓，因昔日聚落附近林木种类繁多，旧称"平林"，明熹宗天启年间御赐"琼林"，因此里名沿用至今。琼林为蔡氏单姓聚居村落，开发甚早，远溯五代。村中保留着大量燕尾、马背的传统闽南式建筑，经核列古迹达十余处之多，处处朴实典雅。

琼林是一个蔡氏的大家族，琼林蔡之来源，当于五代时自光州固始迁闽，不久迁同安西市，再迁入浯洲之许坑（今古岗），南宋时期，蔡十七郎赘于平林之陈家，为琼林蔡之始祖。

金门俗以"平林祖厝"来赞许琼林的七座八栋宗祠，还有怡谷堂及两尊风狮爷，现列为"国定古迹"，一门三节坊列县定古迹，村内的琼林地下坑道是近代形成的战地史迹，都颇负盛名。琼林原有一间恩主庙，据传言有三四百年之历史，惜毁于明末倭乱。现有的保护庙是村民信仰中心，奉祀保生大帝及厉府四王爷、张府三王爷、苏王爷、广泽尊王、恩主公、金府王爷等，于每年农历三月十五保生大帝生日及八月十五日依神意轮流设醮谢神。

琼林聚落使用分区图

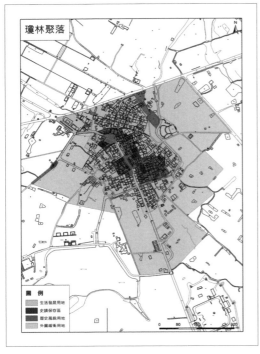

琼林聚落使用分区图

五、历史沿革与保存现状

　　因地势影响，琼林聚落各房份分成数个不同朝向的群组，每一群组建物走向相同，故住屋无南北朝向之明显特征。屋顶形式为马背及燕尾形式，聚落座向大致由北而南成格栅布局，此格栅布局与大陆南方地区惯用布局法相同，可有效地减少辐射热，夏季通风良好，冬季则可以遮挡寒冷的东北季风，而达到冬暖夏凉的功能。更重要的，格栅布局可以设置隘门以封锁巷道，有利于建立防卫系统，因自明初以来，大陆东南沿海即饱受倭寇与海盗的威胁，金门偏处海外小岛，历代匪寇侵扰不断，对聚落民居安全影响很大。各房份建屋再依宗祠坐落依序生长，祠堂前留设广场为居民祭祀公共公空间，耕地环绕聚落四周，根据宫前祖厝后不配置民宅的禁忌，琼林聚落因

琼林聚落古迹分布图

密度较高，因地制宜，只采不抵触房份甲头的"宫前祖厝后"禁忌，除无明显祖厝后不置宅外，宫庙分属村落外周东北、西南及东南外侧。民宅住屋间距大都仅为聚落联络之人行动线，排列紧凑住屋间大多设有隘门，现今琼林整体建筑群布局保持完整且均一。琼林聚落建筑物种类与分布如下所示：

琼林建筑类型

类型	说明	数量（栋）
传统闽南建筑	指建筑形式为传统闽南式之红砖造建筑，且建筑体保存完整者。	332
现代建筑	钢筋混凝土造（少部分为加强砖造）之建筑，且其建筑外观贴以面砖或其他现代面材者。	219
现代传统建筑	指钢筋混凝土造（少部分为加强砖造）之建筑，且其建筑外观贴以面砖或其他现代面材者，但有传统建筑元素存在，如屋顶马背。	39
洋楼	指具侨乡文化之殖民样式建筑，且其建筑体保存完整者。	1
街屋	街屋又称为店屋，即是店铺住宅，具有店铺及住家两种功能，通常每户都是狭长的格局。	16
其他	其他相关为列出之设施或建物。	149

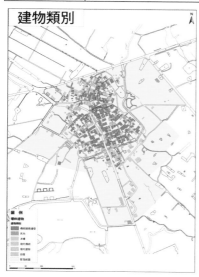

建物类别图

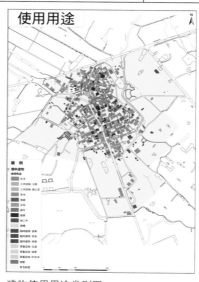

建物使用用途类别图

在聚落建筑使用状况来看，琼林聚落建筑以居住为主，军管时期曾有近30个不同的商家经营，对地方经济有所帮助，唯目前仅有二处店面，景观不再。另一方面受近年开放观光影响，在聚落内已出现9间民宿，皆为透过传统合院建筑保存再利用，使用率和满意度甚高。目前全金门共有约110处民宿据点。

琼林111号民宿

（三）聚落保存和再利用方式

鉴于琼林具有文化资产价值，采聚落保存方式整合，订定"聚落保存及再发展计划"。

相关保存工作主要依据文资法第13条规定："主管机关应建立古迹、历史建筑及聚落之调查、研究、保存、维护、修复及再利用之完整个案数据。"

拟定聚落保存及再发展计划，其依据文资法第34条规定："为维护聚落并保全其环境景观，主管机关得拟具聚落保存及再发展计划后，依区域计划法、都市计划法或'国家公园法'等有关规定，编定、划定或变更为特定专用区。前项保存及再发展计划之拟定，应召开公听会，并与当地居民协商沟通后为之。"

琼林79号民宿

聚落保存大纲

计划说明

基础调查分析

历史调查

环境调查

文化资产调查（含法定与资源）

文化资源评估

土地权属调查

建筑等与产业调查

在地公私机构、组织、法令调查

保存再发展课题与对策

保存机制建构

保存再发展整体构想

实质空间与经营计划

管理维护与监控

相关图说与说明

附件

永续保存发展的自主合作机制

琼林聚落发展观光产业并非唯一选项，琼林自有其地理条件发展自给自足之在地产业。过去农渔业虽因时代变迁日渐没落，唯琼林"活化再利用构想"可将琼林现有地理自然资源重新规划，充分利用现有农地，配合金门地区较佳之福利政策，以公部门订定奖励农渔补助办法，优惠鼓励居民回乡发展，建立自主之经济支撑体系，配合观光收益，让自主产业、观光产业并进，成为琼林两大经济体系。

为使琼林聚落特色得以保留并延续下去，良好的运作方式与适度的管理操作皆为不可或缺的重要工具，琼林聚落须成立社区发展专责机构，从在地民众认同方向，自行订定经营目标、执行管理策略与实施监控的方式并组织操作人力，使聚落永续发展。

主要管理的机构

公部门：

"金门公园管理处"

金门县政府（文化局）

金湖镇公所

琼林里办公室

私部门：

琼林村社区发展协会

财团法人蔡氏17郎公嫡孙基金会

蔡氏宗亲会

琼林里保护庙管理委员会

社区参与

琼林为一同姓宗族聚落聚落中有其宗族运作方式，在琼林村尚有里办公室、蔡氏宗亲会、琼林社区发展协会、老人会、保护庙管理委员会等组织实际运作村内事务，各组织成员多有重叠，但所属业务仍有不同，唯对聚落保存再利用及经营管理之团体尚无明确组织，待整合琼林各团体及协调村内意见，并以权利关系人角色，对村民分析琼林面临之问题及如何拓展未来发展，让其了解自身权利与义务，鼓励不同年龄层的民众积极投入与参与，方能符合聚落自主保存管理精神，并有利于整合行政、协助登录为重要聚落。

琼林聚落再利用的效果和未来发展方向。

聚落实质空间的维护与无形文化资产保存，关键即在于公部门与在地居民的保存意愿与集体共识的力量；这是一种动态的过程，永续的基础即在于社区组织的维系力量，是保存工作的核心。

琼林聚落再发展的启动即利用在地组成的民间单位，具有保存意愿高、向心力强的优势，在聚落文化历史建筑的修复、社区内部意见整合、聚落环境维护以及未来的经营管理上将扮演重要角色。然而，目前短期尚需要外部资源的挹注，公部门可扶持或有计划补助有意愿担任社区协力的非营利民间机构进驻，与社区组织分工协力，进行软体环境建构、旅游解说资源的开发、文化产业的辅导与支持等各项工作。因此，目前公部门虽着重在古厝硬件的修复补助作业，未来在公共设施、观光产业、外部资源引入等计划上，亦将有助于琼林村的再发展。

总之，透过闽南建筑群的维护与修景、无形资产与产业活化经营的动态过程，将琼林发展为具有吸引力的传统古聚落旅游目的地，提升及吸引乡亲与外出人口的返乡意愿，将琼林聚落保存行动转换为永续经营的机制，聚落始能逐渐步向活化保存之道。

六、结论

金门县政府近年来推动"文化观光立县"的政策，将金门传统聚落建筑与相关文化活动特色发展成为观光资源。近来政府又大力推动各县市永续发展，将地方自然环境、社会文化、产学经济朝向永续经营。有鉴于此，金门县拟以其拥有的传统聚落文化遗产，按世界遗产登录之策略进行相关计划，对地方永续发展将有相辅相成的效果。因此，积极推动保存金门的自然生态、风土民情、传统聚落、军事设施等优良文化资产，可在人类历史文化中发展出许多具有能代表全球遗产价值之文化特色，供世人了解、学习或纪念、反思与凭吊。

闽南文化是一种极具典型性、辉煌性、丰富性的地方特色文化，为研究东亚、大陆地区东南沿海开放海洋性社会、经济、文化的历史发展提供充分的参考资料，也是研究近百年来本地、日本、东南亚诸国社会、经济、文化、政治、贸易、信仰构成必须了解的基础之一。特别是分布在闽南沿海与岛屿地区为数众多的传统古聚落，成为闽南文化的活证物，它保留了保存完好的古民居、古庙宇、古宗祠、古地景，是重要的文化遗产和不可再生的人文景观。这些古聚落多为三四百年历史的古建筑群，它集合建筑、环境、传统文化为一体。这些传统古聚落与建筑，既保留了历史的意义，也具有高度的艺术与科学价值。

但因时代与环境条件的转变、人口迁居与年代的增加等影响，金门闽南古聚落受到不同程度的破坏而倾毁或拆除，剩下保存较完整的，如金门的珠山、山后、官澳、水头、碧山、后浦头、浦边等，以及澎湖的望安、二崁等，也面临越来越大的保存不易的压力。因此研究如何在台闽地域范围内，对历史、艺术、科学价值的传统古聚落与建筑进行规划保护，以维持其传统风貌特色、历史意涵及所蕴含的优质传统文化，便显得颇为迫切。琼林聚落为2011年按世界遗产标准评估六处聚落中的一处，2012年10月17日公告为文化资产法定聚落，同时也提出聚落保存再发展计划，以持续进行相关保存的工作。

参考文献：

1 刘铨芝：《聚落与文化景观保存操作执行手册》，文化资产主管部门，2012年。

2 阎亚宁：《101年度金门县推动世界遗产保存建置计划》，金门县文化局，2012年。

3 《世界遗产公约执行作业指南 （The Operational Guidelines for the Implementation of ther World Heritage Convention）》，文化资产主管部门，2011年。

4 《巴黎宣言（The Paris Declaration）》，2011年。

5 《文化资产保存法》，2005年。

用"大保护、大利用"破解凤凰古城保护发展难题

熊建华　滕跃进　汤宏杰

摘要

凤凰古城经过10多年的发展，已成为湖南乃至全国最吸引游客的古镇之一。随着人气的上升，小镇保护与发展之间的矛盾日益凸显。

本文通过对凤凰古城发展现状的分析，实事求是地论述了旅游对解决当地民生问题的意义，辩证分析了旅游对文物保护的正、反两方面影响，重点阐述了适度牺牲短期利益对小镇持续发展的必要性，并提出了"大保护、大利用"是破解小镇保护发展难题出路的观点。

关键词：凤凰古城，文物，旅游，保护发展

凤凰，位于湖南省湘西自治州西南边，县治总面积1700多平方公里，人口44万，是湖南的国家级贫困县之一，但文物资源、民族文化资源丰富。随着旅游人气的飙升，凤凰保护、发展的矛盾开始成为各方热议的问题。

问题在哪里？解决之道又在哪里？我们愿意将自己的一些心得写出来，以就教于各位方家。

旅游对于凤凰民生的现实意义。

20世纪末，凤凰县雪茄烟厂关停，凤凰从亿元县变成国家级贫困县，2000年，湖南省文物局邀请罗哲文等专家考察凤凰的文物，永兴坪等处的苗疆边墙被罗先生等冠以"中国南方长城"之名。这一通俗易懂的称呼，迅速提升了凤凰建筑文化遗产资源的影响力。2001年，时任国务院总理朱镕基视察凤凰，并对凤凰的保护发展做出了重要指示，凤凰县确立了通过文化旅游进行所谓"二次创业"的发展思路。当时担心的是怕游客少、怕商业带动不起来，与愿意参与旅游开发的商家签订协议时给予的优惠也很大。

凤凰今天的局面，反使当初的担忧变成了"问题"。凤凰饱受非议的地方主要有两个，其一，游客太多；其二，商业气氛太浓。然而，对

于地方政府与旅游经营者来说，发展旅游的目的就是要把人气做上来，就是要通过游客的购买力把收入提高。

正是受到诟病的这两大"问题"，成就了凤凰今天的辉煌。2007年，凤凰荣登中国旅游强县，旅游成为当地的支柱产业。2001到2012，全县旅游人次从57万人飚升到690多万人，2012年，日平均游客1.6万人，高峰时段达到3.5万人[1]；门票收入由2001年的180万元增加到2012年的1.78亿元；旅游产业经济由2001年的7430多万元提升到2012年的53亿多元，年均增长幅度超过10%。与旅游关系紧密的产业也发展迅猛，据2012年统计，古城内餐饮企业有450余家，商铺600余间，酒吧55家，星级宾馆12家，其他及家庭旅馆多达650家。旅游产值占凤凰全县生产总值的比例高达65.36%。我们在凤凰调查中发现，旅游几乎渗透到了凤凰的方方面面。

其一，对旅游区普通农家的影响。2013年3月21日上午，我们在凤凰县都里乡拉毫村九组组长滕久雄家进行了走访调查。他所在九组与八组在同一个山头，靠近旅游区"南方长城"。两组共有102亩水稻田（不含房前屋后的菜地）、106户、596人，30%的家庭有人从事与旅游相关的工作。他有两个儿子，四个孙子，3.2亩水田。大儿子在建筑行业工作，小儿子在县城开公交车，大儿媳在本地的农家乐做事，每月800元，小儿媳在浙江打工。他们村60%的农户都属于他家这种状况。由于他们村子地处旅游区内，村里也成了游客喜欢来的免费旅游点。旅游给全村带来的好处非常明显，他们主要以销售农产品获益，销量最好的是玉米、红薯、花生、核桃、板栗，这些有的是种植的，有的是野生的。旅游开发前，这些东西卖不出什么价钱，现在的价格翻了很多倍，譬如：红薯原来1~2分钱一斤，现在卖1元钱一个，由于他们的红薯个大，游客还感觉太便宜了。

其二，对古镇社区居民的影响。凤凰古城所在的沱江镇共有六个社区，其中古城社区主要管辖的是古城内的区域，最大的社区是沙湾社区，沙湾社区辖区内有2万居民，位于沱江的西北边，与古城社区隔着沱江。这里既有老街区、文物点，也有新的小区与乡村，很有代表性，于是我们决定选择该社区做调研。2013年3月21日下午，我们请了沙湾社区副书记杨胜武以及社区理事会成员杨昌炎（女、79岁）、刘贤慧（女、70岁）、陈树生（男、70岁）在沙湾社区办公室开了一个座谈会，就古镇的保护与旅游等请他们谈谈想法。据他们介绍，这里原来是

---

[1] 凤凰县文物局提供数据。

城郊，老房子多，在没有搞旅游前，拆了很多。旅游开发前，这里有食品加工厂、棉织厂、纸巾厂、酒厂、烟厂、农田，一度集中了相当多的下岗职工与农村剩余劳动力。旅游做起来后，社区的区位优势显现出来了。该社区在古城规划中，大部分区域属于风貌协调区，房屋可以建三层至三层半，为开家庭旅馆创造了条件，近三四年，沙湾社区登记在册的家庭旅馆多达420家，但70%—80%租给别人经营。家庭旅馆受季节的影响较大，暑假、黄金周及节假日人较多，房费25—35元/晚/人。目前，社区居民就业情况非常好，就业率在90%以上。一部分人（主要是40岁以下的）离开县城到外地发展，另一部分人（多40岁以上的）就在本地就业，主要在家庭旅馆、餐馆等旅游行业工作，月工资1000—2000元不等， 50多岁的人也能找到工作。杨昌炎说自己有四个儿子，都有工作，其中一个儿子工作之余就经营着旅馆，除经营自己房子改建的家庭旅馆，还承包了一幢房屋开旅馆，承包期限是20年。当我们问到家庭旅馆收益时，他们有所保留，说经营家庭旅馆只能贴补家用，赚自家几个人的工资而已，不像酒吧一条街那样红火，酒吧一条街一个门面的租金就几十万一年。但他们对古城从2013年4月10日起开始收门票表达了担忧，家庭旅馆的消费群体大多是年轻人或学生，门票主要影响这部分人的参观愿望，近期，不少家庭旅馆已经接到旅客退房的电话了。4月10日以后，我们从媒体的报道中了解到，他们的担忧果然变成了问题，有的家庭旅馆一个客人也没有。

其三，对县域经济社会发展的影响。旅游对于凤凰来说是真正无可替代的支柱产业。全县不仅有6万人直接在旅游或相关行业就业，据当地政府官员介绍与统计资料显示，2008年，该县旅游产业集群就初步形成。该县从事姜糖、银饰等加工的作坊有200多家，从业人员达3000人，年产值过2亿元，姜糖生产还带动了原材料生姜的种植，惠及千家万户。此外，在古街商铺随处可见的竹器、蜡染、扎染、织锦、绣花鞋垫、凿花、山野菜、富硒农产品等多达300多个品种也各有自己的市场。凤凰的乡村游也因古城的火爆而受益，如离古城较远的山江镇，2012年，全镇共接待游客75万人次，旅游收入1890万元，门票收入700万元，同比分别增长7.5%、12%、18%[1]，当地甚至提出了"把山江镇建设成特色鲜明的旅游重镇"的目标。

通过以上数据与调研资料，我们的结论是，旅游是凤凰高飞的推进气流，这股气流不能停，甚至不能变小，否则，刚刚张开翅膀的凤凰

---

[1] 凤凰县山江镇人民政府：《凤凰县山江镇2012年工作总结及2013年工作计划》。

就可能坠地。

二、凤凰建筑文物及相关遗产资源的保护现状

如果说旅游对凤凰的民生发展是不可缺少的支柱产业，那么，古城内的建筑文物与传统民居、民族风情，显然是凤凰旅游发展不可缺少的物质基础与灵魂。

凤凰古城面积约47.8平方公里，保护区面积1.8平方公里。古镇内有建筑类文物保护单位35处，其中全国重点文物保护单位2处，省级文物保护单位14处，县级文物保护单位20处。此外，登记在册、有保护价值、对凤凰古城风貌有直接影响的古民居有7500栋、城区老街巷有80余条，全县还有100余个民族村落与特色村落。这些攸关凤凰永续发展的"灵魂"的现状如何呢？我们现场调研后总的映像是：有喜有忧，但喜多于忧。

其一，完备法规之喜与执行落差之忧。在凤凰县政府的工作中，保护文物与古城一直占有很高的地位。1999年该县即下发过两个专门文件，一个是《凤凰县关于加强古城保护的若干规定》，一个是《凤凰县人民政府关于进一步加强文物保护工作的通知》，通过两个文件，将文物保护纳入到了领导岗位责任制中；2002年6月，国务院公布凤凰为历史文化名城后，当地政府马上制定并颁布了《凤凰县人民政府关于加强历史文化名城保护与管理的若干规定》，2012年，面对文物保护、古城保护的新形势，当地政府再次下发并公布《凤凰县人民政府关于加强和改善文物工作的意见》《凤凰县人民政府关于加强凤凰古城风貌整治管理的通告》，近10年，地方政府投入古城整治、民居与文物保护的资金已超过2.5亿元。力度不能说不大，但执行力并不完美。如果严格执行上述规定，核心城区的餐馆、酒吧、吊脚楼的状况就不会出现目前这种需要花大力气整治的局面。

其二，管理严格之喜与防不胜防之忧。当地有关部门对出让经营权文物点的管理比较到位，凤凰县文物局还与承包经营的公司签订了《关于进一步明确文物管理人员管理办法与聘用的协议》以加强日常保护管理，每个文物景点管理制度健全，除湿、防虫、检漏、扫青以及其他保养性维护做得也很规范。2012年，凤凰县投入资金近千万元，改造了古城给排水管网和电网，建好了古城消防视频监控系统，装备了举高消防车、微型消防车、水罐泡沫联用消防车等消防装备，并经常性地开展古城消防隐患大排查活动。2012年4月，该县采取"分片包干、每日巡查、集中执法、捆绑作业、责任到人"的工作模式，将城区和城

边村划分为14个片区开展"查非纠违"工作，以遏制乱占乱建之风。尽管如此，仍百密一疏，就在笔者调研时，亲眼目睹了两个正在发生的事件。一个是未经文物部门审批，有人在古城边的一个山坡上挖山平地准备建房，另一个是该县一个实权部门在改造旧房时，擅自扩大建筑体量，而位置就在文物保护单位虹桥的一侧。本文定稿后不久的4月19日晨，沱江边一个酒吧失火了。

其三，保护意识深入人心之喜与无利益回报建筑自生自灭之忧。"守住土地就是守住凤凰的财富，守住规划就是守住凤凰的品位，守住古城就是守住凤凰的未来"[1]，文物与古城的保护意识，在凤凰，无论是政府还是承包经营者、一般群众都很强。根据凤凰县人民政府与承包公司签订的合同，承包方承包经营的头两年须投入捌仟伍佰万元用于8个景区（点）的修缮，其中6个是文物保护单位，公司基本上履行了义务；政府整治乱搭乱建，以前阻力很大，现在尽管仍有阻力，但古城核心区老百姓改造住房，均能按报批程序进行。保护问题比较突出的是非文物建筑、未列为保护建筑的民居与临街铺面。可以马上获得收益的临街铺面，业主均想方设法招商作为商业门面整治、出租，我们在古城区走访时，就在沱江边看到一栋倒塌了的建筑正准备修缮，在古城核心地带，也看到多处新转手铺面又在改造，尽管装修过程可能造成一些破坏，但装修者还是能按照审批方案实施。看不到利益回报的古民居，则基本上仍处于自生自灭状态，是凤凰古城保护的真正薄弱环节。一方面，政府严禁擅自改造，另一方面，仍住在这些建筑内的多是弱势群体，无力维修也不善于经营，生火做饭、冬天烤火、乱搭电线的情况很难杜绝，安全隐患多，而没有住人的老房子更惨，每年都会倒塌几栋。

总的来说，我们对凤凰十年旅游发展带给建筑文物与民居保护影响的评估是，问题不少，但正面影响多于负面影响。对此，还可以进一步从以下两方面加以说明。

其一，大多数被辟为旅游点与商业门面的建筑，过去被机关单位或居民占用，乱补、乱修、乱搭、乱扩、乱拆现象比比皆是，现在基本绝迹；

其二，沱江两岸辟为酒吧的地段，曾经是正在不断被拆掉的、吊脚楼集中的区段，经济回报不仅自然阻断了拆除的势头，而且提高了产权人保护、恢复吊脚楼的热情。

---

[1] 黄晓军：《凤凰县旅游经济发展走笔》，《团结报》，2013年1月25日。

三、从"大保护、大利用"实践中寻找凤凰发展中的新平衡

贫穷落后不是古城不可变更的"命",古风古韵不一定就是斑驳陆离、破砖断瓦、老弱病残。我们坚信"发展才是硬道理",我们在工作实践中悟出的破解凤凰古城保护发展难题的办法就是"大保护、大利用"。所谓"大保护、大利用",　就是"以大规划来谋划大发展战略、以大融合来形成大保护合力、以大利用来实现大惠民目标、以大投入来推动大繁荣局面"[1]。具体到凤凰,主要可从以下几个方面入手。

其一,变保护古城为全方位保护传承发展古城文化。传统建筑是凤凰古城吸引人的文化细胞,没有传统建筑的存在,就不会有今天的凤凰。传统建筑与街区的保护,目前有广泛共识,无须多论,但凤凰古城的保护,不仅要保护一个个单体建筑,而且要保护整个城市的风貌与非物质文化遗产。20个世纪八十年代,在凤凰古城的街道、农贸市场、赶集的圩场随处可见穿着民族服装的当地百姓,现在只偶尔能见到一个上了年纪的老人还保留苗族穿戴,其他只有在照相的地方才能见到。如何让传统在发展中仍保留特色,也应是凤凰古城保护工作中的应有之题。我们还认为,古城文化的保护要在发展中找到新平衡,不仅要注意古城区及风貌协调区,在新城区的规划建设中,也应追求"凤凰风格",　新城的现代化,要设计出属于凤凰的"建筑符号",避免凤凰陷进　"千城一面"的怪圈。我们注意到,承包凤凰古城旅游经营权的叶文智先生在离古城7公里外的地方正在规划建设一个叫"烟雨凤凰"的新城,从舆论反应看,质疑、批评声很高,但我们认为这是一个值得期待的探索,或许,"烟雨凤凰"真能成为我们这个年代保护、传承、发展凤凰古城文化的一个经典惠及未来的凤凰。一新一旧,各自用不同时代的方式传承发展凤凰的古城文化,值得期待。

其二,变"三权分立"为"两统四结合"。　近10多年,凤凰在赞誉与批评两极的风风雨雨中探索着朝前走,有成功,也有失误。凤凰的保护利用最大的创新,主要在所谓"三权分立"制。其内容是,"所有权"归政府、管理权归职能部门、经营权归企业,即"政府主导、职能部门管理、市场运作、公司经营、群众参与"。这一方式,既符合国家相关法律规定,又有突破性的发展,很有创造性、操作性。但这一方式,诞生在凤凰旅游经济规模很小的时候,根据目前实际,应该调整。如何调整?国家文物局局长励小捷在第八届中国文化遗产保护无锡论坛主旨

[1] 陈远平:《新形势下的湖南文物大保护大利用》,《中国文物报》,2012年6月13、6月15日。

报告《保护与利用——文化遗产工作永恒的主题》一文中的一段话值得认真研究。励局长指出，文物工作"必须坚持围绕和服从大局，保护与利用相统筹，社会效益与经济效益相统一，以人为本、共建共享、公益属性、群众参与、突出特色、鼓励创新""文化遗产保护和利用工作要与产业转型升级相结合，与城乡建设相结合，与生态建设相结合，与改善民生相结合。"励局长的讲话概括起来就是"两统四结合"，凤凰的所谓"三权分立"应朝这个方向调整。这样一来，凤凰古城的保护与发展就会在法律规范、政府思路、百姓生活、公司利润、游客需求、区域发展中找到最佳平衡点。

其三，变"凤凰旅游"为"凤凰制造"。在承包公司的努力下，近10年，凤凰在品牌塑造、市场推介上策划了7个影响巨大的活动，如"天下凤凰聚凤凰""南长城——中韩围棋巅峰对决"等就一度刮起媒体旋风，"棋行大地，天下凤凰"成为凤凰的宣传名片。旅游界，"凤凰制造"已有了自己的影响力，但这远远不够。第二次全国农业普查后，凤凰县对当地新农村建设提出的发展思路是"大力发展现代农业，把农业和工业和旅游业链成一个产业链"[1]，这一思路很好，但链条的设计没有扩张性。我们认为，除了旅游要有"凤凰制造"，区域发展中也要有"凤凰制造"、商业领域也要有"凤凰制造"、文化艺术领域也要有"凤凰制造"、文化创意产业更应该有"凤凰制造"。我们所谓的"凤凰制造"，就是指通过凤凰的品牌效应，推动凤凰各行各业的发展，各行各业发展的成果，还应走出凤凰，到世界各地"赚钱"，就像一些世界名牌，靠商标获得的回报就能撑起一个大的产业链。如果达到这样的境界，旅游与产业就在一个高的平台上达到了平衡，有了这种平衡，即使出现2008年那样的冰灾，凤凰也能通过其他回报填补损失，避免仅仅依赖旅游出现经济困境。我们注意到，尽管凤凰旅游号称文化旅游，但文化的文章在该县政府的工作中，落地的成果并不多，凤凰迄今甚至没有一个像样的公办博物馆，对外开放的三家博物馆，均是民间以营利为目的自发筹建的，政府正在规划的凤凰军事文化博物馆也是雷声大、雨点小，文化资源如此丰富的县，连个博物馆都没有，值得当地政府反思。而当地有关凤凰古城的研究也没有建立学术高地的战略思考，甚至沈从文、黄永玉等名人文化招牌、民族文化等开始被一些低俗的概念取代，这对"凤凰制造"的发展来说，不见得是好事，我们担心凤凰会陷入像永顺的芙蓉镇丢掉"王村"而选择一部电影为招牌获得短期成

---

[1] 《凤凰县三农基本概况——第二次全国农业普查数据分析》，见《凤凰统计年鉴·2008~2009》，第593页。

功后就式微那样的窘境。

其四，将利益分配机制变为利益调节杠杆。2013年4月发生凤凰门票风波后，该县县长赵海峰对媒体介绍说，近12年来，凤凰旅游产业发展速度超出预期，在利益驱动下，各种景点遍地开花，品质良莠不齐。各景点为争客源、保利润，往往以门票虚高、高额回扣为卖点，飞车追客、黑导拉客、欺客宰客等乱象给凤凰旅游美誉度造成了损害。我们在调研时也亲眼目睹了一些情况。在凤凰黄丝城，承包公司与当地村民因利益之争没有处理好，10多年相持不下，目前一片混乱；山江镇苗王谷，2013年3月前后，因村民拒绝游客进景点而看不到几个游客；2013年4月10日统一门票后，政府、承包商、游客、商家、旅游公司、个体游船经营者的利益之争在网络上一片烽火。我们想就古城保护不均衡、短期利益与长期发展矛盾等来探讨一下利益杠杆对解决此类问题的可能作用。

一是通过利益杠杆解决保护不均衡问题。我们在前面的论述中已提到，凤凰古城传统建筑保护最危险的部分是没有商业价值、文物价值也不够定为文物保护单位的建筑，但这部分建筑也是古城风貌保护不可或缺的内容。是否可以尝试把这一部分建筑以及其他不宜做商铺的临街建筑、沱江核心区的吊脚楼等作为业主分享古城旅游红利的"资本"？只要业主恪守保护、维护之责、家里保留传统的生活状态与环境，他们不需要开展任何经营活动即可获得收入。这部分资金可从门票、古城商业活动的经营收入中调剂。我们了解到，2012年，凤凰县与承包经营的公司又推出了新的利益分配方式，政府从一张门票中可分配到两费一金共33元。赵海峰县长对媒体表示，门票中政府所得部分，将主要用在以下几个方面：一是古城日常管理维护；二是古城文物修缮；三是沱江水体治理、供水排污设施的完善；四是沱江风光带及古城夜景打造；五是探索古城特色民居保护管理补偿机制。其中第五条，似乎与我们的想法契合，如果县长所说能落实，我们讨论的这个问题显然已经进入了当地政府思考的范围，如果真能落实到位，就在古城民居保护与古城百姓生活改善之间、有商业回报建筑与无商业回报却要保护的建筑之间找到了平衡方法，这种方法在别的地方已经采用，凤凰根据本地实际如何科学设计，对凤凰人的智慧是一个考验。

二是通过利益杠杆解决短期利益与长期发展的矛盾。在凤凰获得旅游经济回报的同时，近年，凤凰得到的批评声音越来越多，代表性的报道是《光明日报》记者李韵的"观察"[1]。李记者毫不客气地对凤

---

[1] 李韵：《凤凰何时涅槃》，《光明日报》，2013年1月21日。

的现状提出了批评，用尖锐的笔调指出了凤凰目前旅游发展中存在的问题，一是过度商业开发榨干了凤凰的精气神让遗产变成了"遗憾"，二是超量的游客、迁走的"原住民"可能使保护发展"双赢"变成"两败"。尽管我们对记者的一些说法不全部同意，但这两个问题正是处理凤凰古城短期利益与长期发展的关键所在。没有商业开发与游客量，就没有今天的凤凰，不限制商业开发与游客量，就不会有未来的凤凰。短期利益要照顾，为了长远发展，也要适当牺牲一点短期利益。道理其实都懂，但在实际工作中，人们往往会忘记道理，在意的只是短期能到手的利益。为了解决这一问题，当地在2012年通过新成立的凤凰古城景区管理服务公司对凤凰古城、南华山、乡村游这三大块景区进行统一经营、统一管理。制度设计的出发点是为了加强管理，以确保正规旅行社、政府、承包经营者的利益。这一设计，显然没有提前解决其他既得利益者的利益，如没有注册但事实上存在的770个所谓黑导游、168条老百姓个体经营的游船、家庭旅馆经营者以及部分游客的利益等。各群体的利益要绝对平衡恐怕永远做不到，我们想到的平衡之道是"利益消化"。即，继续把凤凰旅游做大做强，在这个过程中通过利益的此消彼长，让非法获得利益的群体失去存在的土壤，让现有的既得利益者在新的利益分配中获利而主动放弃目前的利益获取方式，而政府要做的是，切实将自己获取的利益公开透明地让凤凰人民分享并感知到，如此一来，所有凤凰人的利益就可能出现一种新的平衡，短期利益充分照顾，长期发展所需要的牺牲就会被人理解与接受。

总之，凤凰是一个让游客充满期待、期望值很高的古镇，让这座古朴精致名镇带着古老的街巷、寺院、祠堂、亭台楼阁、名人故居、老宅院、石板街以及舒缓清丽的沱江、风情万种的吊脚楼、民族特色浓郁的苗语苗服走向富裕，融入现代文明，正是我们所倡导的"大保护、大利用"想要达成的目标。

参考文献：

1　凤凰县统计局：《凤凰统计年鉴·2008~2009》。

2　凤凰县统计局：《凤凰统计年鉴·2010》。

3　凤凰县统计局：《凤凰统计年鉴·2011》。

4　麻红军：《凤凰文化旅游带动经济社会10年发展纪实》，《团结报》，2012年1月5日。

5　陈远平：《新形势下的湖南文物大保护大利用》，《中国文物报》，2012年6月13、6月15日。

6 陈远平：《大遗址：大融合、大保护、大发展——湖南省文物局推进大遗址保护工作的实践与思考》，《中国文物报》，2012年4月27日。

7 李韵：《凤凰何时涅槃》，《光明日报》，2013年1月21日。

8 黄晓军：《凤凰县旅游经济发展走笔》，《团结报》，2013年1月25日。

因地应时就势 重赋尊严生命
——传统聚落遗产保护与利用实践过程中的思考

霍晓卫　张杰　张晶晶

摘要：

传统聚落建筑遗产的现状情况往往各不相同，面临的威胁因素也非常复杂。因此，对它们的保护与利用就要求基于文化遗产保护的基本原则，综合考虑这些遗产存在的城乡、经济、社会、文化环境特点，采取不同的方法与策略，尽最大可能的保护、妥善合理的利用、广泛的参与与共享。本文结合福建晋江五店市传统街区和海南三亚保平村陈宅的规划设计、建设实施实践，对不同现状和特点的建筑遗产保护与更新对策进行分析论述。

关键词：传统聚落建筑遗产，保护与利用，保平村，五店市

聚落遗产是文化遗产的基本类型之一，它包括历史城镇、历史村落等人类生活聚居地，聚落遗产中的传统建筑是聚落遗产的构成主体，农业景观、山水环境、传统文化等要素是聚落遗产的环境（setting）组成部分。不同于"纪念物"，聚落遗产是不断生长变化的活态遗产类型，是文化可持续发展的重要内容。聚落遗产除了自身的遗产特性外，还往往是文化景观、文化线路等大尺度复合遗产的重要组成部分，也是物质遗产与非物质遗产发生紧密关联的场所，因此是传承地区文化、延续历史文脉、保持文化多样性、串联其他各类遗产的结构性遗产类型。在当前强调保护"活态遗产"、"遗产地精神"的国际趋势下，对传统聚落遗产的保护与利用研究具有重要意义。我国现行与传统聚落遗产相关的保护与利用制度包括世界遗产、文保单位、历史文化名城镇村、中国传统村落、历史建筑等，以及明确将辖区内相关传统聚落作为遗产加以保护利用的地方性法规、制度与规划。

与单一的宫殿、寺庙、遗址等遗产类型相比，聚落遗产在利用方面

存在一定的特殊性。这些特殊性主要体现在：

第一，利用方式的活态要求。除一些历史价值突出的名人故居之外，传统聚落遗产的利用方式往往不仅限于单一的展示与博览，而是有着丰富多元的可能，在保护修缮后，会被赋予商业、文化、居住、祭祀等多种功能继续使用。造成这种利用方式多样性的主要原因，一方面是基于传统聚落遗产自身的功能复合，这本身就是"活态"的特征之一，另一方面是因为产权复杂不可控，或是因为单一的文博展览无法支撑保护行为的维持，而导致保护或利用主体对遗产利用具有一定的经济回报诉求。因此，聚落遗产的利用多不仅限于"时段性展览"，而是"不同类型的全天候使用"。为了满足活态使用的要求，就需要在坚持"真实性、完整性"的基础上，同时考虑适度改善使用条件，充分考虑提升基本的建筑性能。这一点在一些较低保护级别的文物保护单位以及历史文化名镇名村、历史建筑等的利用中尤其明显。

第二，利用过程的社区沟通。传统聚落遗产的建筑产权复杂，私产、家族所有、集体所有、国有等情况混杂，复杂的产权关系直接影响到遗产的保护与利用。此外，传统聚落遗产的利益相关者众多，不仅限于产权人，而是会包括原住民、宗亲会、华侨、社会团体等外围相关者，复杂的利益相关会使聚落遗产的利用处于诸多关注之下，因此传统聚落遗产的利用过程中应重视与聚落内的社区以及利益相关者的沟通，使保护与利用争取广泛地理解与参与。

第三，利用前后的威胁更多元。聚落遗产类型众多，保存情况千差万别。比如，不同的经济社会条件，位于城市或是乡村的传统聚落遗产会面临不同的威胁；民居建筑群、街区或村落等不同规模的传统聚落遗产面临的威胁也不尽相同；聚落遗产的组成相对复合，同一聚落中的建筑也会具有不同的价值与保护级别，从文物、历史建筑到传统风貌建筑，采取的保护措施不同，允许的利用方式也不同。

基于上述特殊性，很多时候我们无法像对一般类型的文化遗产一样，把传统聚落遗产隔绝在一个清晰划定、能够完全控制的理想环境中进行保护，而应该基于文化遗产保护的基本原则，综合考虑这些遗产存在的城乡、经济、社会、文化环境特点，结合不同的现实问题、威胁、条件，有针对性地确定适当的策略与方法，开展保护与利用工作。

一、福建晋江五店市传统街区

五店市传统街区位于晋江旧城中心区，唐开元年间有"青阳蔡五店"之说，五店市是晋江城区的生发起源地。五店市街区内的原住民主

五店市鸟瞰

要是庄、蔡二族，族民多有下南洋的后人，街区内分布大量的宗祠、华侨祖产，是众多台胞、侨胞寻根问祖的重要场所。五店市传统街区内虽然文物建筑级别不高，但历史建筑众多，并且有闽南大厝、近代番仔楼、20世纪五六十年代的石构民居，不同时期的建筑类型多样连续。五店市街区在晋江经历了2008年启动的旧城更新之后，成为晋江旧城内规模最大、存留最完整的传统街区。虽然五店市街区整体不是历史文化街区等法定的聚落遗产保护类型，但晋江市通过编制相关规划、出台相关文件将其作为遗产进行保护与利用，方式方法上参照历史文化街区进行。

（一）五店市面临威胁与现实问题

五店市是从大规模、快速化的旧城更新中幸存下来的传统街区，因此它的保护条件在很多方面并不理想，后续的保护与利用工作面临很多威胁与现实问题。

大规模旧城更新下的传统街区片段化。

五店市街区所处区位是晋江的城市中心区，旧城更新中与五店市

五店市周边规划前后对比

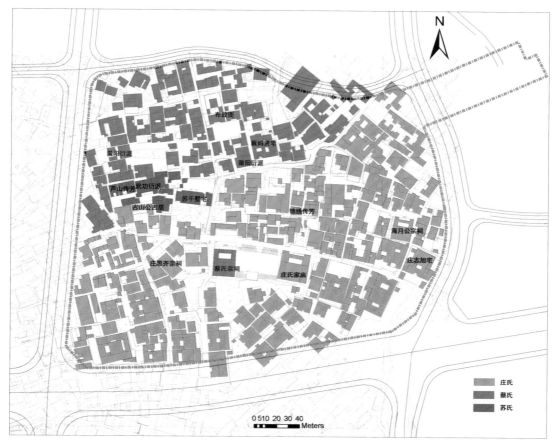

布政衙
蔡妈贤宅
莆阳衍派
莆阳衍派
芦山传芳武功衍派
古山公古屋
苏千墅宅
锦绣传芳
海月公宗祠
庄志旭宅
庄思齐宗祠
蔡氏宗祠
庄氏家庙

0 5 10 20 30 40 Meters

庄氏
蔡氏
苏氏

宗族分布图

一街之隔就是巨大的商业居住综合体——万达广场，它所处的区位土地价值很高。城市原本的考虑是，保留街区内两处市保的宗祠，其他建筑全部拆除，成为一个城市中心公园，平衡周边高密度开发。经多方争取，确定作为传统街区进行保护与利用。但在大规模拆迁、高强度重建的旧城更新背景下，没有法定保护级别、仅有几处市区级文保和若干历史建筑，无法以理想状态开展保护。待保护的传统街区的现状形态呈现出明显的片段化特征，周边规划道路完全不理会历史的肌理格局，街区的形态与周边城市环境拼贴特征明显。居住功能的延续被明确否定，城市对五店市传统街区未来的利用功能给予厚望，希望能在保护的基础上，提升城市的文化品质与区域的商业活力。

（二）原住民外迁对宗族活动维系的影响

五店市街区内的宗族特征非常明显，庄蔡二族聚居此处已有1000多年的历史。街区内的核心遗存就是位于青阳山下的蔡、庄宗祠，此外街区内还分布小宗宗祠若干，呈拱卫之势。晋江当地宗族意识与文化发达，庄蔡后人的宗族活动非常活跃。但旧城更新中城市确定，街区内原住民整体外迁，这对宗族活动的维系会产生很大的影响。

传统街区与建筑自身的性能束缚

街区与建筑的利用性能差，是传统街区的共性问题，五店市也不例外。五店市街区基础设施条件差，消防安全隐患多，市政管线混乱。街区内的建筑大多年久失修，在结构安全、采光、防潮等方面均存在较大的问题，虽仍能满足一般性居住要求，但如需要改变利用的功能，就涉及设施完善、建筑性能改良，改良的过程会对街区造成一定威胁。

（二）五店市保护与利用研究

面对上述威胁与现状问题，我们在具体的保护与利用研究与实施实践中采取了以下措施。

1. 正面城市更新，引导尽可能的保护

大的旧城更新背景是无法改变的，但可以做的是，抓住一切机会，进行尽可能的保护。新增加的保护内容不但会丰富街区遗存，而且会对后续利用提供更多可能。

经过多次努力，在详细保护规划中，对上位规划已确定的地块东侧次干道和北侧支路路网线位进行微调，将原定的迁建两栋、拆除一

街区建筑年久失修

街区建筑通风采光较差

街区周边路网调整分析图

栋的三座历史建筑院落纳入街区范围，并且这三栋历史建筑院落的保留直接关乎街区东南入口的良好形态，以及街区北部的历史建筑数量与类型的丰富性。

旧城更新前五店市街区周边也存在大量的传统民居建筑，部分价值特色突出，原本面临在旧城更新中被拆除的威胁。考虑到五店市街区内存在一定数量的待更新建筑，在详细保护规划中确定将周边地区的优秀传统民居迁入五店市街区进行保护利用，规划确定拟迁入街区周边的优秀民居建筑达14栋之多，并严格进行原址原历史信息以及测绘的遗产记录工作。在拆除五店市街区内及周边的一些不能保留、质量较差的建筑时，对于尚能使用和保留的传统构件和材料进行集中收集（见图1-7 对迁建建筑材料和构件进行贴条、标号 1-8 对传统构件和材料收集与编号），在街区建筑保护修缮、景观改造中予以利用。虽然迁建建筑或是收集老构件再利用，是在拆除一定现状建筑的前提下进行的，对于街区真实性造成一定影响，但迁建建筑的位置是在审慎研究街区格局、反复比对后才确定，以保证尽可能小地影响街区原有格局。迁建建筑与老构件的再利用，确实丰富了街区内历史与艺术价值高的建筑数量，提供了更好的建筑遗产本体，以供后续利用。

2. 织补街区与周边城市环境相融

被新拓道路切割后存留的五店市街区，物质空间层面的形态逻辑与完整性受到破坏，片段化特征突出，沿街建筑格局破碎，界面参差不齐。这些对于街区后续的整体化利用都是很不利的条件。在详细保护规划中，结合迁建建筑、新建建筑以及景观改造，在现状基础上进行了针对街区整体的织补性设计。对于沿街建筑，参照地方传统形式，增建沿街商业建筑，结合周边文化资源、交通条件，对街区东南、东北、西北进行具有传统尺度与空间特点的入口设计，以形成街区与周边城市

对迁建建筑材料和构件进行贴条、标号

对传统构件和材料收集与编号

规划前后街区肌理

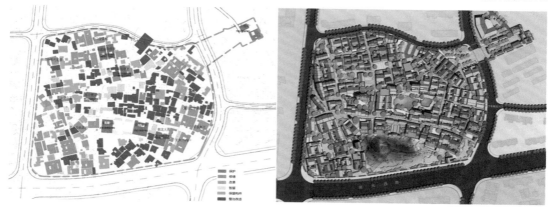

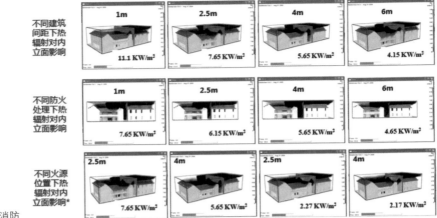

不同建筑间距下热辐射对内立面影响

1m	2.5m	4m	6m
11.1 KW/m²	7.65 KW/m²	5.65 KW/m²	4.15 KW/m²

不同防火处理下热辐射对内立面影响

1m	2.5m	4m	6m
7.65 KW/m²	6.15 KW/m²	5.65 KW/m²	4.65 KW/m²

不同火源位置下热辐射对内立面影响*

2.5m	4m	2.5m	4m
7.65 KW/m²	5.65 KW/m²	2.27 KW/m²	2.17 KW/m²

消防

环境的良好融合。物质空间层面融入变化后的城市建成环境，对于后续的街区利用都具有重要意义。

3. 街区设施与建筑性能改善

如前文所述，聚落遗产的利用类型不仅限于文化博览，因此街区设施条件与传统民居建筑的性能改善，是街区或传统建筑能够得以利用的前提条件，综合的性能改善也会为后续利用方式的适应灵活性奠定基础。

街区层面重点研究了街区消防适用性技术，以及沿主要街巷挖设综合管沟。五店市街区整体不是文物保护单位，因此消防设施的系统研究非常必要，通过FDS（火灾动力学模拟软件），分析晋江地方民居在不同巷道宽度条件下、典型和最不利火灾情境下的火灾蔓延的基本规律，选定合适的防火巷道宽度，并从防火组团、消防设施、建筑消防、消防管理等方面提出系统的解决方案。为整体解决五店市街区的市政管线敷设、维护问题，在主要街巷下挖设2.7米*2.6米的综合管沟，因街区内有青阳山，地形非常复杂，为了不改变历史地形，综合管沟的竖向设计尽最大可能依照现状竖向。对于迁建传统建筑以及揭顶修缮历史建筑的性能改善，采取的措施包括石结构节点加固、增加屋顶凉瓦数量与面积、增设卫生间、采取VRV小型分体式空调机组等。

4. 适用性功能研究与设计

综合管沟

经过研究与沟通，五店市街区的整体定位确定为集传统文化展示、传统风貌与民俗体验、特色商业、休闲等多元功能于一体的晋江街区博物馆，其功能的多元性非常明显。传统居住建筑具有一定的功能兼容能力，但我们需要考虑的是利用的强度与新功能是否会对建筑遗产本体形成威胁，新的功能是否能够与有价值的建筑遗存相得益彰，并

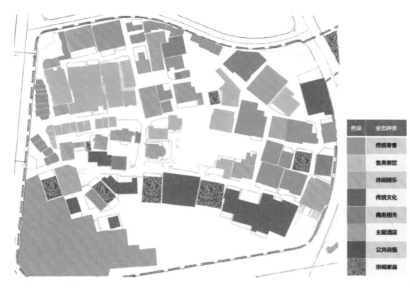

业态种类分布图

"灵源万应茶"茶铺

且从整个街区利用的角度出发，应该研究怎样的布局有利于满足不同功能对区位环境的要求。传统街区及历史建筑的适用性功能研究与设计是一个辨识与创造的过程。

对于保留非常完整的历史建筑，将其优先考虑为与地方特产或非物质文化紧密相关的文化展示与经营性场所，内部空间的重新整合要谨慎适度，如街区内的五间张大厝"天官第"修缮后作为晋江传统老字号"灵源万应茶"茶铺。对于迁建建筑，因为内部空间结合迁建具有整合组织的条件，可作为一些有较大空间尺度要求的功能使用，比如小型博览建筑或曲艺场所。对于格局可辨，但只有部分构件存留的建筑，利用灵活性就比较高，可以进行平面组织与建筑结构新旧结合的设计，具有很好的功能适应性，但设计与实施要重视对原有格局以及遗存构件的展示。如台海交流中心。

对出砖入石墙体的加固

5. 公众参与及宣传

在规划与实施开展过程中，与社区居民，尤其是庄蔡二族及其小宗的宗亲会、海外华侨之间的沟通交流是工作的重要内容，包括保护规划方案的介绍，与宗祠及周边环境相关保护整治利用的意见听取。规划保留了街区内所有宗祠建筑本体及宗族祭祀功能，并将周边地区因旧城改造拆除的一处重要小宗宗祠在街区内予以复建，与石鼓庙蔡氏管委会积极沟通，对石鼓庙周边建筑设计进行优化，争取了宗族及海外宗亲对五店市项目的支持。在管理规划和实施建议中，规划要求吸纳蔡、庄宗亲会骨干成员参与街区管理工作、延续宗族祭祖习俗，使街区活态文化得以延续。

台海交流中心69号院修缮前

台海交流中心70号院修缮前

台海交流中心整体修缮后效果图

台海交流中心69号院内修缮后报告厅效果图

与宗亲会、社区居民沟通

此外，规划适当利用媒体进行保护理念宣传，使五店市传统街区的保护得到整个社会层面的广泛理解和认同，注册五店市品牌，避免后续文化推广与产业运作时的品牌纠纷。随着社会关注度的提升，五店市传统街区的项目级别也相应提高，从晋江市城市更新项目升级到泉州市重点项目，再升级为福建省重点拉练项目，资金得以保证，保护标准提高，保护与利用的方式也更趋于理想。

二、海南省三亚市崖城镇保平村陈宅

保平村位于海南省三亚市崖城镇，是第五批中国历史文化名村，

华侨参观照片

民居建筑遗产分布集中、颇具规模，是三亚乃至海南省保存比较完整的明清古民居建筑群和古村落。本文介绍的陈宅位于保平村的中心位置，是一进院落、二层门楼的清代传统民居，保存较完整，是上位保护规划中确定的建议历史建筑。2011年对陈宅进行了历史建筑修缮，这一工作是"十一五"科技支撑计划课题《既有村镇住宅改造关键技术研究》与住建部专项资金支持的保平村历史建筑维修改善的示范点。

与五店市传统街区相比，保平村以及陈宅的保护与利用所面临的的威胁与现状问题有很多不同。

（一）保平陈宅面临威胁与现实问题

1. 传统的建材获取与建造技艺失传

过去，保平村的居民在周边山上拥有大片林地，建造民居的木材都来源于山上。这对于森林覆盖率达68%，森林面积共计180万亩[2009年数据引自三亚市林业局]的三亚本来并不应成为问题。但是自20世纪80年代开始，保平村周边的山林被划入三亚市重点生态公益林范围，严禁采伐。因此保平村的村民在修理和新建房屋时无法随意采伐所需木材，有时需要高价购买外地木材。这样一来，建房造价提高，另外有些外地木材也不适合当地的气候环境。因此自20世纪80年代开始，村民开始渐渐使用砖砌和钢筋混凝土等建筑形式。由于建材缺少，村内的老工匠无法使用传统方法继续为村民修建房屋，也就无需将技艺传给徒弟，导致传统建造技艺渐渐失传。

2. 村民自建更新

由于传统材料传统的建材获取与建造技艺失传，加上改革开放后大量村民外出打工，陆续带回一些简单的现代建筑工艺。因此，保平村在20世纪80年代之后村民自建的钢筋混凝土建筑逐渐增多，有逐步取代传统木结构建筑的趋势，对历史村落威胁严重。

3. 传统建筑自身的性能束缚

保平村的传统民居主要以木结构为主，耐用性较差，特别是在三亚的潮湿气候和台风影响下易腐朽和断裂，房主需要不断对其维护、清洁、更换等，造价和工程量较大；另外，随着时代发展，居民生活水平不断提高，传统建筑在通风、采光、防潮等方面，已不能满足现代生活的需求。如修缮前的陈宅就存在结构不同程度损毁、通风采光差、房屋破损等问题。

（二）保平陈宅保护与利用研究

1. 研究替代建材与整体传统建造技艺

据了解，三亚的传统建筑用木材主要包括青梅、竹叶松、香果等，都是本地木料，在使用的时候，还会把木料的外层去掉，只使用中间最结实的部分，当地人称为"格木"。但是此类木料现在取得比较困难，经过反复比较，最后确定选购来自海口文昌的紫金鹦哥这种相对坚实、耐用、价格适中的建材加以替代，取得了较好的应用效果，也具备在适度补贴情况下予以推广的可能。

劈墙灰制作过程1

通过对保平村村民的访问，还初步总结出一些传统施工工艺，如烧灰工艺、建窑工艺、砌墙灰和劈墙灰的做法、灰塑工艺等，在陈宅修缮过程中加以使用，也有利于对传统施工工艺的传承，以及对后续其他历史建筑修缮的指导。

2. 建筑平面改良与性能提升

陈宅是建议历史建筑，根据相关要求，可在外观修缮保持不变的前提下对建筑内部设施予以改善，满足使用功能。陈宅的功能预设是近期为历史村落保护管委会的办公场所，满足陈家偶尔的居住功能，远期仍然是居住功能。

在平面功能方面，对陈宅进行了卫生间等功能设施的现代化改造，并对原门楼二层的储藏空间进行功能更新，改作办公室。此外，复建了东西厢房，恢复原有格局，划分不同的功能空间。

劈墙灰制作过程2

门楼二层改为办公后，出于安全考虑，增加护栏和楼梯。在选择护栏和楼梯样式时，选用传统样式的实木楼梯。原建筑室内采光条件较差，设计在屋顶增加亮瓦，复建东西厢房立面设计比例细长、尺寸适中的窗型，与传统绿琉璃花砖结合，增加采光，改善通风，并保持传统风

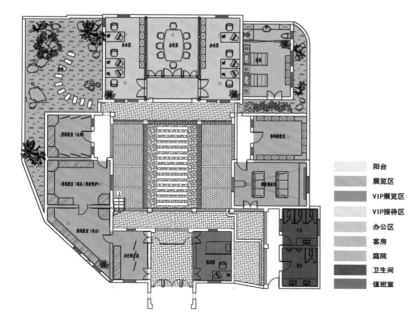

陈宅改建一层平面布置图

图例：
- 阳台
- 展览区
- VIP展览区
- VIP接待区
- 办公区
- 客房
- 庭院
- 卫生间
- 值班室

貌及立面效果；粉刷院落内墙壁，增加院内漫反射，提高院内室内的采光条件。

从尽可能避免落架以及经济性的角度考虑，采取多种手段进行结构加固，如部分风化严重的墙体拆除重砌，裂缝严重墙体布钢筋网抹灰，对腐朽严重的木梁、椽子进行更换，完好的梁及梁与椽子之间用铁件连接，铅丝绑牢等。

3. 原住民参与及村民教育

在陈宅的保护修缮过程中，房主陈传亮均积极参与、共同商讨，周边村民也经常前来参观、出谋划策，为陈宅的修缮提供大量意见和建议。另外，针对大部分居民对遗产保护了解甚少的现状，保护修缮工程团队先后几次来到保平村，将整套民居保护修缮技术及相关知识在全村历史建筑的房主中进行普及宣传，提高居民的遗产保护意识和参与积极性，修缮的效果也影响了村民拆旧建新的想法，对后续历史建筑修缮起到示范的作用。

门楼修缮前

三、结语

从晋江五店市传统街区以及三亚保平村陈宅历史建筑的例子不难看出，同样作为传统聚落遗产，无论是面临的威胁与现状问题，还是采取的针对性保护措施与利用方式，都非常不同。具体问题具体分析，对于聚落遗产的保护和利用显得尤为重要。在对传统聚落遗产进行保护

门楼修缮后增加护栏和楼梯

西厢房修缮前

西厢房修缮后加大窗型

对村民进行普及教育

与利用的过程中，除了坚持"真实性、完整性"等文化遗产保护的基本原则之外，还存在一些共性的指导思想。

尽最大可能的保护：保护与利用密不可分。保护是利用的基础，对这句话的理解不应仅限于"遗产本体的存在使利用成为可能"。聚落遗产的构成要素复杂，因而价值与内涵丰富，完整的保护是最佳的利用条件，如不能完整保护，也应该借助一切有利条件，努力进行尽最大可能的保护，从而为利用提供丰富的题材，创造更好地利用条件。

妥善合理的利用：除了少数高保护级别之外，多数情况下，传统聚落遗产的活态要求在利用过程中难以避免要进行现状的改变，这就要求充分结合遗产的自身条件，在不伤及价值特色前提下，进行积极的聚落遗产设施完善与建筑性能提升，进行适用性功能研究，以满足利用条件。

重视广泛的社区参与和共享：社区是聚落遗产的创造者与传承者，聚落遗产的居民与居民的活动，是物质与非物质遗产产生关联的纽带，是"活态"聚落遗产的"遗产地精神"的重要部分。在聚落遗产的保护与利用过程中，坚持社区的参与和共享，是遗产地精神不断裂的基本保障。

很多时候，传统聚落遗产的复杂性使得对于它的保护与利用很难达到文化遗产保护最理想的状态，聚落遗产保护工作者重点考虑的应该是，在现实条件下如何因地应时就势，结合具体情况，做到对于相关原则尽可能的坚持与执行，积极开展对传统聚落遗产的利用方式的探索，使其在利用的过程中恢复生命与尊严。

霍晓卫　北京清华同衡规划设计研究院有限公司 历史文化名城所 高级规划师
张杰　清华大学建筑学院 教授
张晶晶　北京清华同衡规划设计研究院有限公司历史文化名城所

案例：
义城黄帝庙

所 在 地：山西省临汾市曲沃县　曲村镇义城村
保护等级：县级文物保护单位

一、案例介绍

　　正文示意：义城黄帝庙位于曲沃县曲村镇义城村，创建年代不详，据碑刻及檩脊板题记载：明洪武、嘉靖年间，万历二十年（1592），清康熙十年（1671）、康熙四十一年（1702）、雍正九年（1731）、乾隆十九年（1754）、道光十七年（1837）均有重修。献殿建于清道光十七年（1837）。

　　义城黄帝庙坐北朝南，一进院落布局，东西20.92米，南北22.27米，占地面积466平方米。中轴线上依次为献殿、大殿及大殿两侧耳房。1987年公布为县级文物保护单位。

图1　义城黄帝庙效果图

图2　义城黄帝庙竣工剪彩仪式

义城黄帝庙行政位置图

　　20世纪80年代黄帝庙一部分曾作为面粉厂使用，另一部分为商店和菜市场，造成不合理改造使用，虽然主体结构保存尚好，但其屋面和房基均有不同程度损坏，部分屋面出现坍塌漏雨现象。

二、遗产保护和利用方式

　　2011年6月14日，根据曲沃县人大常委会公布出台的《曲沃县古建筑认领保护办法》，杨谈乡义合庄巩代生先生签约认领了义城黄帝庙，认领期限为30年。认领期间义城黄帝庙的维修、保护、使用、受益权均属认领者，但其原属产权不变。文物行政管理部门负责监管。

　　2011年8月，巩代生先生投资300万元人民币，开始义城黄帝庙维修工作。山西省古建研究院设计维修方案，万荣王继忠古建工程队施工。维修工程开始于2011年9月10日，历时三月，2011年12月10日竣工。完成了大庙主体建筑重修加固，大殿、献殿梁架、木构件彩绘，重砌大庙院墙，庙前鼓楼加顶等工程。

三、再利用的效果和未来的发展方向

　　曲沃县境北桥山，世传为黄帝葬衣冠之处，故县境内黄帝庙众多，乡民借此世代祭祀华夏民族的共同祖先——黄帝。义城黄帝庙为曲沃现存保存较好的黄帝庙之一，经社会人士认领保护和重修之后，现已对外开放，并于2012年4月举办了盛大的黄帝庙庙会，促进了当地经济文化的交流。随着附近晋国博物馆的对外开放，义城黄帝庙必将进一步产生更大的社会和经济效益。

项目实施前照片

项目实施前照片

孙永和　山西省临汾市曲沃县
侯俊杰　山西省临汾市曲沃县

案例：潜口民宅古建筑   所在地：安徽省黄山市徽州区潜口民宅博物馆
——非物质文化遗产传习基地   保护等级：全国重点文物保护单位　国家AAAA级旅游景区

一、案例介绍

　　潜口民宅古建筑群位于安徽省黄山市徽州区潜口镇紫霞山麓，由明园和清园组成，分别于1990年、2007年建成并对外开放。按照"原拆原建、集中保护"的原则，将原散落于民间且不宜就地保护的明清建筑进行集中保护，荟萃了明清最具典型的民居、祠堂、牌坊、戏台、亭台、拱桥等24处古建筑，具有重要的历史、文化和艺术价值，是"人文景观与自然景观高度协调统一的典范"，被誉为"我国明清民间艺术的活专著"，是研究中国古建筑史和建筑学的珍贵实例。

　　1988年1月被国务院公布为全国重点文物保护单位，2007年8月被评为国家AAAA级旅游景区，2008年3月对外免费开放，2009年4月获省文化厅授予"徽州文化生态保护实验区非物质文化遗产传习基地"（综合传承展示）称号。2012年被列入黄山市百个市级亮点工程。潜口民宅日益成为公众科学文化教育基地和徽州非物质文化遗产的传播中心。

明园山门

二、遗产保护和利用方式

（一）尝试理念：物质为非物质打造一个家

潜口民宅博物馆以古建筑为基地，致力于展陈古徽州土壤培育出的原生态的徽州非物质文化遗存，现场活态展示，不断满足人民群众日益增长的精神文化需求。静态与动态相结合的展陈方式是潜口民宅博物馆在文化遗产保护工作中的创造性尝试。

（二）具体做法

1. 创建非遗传习基地

潜口民宅博物馆于2009年4月获省文化厅授予的"徽州文化生态保护实验区非物质文化遗产传习基地"称号。该基地占地20余亩，是一个综合性"非遗"展示传习场所。基地设有"非遗"展示厅6个，主要分布在6栋古民居内，建筑面积3000平方米；配备民俗展演古戏台1个，建筑面积300平方米。非遗基地不仅为非物质文化遗产传承人打造一个"家"，让他们相互学习，潜心研究，传承技艺。同时非遗传承人也能够借此平台向世人展示非遗作品、流传非遗技艺。

2. 吸引非遗传承人

潜口民宅博物馆建设示范区、展示点，建立传承人保证制度、建立传习所，多举措吸引非遗传承人入驻。先后吸引了徽州木雕、砖雕、竹雕等多位国家级及省级非物质文化遗产传承人和民间工艺大师入驻。有徽州竹雕传承人洪建华、朱泓、徽州木雕传承人王金生、徽州砖雕传承人方新中、歙砚传承人方见尘、徽墨传承人吴成林、撕纸书法传承人蒋劲华七位"非遗"传承人及民间工艺大师入驻，活态展示了徽州传统技艺。据统计现有七位"非遗"传承人及民间工艺大师在该基地接受传承、授学将近30人。

3. 现场活态展示

现场活态展示是非遗传承人通过现场演示，以生产性的方式活态地展示非遗项目的活动，让观众更直观地了解非遗的文化内涵和独特魅力。目前潜口民宅博物馆

谷懿堂砖雕非遗展示·国家级非遗传承人、砖雕大师方新中正专心雕刻作品

诚仁堂竹雕非遗展示·竹雕艺人正专心雕刻作品

收租房徽州农具展示·竹编工艺非遗展

万盛记徽墨非遗展示·徽墨制作展

乐善堂新安书画展

汪顺昌宅撕纸书法展示·撕纸书法作品展示

选择了规模较大、采光较好的古民居用于非遗活态展示。

三、再利用效果及未来发展方向

（一）效果

潜口民宅博物馆不但肩负起了抢救、保护、挖掘、展示古民居的社会责任，更为非物质文化遗产传承人打造了一个"家"，让他们相互学习，潜心研究，传承技艺，特别是现场活态的展示，让更多人零距离的欣赏和了解这些濒于失传的技艺。

（二）未来发展方向

1. 丰富内容

我们将进一步丰富非遗基地的内容，搜集整理民间文学，做大民间美术和民间手工技艺，重点演出民间舞蹈，普及民间知识，保留民间信仰。第二批拟增加徽州根雕、万安罗盘、徽派盆景、徽州漆器、新安画派、徽州剪纸、灵山酒酿、徽州毛豆腐、徽州烧饼及跳钟馗、柳翠娘、渔翁戏蚌、徽州宗族祠祭等民俗演出项目。

2. 扩大规模

在前期试点的基础上，扩大规模，使潜口民宅的每处古建筑都成为非遗展示的窗口。再以潜口民宅非遗基地为中心向周边辐射，打造非遗街、非遗村。

3. 规范展陈

统一规划设计传承人的陈列馆，运用科技手段，规范文字说明、图片展示、作品陈列、动态演示、灯光背景、导游讲解等，重点宣传非遗的历史渊源、项目背景、代表人物和代表作品、文化价值、发展现状等，提升文化内涵，提高布展水平。

4. 打造品牌

我们将进一步加大非遗基地的品牌建设力度，充分利用广播、电视、报纸、网络等媒体进行宣传。组织鼓励非遗传承人开展形式多样的对外学术交流，力争使基地成为徽州非物质文化遗产的典型示范传承基地，省内最大，全国知名。

5. 做好传承

大部分非遗传承人年纪都比较大，有的非遗项目濒临失传，我们将整理结集非遗的文字资料，和有关院校合作办班，或传承人授徒的形式，传承非物质文化遗产。

义仁堂木雕非遗展示·徽州大型木雕精品《清明上河图》

程培本堂砚雕非遗展示·歙砚展示

王洪明　安徽省潜口民宅博物馆

案例：　　　　　　　　　　　　　　所在地：浙江省义乌市上溪镇黄山五村
黄山八面厅　　　　　　　　　　　　保护等级：全国重点文物保护单位

一、案例介绍

全国重点文物保护单位黄山八面厅原名振声堂，始建于清嘉庆元年（1796），历时十七年落成，由义邑西乡火腿富商陈子寀（1720~1793）及其子孙精心设计营造，是义乌迄今发现保存最完整、工艺最精湛的清代商贾巨族的豪华厅堂。建筑选址三面环山，前临凰溪，后枕纱帽尖山，坐西南朝东北落位。现存建筑分三路六院，计56间，占地2908平方米，建筑面积2500平方米。平面采用前厅后堂布局，中路由花厅、门厅、正厅和堂楼4个厅堂组成，与南北边廊和厢房围合成三进四合式院落。南北两侧有重厢跨院，分别由东西厢厅组成4个三合式院落，故俗称八面厅。花厅在咸丰十一年（1861）被太平军烧毁。

建筑取精用弘，采用"满堂雕"装饰风格，美轮美奂，是东阳木雕发展至顶峰时期的代表作，以其精美绝伦的石雕、砖雕和木雕艺术闻名于世，被誉为雕刻艺术的博物馆。1999年向社会开放。2004年实施全面维修保护工程，2005年成立黄山八面厅文保所，负责日常开放和管理。

二、遗产保护和利用方式

黄山八面厅土改后因分给23户农户居住，人口承载力过大，不当使用、后期不当分割及添加建(构)筑物等因素对建筑造成严重损坏，维修前已险象环生。为了对黄山八面厅实施有效的保护，除了实施全面修缮外，我们还采取了一些有效的措施。

（一）外迁住户，转移产权

产权关系复杂是严重制约建筑遗产保护与利用的瓶颈。1998年，义乌市人民政府与黄山村民经协商一致，通过房产征用、另行安置宅基地与适当给予经济补偿等方式，顺利解决了住户外迁和中路集体办公用户的置换工作，转为国有产权，有利于黄山八面厅整体建筑的有效保护。

黄山八厅地形图

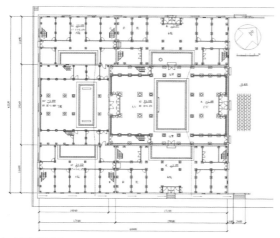

黄山八厅平面图

（二）规划控制，修缮保护

"文物保护，规划先行"。2002年，黄山八面厅保护规划及施工方案经国家文物局批准实施，对遗产地环境风貌的控制发挥了积极的作用。同时分别于1998年和2004年两次对建筑遗产实施局部抢修和全面修缮保护工程，最大可能地保留了建筑遗产的历史信息。

（三）挖掘历史，提升品位

通过查阅宗谱、开展广泛的民间调查、赴建德三都镇等地实地调查，了解八面厅的用材和陈氏后人的口碑资料以及相关的民间传说，并向陈氏后人征集账本和楹联等相关文物，充分挖掘历史信息。还与首都师范大学戏剧系欧阳教授合作，对黄山八面厅的建筑木雕戏曲图案进行了课题研究，对黄山八面厅中各种雕刻图案加以文化解读，2010年出版了《黄山八面厅》一书。

（四）合作管理，监管得力

遗产的保护必须得到公众的参与，黄山八面厅文保所的管理模式，就是通过博

黄山八厅项目实施前照片

黄山八厅项目实施后现状远景照片

物馆与当地合作，采取由村民自治的办法，聘请村里信任度高、有责任心的村民担任专职管理员，博物馆不定期检查和指导工作，并通过安装CK监控与博物馆主机监控室联网，实行有效的监管。

（五）开发旅游，发展经济

上溪镇旅游规划坚持以黄山八面厅建筑遗产保护利用为龙头，依托当地自然和人文资源，发展休闲观光旅游以及农家乐等相关产业，带动地方经济，让村民得到更多的实惠。

三、遗产再利用的效益评价及未来发展方向

黄山八面厅以其精美绝伦的三雕艺术闻名，通过修缮保护，使其整体建筑完好

北跨院东厢厅维修前照片

北跨院东厢厅维修后照片

黄山八面厅前院厅堂梁架维修后照片

美国哈佛大学教授鲍彼德带团来考察黄山八面厅

2010年4月，文化部产业司副司长吴江波参观黄山八面厅

故宫博物院专家耿宝昌参观黄山八面厅

保存，文物价值得到充分体现。政府通过妥善安置原住户，消除了因产权关系复杂可能带来的种种牵制和利用障碍，活化了利用价值，由原先居住的功能转变为向公众展示的教育功能。通过挖掘历史，丰富展陈，向社会公众开放，使之成为"人人可以共享之"的社会文化资源，建筑遗产的社会效益得到了全面提升，不仅成为青少年爱国爱乡教育的基地、科普教育的基地，还是展现义乌历史文化和东阳木雕艺术的一个重要窗口，是义乌城市最具魅力的文化景观和人文胜地。同时，黄山八面厅旅游，还带动了上溪桃花坞生态观光旅游和农家乐等休闲体验旅游项目，活跃了农村经济，带动了当地的旅游服务业，产生的经济效益是无法估量的。

在未来的工作中，我们还要积极拓展建筑遗产利用的有效途径，找到遗产保护与合理开发利用的最佳平衡点，积极探索建立建筑遗产价值评估的体系，以黄山八面厅的修缮保护与利用模式为借鉴，在政府支持遗产保护的资金补助、文保用地以及历史文化名镇、名村的保护利用等相关政策方面有更大创新，从而推动全市建筑遗产的保护与利用，使我市的建筑遗产保护和利用工作向着良性、有序的方向发展。

黄美燕　浙江省义乌市文化广电新闻出版局文物办主任、义乌市博物馆副馆长、研究馆员

案例：
郑义门古建筑群

所在地：浙江省浦江县郑宅镇保
护等级：全国重点文物保护单位

一、案例介绍

　　郑义门古建筑群以郑氏宗祠为中心，占地0.5公顷，建筑面积2463平方米，祠内存有宋濂手植树龄六百四十八年的龙柏九株。另有十桥九闸、东明书院遗址、建文井、圣谕楼、老佛社、昌七公祠、九世同居碑及孝感泉等保存较为完好的历史建筑与元、明、清古迹二十余处。

　　郑宅原名"承恩里"，北宋初年郑氏在此始立宅，南宋时易名三郑、仁义里。元代因两次旌表为"孝义门"而改称"郑义门"，明代被旌为"江南第一家"。同居始于南宋至道年间，衰于明天顺三年（1459），历十五世三百三十余年，鼎盛期

现状照片

现状照片

现状照片

间人口达三千余人。此后，郑氏续立小同居传承家范延及清末，亦越十三世之多。1949年之后，郑氏宗祠、老佛社、昌七公祠等建筑曾一度收归国有和集体，用于存放粮食，化肥等物资。2000年前后保护和开发"江南第一家"工程实施后，宗祠类历史古建筑又恢复了它们的传统功能，并同时又被作为参观景点收取门票。而御史第、新堂楼，垂玉堂等历史建筑中的原居住户，则仍旧居住生活在原处。主要管理机构为"江南第一家"管理委员会，郑义门文物保护所。

二、遗产保护和利用方式

郑义门古建筑群为融古代建筑、儒学思想与传统民俗于一体的典型，具有很高的历史、文化、艺术、伦理史、教育史及民俗研究等方面的价值。在遗产的保护和利用方面，坚持"保护为主、抢救第一、合理利用、加强管理"的文物工作方针。使郑义

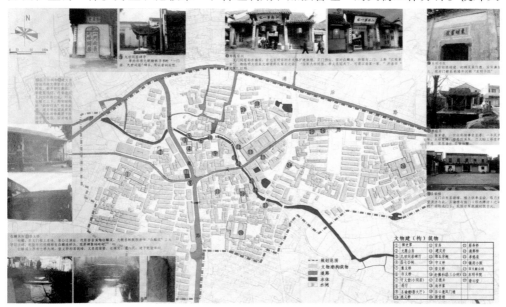

郑义门古建筑分布图

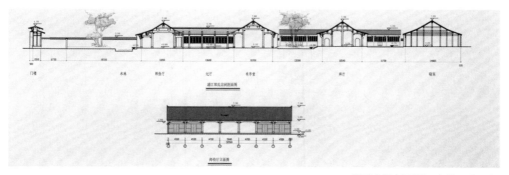

郑氏宗祠剖面图、师检厅立面图

门历史建筑遗产的价值和"孝、义"文化精神的价值得到充分的利用和发挥。

（一）政府重视　依法保护

经文物普查，早在80年代初郑宅镇就有郑氏宗祠、九世同居碑、孝感泉及东明书院遗址等7处历史建筑遗产被浦江县人民政府公布为"文物保护单位"。使历史建筑得以依法保护，免遭破坏。

（二）目标明确

坚持原则制定了郑义门古建筑有效保护和可持续发展的目标。并坚持了历史文化遗产保护优先原则；不改变文物原状原则；保护有形文物和无形文化相结合等原则，使保护工作得以取得显著成效。

（三）及时规划　合理利用

请浙江省古建筑设计研究院编制了郑义门古建筑群保护规划，利用郑氏宗祠等建筑遗产及"郑氏规范"特殊的家族文化进行旅游开发。

（四）经济建设、文物保护协调进行

处理了当地工业经济的发展与郑义门古建筑群的保护、旅游及第三产业发展的关系，形成了经济繁荣和保护工作协调发展的局面。

（五）政府、企业、群众协力参与保护开发

郑义门古建筑群的保护形成了政府为主导、民营企业资金赞助、各界群众参与的机制。目前由旅游部门对景区进行门票经营（收入全部用于文物保护），县文物管理部门负责对古建筑进行维修、当地群众则享受外来游客带来的消费，认识本地

遗产现状

产品等好处。

三、再利用的效果和未来的发展方向

　　五大道近代建筑群久负盛名，通过改造，浓郁的西洋古典风貌和丰富的人文景观以及历史文化遗产得到保护和延续。当地政府不断加大宣传力度，全方位推介五大道的人文历史。以百余处名人故居的传闻轶事、异国建筑特色为主线，开发五大道风貌建筑博览游，取得了良好的社会效益和经济效益随着天津城市建设改造的飞速发展，该地区已成为房地产业开发改造建设的热点地区，控制与管理、保护与开发就愈发显得重要。因此，在下一步的工作中，一是要做好《五大道历史文化保护区保护规划》，对保护范围及建设控制地带内的文物建筑加强监管，切实做好五大道近代建筑群的文物保护工作；二是通过交通综合治理方案，解决区域内部的交通问题，使未来可能增加的交通量对本区域的干扰最小；三是加强宣传，强化各级领导和群众的文物保护意识及法律意识；四是组织相关人员进行法律、法规和业务知识的学习与培训，提高业务素质和执法工作水平；五是加大文物执法工作力度，严厉查处各种违法行为。

吴邦国在浦视察"江南第一家"

遗产现状

遗产现状

　　何爱民　浙江省浦江县文物管理办公室、浦江博物馆2浙江省浦江县郑义门文物保护所
　　蒋理仓　浙江省浦江县文物管理办公室、浦江博物馆2浙江省浦江县郑义门文物保护所

案例：开平碉楼活化利用　　　　　　　所在地区：广东省开平市
民众参与保护模式探讨　　　保护等级：世界文化遗产 全国重点文物保护单位

一、基本情况

　　开平碉楼是一种集防卫、居住和中西建筑艺术于一体的乡土建筑群体，被誉为"华侨文化的典范之作"、"令人震撼的建筑艺术长廊"。开平碉楼鼎盛时期达3000多座，现经开平市人民政府普查登记在册的有1833座。2001年6月，开平碉楼被国务院公布为全国重点文物保护单位。2007年6月28日，开平碉楼与村落列入《世界遗产名录》。

　　开平碉楼源于明朝后期，到19世纪末20世纪初成为规模宏大、种类繁多的乡土建筑群，鼎盛时期3000多座，现存1833座。1840年鸦片战争后，开平又爆发了大规模的土客械斗，大批开平人为了生计背井离乡远赴外洋，开平逐渐成为一个侨乡。"衣锦还乡"、"落叶归根"情结使他们中的大多数人挣到钱后首先想到的就是汇钱回家或亲自回国操办"三件事"：买地、建房、娶老婆。于是在20世纪二三十年代形成了侨房建设的高峰期。但是当时的中国社会兵荒马乱，盗贼猖獗，而开平侨眷、归侨生活比较富裕，土匪便集中在开平一带作案，在这种险恶的社会环境下，防卫功能显著的碉楼应运而生。

　　开平碉楼与村落世界遗产地包括三门里村落迎龙楼、自力村村落与方氏灯楼、马降龙村落群和锦江里村落四个遗产点。遗产地共有碉楼221座，其中核心区40座，缓冲区181座，产权大部分为私人所有。近年来，开平市在上级部门及社会各界的大力支持下，在探索活化利用的保护模式中走出一条自己的路子，取得了良好的效果。

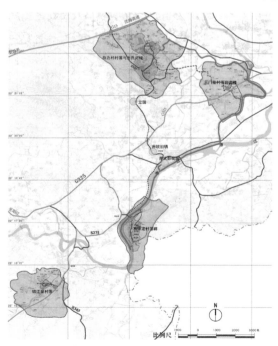

开平碉楼与村落分布图

二、遗产保护和利用方式

（一）碉楼维修，民众参与

　　近年来，从国家、省、江门市到开平市，各级政府和文物主管部门加大了碉楼的保护力度，拨出专款对开平碉楼进行维修。地方民众在碉楼保护维修中起到了积极的作用：每当碉楼出现危及碉楼本体安全的问题，当地民众都通过电话、

村民捕鱼归来时经过世界遗产点锦江里

开平市塘口镇自力村远眺

上门反映等方式，第一时间将情况汇报给政府有关部门。开平碉楼融合了地方传统建筑工艺，在碉楼的维修过程中，地方工匠是碉楼维修的主力军，他们不仅掌握了传统建筑工艺的施工方法，为维修提供直接的技术和人力支持。

（二）碉楼托管，政府创新

开平碉楼的业主多旅居海外，至现在为止经历了三四代，家乡的碉楼大多数人去楼空。为了保护这些无人居住的碉楼，当地政府出台了碉楼托管模式，对有价值的碉楼采用托管的方式保护：碉楼产权不变，由业主与政府签订三十至五十年托管协议，托管期间政府出资维修并管理碉楼。至目前为止，托管的40座碉楼全部由政府负责维修管理。

（三）碉楼认养，社会支持

为进一步调动全社会共同参与开平碉楼的保护利用工作，多途径筹集碉楼保护经费开拓了一条新路子。认养者只要提供10~30万元资金，可认养一座由文物部门划定范围内（世界文化遗产地以外）的碉楼五年，享受设置认养标示牌、获授"碉楼

当地手工艺者参与修复碉楼及民居壁画

开平市塘口镇自力村云幻楼　　　　　签定碉楼托管协议书

保护使者"称号和获赠一定数量免费门票的权利。认养期内，在经业主同意、文物部门批准的情况下，可以合理利用碉楼。目前，已有14家企业、社会团体及个人认养了21座碉楼，筹集了保护经费330多万元。并且，部分认养碉楼的企业做到了保护与利用相互结合。如广东省黄金公司，在认养碉楼的同时，深入挖掘碉楼社会价值，将其与广东黄金品牌文化有机融合，充分利用"广东黄金"良好口碑与较强社会影响力，推动岭南碉楼文化的推广与保护，并相辅相成。

（四）活化保护，村民创收

开平碉楼与村落列入世界遗产名录以来，旅游的不断发展为村民带来了更多的就业机会，如聘请碉楼管理员、工勤人员、保安和景区讲解员等等，推动了农村经济的发展，提高了当地村民的收入，促进了遗产地社区社会的文明进步。同时，旅游购物、餐饮、住宿、农家乐等旅游配套服务业得到适度发展，这一部分收入也构成村民收入的主要来源。更有一些村民向游客表演当地的非物质文化遗产项目，既丰富了旅游节目，又传承了当地文化。政府还通过宣传，鼓励当地农民积极从事农业，种植当地传统的水稻、果树、蔬菜等农作物，使世界遗产周边环境得到保护的同时，又增加了农民的收入。

（五）完善责任，签订协议

在文化遗产利用的过程中，开平市文物部门始终注重保护好遗产的真实性与完整性，严格遵守"保护为主、抢救第一、合理利用、加强管理"的文物保护基本原则方针及有关法律法规，确保遗产与游客安全。文物部门与碉楼旅游公司及各镇签订了文物保护协议书，并制订了日常巡查制度。

三、再利用的效果和未来发展方向

（一）经济效益明显

遗产地利用必须与村民的日常生产生活相结合。开平碉楼以其独特的多元化的建筑特征和显著的华侨文化特征，能满足不同地域、不同层次游览者的需要，使常年生活在遗产地的和周边地区的村民有了参与旅游管理和经商的机会。经济收入的提高，进一步调动了当地民众保护世界文化遗产的积极性，他们以主人翁的态度积极参与世界遗产保护利用的各项工作。

（一）社会效益明显

由于碉楼产权大部分属于私人所有，要提交社会认养，必须征得业主同意。部分业主深明大义，主动积极配合政府工作。此项工作也使越来越多的社会人士开始关注开平碉楼和文物保护工作，社会效益突出，也间接带动了碉楼旅游的发展。

（三）未来发展的方向

一是在保护好遗产地前提下，探索私人产权遗产利用模式的多样化；二是不断完善在利用过程中遗产的监督保护；三是加大人才培养和引进力度，为文物保护不断注入新的活力。

2011年12月31日，开平碉楼认养大会现场，认养者与当地文物部门签订碉楼认养协议书

2012年6月18日，认养碉楼揭牌仪式，广东省黄金公司在仪式上展示部分产品

签订文物保护责任书，落实责任人

吴就良　广东省开平市文管会副主任、开平市文物局综合股股长

叶　娟　广东省开平市世界遗产管理中心副主任

案例：　　　　　　　　　　　　　　　所在地：四川省成都市金堂县
五凤溪省级历史文化名镇　　　　　　　保护等级：四川省历史文化名镇

一、案例介绍

"五凤溪"始建于宋，经明末清初的饥荒战乱，人口骤减，清康熙年间（1662~1722）于此建乡并逐渐成为"湖广填四川"移民的一处迁入聚居地。同时，五凤溪依临"沱江"并处于成都东部屏障"龙泉山"之麓，成为下联川南上通成都的重要"水陆中转码头"，经济活动频繁加之各地移民的迁入形成了五凤溪多元而繁荣的历史文化，并反映到了五凤溪的历史建筑中。

关圣宫：始建于清嘉庆十六年（1811），占地面积约3500平方米，建筑面积2091平方米，木结构二层建筑，历史上为陕西会馆，山门石阶气势恢宏，代表了北派建筑大气雄浑的特点，为省级文保单位，建筑年久失修，民间自发供奉儒释道神像。

南华宫：建于清雍正年间，占地面积约3500平方米，建筑面积2815平方米，属木石混合结构建筑，历史上为广东会馆，具有明显的南派建筑特征，修缮实施前为市级文保单位（现为省级文保单位），建筑破损严重，为淮口粮站五凤仓库。另外，还存有火神庙、观音堂、福音堂等公共历史建筑遗存以及王爷庙遗址。

五凤溪省级历史文化名镇鸟瞰图

项目实施前照片

项目实施前照片

　　五凤溪因场镇内有五座山丘、同时五条主街道依山就势而建，柳溪穿镇而过，鸟瞰如"冲霄之凤"故名。场镇内现存传统民居约10000平方米，为清末民初所建，随地形高低错落，具有明显山地建筑特色。民居建筑整体上梁柱构架腐朽严重，装饰构件损毁缺失，不通下水及燃气，无垃圾收集点，居民生活条件极差，部分民居为公产。

二、遗产保护和利用方式

　　针对五凤溪建筑遗产残破不堪的现状，维修工作是遗产保护的第一要务，同时还要通盘考虑遗产修复后的整体使用运营，做到保护好、利用好历史建筑遗产。鉴于此，由金堂县人民政府投资并委托成都文化旅游发展集团有限责任公司作为五凤溪保护与利用的执行者。成都文旅集团以其成功保护并运营宽窄巷子、平乐古镇等历史街区的专业储备经验，全程负责五凤溪省级历史文化名镇保护开发的策划、设计、修缮、建设、招商、营销工作并在项目投入使用后整体移交给金堂县人民政府。

　　五凤溪建筑遗产由于其类型多、体量大并涉及到政府、居民、商家等多方利益相关者，因此决定了保护利用是一项综合的系统工程。首先，改善居民居住生活条件是基础工作，为此实施了5万平方米居民新居工程。其次，对于腾退出来的历史建筑区域重点实施了以下四方面工程。

（一）历史建筑修缮

　　修缮关圣宫2091平方米，作为川西地区最大的武庙承载祭祀、观光功能；修缮南华宫2815平方米，引入会所业态恢复其会馆功能；重建福音堂800平方米，恢复教堂宗教及观光功能；修缮半边街古民居4300平方米引入茶馆、餐厅、咖啡厅、旅游纪念品等业态。

（二）配套商业建筑

　　在充分尊重当地建筑特征、充分结合场地自然条件的前提下新建半边街山地院

项目实施后照片

落客栈4700平方米，移民广场木石结构商业建筑2500平方米。

　　（三）　景观文化营造

　　为恢复柳溪生态环境实施了补水及河道治理工程；实施了柳溪花涧园林工程、移民文化广场景观工程构建了自然、人文景点。

　　（四）　基础设施配套

　　全面改造完善了五凤溪旧场镇基础设施，接通下水、燃气、宽带，并建设了两条快速直达通道。按照4A级景区标准配套了游客中心、导视系统、旅游公厕。

三、再利用的效果和未来的发展方向

　　五凤溪建筑遗产保护利用一期项目涉及对旧场镇的整体修缮、改造与提升，当地政府投入了大量的资金。但也应看到本项目位于成都市远郊区，商业区位不如一线大都市核心商圈的同类型项目（如上海新天地等），因此从投资回报角度项目还有一定的培育期，但从保护建筑遗产、活化利用遗产的角度该项目具有较大的文化、社会效益。另外，由政府投资并交由有专业经验的公司团队全程执行的方式，为这类建筑遗产保护利用探索了一条发展模式。最后，需说明的是在五凤溪二期和三期的保护利用项目中将采取重建、局部维修与现代建筑风貌改造相结合的方式，同时将保留更多老镇区原住民。

项目实施后照片

成都文化旅游发展集团有限责任公司

案例:
沙溪寺登街复兴工程

所在地:云南省剑川县沙溪镇
保护等级:世界濒危建筑遗产

一、案例基本情况

寺登街位于云南省剑川县沙溪镇沙溪坝子中心,是由四方街、东巷、南古宗巷、北古宗巷四个街区组成的古集市。四方街是寺登街的中心,呈长方形,南北长64米,东西宽22米。四方街及古巷道的许多民居呈前铺后马店的建筑形式,往北通往剑川县城并一直通达迪庆乃至西藏,往南通达剑川弥沙井、乔后井等盐井直至南亚东南亚。寺登街历史悠久,文物古迹众多。有第六批全国重点文物保护单位兴教寺,省级文物保护单位2处。古民居不仅数量众多,而且保存完整。2007年6月9日沙溪镇成功申报为国家级历史文化名镇。

2001年10月11日,世界纪念性建筑基金会(WMF)宣布:"中国沙溪(寺登街)区域是茶马古道上唯一幸存的集市,有完整无缺的戏台、旅馆、寺庙、寨门,使这个当时连接西藏和南亚的集市相当完备"。沙溪镇寺登街以"茶马古道上唯一幸存的古集市"荣

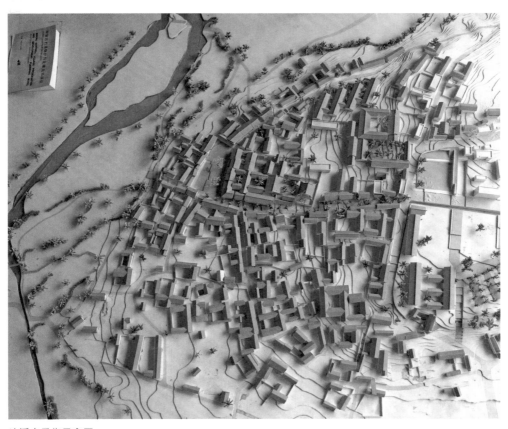

沙溪寺登街示意图

试点房修缮前照片　　　　　　　　　　　　　　　试点房修缮前照片

试点房修缮后照片　　　　　　　　　　　南古宗巷及巷内民居客栈

登世界纪念性建筑保护基金会公布的"值得关注的101个世界濒危建筑遗产名录"。

二、参与项目的机构和群体

根据剑川县人民政府与瑞士联邦理工大学空间与景观规划研究所签订的《沙溪寺登街区域复兴规划备忘录》等相关协议，项目由中瑞双方合作进行。并由双方共同派出工作人员组成项目组，以"沙溪复兴工程"对外做宣传和寻求各界帮助支持。

老马店修缮前的照片

老马店修缮后的照片

兴教寺原大门照片

兴教寺修复后大门照片

三、沙溪寺登街复兴工程

寺登街是非常典型的白族传统村落，同茶马古道共生共荣。复兴工程在文化遗产的保护和利用上，严格按照文物修缮原则，坚持以文化遗产保护带动遗产利用，以基础设施建设改善人居环境的工作方针，以居民参与和受益为出发点，努力实现文化遗产与经济社会的和谐发展。

（一）编制规划，分步实施

寺登街复兴工程把规划编制放在工作首位，分三个层次对整个沙溪坝进行了规划。并根据规划内容分步实施。

（二）重点突破，整体推进

复兴工程采取重点突破，先后修复了兴教寺戏台、试点房等重点项目。得到居民的支持后再整体推进，确保了整个复兴工程的顺利进行。

（三）示范引领，寻求发展

复兴工程通过成功修复老马店等传统建筑后，将其改造成酒店、客栈等，起到了非常重要的引领示范作用。居民也通过加强对自己文化遗产的保护，寻找到了脱贫的机遇。

（四）改善环境，提高生活质量

文化遗产的再利用，必须要改善人居环境，提高居民的生活质量。通过实施生态卫生项目等基础设施建设，寺登街的居住环境得到了明显改善，已经成为很多高端旅游者的首选目的地。

四、建筑遗产再利用的成果及发展方向

    沙溪复兴工程在高起点、高标准保护和延续沙溪历史文化独有氛围的同时，在技术保护和社会影响两个方面都展示了很高的成就，先后荣获了三项重要国际奖项即：2003年的"世界纪念性建筑基金会杰出工程贡献奖"，"2005年度联合国教科文组织亚太地区文化遗产保护奖杰出贡献奖"，美国《休闲和旅游》杂志"2006年全球佳境奖"。联合国教科文组织亚太地区文化遗产保护奖委员会认为："寺登街集市和古戏台的修复，标志着在保护多民族有形与无形文化遗产方面所取得的重大

成就，这项工程将历史研究、系统的方法、外界技术支持、本土传统知识，特别是民间工艺融为一体，展示了一种综合性的遗产保护途径。"沙溪复兴工程被联合国教科文组织世界遗产中心指定为联合国教科文组织"世界遗址脱贫的可持续实践"项目。居民的经济收入和生活水平得到了显著提高，复兴工程的辐射和带动能力日益增强。目前，复兴工程正在实施低碳社区的建设试点，这一试点将把沙溪的文化遗产保护和经济社会的和谐发展提高到一个更高的水平。

四方街照片

修复后的戏台照片

杨德志 云南省剑川县剑川民族博物馆馆长
何伯纪 云南省剑川县文化体育广播电视局局长

理论

保护与利用
——文化遗产事业永恒的主题[1]

励小捷

保护和利用是文化遗产事业历久弥新的主题。我们就保护和利用这一主题展开讨论,深入研究保护与利用之间的辩证统一关系,探索不同类型文化遗产科学、合理、可持续的利用途径,很有必要,很有意义。

在当前工业化、信息化、城镇化和农业现代化深度结合、同步发展的社会背景下,文物的保护与利用面临许多新情况和新问题,其中有挑战,也有机遇,需要坚守原则,也需要改革创新,需要理论上的深入探讨,也需要工作中的大胆实践。这不仅是进一步夯实文化遗产保护工作基础,实现文化遗产事业科学发展的正确选择;也是文化遗产事业发挥自身优势,积极参与"五位一体"总体布局建设,为实现全面建成小康社会的目标作贡献的必然要求。

一、关于文化遗产保护和利用的认识历程

文化遗产的保护和利用可以追溯至人类原始社会,主要体现在自然崇拜和多神崇拜时期对祭祀设施、崇拜物的保护和利用上。在西方国家早期历史上,文物保护和利用一直与统治阶层的地位、特权和财富相联系。例如,罗马的万神庙自7世纪以来不断得到保护和修缮,目的是确保历代教皇的使用,其间亚历山大七世及其家族甚至将其作为陵墓。此时文物尚未成为社会公共资源,而保护也主要是基于所有者的使用目的。资产阶级革命后,出于对古老建筑和园林艺术成就的崇尚,遗产保护成为新生资产阶级的一种共识。法国率先于1790年设立了遗产保护机构,并建立了遗产清单,在政府主导下开始了广泛意义上的文化遗产保护。两次世界大战导致欧洲和亚洲文物古迹遭受大规模破坏,甚至威胁到一些国家民族传统文化的延续。在战后重建过程

---

[1] 本文为2013年4月在中国文化遗产保护无锡论坛上的讲话。会后进行了整理、修改。

中，各国进一步认识到文化遗产在推动文明进步和传承民族精神方面的重大意义。波兰首都华沙在第二次世界大战期间遭受严重破坏，战后按原样重建城市，在此过程中，保护和修复历史古迹的工作受到格外重视，战前市内 900 多座具有历史意义的建筑物，几乎都进行了修复和整饰。经过各国几十年的实践，一系列与文化遗产保护相关的国际文件应运而生。联合国教科文组织 1964 年通过的《威尼斯宪章》被公认为国际文化遗产保护事业的里程碑，其中不仅陈述了保护的基本概念、原则和方法，同时也首次提及利用的概念，并主张"为社会公用之目的的利用古迹始终有利于古迹的保护"。1972 年《保护世界文化和自然遗产公约》诞生，迅速得到世界各国广泛拥护。《公约》以"展示"代替了"利用"这个词，将保护、保存和展示共同提升至国家责任的高度，规定三者缺一不可。在上述文件精神基础上，一些国际组织又陆续推出了针对不同类型、地域和主题的文化遗产保护的指导性文件，如《考古遗产保护与管理宪章》《奈良文件》《关于文化遗产地的阐释与展示宪章》等，当中对遗产保护与利用的关系问题有了越来越明确的阐述。"利用"最终被定义为一切有利于增进对文化遗产正确认识和深入理解的活动，同时这种利用被认为是一种极为重要且更加积极的保护方式。

在中国，文化遗产的保护与利用的雏形可以追溯至商周时期。《尚书》中有："七世之庙，可以观德。"商周贵族对宗庙建筑世代加以保护，用来缅怀先人之德，这代表了中国古代社会最为原始、最为朴素的文物保护与利用的意识。随着历史发展和进步，文物的数量和种类逐渐增多，保护的形式和利用的渠道也不断丰富，例如泰山岱庙和曲阜"三孔"，一个是历代帝王举行封禅大典的地方，象征着至高无上的皇权；另一个是封建社会尊崇儒学至上的场所。两处建筑群的保护和修缮得到历代帝王的高度重视，虽数次损毁，却总能得以修葺复建，增其旧制，规模不断壮大，盛况历经千年不衰。又如平遥古城和西递宏村，虽为民居遗产，但因其从未间断地为居者提供遮风挡雨、御盗避匪的居所，加之姓氏传承的因素，在百余代人的精心守护下同样完好地传承至今。再如广泛分布于各地的古塔名楼，在最初的功能隐去后，逐渐演变为风景名胜，使得文人骚客流连忘返，成就无数佳作传世。上述文物的保护与利用虽无刻意结合，但相互依存，浑然一体，都是在使用、利用中得到了保护传承。到了近代，康有为提出"古物存，可令国增文明；古物存，可知民效贤英；古物存，能令民心感兴"，高度概括了文物保护和利用在提升国格、纯洁世风、陶冶民心方面的重要作用。随着辛亥革命的爆发和民国的建立，文物保护开始成为政府行为。1916年颁布的《保存古物暂行办法》开启了政府保护文物的先河。但同1930年颁布的《古物保存法》一样，这两个民国时期的法规都仅就文物的保护作出原则性规定，均未提及利用问题。

新中国高度重视文物保护。一个多世纪的国家动荡造成了文物保护事业满目疮痍、百废待兴的状态，文物抢救保护成为首要任务。1961年公布了第一批全国重点文物保护单位，1982年颁布《文物保护法》。到了1992年，时任中央政治局常委、中央书记处书记的李瑞环同志在首次全国文物工作会议上发表讲话，强调文物保护"先救命，再治病"的急迫性，同时指出"合理、适度、科学的利用不仅不会妨碍保护，而且有利于保护"。1995年，时任中央政治局委员、国务委员的李铁映同志在第二次全国文物工作会上再次阐述了合理利用的重要性，提出保护与利用是辩证统一的关系，并指出文物利用应将社会效益——而非经济效益——作为首要目标。2002年《文物保护法》做了全面修订。在这次修订中，将"十六字"方针以法律的形式进一步加以明确。在去年召开的全国文物工作会议上，中央政治局委员、国务委员刘延东同志要求，进一步发挥文物资源优势，更多更好地服务社会、促进发展、惠及民生，展示了文物资源利用的更广阔前景。

回顾古今中外关于文化遗产保护与利用关系的认识历程，不难发现，保护和利用已成为文化遗产工作紧密相联、无法分割的两个方面。首先，文化遗产之所以需要保护，是因为其所具备的对于人类社会的重大价值。但保护不是最终目的，使这些价值能够为当代所共享，为后世所传承才是我们追求的目标。其次，保护作为基础和前提，应当对利用加以制约，但又不仅仅是制约，而应当从保护的过程中为利用创造条件，从利用的过程中为保护获得益处，进一步推动文物得到更好、更妥善的保护。

二、改革开放以来我国文化遗产保护与利用的实践

改革开放以来，我国的文化遗产保护工作得到不断深化和加强，保护和抢救了一大批濒于毁灭的古迹遗址，改善了文化遗产岌岌可危的保存状态，在此基础上开展了多种形式的文化遗产利用工作，在多方面取得了良好的社会效益和一定的经济效益。

（一）发挥教育功能，提高民族素质。在当今经济全球化的大背景下，社会思潮多元、多样、多变。弘扬社会主义核心价值体系，传承民族优秀传统文化，坚定不移地走有中国特色的社会主义道路显得尤为

重要。多年来,各地根据文化遗产的实际情况和不同特点,通过博物馆免费开放、建设考古遗址公园、开展红色旅游、开办学生第二课堂等形式多样的开放、展示与利用途径,一方面充分发挥文化遗产的科学、艺术和社会价值,普及历史知识,提高全民族文化素养和道德水准;另一方面开展广泛的爱国主义教育,增强民族认同、文化认同感,激发民族自信心和凝聚力,为实现"中国梦"奠定思想基础。周口店北京人遗址、敦煌莫高窟、圆明园遗址、红岩革命纪念馆等等都是这方面成功的范例。

(二)助推经济发展,促进文化繁荣。随着经济的发展,文化遗产成为全面建设小康社会的一支不可或缺的重要力量。我国是世界上旅游业发展速度最快的国家之一,许多重要旅游景点是以文物资源为依托,吸引着大批海内外游客,文物旅游成为当地支柱产业。与此同时,文化遗产保护与利用也在促进社会主义文化建设过程中担负了极为重要的使命,成为推动文化大发展大繁荣的有生力量。通过对建筑遗产、大遗址、石窟寺等遗产本体的展示和博物馆建设等途径,充分发挥文物资源对于当代文化追根溯源、一脉相承的启示作用,催生先进的新生文化,进一步推动社会主义文化建设的蓬勃发展。例如世界文化遗产平遥古城,在"2013平遥中国年"期间共接待中外游客82万人次,实现旅游综合收入8800万元。同时,通过对文物古迹和传统民俗的展示,生动再现了中原文化和晋商精神的博大精深。

(三)改善城乡环境,惠及人民生活。近年来,文化遗产保护与利用自觉与时代发展同步,主动与城乡建设结合,在保护传统特色建筑、丰富城市文化内涵、增强地域文化特色、美化人居环境、提升百姓生活品质等方面做了成功的探索。以考古遗址公园建设为例,在对遗址进行整体保护,全面展示遗址格局和各时期文化叠加,深入阐释遗址文化内涵的同时,突破传统模式,将开创城市公共文化空间的先进理念运用其中,增强了城市文化底蕴和文化美誉度,周边居民告别简陋居所,摆脱了城乡结合部的脏乱差。又如云南红河哈尼梯田文化景观,这一文化遗产保护的是传承千年的生产方式,突显的是哈尼人民艰苦劳作的精神,延续的是人与自然和谐共处的理念。这处文化遗产要得以延续,就要把相当一部分农民留在当地,才能传承一千年来的这种农作方式。要让农民留在当地,旅游收入就要足够补偿给农民。同时,当地政府还提出了生产性传承的任务,也就是提高哈尼梯田传统的无公害红米的附加值。

(四)扩大对外交流,彰显国家主权。建设文化强国,对内表现为文化的自信、自觉；对外则表现为增强文化影响力，提高中国的文化软实力。以文化遗产保护、展示和传播为主题开展国际民间互访、学术交流、技术合作，业已成为加强对话、推动外交、深化与各国传统友谊的重要手段。1985年我国加入《世界遗产公约》，迄今已有43处文化与自然遗产被列入《世界遗产名录》，其中文化遗产30处。被称作"中国脊梁"的长城、曾在数十个国家巡展的秦始皇兵马俑、承担了大量国宾接待任务的故宫等等，都已成为世界和各国人民认识中国的窗口。与此同时，水下遗产日益引起广泛关注，沿海沉船资源调查，南海一号、南澳一号的考古发掘，都起到了助推海洋大国建设、彰显国家主权的作用。

几十年来我们在文物保护和利用上做了大量的工作，进行了积极探索，取得了显著成绩。但是如果按照形成有中国特色的文化遗产保护与利用的发展道路、理论体系和制度安排这样的标准来衡量、审视，还需要解决很多问题，还需要走很长的路。这里既有保护的问题，也有利用的问题，我侧重谈一谈利用方面的问题。那么谈到利用问题，首先要澄清一个概念，就是对遗产本体的拆除、破坏、包括所谓维修性的、保护性的拆除，这种行为和利用无关。这是破坏，不是利用。这些问题需要靠严格执法、加大惩处力度来解决。不要把这些问题贴上利用不当的标签。也不应让这些问题的存在成为阻碍利用探索的理由。

文化遗产利用上存在的问题可以概括为两个方面，一个是利用不当，一个是利用不够。

先说利用不当，主要有三方面：

一是过度利用问题。文物的脆弱性要求我们在开发利用过程中，特别是对游客开放中，一定要以对文物的损害降低到最小程度为标准。但这一点往往被忽略，尤其是热门景点和中心城市的景点。如去年的"十一"，故宫一天最高的接待人数超过18万人次。又如敦煌莫高窟，它是一个以壁画和彩塑为主要展示资源的文化遗产。敦煌研究院和美国盖蒂保护所进行了多年的研究，科学地确定莫高窟日接待量不能超过三千人。但是，敦煌地处西北，旅游的淡旺季分明，冬天没人去，游客都集中在夏季三、四个月，高峰期日游客量超过五千人，对文物本体保护造成很大威胁。这个问题在国务院《关于进一步做好旅游等开发建设活动中文物保护工作的意见》里专门作为一个问题提出来，指导各文物景区制定日最大游客承载量，同时采取相应的管控措施。

二是缺少补偿机制，竭泽而渔。这也是一个突出问题。文物旅游开发，依靠的是文物资源，但是收入不能用到文物保护上。这既不符合文物保护的要求，也不符合旅游业发展的要求。旅游业发展的一个原则就是在旅游发展中必须保护好旅游资源，只有实现旅游收入对文物保护的反哺，才能保证对旅游资源的可持续利用，旅游发展才有后劲。这也是落实国务院文件需要解决的问题。

三是在利用上存在着趋利倾向。文物资源的利用能够带来一定的经济效益，但必须把发挥社会效益放在第一位，这是一个原则。在文物开发利用中，存在着重经济效益，忽视教育功能；重通过环境整治带来的地产开发等直接效益，忽视文化遗产"以文化人"的长期作用；能带来经济效益的就重视，带不来经济效益的或者说眼下带不来的就不重视等问题。在趋利思想主导下的文化遗产利用往往会是丢了西瓜捡芝麻，丢掉的是遗产的核心价值，捡起来的是短期的、局部的经济效益。

以上是文化遗产利用不当问题。接下来再谈谈利用不够问题，同样表现在三个方面：

一是认识上的片面性。我们文物部门在思想认识上或多或少存在一种顾虑，强调保护，再怎么强调也不会出问题，但强调利用，好像就会影响了保护，就会被说成重利用、轻保护。这就把利用和保护放到了对立的位置。体现在工作上，从上到下，文物系统没有专门负责文物利用的部门，似乎文物的利用只是博物馆的事情，在不可移动文物领域没有给予足够的重视。有一些古建筑由于地处偏远，维修之后铁将军把门，基本没有利用的途径。2010~2012这三年在文物保护专项经费中所列展示利用项目共47个，占项目数的1%，占资金额的4.8%。虽然统计不尽完整，项目口径也不尽一致，但仍能看出在展示利用上项目与投入偏少的问题。

二是在利用的内容上，对文化遗产的内涵缺乏深入研究和发掘，存在简单化，乃至庸俗化的现象。文物资源的利用不同于自然资源的开发利用。文物资源具有深厚的历史、科学和艺术价值，但在利用中，往往挖掘不够，流于肤浅表面。山西有个普救寺，俗称莺莺庙，据说是《西厢记》里张生和崔莺莺故事的发生地。普救寺的建筑非常有价值，但讲解员从头至尾就讲张生、崔莺莺的故事。为了证明张生跳墙是从哪下来的，还特意在墙根种了棵树。这种利用，我觉得是肤浅的、简单化的利用。它达不到让观众或是游客进一步加深对文化遗产的认知和理解的作用。而宁波的保国寺，是大木作的宋代建筑，这个寺早已没有宗教功能，文管处利用寺内附属房间举办了中国古建筑展览，成为十几所大学建筑专业的实践基地。我觉得这是充分利用古建筑本体价值的成功范例。

三是在利用形式上，存在模式单一、缺乏创意的问题。文化遗产有多种类型，同一类型遗产的年代、所处区域也有所不同，其样式和保存程度都呈现多样化的特点，这就在客观上要求展示和利用应该是多角度、多种形式的。但现实情况是，一旦产生了某种利用形式，各地往往争相效仿，缺少自己的特色和创意。同旅游的结合也有这个问题。比如黄山的古村落，很多，很丰富，有西递、宏村、棠樾等，但是利用的手段和方式大体一个样。很多人下了车转一圈，有的连一圈都不转，就在牌坊那儿照张相就上车走了。如果上百处古村落的利用模式是单一的、雷同的，旅游肯定会产生同质化的问题。

在文化遗产利用上，既存在利用不当的问题，也存在利用不够的问题，两方面的问题既相互有区别，又相互联系。比如，单纯重视文物利用的经济效益，自然会影响对文物内涵的研究和挖掘，使文物展示仅限于迎合浅层次的旅游需求，同时对游客量也不会自觉加以控制，导致两方面问题同时存在。

三、如何做好文物资源利用的大文章

改革开放以来，文物工作长期处于抢救性保护的巨大压力之下。相当长时间里，我们保护的能力很单薄，抢救任务重，投入很有限，对文物的利用一时摆不上位，存在重视不够、研究不够、发展不够的问题。随着经济的发展，中央财政投入文物保护的资金大幅增加，各地对一大批省市级的文物保护单位也进行了修缮。在这种情况下，花这么多钱是为了什么、要起到怎样的作用的问题自然会引起重视。利用好文物资源越来越成为政府、社会和文物系统关注的大问题。文物资源的利用是一篇大文章，我们有实践探索，有经验积累，但总的讲还是初步的，不完善的。这里我总结近几年的实践，从宏观上谈几条文物利用的原则。

（一）围绕大局、服务大局

文化遗产的利用要坚持围绕大局、服务大局。要自觉坚持中国特色社会主义道路，自觉围绕"五位一体"建设总体布局，充分利用文物的多重价值，弘扬社会主义核心价值体系，弘扬民族优秀传统文化。让文物在教育青少年、提高各民族人民思想道德和科学文化素质方面充分发挥作用；让文物为增强民族认同感和民族向心力，培养全民的爱国主义情操充分发挥作用；同时还要为扩大中华文化影响力，显示国家主权做贡献。比如建设考古遗址公园、评博物馆十大精品陈列、对外文物展览，还有近代名人故居、工业遗产的利用等，这些都是在这方面行之有效的实践途径。

（二）保护与利用相统筹

保护利用不是截然分开的，它基于共同的工作对象，都是文物资源；基于共同的服务目的，都是为了民族优秀传统文化的传承和弘扬。因此在文物工作的顶层设计上，一定要把保护和利用统筹起来。之所以这样说是因为以往我们统筹的不够。各级文物部门的大部分精力用在文物保护修缮上，这是对的；可是相当一部分修过的文物保护单位由于没有很好地用起来，闲置在那里，这也是事实。因此，具体到重点文物保护单位的保护修缮，在项目立项、制定规划、设计方案的时候，都应该做到保护和利用同时考虑；在制定保护方案时，要考虑利用的需求。应当深入研究各种类型文物的利用评价标准问题。不同类型的文物资源在利用上应该有不同的层次和不同的形式，怎么样叫利用得好，它包括哪些因素，评价标准也不能搞一刀切。江西赣南苏区存有大批红军时期的革命旧址，大量的是民居，有的还是土坯房、茅草顶，按照修旧如旧的原则，如果不和利用结合起来，维修后五六年还会出问题。再比如山西的古建保护问题。山西的古建筑资源太丰富了，全省28000多处，全国重点文物保护单位就有222处，元代前的建筑占了全国的70%。有些古建筑的修缮是抢救性的，因为有相当一部分已经濒危了，但是抢救性维修也要尽可能和利用结合起来。提倡吸引社会资金，能够按照文物保护要求来做，修好了由投资者使用，当然使用的具体功能要经过论证和批准。有些古建筑在农村偏远地区，可以用作公共文化设施，哪怕是小学生课外活动场所，或者村委会办公的地方，都可以考虑，有人用就有人承担安全保护的责任。总归是要尽可能地用起来，这本身也是保护的需要。

（三）社会效益和经济效益相统一，把社会效益放在首位

文物的利用有些能够带来经济效益，这是好事，但必须明确，文物利用的价值导向要突出社会效益。有三种情况，经济效益与社会效益相统一的，我们支持；一时带不来经济效益，但有良好的社会效益的，我们要更加重视。政府出点钱，社会捐赠点，要想办法让这些文物用起来。那些只顾经济效益而带来不良社会影响的，违背了文物保护与利用的初衷，要坚决制止。

（四）以人为本，共建共享

国有文物是公共资源，它的利用要面向社会、面向公众，就是《威尼斯宪章》那句话，"为社会公用之目的的利用"。不论是古建筑还是处

于城市中心的近现代建筑，我是不赞成给私人当会所的，这就改变了文物作为公共资源的性质。当然并不是说所有文物保护单位都不允许搞经营，因为部分文物保护单位至今仍然是使用中的企事业单位，如天津的利顺德大酒店。坚持以人为本，共建共享，还需强调在文物资源的利用上，要尊重群众的主人翁地位。特别是像古街的开发、古村落的利用等，不能完全由文物部门或开发公司说了算，不能说搬迁就搬迁。文物场所用来做什么，以什么方式运营等等，应该采取多种形式听取居民等利益相关方的意见。我去年到香港考察古迹活化的项目，其中在闹市区有一个老药店，叫雷生春。这个药店是私人产权，但是房主愿意捐给政府使用。维修全是特区政府拿的钱。修好了怎么用，不是政府说了算，它有一个活化历史建筑咨询委员会，由文物保护方面的专业人士和各界代表组成，由这个委员会确定使用方向，然后向社会公开招标。竞标者众多，有的要开饭店，有的要作为商店。结果是香港浸会大学中医学院中标，还是卖中药，二楼有传统医学的诊室，如推拿，针灸，它从内容上就与原来的雷生春药店有一个传承。我觉得这是一种模式。今后重要文物资源的利用，当地群众居民要有声音，他们的意见要得到专业团队和行政部门的重视。

（五）突出特色，鼓励创新

文物资源有着多样性的特点，利用过程中同样要在方式方法上有所区别。要分门别类地开展研究探索，针对不同类型文物的特点寻找最适合的利用途径。我们有地上文物和考古遗址，有古代文物和近现代纪念建筑。对地上文物我们可以引导游客登临参观，对考古遗址我们需要覆土后标识展示，对古代文物我们要将其本体与游客作适当隔离，但通过当代信息和数字化技术等多种手段，也可以让参观者见物见人、见物见史。对近现代建筑我们要充分活化利用，通过功能延续激发它的生命力。至于大运河这样历经千年仍在使用的文化遗产，以及水下文物的保护和利用，更是一个全新的领域，需要以新的理念和手段来开展有益的尝试。

科研上有句话是"鼓励创新，宽容失败"。因为文物资源有不可再生性，不能用"宽容失败"的话，但是应该讲"鼓励创新，允许试验"。在文物利用的创新上，包括理念创新、内容创新、形式创新、手段创新。既然是创新探索，就有它不成熟、不完善的一面。尤其是在利用上，我们的理论储备不足，我们的实践积累也不是很丰富，所以要鼓励探索。在试验的过程中，七嘴八舌、议论纷纷是正常的，要看一看，不要急于表态，特别是不要急于封杀。怎么叫好，怎么叫不好，有不同意见是肯定的，但一时很难说哪种意见绝对是正确的，哪种意见绝对是错的。因为我们正处在初创阶段，只要我们高度重视，重视理论探讨，重视实践检验，就能够逐步掌握文物利用的规律性，就能够不断写好文物利用这篇大文章。

（六）坚持与经济社会发展相协调

为什么要这么讲，是为了开拓文物利用的视野。现在讲文物保护和利用不只局限于单体文物，还包括大遗址、文化线路、文化景观等。这样的保护和利用必然要和当地的经济发展、土地使用、生态环境、人民生活发生密切的联系。这是文物工作进入到现阶段的一个新的特点。因此，在依法履行文物保护职责的过程中，视野要开阔一些，考虑的因素也要全面一些。在这里我重申四个结合：文物保护利用与结构调整相结合，与城乡建设相结合，与生态环境建设相结合，与改善民生相结合。最近到西安开了汉长安城遗址保护领导小组会，陕西省委、省政府提出汉长安城大遗址的保护要与解决雾霾、改善生态环境相结合。因为汉长安城遗址及周边区域有75平方公里，核心区不到9平方公里，在核心区搞很多建筑是不行的，但也不能黄土见天，至少要给老百姓留一片绿地，这是一个思路。

关于文化遗产合理利用的讨论

吕舟

摘要：

利用是文化遗产保护工作的组成部分。赋予文化遗产当代功能能够促进文化遗产承载的文化传统的传承。利用必须根据文化遗产的价值，在保证文化遗产安全的条件下进行。不同的文化遗产之间存在着巨大的差异，利用必须考虑遗产价值和类型的差异。利用应当根据文化遗产的价值、类型分别考虑。文化遗产的利用应当通过设置必要的程序，保证利用的公益性。

关键词：文化遗产，再利用，管理

Keywords: Cultural Heritage, Reuse, management

利用是文化遗产保护中的一个重要问题，合理利用为保护提供了可持续的保证。文化遗产的利用问题随着保护对象类型和人们对保护对象价值认识的发展而变得越来越重要。利用已经成为建立文化遗产保护与当代现实生活之间联系的基本途径。

文化遗产的保护源自于对历史纪念物（historical monument）的保护。历史纪念物的主要价值在于对历史发展的重要阶段和事件的见证作用及文献价值，或对人类审美趣味、艺术创造能力的表达。对于它们的保护也是针对这种历史价值和艺术价值的保护。由于它们所关联的是已经消逝的历史或人类的伟大艺术作品，是关于历史的记录，这种历史价值和艺术价值都具有的不可再现性，任何对这类保护对象的改变都可能影响它们价值的表达。把它们作为一种类似于博物馆的"展品"固定在特定历史瞬间的状态上，成为针对这一类型对象的基本保护方法。与之相对应的利用则是"展示"。通过恰当的方式向公众展示这些历史纪念物，帮助公众建立对相关历史的认识和尊重，成为历史纪念物类型的文化遗产通常的利用方式。从展示的形式上，则可根据历史纪念物的不同形态，或作为重要的景观展示其外部形态，或强调内部"原状"的陈列，表现它所见证的历史的瞬间。这种方式作为较早和目的最为清楚的能够体现保护专业要求的展示，成为了一种经典的利用方式，并对以后的各种利用产生了深刻的影响。

在我国大陆地区的文物保护中，这种利用方式同样是一种基本的，得到广泛认可的利用方式，并受到《中华人民共和国文物保护法》的相关规定的法律的保障。这种情况同样是基于对文物保护对象的基本认识和价值理解，并由大陆地区的文物保护体系所决定的。

20世纪90年代之后，国际文化遗产保护开始强调对文化多样性和作为整体的文化的保护。1994年的《奈良文件》对作为历史纪念物保护最重要指标的"真实性"做了重新的阐释和定义，把原来强调物质形态保护的设计的真实性、材料的真实性、工艺的真实性和地点环境的真实性[1]，扩展为："取决于文化遗产的性质、文化语境、时间演进，真实性评判可能会与很多信息来源的价值有关。这些来源可包括很多方面，譬如形式与设计、材料与物质、用途与功能、传统与技术、地点与背景、精神与情感以及其他内在或外在因素。使用这些来源可对文化遗产的特定艺术、历史、社会和科学维度加以详细考察"[2]。这一扩展反映了文化遗产的保护从对物质遗存的保护向对整体的文化多样性保护的发展，反映了人们基于文化相对主义的遗产保护的思维。

对于20世纪90年代文化遗产保护的发展趋势，莎伦·沙利文曾做了这样的总结："从城市肌理到场所精神；从已经逝去的到仍然保持着活力的；从过去的到现今的；从不朽到短暂；从凝固到变化；从巨大到微小；从专家到爱好者，到大众；从实物到传说；从中心到边缘；以及从分级到整体和综合。"[3]

这种变化影响着保护的方式，同样也影响着利用的方式。

从保护对象上，20世纪70年代末开始，历史城镇的保护成为世界各国开始关注的问题。城镇保护与更早出现的村落保护一样，提出了一个如何对仍然保持着传统文化活力的对象的保护问题。对这样的对象的保护，在方法上应当不同于对历史纪念物或艺术作品的保护，延续它们的生活是保护中不可忽视的基本问题。20世纪90年代，文化景观作为反映文化与自然相互作用的新遗产类型出现在世界遗产名录当中，之后与之相关的圣山、圣地等保护对象的出现，更促进了人们对保护对象价值、保护方法的思考，延续其原有的使用方式，已经不再仅仅

---

[1] 《实施世界保护文化和自然遗产公约操作指南》，1977版，第3页。

[2] 《奈良文件》。

[3] Edited by Laurajane Smith, Cultural Heritage II, Routledge, 2007, 第163页。

是一个利用的问题，而成为对遗产进行保护的基本措施。

中国大陆地区的文物保护也遇到了同样的问题。1996年国务院公布的第四批全国重点文物保护单位名单中，包括了浙江兰溪的诸葛村、长乐村两处民居村落，它们所具有的活态特征对当时的文物保护管理体系和保护方法都提出了新的挑战。1997年丽江、平遥被列入世界遗产名录。作为世界遗产，它们的保护不能简单地按照1982年之后逐步形成的历史文化名城的保护管理方式进行，需要确定适合其世界遗产价值的保护管理体系。而这一保护管理不仅应当关注于丽江和平遥的物质形态的历史遗存，即建筑、城市结构、空间和环境，还必须关注于城市中的非物质文化特征的保护，延续城市生活，保持城市的活力。

促进对文化遗产利用问题思考的另一个因素是欧洲在20世纪60年代开始面临的城市更新问题。一些老的工业城市，随着原有产业的衰退，城市郊区化的发展，城市中心人口减少，城市吸引力下降。如何重新给这些城市注入活力，使其重新恢复生机，成为城市更新运动发展的内在动力。这些城市由于并不存在大规模扩张的要求，也没有庞大的财政力量支撑进行大规模的城市改造，它们面对的是如何赋予大量被废弃或半废弃的旧建筑新的功能，使生活重新回到城市中心区，使城市重新具有活力。这些需要更新的建筑并不一定是历史纪念物，甚至也不是重要的历史建筑，它们更多的是一种历史遗留下来的，仍具有一定使用价值的物质遗存。对这些建筑的使用可以更多、更充分地考虑现代生活的要求。更有一些建筑在这样的更新过程中，被赋予了全新的使用功能，内部被彻底改造，仅有与城市街道界面有关的建筑立面得到了保留。这样的一种老建筑的更新、利用方式由于大量发生在历史城市当中，对人们思考作为文化遗产的建筑的利用同样也产生了一定的影响。特别是一些得到更新，被改造了的建筑，在人们对文化遗产的认识发生了变化之后，它们被列为文化遗产，甚至成为世界遗产之后，它们在此之前进行的更新、利用方式就被人们更广泛地关注、讨论，进而影响到对其他作为文化遗产的保护对象的利用方法和程度。例如德国埃森关税同盟煤矿工业区的更新和利用。

欧洲城市更新运动也影响了相关的一些保护机构对利用在保护中的作用的看法，在城市更新运动发展最为成熟的英国，作为主导文化遗产保护的机构"英国遗产"就把赋予历史建筑适当的使用功能看做是历史建筑得到保护的重要标准。2011年"英国遗产"发布的《保护伦敦》的报告中便把历史建筑的重新使用作为得到保护的标志。而《保护伦敦》报告中列举的案例中绝大多数建筑都被赋予了与其原有功能不同的新的使用功能。

基于以上分析可以看到，包括遗产在内的历史建筑利用至少可以有三个不同的层次：历史纪念物在展示层面的利用，它所适用的原则也是《中华人民共和国文物保护法》中提出的"不改变文物原状"[1]的原则；第二个层次是仍然保持着活态特征的文化遗产，如历史文化城镇、传统村落等，原有的功能，延续的生活已经成为它们遗产价值不可分割的组成部分，延续原有的使用功能、生活方式，是这类型遗产保护利用的基本方式；第三个层次则是那些原有功能已经消逝，具有一定遗产价值的历史遗存。这些历史遗存需要通过被赋予一种新的功能融入当代生活，并因此而获得持续的关注和有效的维护，从而达到保护的目的。针对这三个不同的层次，所涉及的文化遗产或是历史遗存，无论在保护方法还是利用方式上都存在着明显的差异。

历史纪念物是民族、历史和文化发展的标志，它们的核心是历史和艺术价值。作为国家和社会共同拥有的财富，它们的保护和利用都必须考虑它们所具有的这种基本特征。它们的保护和使用都应当具有公益性，原状陈列或展示应当是它们最主要的利用方式。

仍然保持着活态的文化遗产，它们的核心价值在于它们所具有的文化重要性。这种文化的重要性体现在它们对特有的文化形态的表达，这种表达不仅反映在建筑、城市或村落空间形态、环境特征等方面，而且体现在反映这种文化特征的生活的延续上，这是一种文化多样性的表达。对这类文化遗产的利用应当以延续原有功能为主，鼓励和保护原有的使用方式，并赋予这类遗产自我适应现代生活的能力。

作为大量存在的历史遗存，它们需要通过合理利用，被赋予一种当代功能获得一种持续维护的机制，并通过适当的使用功能，形成利用与保护的良性循环。通过赋予这些历史遗存适当的功能，使其具有活力并影响整个历史街区或历史城镇。这部分历史遗存的利用具有巨大空间，同时也具有挑战性。

这三种不同类型的对象都属于文化遗产的范畴，从文化遗产保护的角度，它们的利用必须服从于价值保护的基本原则。无论它们采用什么样的利用方式都必须确保它们所具有的遗产价值得到保护，并在利用的过程中得到适当的展示。即便是属于第三类的历史遗存在赋予新的功能之前也必须对它所具有的遗产价值进行评估，确定价值的载体，对这些部分进行保护，确保利用的过程不会造成对其遗产价值的损害。

---

[1] 《中华人民共和国文物保护法》。

在大陆地区的文物保护、利用的实践中，由于受到对象类型和管理方式的限制，长期以来强调和关注的是历史纪念物层面的展示问题。大陆地区"文物"的概念相对也最接近于历史纪念物的定义。这类保护对象最具代表性的案例包括故宫、敦煌莫高窟、秦始皇陵及兵马俑、周口店猿人遗址、长城等1987年中国最早被列入世界遗产名录的遗产。它们都具有重要的历史、艺术、科学价值，原有的功能已不再延续等特征，对它们的利用是把它们当做博物馆，甚至它们自身也是博物馆中的展品。它们被视为教育的场所，使公众能够通过对它们的参观获得历史和艺术的教育和熏陶。由于它们所具有的不可替代的重要性，它们用于保护和展示的经费，也能够得到了充分的保障。这种利用方式对于这样类型的文化遗产是恰当和成功的，也取得了大量管理的经验。这种利用的方式也被推广到所有的文物保护单位。

对于文物保护单位而言，不同的保护单位价值不同，类型也存在差异，如近现代建筑与古代建筑的差异，石窟与民居的差异。这些差异决定了一种利用方式是难以适合所有的保护对象。利用必须考虑遗产价值和类型的差异。单一博物馆式的利用方式使得那些价值相对较低，文物收藏量很小的文物保护单位，很难得到公众的关注，保护也无法得到保障。

20世纪80年代后期到90年代初，地方政府出于对发展地方经济的需求，开始关注文物保护单位作为旅游资源的潜在价值，出现了一些地方政府把文物保护单位的经营权交给旅游公司的情况，一些旅游公司缺乏基本的文物保护知识和技能，在管理文物保护单位的过程中甚至造成了文物的损害。针对这种状况，《中华人民共和国文物保护法》第二十四条明确规定："国有不可移动文物不得转让、抵押。建立博物馆、保管所或辟为参观游览场所的国有文物保护单位，不得作为企业资产经营。"[1]这一规定对大陆地区文物保护单位的利用产生了巨大的影响。但于此同时对不同利用方式的探索也一直在进行当中。

1996年第四批全国重点文物保护单位中的诸葛村、长乐村的保护是一次重要的探索，为了探讨针对这样保持着生活活力的古村落中民居保护的特点，国家文物局组织编制了诸葛、长乐村的保护规划，在规划中探讨了可能的保护方法。在之后的实践过程中诸葛村以村民自治形式的保护管理机制发挥了巨大的作用，在保持村落自然生态的同时不仅延续了传统文化，也改善了村民的生活。

---

[1] 国家文物局：《中华人民共和国文化遗产保护法律文件选编》，文物出版社，2007年，第7页。

2001年国务院公布了第五批全国重点文物保护单位名单，其中包括北京大学燕园校区和清华大学早期建筑群等近现代建筑遗产。这些文物保护单位的特点是它们仍然保持着原有的功能，作为保护对象的建筑仍然作为教室、实验室等延续着原有的教学、研究活动，它们的保护和使用也都由学校负责。对这些建筑在保护其文物特征和价值载体的前提下，允许这些建筑根据现代技术和科学发展的要求更新设备、改造基础设施，保证原有功能的延续，实现了对这些文物保护对象有效的保护。同样对于这样类型的保护对象的利用也需要首先通过编制保护管理规划进行深入的探讨和反复的论证。

近年来，大陆地区在经历了三十年高速工业化的进程之后，开始进入产业结构调整、升级的过程。大量的工业企业开始从城市中心地区迁出，大量厂房被空置，设备被废弃。工业厂房利用和工业遗产保护的问题混杂在一起，在社会的层面引起了广泛的关注和讨论。事实上，工业厂房同样也存在价值问题，也存在是否具有文物保护单位的身份问题，这些问题必然影响对它们的利用，只是由于大量非文物保护单位的工业遗存的存在，而工业遗产的概念又被地方政府和社会广泛接受，国外许多成功的案例又提供了可以借鉴的经验，地方政府又往往喜欢把创意产业当做一种后工业社会发展的促进力量，并把创意产业与工业建筑的利用联系在一起，这种看似混乱的关系，反而在一定程度上导致了工业建筑利用的活跃和多元化。在北京、上海这样一些大城市中工业建筑的利用又产生了一定的示范性，影响了其他城市工业建筑的再利用。

对于作为文物保护单位的工业建筑的利用，同样也遵循了其他保护单位通用的模式，例如作为全国重点文物保护单位的青岛啤酒厂历史建筑，成为青岛啤酒厂的厂史展览馆，同时保持了一部分生产工艺，使参观者能够体验青岛啤酒厂的历史和青岛啤酒的独特风味，对工厂而言，不仅保护了见证工厂早期发展历史的厂房建筑，而且在很大的程度上实现了作为文物保护单位的社会效益，也宣传了青岛啤酒。另一处作为文物保护单位的上海杨树浦水厂，则仍然保持着原有的水厂功能，同时也实现了对文物的有效保护。

在文化遗产利用方面，丽江是一个非常值得研究的案例，列入世界遗产名录之后，丽江正好赶上了大陆地区旅游发展的高潮，成为最著名的旅游目的地。大量游客的涌入导致了丽江旅游经济的高速发展，古城中的民居大量被当地居民改成了客栈、商店、餐馆、酒吧，甚至完全租给外地人经营，在物质遗存得到完好保护，经济条件得到巨大改善的同时，却没有能够很好地延续原有的生活氛围。

同样的问题也出现在一些历史街区的保护利用当中，地方政府为了对街区进行整治，改善基础设施条件，修缮建筑，对整个街区的居民、商户做整体搬迁，修缮、改造之后的街区重新招租。这种做法破坏了街区原有的社会结构，使原有的具有文化价值的生活氛围在这样的整治过程中荡然无存。这种方式尽管可能保存了街区的物质遗存，但同时也破坏了历史街区文化和生活的真实性。

随着中国文化遗产保护的发展，社会对文化遗产的保护表现出了越来越大的关注和热情，保护对象的数量和类型也在不断增加。2013年国务院公布的第七批全国文物保护单位名单为1943处[1]，使全国重点文物保护单位的数量达到了3023处。这些文物保护单位中有许多都存在利用的问题。2011年公布的第三次全国文物普查结果，大陆地区确定的不可移动文物的数量达到了766722处。在这样庞大数量的不可移动文物中，又有大量建筑类文物，其中古建筑为263885处，近现代重要史迹及代表性建筑141449处[2]。这超过40万处的建筑遗产合理利用问题显然是一个关系到它们是否能够得到有效保护的关键问题。无论从社会效益还是经济效益的角度，40万处建筑遗产都是一个极为庞大的资源。从保护与利用的角度除了博物馆展示，和作为延续原有功能，具有活态特征的历史城镇、村落应继续延续原有功能之外，仍然需要为合理利用创造更多的可能性和条件。

文化遗产的利用，从技术的层面需要进行价值评估、结构安全评估和利用方案比较。价值评估需要确定遗产价值及这些价值的主要载体，利用时要确保对它们的保护；结构安全评估，需要对被利用的遗产的结构安全程度进行评估，保证对它的利用不超过其结构所能承受的限度。方案的比较则是要在各种可能的利用方案中选择对利用对象影响最小，能够实现遗产价值的最为理想的方案。利用应保证不损害、不改变文化遗产的特征、价值载体，利用的方式适合遗产的性质和类型，利用的强度不超出遗产结构的承载能力。 不能由于利用的需要，改变反映遗产特征的原有形式、结构、工艺、材料、装饰和环境。

利用是赋予遗产的当代功能，因此可能需要增加适应这种需要的设备，或改善遗产的节能、保温条件，所有这些措施都应当是可逆的，在必要时能够完全恢复遗产利用前的状态。

从管理的层面，对于国家和集体所有的遗产的利用，由于它们所

---

[1] http://www.sach.gov.cn/tabid/294/InfoID/39231/Default.aspx.

[2] http://www.sach.gov.cn/tabid/294/InfoID/31431/Default.aspx.

具有的公共性，应当充分考虑利用的公益性，考虑社会对于其利用方案、利益的分配关注，应当通过建立适当的程序，保证这种利用的公平性和公益性。

针对不同地区、不同类型的遗产编制利用的导则，使整个利用过程都能够得到有效的指导和监督，对成功的案例进行推广，这些都是大陆地区文化遗产利用需要探索的工作。

正如沙利文总结的那样，今天的文化遗产保护已经从试图把历史纪念物凝固在一个历史瞬间的努力，转变为对不断变化的历史过程的持续有效的管理。对文化遗产的利用是这一管理的重要方法。

吕舟　清华大学建筑学院

日本的建筑遗产[1]活用概况

张光玮

摘要

从20世纪90年代起，为适应社会环境与新时代的变迁，日本文化厅展开了多样化的文化财保护措施研究。文化财的"活用"自此成为与"保存"并行不悖的概念出现在人们的视野中。2001年，《文化艺术振兴法》的公布更使"保护文化遗产，并积极活用"成为日本政府文化政策的基本方针之一。本文将梳理日本文化遗产"活用"观念的产生与发展，试图解析日本在活用问题上的思考与对应的制度建设历程以及在技术控制方面的举措。通过典型案例，分析应对不同级别、不同地区的建筑遗产，如何在政府制度和资金支持下，通过NPO团体和专家团体等多方合作因地制宜地综合解决文化遗产的保存与活用问题。其中，以人为主体的文化遗产保护与活用是日本实践经验带给我们的重要启示。

关键词：日本，文化财，建筑遗产，活用，法律制度，NPO，人本位

Abstract

Since nineteen nineties, the Ministry of Culture of Japan has implemented diversified research on cultural heritage protection measures according to the changes of social environment and the new age. Consequently adaptive reuse becomes equally as important as conservation in culture heritage, which is familiar to the people. `Protect and positive adaptivereuse of the cultural heritage' has became one of the basic principles of government' cultural policy since the promulgation of Culture and Art Promotion Law in 2001.

---

[1] 本文所述建筑遗产主要包括日本文化财分类体系中的有形文化财（建造物）、登录有形文化财建造物（即登录历史建筑）、传建地区（即历史街区）中的传统建筑。文中出现的"文化财"一词，如无特别说明，均主要针对日本文物分类体系中"有形文化财"（建造物）类别。

Through combing the emergence and development of adaptive reuse concept in Japan cultural heritage, the article intends to anatomize the Japanese reflectiononadaptive reuse, the process of the according system construction and the measures in technical control. By enumerated cases, it analyzes theirsynthetically methods for preserving and adaptive-reusing in the cultural heritage with local conditions of different protection levels, which benefits from the multi-cooperation among NPO and the experts, within the government legal system and financial support. Among which, the people oriented preservation and adaptive reuse from the Japanese practical experience becomes an important enlightenment.

Keywords: Japan, Cultural Heritage, Heritage Building, Adaptive Reuse, Legal System, NPO, People oriented

一、文化财的保存与活用理念的产生：相关政策法规的发展脉络

（一）文化财保护体系的建立

19世纪下半叶，明治时代，在废佛毁寺中反省的日本人开始探索古器旧物的保护方法，并划拨专款进行寺庙神社的维修，正式将文物保护纳入国家职能范畴；1878年，著名美术家冈仓天心受日本文部科学省任命展开对京都大阪地区的古代寺社调查；以此为契机，从1888年至1897年的十年间，日本政府成立临时全国宝物取调局，展开了对全日本的文物普查，并于1897年，制定了第一部与文物保护相关的法律，即《古社寺保护法》；1919年，另一部从景观和环境角度出发的《史迹名胜天然纪念物保护法》颁布，1929年，古寺社之外的可移动文物也受到了《国宝保护法》的保护。

而1950年，法隆寺金堂的一场火灾促使一个综合的"文化财"概念在日本诞生，随之制定的《文化财保护法》，不仅建立了文化财的分类体系，还肯定了"无形文化财"的意义。1954年和1975年，两次《文化财保护法》的修订除了相关措施的完善，也扩充并细化了日本的文化财分类，形成有形文化财、无形文化财、民俗文化财、纪念物、传统建筑群和文化财保存技术、埋藏文化财几大类型。

（二）文化财活用概念的产生与文化政策的确立

从20世纪90年代起，为了适应社会环境与新时代的变迁，日本文

化厅[1]展开了多样化的文化财保护措施研究：历史建筑登录、传统文化、近代遗产、现代艺术、文化景观、国际交流等方面都受到了关注。也正是在这一时期，文化财的"活用"成为与"保存"并行不悖的概念出现在人们的视野中。其中，文化财登录制度丰富了保护的手法与制度，为各地推广文化财，特别是民居建筑（日本称为"民家"）的活用奠定了基础。

通过文化财登录制度的建立、地方公共团体的加入、信息平台的公开、保存方法研究与人才培养培训、相关单位团体合作的加强等措施，政府开始致力于建立一个获得国民理解与协助的文物保护事业。这些概念在1996年的第三次《文化财保护法》的修订中得到了体现。1998年公布的《特定非营利活动法人促进法》也响应了文化遗产活用的政策需求。与建筑遗产管理与利用、社区营造相关的民间组织获得合法地位，从勘察、修缮、改造到利用各环节都有相应的社会和专家团体参与。

2001年，日本《文化艺术振兴法》公布，"保护文化遗产，并积极活用"成为日本政府文化政策的基本方针之一，这一方针包含了三大方面：一是促进文化财的积极公开与活用；二是建立综合视野的文化遗产保存与活用；三是以人为主体的文化遗产保护与活用。

（三）综合发展——建筑遗产活用的基础

不管是国家或地方认定的国宝、重文，还是保护级别更为灵活的登录历史建筑[2]，人们发现过往的《文化财保护法》都或多或少重点仍然在"保护"上。"活用"更需要密切协同农林水产业、矿工业、商业等相关产业，从地区营造、社会营造的方面，与土地利用规划、城市规划、农村建设规划等配合，使之成为社会福利和教育政策的一部分。

近年来，日本政府颁布的一系列《景观法》（2005年）、《历史文化基本构想》[3]（2007年）、《历史街区营造法》[4]（2008年）、《历史风致的维持向上方针》（2009年）等，都在努力建构一个更加综合的文化遗产保护与活用系统。这个过程中，对文化遗产的价值认识也在不断深化，地域、社区和个人对遗产的价值认同被放到了重要的位置。"活用

---

[1] 隶属于文部科学省。

[2] 即登录有形文化财建造物。

[3] "历史文化基本构想"，2006年开始酝酿，设立10人策划调查专家组，经过9次审议，于2007年10月，由文化审议会文化财分科会企画调查会提案。

[4] 2008年5月23日颁布的"地域における歴史の風致の維持及び向上に関する法律"，统称"歴史まちづくり法"，即历史街区营造法。

历史资产进行社区营造"成为地区振兴和培养地区认同感（Identity）的良方。

二、对建筑遗产活用的思考与举措

（一）初期思考

1996年12月16日，日本文化厅发表了《重要文化财建造物活用的基本考虑报告》，其中，对于重要文化财活用的一些基本问题进行了比较深入的探讨，对常规的文物展示目的与方法都进行了辩证分析，例如：

1. 文化财的活用实例多为将建筑内部作为美术馆、餐馆使用，但都这样操作并非活用。文物作为公共财产应向社会展示其价值和魅力，广泛的活用的方式应与日常生活接轨。

2. 公开是活用最常用的方法。外观的公开，是将文物作为城市或村落的历史景观的一部分，应配以浅显易懂的标识和解说资料，还需整治周边环境；内部公开则需考虑所有者的隐私保护、建筑性格[1]的保持、管理方法的调整等。

3. 维持原有功能和用途。寺庙继续行使宗教事务，民居继续居住。建设当时的功能与用途是文物价值的一部分，因此使用着的民居比移建后无人居住的要有生命力，将关闭的戏台再度开放对地方影响力更大。

另一方面，文物功能也会随时代变化，特别是居住建筑，为了保证现代生活方式的延续，家具门窗、设备更新等要求也会随之而来，这样的改造有可能损害文物的价值，但另一方面保持原有的功能和用途又具有重要意义。对已经丧失宜居性的文物就需要非常慎重地检讨其复活可行性。

4. 新功能增加。公共建筑和民家作为咖啡店、茶馆使用，工厂作为舞台、展厅使用，都是附加新功能的积极活用方法。对一些近代建筑和民居来说，扩大了公开的机会，是广泛传达遗产魅力的有效方法。但近来借活用之名对文物价值的破坏也不少。因此在变更文物功能时如何把握文物价值，施工时如何对价值最小损害同时对魅力最大展示，应当确立一套方法。

5. 活用与价值的两立。文物建筑在初建后历代的改动和添加是很

---

[1] 例如宗教建筑。在管理上，报告还提到了公开期间的限定，建筑内外公开机会的设置等。

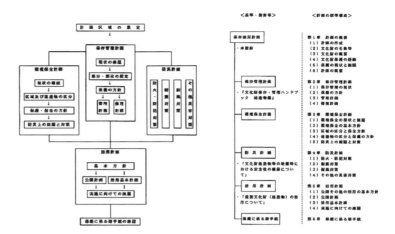

重要文化财活用规划在整体规划中的位置和文本结构[1]

常见的，结构、空间构成、构件、构件的技法等都会涉及，这些改动各自都有独特的价值。所以完全强调固有价值而完全否定现状更改也会完全否定改造所伴随的活用的有效性。所以文化财的活用不可避免地要对现状进行一定程度的变更。在这样的情况下，需对必须变更、不可避免的变更进行充分的讨论和认识。

6. 有一些建筑遗产在景观上是构成城市历史景观的一部分，作为整体建筑群，其位置、规模和外观具有更为显著的价值，对其内部的改造以适应活用，在不减损价值的条件下是可行的。当然具体实施也应对细部、装饰、构件的特殊技法和式样充分的尊重。

7. 土地和文物一体构成价值，文物保护用地及其周边景观环境都是活用的对象和范围。用地性质、土地区划、植被、水系及其他建筑物等多种因素构成了文物的景观环境，活用应以文物最具魅力时期的景观和环境作为前提，与文物相邻的各种服务设施的建设也应该从整体的角度去考虑。停车场、管理用房、商业设施等为文物利用提供便利的设施应与环境充分协调。必须要搬迁的文物也应该以原有环境氛围作为择地依据。

与该报告同步进行的，即同年文化财保护法的第三次修订，在这次重要的修订中，相对于政府认定的文物建筑[2]，引入了文化财登录制度，作为推进文化财活用的积极措施，对文物建筑的现状变更、公开展示等活用关键环节实施分级处理并简化申请手续[3]。在施工过程中对

[1] 摘自1999年3月24日厅保建第164号"重要文化财（建造物）保存活用计画的策定について（通知）"

[2] 即指定的有形文化财，包括国宝和重要文化财。

[3] 详见文后附表对日本文化财保护法中关于重要文化财和登录文化财活用与现状变更相关条款的对比表格。

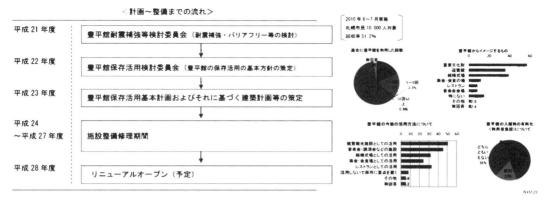

项目		概算费用	备考
①文化财建造物本体の耐震补强・修理	耐震补强	500,000	(うち国库补助 250,000)
	修理	260,000	(うち国库补助 130,000)
②设备の改修	防灾设备	60,000	(うち国库补助 30,000)
	その他の设备	180,000	受变电・冷暖房・给排水等
③バリアフリー栋の新设		150,000	
④周辺整备		20,000	中岛公园内动线等
合计		1,170,000	(うち国库补助 410,000)

文化财价值的把握上亦明确规定应遵循指定建筑物的样式、材料、技法和环境等[1]。

（二）建筑遗产活用的改造实施细则——分级管理

在确立了分级措施以后，重要文化财的现状变更仍然有严格的限制，修复时要求使用建造当初的材料、技术和技法，由文化厅认定的"主任技师"[2]担任设计监理。另一方面，日本的建筑标准法的适用范围不包括重要文化财[3]，在结构、防灾、采光等技术标准上，可以采取相应适合的维护管理措施。修复后的活用需制定活用规划[4]，并借助NPO等社会团体的力量来帮助推进。

登录历史建筑的现状变更相比之下较为宽松，外观及从道路等公共空间可眺望的部分变动超过1/4时才需要向文化厅提出申请[5]，文化

[1] 与之对比，中国的文物保护准则强调了建筑修复中对原材料、原工艺、原结构的尊重。

[2] 即"重要文化财建造物修理工事主任技术者"，相关标准见日本文化厅官方网页。

[3] 根据日本"建筑基准法"第3条。

[4] 1999年文化厅公布重要文化财（建造物）活用规划标准和编制要领，包括"重要文化财（建造物）の活用计画に係る基准"和"重要文化财（建造物）保存活用标准计画の作成要领"。

[5] 相比之下在历史街区（传统建造物保存地区）的对象建筑需遵循现状变更许可制度，制约性反而更大。

[6] 由札幌市观光文化局文化部文化财课编制发行http://www.city.sapporo.jp/shimin/bunkazai/index.html.

札幌市重要文化财丰平馆的保存活用基本规划。[6]修复后作为结婚礼堂使用。图片依次为实施流程、民意调查、活用经费预算（总共耗资11.7亿日元，抗震修理、防火设备等由国家资金补助一半）、改造活用平面图和修复后建筑照片

厅可以承担以保存活用为目的的调查、改造设计监理费用的一半，税收上给予所有者一半的地税减免，住宅还有一半的固定资产税减免[1]。另外，登录历史建筑受建筑标准法制约，在改造实施中需要遵循普通建筑的技术规范。修缮接受政府补助时，需要由政府指定的团体[2]进行技术指导。

　　另外一大类受到控制的历史建筑改造存在于历史街区[3]，根据保护规划，传统建筑以外观上保持传统建筑群的特性为主要目的，对历史街区内建筑的外观、地形、构筑物的变更需向市町村长和教育委员会提出申请获得许可。为此，市町村一级行政机构对历史建筑的修缮和景观整治建立各自的指导监督体制以及经费补助制度[4]，国家一级政府又对地方所支付的建筑修缮和景观整治，以及防灾设施建设、办公经费等给予一定比例的补助，该比例在人口减少较严重的地区为65%，其他地区为50%。在此基础上，道府县一级政府另行财政补助。

　　地方政府通过地方保存协会、NPO等力量的参与，将传统建筑改造为乡土历史资料馆、美术馆、街区保护中心、保护事业宣传处或上述功能的复合设施等，实现历史建筑的活用。

（三）修缮资材的确保与技术认证

　　传统建筑材料的确保和修缮技术的传承是保证建筑遗产在保存与活用中不损害遗产价值的重要方面。文化厅通过建立"故乡文化财森林体系"[5]在福岛县下乡町（茅草）、金泽市（茅草）、福井县小滨市（桧皮）、京都市（桧皮）、大阪府河内长野市（茅草）、兵库县丹波市（桧皮）设置传统建筑材料基地"故乡文化财森林中心"，提供研修和展示功能，又于

---

[1] 2004年通过立法还给予登录文化财建造物及其土地的遗产税和赠与税30%的减免。

[2] 全日本共八处团体有此资格，包括只可负责滋贺县的滋贺县教育委员会文化财保护课，只可负责京都府的京都府教育委员会文化财保护课，只可负责奈良县的奈良县教育委员会文化财保存课，只可负责和歌山县的和歌山文化保存中心（财团法人），以及可负责全日本业务的文化财建造物保存技术协会（财团法人）、建筑研究协会（财团法人），和文化财保存计划协会。详见1997年厅保建第一八一号"登録有形文化財建造物修理の設計監理にかかる技術の指導について"，http://www.mext.go.jp/b_menu/hakusho/nc/t19970805001/t19970805001.html.

[3] 日语简称为"伝建地区"，即传建地区。2007年的"历史文化基本构想"和2008年的"历史街区营造法"则扩大了原有的历史建筑群范畴，将文化遗产作为城市特性和地域活化的内核，与城市总体格局挂钩，涉及多个部门的合作。

[4] 与建筑外观相关（包括有密切关系的内部结构体）的施工费用，修缮的情况下各地补助经费从2/3到4/5大约600万~800万日元不等，修景的情况下从3/5到2/3，约400万~600万日元不等。

[5] 日语为"ふるさと文化財の森システム"。

修缮中传统屋顶材料所用
到的桧皮和茅草（北杜市
高根町古民居）

2006年开始对提供木材与相关资讯的岩手县二户市净法寺的漆林、红
松林、茅场、桧皮等八处设立"故乡文化财森林"，在金泽、小滨、京都
和河内长野四处设立体验学习和普及古建筑修缮材料的基地。

　　在技术方面，除了国宝和重要文化财须由政府指定的"主任技师"
担任修缮设计监理之外，对其他类别的历史建筑，日本政府设立了"古
民家鉴定士"和"传统资财施工士"等职业资格认定制度，使建筑遗产
的活用有了专业保障系统。而个别地区，如京都市还专门设立了自己
的"京都市文化财建造物经理"[1]资格制度，培育能够挖掘并保存历史
建筑价值的职业人才。

　　（四）NPO及公众参与的遗产管理与活用

　　1998年公布的《特定非营利活动法人促进法》响应了文化遗产活
用的政策需求。文化厅亦将"以NPO推动文化财建造物活用"作为一项
工作计划，给予一定的资金和政策支持，同时企业财团也可设立基金
招募NPO项目。一时间，某某民家再生协会、传统资财再生机构、民家
NET、古材仓库、古材NET、古瓦仓库、大正家具、某某历史都市研究
会等，与民居类文化财研究与利用、社区营造相关的民间组织获得合
法地位，建筑遗产从勘察、修缮、改造到利用各环节都有广泛的相应的
社会和专家团体参与。

　　2006年，文化厅组织各地NPO对其活动情况进行申报遴选，总
结多年的公众参与建筑遗产活用经验，此后每年都将上一年的典型
案例公布出来，并总结经验，如2008年发布的《文化财建造物活用
Technique Note》[2]，选取九组不同的NPO法人，列举其在建筑遗产活
用工作过程中的关键点。涉及的遗产级别包括重要文化财、登录历史
建筑和历史街区的传统建筑，建筑类型包括住宅、行业会馆、工业遗

[1] 日文为"京都市文化财マネージャー（建造物）"，自2009年开始截至现在共183
　　人获得登录号http://www.city.kyoto.lg.jp/bunshi/page/0000076445.html.
[2] 详见"NPOによる文化财建造物活用モデル事业"http://www.bunka.go.jp/bunkazai/
　　hozon/npo_model.html.

爱媛县登录文化财章光堂通过NPO法人アジア・フィルム・ネットワーク与爱媛大学联合成为举办音乐会、成人仪式、市民活动的地方

迹、仓库、酿酒工场等。

NPO及公众参与的遗产活用有一些优势可以弥补自上而下的行政措施的不足，比如：

NPO活动的参与者多为遗产周边的社区居民或对遗产有感情的志愿者，相比行政机构，能够更好地联合地区邻里，其非盈利性质使遗产的管理和活用工作更加深入群众生活，增强信赖感；

NPO形式的公益活动通常会具有一定主题性，基于民主商议的组织形式可以让主题随着不同阶段调整，平衡不同时期的冲突与矛盾，从而使遗产活用具有了多样性和持续性；

NPO担任了联结政府、利益相关方、一般居民、专业人士和其他NPO组织的纽带角色；附近大学教师及学生的参与常常在其中起到关键的作用；

创造性的使用方式为年轻人、本地艺术家、文化人等提供舞台，还可以为儿童提供教育和成长空间。

（五）遗产群的综合保护与活用

2008年的历史社区营造法是以2007年文化厅提出的"历史文化基本构想"为基础的，该法案旨在建立一个跨类型、跨地域、跨级别的以主题和事件为线索，包含遗产相互关系及周边环境的综合保护与活用体系。联合日本国土交通省[1]、农林水产省和文部科学省（文化厅）等，将文化财行政与地域、社区营造行政一体化，提升遗产作为地域活化内核的可能性。

从观念上，该法案意在文化财保护法对承载价值的物质遗存的保护基础上，试图增加"在使用过程中保存文物价值的'动态保护'"理念。[2]从实际操作上也试图与国际文化遗产保护理念接轨，如对突出普遍价值的证明，对真实性、完整性的确保，遗产周边的土地利用和环

[1] 即国土交通部，下同。

[2] ［日］黛卓郎：《文化资产の保护　活用への期待—复元整备・環境整备による積極的な活用へ》，"PREC STUDY REPORT"，Vol.14，Sept.2009,pp.54~59。

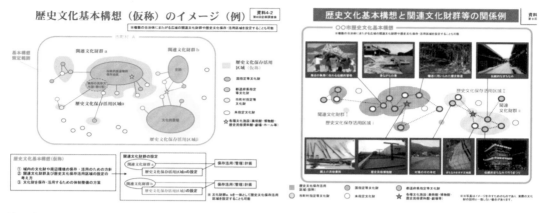

境、资源的保护、管理等。

三、各具特色的遗产活用实例

（一）　常见活用形式

传统的旅游观光产业是文化财最为常见的一种活用方法，特别是具有重要价值的寺庙、神社、庭院、楼阁、馆所等，将遗产开放参观、设计新颖的展示方式和路线、成立博物馆、提供展览与活动平台，还可以在大区域内策划一个地区的历史散步地图、向民众征选心目中的历史建筑和庭院、在媒体平台公布遗产信息（京都市在这一方面的工作成绩尤为突出）等等，不一而足。

20世纪90年代到21世纪初，作为对文化厅政策的响应，日本学界出版了很多历史建筑活用实例集，主要包括民家、工业遗产、历史建筑的活用与社区营造几个大类。在活用理论与方法上提供了广阔的思路，也促进了NPO和市民团体积极参与到建筑遗产的管理与活用当中。

老牌的传统城市如京都、奈良、镰仓、金泽，以及山梨、滋贺、长野等县，拥有数量极大的传统民家，通过地方NPO协会建立"民家BANK"、"古材BANK"等信息网络，推动了民间力量借助行政资助改造与利用民家。除了延续居住功能，民家还常用作社区中心、民俗博物馆、周末学校、老年活动中心、餐馆、咖啡店、商店、旅馆、茶室等。

与商业娱乐结合也是常见的活用方式，如横滨市将近代工业遗产红砖仓库[2]改造为商业文化综合体，是日本第一个获得亚太遗产奖的案例。

关联遗产群（文化财群）的构成：包括国家、都道府、市町村各级指定的文化财、未指定文化财（即登录文化财）、各种文化设施（美术馆、博物馆、历史民俗资料馆、剧场、演艺厅等），类型可以是建筑、史迹、文化景观、传建地区、无形民俗文化财（祭祀等）[1]

---

[1] 图片节选自文化厅官网公布资料。

[2] 横浜赤レンガ倉庫。

甲州市塩山町登录文化
财，江户末期藏酒的仓库
修缮后作为出版社"笛吹
川芸术文库"的古籍展览
馆使用

横滨市近代工业遗产红砖仓
库活用为商业综合体，初建
时的厂房建筑、改造前、改
造后照片

（二）遗产活用与非物质文化的结合

在建筑遗产活用的过程中，以NPO为基础的展开形式如上一节所述具有主题多样性和持续性的特点。与遗产活用紧密相关的"社区营造"中"营造"[1]二字就蕴含了该日语词汇所传达的手工性也就是包含人的操作和历时的特性。埏埴以为器当其无有器之用，建筑遗产作为承载非物质文化的空间，恐怕是再合适不过了。在活用的建筑遗产中开展各种形式的传统文化项目，建立传统乡土技艺，文化艺术、生活习俗的公众传递渠道，延续非物质文化是NPO协会最为多见的活动方式。

开放文化财修缮施工现场，设参观日或者开辟传统建造技艺体验工坊等，则是另一种从心理上建立文物建筑本身与民众亲近感的方式。

（三）创意产业——历史与未来的碰撞

近年来，东京、大阪、名古屋、神户、横滨等现代化程度非常高的

[1] 日语为"つくり"。

冈谷市重要文化财旧林家住宅活用以延续冈谷市传统丝织产业为目的，利用建筑场地举行手工丝织技术培训、各类讲习会、俳句集会、摄影展、工艺展、红茶席会等

登录有形文化财山口家住宅在NPO组织下对民众进行各类传统建造技艺培训，如木材表面处理、障子门张贴、夯土墙制作、和纸制作、瓦工讲座、小木作知识、建筑扫除等等

城市通过持续不断的组织各种艺术节、文化节、电影节，承办国际峰会、马拉松、城市赛车等项目，将文化遗产特别是众多近现代历史建筑作为新兴创意产业基地，利用历史建筑设立策划办公室，组织网站建设、发布与传达信息，成为头脑风暴的发生器，或者直接将建筑遗产作为文化艺术场地，向世界展示地方魅力的舞台，文化财的活用与创意文化产业得到了良好的结合。其影响不限于大城市，也启发了地方的建筑遗产活用思路，近几年看到设计师和艺术家的参与使遗产活用方式更为开阔与大胆。

四、结语——制度与人文

纵观日本的建筑遗产活用概况，从20世纪90年代开始建立"活用"作为与"保护"并行不悖的理念以来，在实践上取得了诸多成果。在丰富多彩的遗产活用方式背后，我们可以看到：促进文化遗产的积极公开与活用；建立综合视野的文化遗产保存与活用；以人为主体的文化遗产保护与活用，这三条"文化国策"原则始终贯穿着日本政府在文化遗产方面的法制管理、部门合作及资金分配制度；而积极推动民间

当选为UNESCO创意城市网络的设计之都神户利用旧生丝检查所（近代工业遗产）和神户商工贸中心成立设计创意中心（包括两个机构：Design Hub 和 DESIGN AND CREATIVE CENTER KOBE，KII+O），作为创造与交流的根据地[1]

富山县西砺波郡福冈町重要文化财佐伯家住宅活用为爵士乐场

NPO公众团体的参与，是日本政府实现"以人为主体的文化遗产保护与活用"的有效方式。希望本文对我国的历史建筑再利用有所启发。

张光玮　清华大学建筑学院博士后、日本东京大学博士、
NPO法人たいとう歴史都市研究会会员

[1] http://www.kobe-designhub.net.

参考文献：

1　网址：http://www.mext.go.jp/b_menu/hakusho/nc/t19961225001/
t19961225001.html.

2　［日］苅谷勇雅：《文化財建造物保存と活用の新展開》，《政策科学》
2008年3月15-3，第57~76页。

附表：日本文化财保护法中对重要文化财和登录文化财现状变更与公开展示所列条款的对比

	中文		日文原文	
	重要文化财	登录文化财	重要文化财	登录文化财
现状变更	第43条（现状变更等的限制） **要变更重要文化财的现状，或者要做出对其保存有影响的行为时，必须要得到文化厅长官的许可。但是，现状变更中的维护措施或者因不自然灾害而实施必要的紧急措施时，对其保存产生影响的行为是轻微的情况下，则不在此限。** 2 前项补充说明中规定的维持措施的范围由文部科学省的部令决定。 3 文化厅长官在给予第1项的许可时，作为许可的条件，其有权力就同项现状的变更或者**关于对保存产生影响的行为做出必要的指示。** 4 对于接受第1项的许可而不遵照前项许可条件的人，文化厅长官有权力命令停止许可的现状变更和对保存产生影响的行为，或者取消许可。 **5 对于因第1项的许可不能接受，或者因第3项的许可条件的附带内容而遭受损失的人，国家会补偿其正当的损失。**	第64条（登录有形文化财现状变更的申报等） 就登录有形文化财要变更其现状者，在要变更其现状之日前的30日之内，依据文部科学省部令的规定，必须向文化厅长官就其主旨进行申报。但是，**维护措施或因自然灾害原因而采取必要的应急措施的情况下，又或者在执行基于其他法令之规定所产生的要求变更现状的命令措施的情况下，则不在此限。** 2 前项所言的例外之规定的维持措施的范围，由文部科学省部令规定。 3 如果就登录有形文化财在保存上有其必要的时候，文化厅长官有权力就有关第1项申报的登录有形文化财的现状变更等进行必要的指导、建议或者劝告。	第四十三条（現状変更等の制限） 重要文化財に関しその現状を変更し、又はその保存に影響を及ぼす行為をしようとするときは、文化庁長官の許可を受けなければならない。ただし、現状の変更については維持の措置又は非常災害のために必要な応急措置を執る場合、保存に影響を及ぼす行為については影響の軽微である場合は、この限りでない。 2 前項但書に規定する維持の措置の範囲は、文部科学省令で定める。 3 文化庁長官は、第一項の許可を与える場合において、その許可の条件として同項の現状の変更又は保存に影響を及ぼす行為に関し必要な指示をすることができる。 4 第一項の許可を受けた者が前項の許可の条件に従わなかったときは、文化庁長官は、許可に係る現状の変更若しくは保存に影響を及ぼす行為の停止を命じ、又は許可を取り消すことができる。 5 第一項の許可を受けることができなかったことにより、又は第三項の許可の条件を付せられたことによって損失を受けた者に対しては、国は、その通常生ずべき損失を補償する。	第六十四条（登録有形文化財の現状変更の届出等） 登録有形文化財に関しその現状を変更しようとする者は、現状を変更しようとする日の三十日前までに、文部科学省令で定めるところにより、文化庁長官にその旨を届け出なければならない。ただし、維持の措置若しくは非常災害のために必要な応急措置又は他の法令の規定による現状の変更を内容とする命令に基づく措置を執る場合は、この限りでない。 2 前項ただし書に規定する維持の措置の範囲は、文部科学省令で定める。 3 登録有形文化財の保護上必要があると認めるときは、文化庁長官は、第一項の届出に係る登録有形文化財の現状の変更に関し必要な指導、助言又は勧告をすることができる。

	中文		日文原文	
	重要文化财	登录文化财	重要文化财	登录文化财
公开展示	第47条之二（公开展示） 重要文化财的公开展示均有所有者实施。但是，在有管理团体的情况下，则有管理团体组织实施。 2　根据前项的规定，对于所有者或管理团体的公开展示的重要文化财，所有者及管理团体以外的任何人，都不能妨碍本法律规定的其所举行的用于公开展示的行为。 3　管理团体就其管理的重要文化财公开展示的情况下，就该重要文化财可以征收参观费。 第48条（由文化厅长官举办公开展示） 文化厅长官对于重要文化财的所有者（在有管理团体的情况下，其管理团体），在为期为一年的期限内，有权力劝告其参加由文化厅长官在国立博物馆（此处的博物馆是指由独立行政法人国立博物馆设置的博物馆。在以下条款中也与此相同）或其他设施举行的供公开展示用的重要文化财的展出活动。 2　就重要文化财的管理或修缮，如果其费用的全部或者一部分由国库负担，又或者由国家对其拨付了补助金，那么对此重要文化财的所有者（在有管理团体的情况下，其管理团体），在为期为一年的期限内，文化厅长官有权力劝告其参加由文化厅长官在国立博物馆或其他设施举行的供公开展示用的重要文化财的展出活动。 3　文化厅长官就前项的情况下，如果认为有其必要，在为期为一年的期限内，有权力更改展览的期间。但是，连续不得超过五年。 4　如果遇到第2项的命令或者前项更改的情况下，重要文化财的所有者或管理团体，必须遵照新的指示公开展示重要文化财。 5　在前4项规定的情况之外，如果重要文化财的所有者（在有管理团体的情况下，其管理团体）有意愿参加由文化厅长官在国立博物馆或	第67条（登录有形文化财的公开展示） 登录有形文化财的公开展示由其所有者负责实施。但是，在有管理团体的情况下，登录有形文化财的公开展示由其管理团体负责实施。 2　根据前项的规定，登录有形文化财的所有者（有管理团体的情况下，其管理团体）及管理团体以外的任何人，征得所有者的同意，不能妨碍登录文化财用于公开展示。 3　在由管理团体实施的登录有形文化财的公开	第四十七条の二（公開） 重要文化財の公開は、所有者が行うものとする。但し、管理団体がある場合は、管理団体が行うものとする。 2前項の規定は、所有者又は管理団体の出品に係る重要文化財を、所有者及び管理団体以外の者が、この法律の規定により行う公開の用に供することを妨げるものではない。 3管理団体は、その管理する重要文化財を公開する場合には、当該重要文化財につき観覧料を徴収することができる。 第四十八条（文化庁長官による公開） 文化庁長官は、重要文化財の所有者（管理団体がある場合は、その者）に対し、一年以内の期間を限って、国立博物館（独立行政法人国立博物館が設置する博物館をいう。以下この条において同じ。）その他の施設において文化庁長官の行う公開の用に供するため重要文化財を出品することを勧告することができる。 2文化庁長官は、国庫が管理又は修理につき、その費用の全部若しくは一部を負担し、又は補助金を交付した重要文化財の所有者（管理団体がある場合は、その者）に対し、一年以内の期間を限って、国立博物館その他の施設において文化庁長官の行う公開の用に供するため当該重要文化財を出品することを命ずることができる。 3文化庁長官は、前項の場合において必要があると認めるときは、一年以内の期間を限って、出品の期間を更新することができる。但し、引き続き五年をこえてはならない。 4第二項の命令又は前項の更新があったときは、重要文化財の所有者又は管理団体は、その重要文化財を出品しなければならない。 5前四項に規定する場合の外、文化庁長官は、重要文化財の所有者（管理団体がある場合は、その者）から国立博物館その他の施設において文化庁長官の行う公開の用に供するため重要文化財を出品し	第六十七条（登録有形文化財の公開） 登録有形文化財の公開は、所有者が行うものとする。ただし、管理団体がある場合は、管理団体が行うものとする。 2前項の規定は、登録有形文化財の所有者及び管理団体以外の者が、所有者（管理団体がある場合は、その者）の同意を得て、登録有形文化財を公開の用に供することを妨げるものではない。 3管理団体が行う登録有形文化財の公開には、第

中文		日文原文	
重要文化财	登录文化财	重要文化财	登录文化财
其他设施举行的供公开展示用的重要文化财的展出活动，文化厅长官在收到其申请并认为合适的情况下，可以承认重要文化财所有者的公开展示行为。 第49条　文化厅长官就前项的规定在重要文化财被公开展示之时，除去第185条规定的情况之外，必须从文化厅的职员中，选定出能胜任对重要文化财管理的人员。 第50条　因由第48条之规定而公开展示所需的费用，根据文部科学省部令规定的基准，其费用由国库负担。 2　政府对于由48条之规定而公开展示的所有者或管理团体，根据文部科学省部令规定的基准，准予支付待遇薪金。 **第51条（由所有者等举办公开展示）** **文化厅长官对于重要文化财所有者或者管理团体，有权力劝告其就重要文化财举办期限在三个月之内的公开展示活动。** **2　文化厅长官对于就重要文化财的管理、修缮或者购买方面，其费用的全部或者一部分由国库负担，又或者拨付了补助金的重要文化财的所有者或管理团体，有权力命令其举办期限在三个月之内的公开展示活动。** 3　前项的情况同样适用于第48条第4项的规定。 4　文化厅长官对于重要文化财的所有者或者管理团体，有权力对根据由前三项规定而举办的公开展示及与该公开展示有关的重要文化财的管理做出必要的指示。 **5　重要文化财的所有者、管理责任者或者管理团体在不遵照前项指示的情况下，文化厅长官有权力命令其停止或者中止公开展示活动。** **6　依据第2项及第3项之规定就公**	展示的情况下，同样适用于第47条之二第3项的规定。 4　如果就登录有形文化财在保存上有其必要的时候，文化厅长官有权力对登录有形文化财的所有者或管理团体，就登录有形文化财的公开展示及与该公开展示有关的登录有形文化财的管理等进行必要的指导或建议。	たい旨の申出があった場合において適当と認めるときは、その出品を承認することができる。 第四十九条　文化庁長官は、前条の規定により重要文化財が出品されたときは、第百八十五条に規定する場合を除いて、文化庁の職員のうちから、その重要文化財の管理の責に任ずべき者を定めなければならない。 第五十条　第四十八条の規定による出品のために要する費用は、文部科学省令の定める基準により、国庫の負担とする。 2　政府は、第四十八条の規定により出品した所有者又は管理団体に対し、文部科学省令の定める基準により、給与金を支給する。 第五十一条（所有者等による公開） 文化庁長官は、重要文化財の所有者又は管理団体に対し、三箇月以内の期間を限って、重要文化財の公開を勧告することができる。 2　文化庁長官は、国庫が管理、修理又は買取りにつき、その費用の全部若しくは一部を負担し、又は補助金を交付した重要文化財の所有者又は管理団体に対し、三箇月以内の期間を限って、その公開を命ずることができる。 3　前項の場合には、第四十八条第四項の規定を準用する。 4　文化庁長官は、重要文化財の所有者又は管理団体に対し、前三項の規定による公開及び当該公開に係る重要文化財の管理に関し必要な指示をすることができる。 5　重要文化財の所有者、管理責任者又は管理団体が前項の指示に従わない場合には、文化庁長官は、公開の停止又は中止を命ずることができる。 6　第二項及び第三項の規定による公開のために要する費用は、文部科学省令の定めるところにより、その全部又は一部を国庫の負担とすることができる。 7　前項に規定する場合のほか、重要文化財の所有者又は管理団体がその所有又は管理に係る重要文化財を公開するために	四十七条の二第三項の規定を準用する 4　登録有形文化財の活用上必要があると認めるときは、文化庁長官は、登録有形文化財の所有者又は管理団体に対し、登録有形文化財の公開及び当該公開に係る登録有形文化財の管理に関し、必要な指導又は助言をすることができる。

公开展示

	中文		日文原文	
	重要文化财	登录文化财	重要文化财	登录文化财
公 开 展 示	开展示所需的费用，依据文部科学省部令的决定，其全部或一部分可由国库负担。 7　在前项规定情况之外，重要文化财的所有者或者管理团体就其所有或管理的重要文化财因公开展示所需的费用，依据文部科学省部令的决定，其全部或一部分可由国库负担。 第51条之二　因前条之规定的公开展示情况除外，因供公众的参观需要而变更重要文化财的所在场所，而且依据第34条之规定而提出了申报的情况下，同样适用于前条第4项及第5项的规定。 第52条（损失的补偿）因第48条、第51条第1项、第2项或者第3项之规定而举办的公开展示，或因公开展示之事的原因而导致该重要文化财的消失或毁坏，国家对于该重要文化财的所有者，将补偿由此所产生的合理损失。但是，对于因重要文化财的所有者、管理者或者管理团体自己的责任而由此导致重要文化财的消失或毁坏，则不在此限。 2　在前项之情况下，从第41条第2项到第4项的规定同样适用。 第53条（由所有者等之外者举办公开展示） 重要文化财的所有者及管理团体之外的社会人若想在其主办的展览会或其他活动上展出重要文化财供公众参观的情况下，必须征得文化厅长官的许可。但是，文化厅长官之外的国家机关或地方公共团体在已事先征得文化厅长官承认的博物馆或其他设施（在以下条款中称作"公开承认设施"）召开展览会或其他活动的情况下，又或者公开承认设施的设立者在本设施内召开展览会或其他活动的情况下，则不在此限。 2　在前项所言的例外的情况下，		要する費用は、文部科学省令で定めるところにより、その全部又は一部を国庫の負担とすることができる。 第五十一条の二 前条の規定による公開の場合を除き、重要文化財の所在の場所を変更してこれを公衆の観覧に供するため第三十四条の規定による届出があった場合には、前条第四項及び第五項の規定を準用する。 第五十二条（損失の補償）第四十八条又は第五十一条第一項、第二項若しくは第三項の規定により出品し、又は公開したことに起因して当該重要文化財が滅失し、又は毀損したときは、国は、その重要文化財の所有者に対し、その通常生ずべき損失を補償する。ただし、重要文化財が所有者、管理責任者又は管理団体の責に帰すべき事由によって滅失し、又は毀損した場合は、この限りでない。 2前項の場合には、第四十一条第二項から第四項までの規定を準用する。 第五十三条（所有者等以外の者による公開）重要文化財の所有者及び管理団体以外の者がその主催する展覧会その他の催しにおいて重要文化財を公衆の観覧に供しようとするときは、文化庁長官の許可を受けなければならない。ただし、文化庁長官以外の国の機関若しくは地方公共団体があらかじめ文化庁長官の承認を受けた博物館その他の施設（以下この項において"公開承認施設"という。）において展覧会その他の催しを主催する場合、又は公開承認施設の設置者が当該公開承認施設においてこれらを主催する場合は、この限りでない。 2前項ただし書の場合においては、同項に規定する催しを主催した者（文化庁長官を除く。）は、重要文化財を公衆の観覧に供した期間の最終日の翌日から起算して二十日以内に、文部科学省令で定める事項を記載した書面をもって、文化庁長官に届け出るものとする。 3文化庁長官は、第一項の許可を与える場合において、その許可の条件として、許可に係る公開及び当該公開に係る重要	

	中文		日文原文	
	重要文化财	登录文化财	重要文化财	登录文化财
公 开 展 示	依据同项规定召开活动的主办者（文化厅长官除外），在供公众参观重要文化财的活动举办日期之最终日的次日起20天之内，持记载有文部科学省部令的决定事项的书面材料，向文化厅长官提出申报。 3 文化厅长官在给予第1项许可的情况下，作为其许可的条件，有权力就有关许可的公开展示及与该公开展示有关的重要文化财的管理做出必要的指示。 4 接受第1项的许可的社会人在不遵照前项的许可条件的情况下，文化厅长官有权力命令停止许可的公开展示，或者取消许可。		文化財の管理に関し必要な指示をすることができる。 4 第一項の許可を受けた者が前項の許可の条件に従わなかったときは、文化庁長官は、許可に係る公開の停止を命じ、又は許可を取り消すことができる。	

活化历史建筑伙伴计划的评审

林筱鲁

摘要

香港特别行政区政府自2008年起推出"活化历史建筑伙伴计划"（活化计划）。这项计划具有双重目标：既要保存历史建筑，又要将之善加利用，以符合社会最大利益。本论文旨在探讨在活化计划下，如何评审及选出合适的活化项目。论文会首先阐述评审的程序及介绍五个主要的评审准则，其次重点探讨负责评审的活化历史建筑咨询委员会（委员会）如何根据这五个评审准则选出过去三期活化计划的12幢历史建筑项目，并详细分析委员会在评审各活化项目时所考虑的因素。最后总结过往评审的经验及所得到的启示。

关键词：活化计划，彰显历史价值及重要性，技术范畴，社会价值及社会企业的营运，财务可行性，管理能力及其他考虑因素。

Abstract

The Government of the Hong Kong Special Administrative Region (HKSAR Government) launched the Revitalising Historic Buildings Through Partnership Scheme (Revitalisation Scheme) in 2008. The scheme has dual objectives: preserving historic buildings, and at the same time, putting them into good and innovative use so as to benefit the society. This paper aims at analyzing how the revitalisation projects have been assessed and selected under the Revitalisation Scheme. The paper will first elaborate on the assessment procedures and the five selection criteria. It will then focus on how the Advisory Committee on Revitalisation of Historic Buildings (ACRHB) selected twelve revitalisation projects in the past three batches based on the five selection criteria, with detailed analysis on the factors considered by the ACRHB for each project. Lastly, there will be a conclusion summarising the experience and enlightenment gained by the ACRHB during previous assessment and selection process.

Keywords: Revitalisation Scheme, Reflection of Historical Value and Significance, Technical Aspects, Social Value and Social Enterprise Operation, Financial Viability, Management Capability and Other Considerations

背景

香港特别行政区政府于 2008 年推出活化计划。这项计划具有双重目标：既要保存历史建筑，又要将之善加利用，以符合社会最大利益。透过这计划，政府亦可推动市民积极参与历史建筑的保存，提高他们对文物保育的认识。另外这计划可为小区创造就业机会，促进地区层面的经济活动。

运作模式

香港特别行政区政府会先在其拥有的闲置历史建筑中物色一些适宜作活化再用的建筑纳入活化计划内。而根据《税务条例》第 88 条所界定的非牟利机构会获邀提交建议书，详细说明如何保存及活化有关建筑，而建议的用途必须以社会企业[1]（社企）形式经营，并且需在开业两年后能达到自负盈亏。

评审委员会

为了公平及客观地评审活化计划各项目的建议申请，政府成立了一个由不同界别的官方及非官方专家组成的委员会，专责考虑及审批活化计划所接获的申请书。委员会成员大部分是非官方的专家，包括建筑、规划、测量、历史研究、社会企业及财经等界别。

评审准则

委员会在审批所接获的活化建议时，主要是考虑下列五个范畴：

一、彰显历史价值及重要性

委员会会考虑建议如何保存建筑真确性；其性质如何配合历史建筑的原有用途及能否把历史建筑改建成独一无二的文化地标。

---

[1] 社企没有统一的定义，而这个概念亦正在不断演变。一般来说，社企是一盘生意，要做到可以赚取盈利和以自负盈亏形式营运。不过，社企的主要目标不是追求最大利润；而是要为小区带来社会价值。此外，社企所得的利润亦不可分发，而应该主要再投资于本身业务或社会，以达到社企所追求的社会目的。

二、技术范畴

委员会亦会考虑有关建议的保育及设计概念、是否符合现行规定、环保元素，以及翻新历史建筑的建设成本等。必须指出，保育历史建筑并不等于否定任何改动，在活化过程中，为配合新用途及现行法例要求，有些改动是必要的，惟建筑物的主要特色必须保存，以确保其历史、建筑或其他价值不被破坏。而有关改动须在尽可能减少干预的大前提下进行。

三、社会价值及社会企业的营运

委员会须考虑有关计划的目标、对于小区的裨益、有形和无形的社会价值、计划服务对象、历史建筑开放予公众的程度，以及预期创造的职位等。由于历史文物是我们独一无二的宝贵资产，申请机构应在不影响其营运的情况下，尽量让公众完整地欣赏到历史建筑的原貌。

四、财务可行性

活化建议项目必须自负盈亏，政府只会在有需要时提供一过拨款，以应付项目的开办成本及／或首两年的经营赤字费用，上限为港币500万元。故此委员会须考虑有关业务的预期收支、有关服务的需求、成本控制措施、财政可持续性、非政府资助来源等，而有关业务必须能在开业三年达到收支平衡。

五、管理能力及其他考虑因素

委员会亦会考虑申请机构的组织体制、是否有足够资源推展有关计划、过去推行相关计划的记录、申请机构的历史、宗旨、经费来源等。

一般而言，上述五个评审准则所占的比重相若，申请机构必须在这五个范畴中均达到评审的要求及取得较高的评分才能获选。

评审过程

评审工作分两阶段进行。第一阶段评审主要是根据申请机构在其申请表格上所提供的数据进行。委员会会初步选出符合上述五个评审准则而整体评分又较其他建议为高的建议进入第二阶段评审。

当有关机构进入第二阶段评审时，他们须就其建议书提交进一步的资料，包括详细的技术建议书及图则、将来营运社会企业的开支预算及其详细分项数字，以及显示有关机构财政能力的财务报表等。同时他们亦会获邀请与委员会会面，以便向委员会讲解其建议；而委员会亦会就建议的不同范畴提出问题。当有关机构提交了上述资料后，委员会会透过文物保育专员办事处的秘书处向有关决策局／部门搜集他们对这些资料的意见，才进行评审。评审过程可说是既严谨而全面。

三期活化计划的评审分析

活化计划自2008年推出至今已进行了三期，选出了12个建筑活化项目，评审详情及经验详叙如下：

一、第一期活化计划

第一期活化计划于2008年2月推出，并于2009年2月公布六个获选项目：

（一）北九龙裁判法院

这座法院建于1960年代，楼高七层，由花岗石砖砌成，其正面前墙由窄长形的窗户构成，并加入不少新古典风格的建筑特色，它见证了战后香港司法制度的发展史，属二级历史建筑2。这建筑已活化为Savannah College of Art and Design萨瓦纳艺术设计学院香港分校（简称"SCAD香港"），提供有关艺术及设计的非本地高等教育课程。该学院已于2010年9月开始营运，是活化计划下首个完成的项目。

活化后的北九龙裁判法院外貌

这个项目获选的原因是由于它在上述的五个评审范畴中均取得相对较高的分数，其中在社会价值方面，"SCAD香港"能提供多元化课程，为香港培育不同创意范畴的专才及为香港创意产业发展注入新动力，有助把香港推广成为地区性的艺术设计教育中心，并可提高香港在国际数码媒体和创意工业方面的竞争力。另外，"SCAD香港"在地区的设计推广活动，将有助活化深水埗的旧区，并与当区社群互惠互动。

此外，这个项目亦保留了建筑物独特的外观及原貌，并且保留法庭及囚室。学院亦开放部分设施免费予公众参观，以介绍此历史建筑物的历史，故此能彰显建筑物的历史价值。

（二）旧大澳警署

这是活化计划第二个已完成的项目。该警署于1902年建成，由两座两层高建筑组成，包括主楼及营房，两者由一道位于一楼的桥贯通，是一座富有殖民地色彩的警署建筑物，属二级历史建筑。该建筑物现已活化为一个拥有环海美景和渔村风味的大澳文物酒店，并已于2012年3月正式投入服务。

活化后的旧大澳警署外貌

委员会认为这个项目能对社会带来重大裨益。文物酒店将会成为吸引游客的标志景点及独特文化地标，推动大澳区的文物保育、环境保护及旅游发展。这项目亦为政府对大澳的长远活化计划带来正面效应，并为地区经济带来新活力。此外，酒店还透过与当地商户合办活动，例如"大澳美食展"推动小区参与，以及推广大澳区独特的传统文化。

在彰显历史价值及文物保育的技术层面方面，这个项目充分保留原有建筑的真确性，同时亦设立开放予公众的文物图书馆及展览厅，展示旧大澳警署和大澳的历史，以及举办生态导赏团参观邻近文物地点。另外，酒店的所有公众地方及未入住的客房亦会在每日举办的导赏团开放，让市民可以欣赏这幢美丽的历史建筑物。

（三）雷生春

雷生春建于1931年。建筑物地下曾用作跌打药店，楼上各层用作雷氏家人居所。雷生春是典型的"走马大骑楼"建筑，其建筑特色是设有宽阔露台及在大楼顶层外墙嵌有家族店号的石匾设计。这是本地战前楼宇典型建筑风格，现已被评为一级历史建筑。

雷生春现已被香港浸会大学活化成为香港浸会大学中医药学院雷生春堂，为区内市民提供中医医疗保健服务，并已于2012年4月正式投入服务。这个获选项目在彰显历史价值方面，得分极高，因为它在活化后能恢复原有中医药用途，贴切反映建筑物的历史。在保育技术方面，这项目尽量恢复建筑物的建筑特点，亦符合现行建筑条例的要求，包括：尽量重用和重新装置原有的地砖及物料，以恢复建筑物的原貌；安装玻璃窗以解决严重的噪音问题，而不影响建筑物的原本外观；善用骑楼作候诊室和展览厅，并以室内空间作为诊症室，以保障病人的私隐。在社会价值方面，这项目提供优质的中医医疗保健服务，使当区市民受惠。同时亦为综援人士提供免诊金及药费优惠。透过举办中医药节、展览、保健讲座、义诊和优惠诊症服务，推广中医药业。这项目能够吸引游客到访当区，为地区经济带来新气象。

活化后的雷新春外貌

（四）前荔枝角医院

前荔枝角医院的前身为一座监狱，建于1921至1924年之间，其后先后用作医院及复康中心，它是由超过20幢实用主义风格的红砖建筑组成，大部分建筑物的屋顶为中式双层瓦顶，展现本地中式建筑工艺技巧的影响。该建筑已被列为三级历史建筑。获选活化这建筑群的是香港中华文化促进中心，建筑物已活化为饶宗颐文化馆，以表扬享负盛名的国学大师饶宗颐教授。

活化后的前荔枝角医院外貌

这项目将会提供一个融合自然园林的良好环境，让访客认识中华文化及历史。文化馆亦会举办中华文化课程及工作坊，推广传统中华文化及促进香港与国内外人士的文化交流。这项目提出设立一个保育展馆，展示前荔枝角医院和荔枝角区的历史。计划的中式庭园设计与原殖民地建筑的风格相融合，可把历史建筑改建成有趣的文化地标。

在文物保育的技术层面，这项目的面积是活化计划中最大的，约32,000平方米，20多座建筑物分布于上、中、下三个区，它们将由升降机和桥连接。获选机构对该地点进行了非常全面的研究，并提出了很好的建议克服该用地的限制，有效地保存该历史建筑，为它带来新的生命。第一期设施（即饶宗颐文化馆）已于2012年6月开始营运，第二期设施预计于2013年内投入服务。

（五）芳园书室

芳园书室于1920至1930年代建成，是一座两层高的长方形建筑，糅合中西式建筑风格，是马湾首间并是唯一尚存的战前小学，属三级历史建筑。获选活化这项目标机构是圆玄学院社会服务部，书室已活化为旅游及中国文化中心暨马湾水陆居民博物馆。

委员会十分欣赏这项目在面对欠佳的交通设施和位于凹陷的地势下，仍能以合理成本作出既保育亦符合现行各项规例的复修建议，包括加建升降机，设立无障碍通道及改善排污系统等。

这项目会开设博物馆以展示马湾渔业历史，并安排当地渔民亲述渔家生活和传统风俗故事，及由原居民担任导游的生态导赏团，游览马湾岛上原始森林及历史遗迹，故此委员会认为这项目能充分彰显建筑及马湾岛的历史价值。同时这项目能与附近的旅游点（包括诺亚方舟及马湾公园等）产生协同效应，应可吸引游客到访。项目亦提高公众保护生态的意识，并促进地区层面的经济，推动当地渔民参与生态导赏工作，提升地区和谐。

委员会注意到建筑物面积相对较小和位于偏远地区，故此要达到财务自负盈亏并不容易。虽然如此，委员会认为获选机构能善用毗邻的旅游景点来提高顾客人数，加上该机构拥有丰

活化后的芳园书室外貌

富经验提供多元化服务，故此计划应该可行。活化后的芳园书室已于2013年3月投入服务。

模拟活化后的美荷楼外貌

（六）美荷楼

美荷楼是1954年石硖尾大火后最先兴建的其中一幢6层高徙置大厦，它的特色在于其H形的设计。由于大部分徙置大厦已被拆卸，美荷楼成为香港仅存的H型徙置大厦，属二级历史建筑。

获选活化美荷楼的机构是香港青年旅舍协会，它将活化美荷楼成为青年旅舍。项目获选的原因如下：这项目保存了建筑物的原有空间布局；在不作大量改动的前提下，将原来公共房屋单位改装成为旅舍房间。同时保留5间典型居住单位样本，用作博物馆用途，展示香港的公共房屋的历史，有助增加本港及海外旅客对这座历史建筑物及以前公共房屋生活的认识。同时青年旅舍的设计及建议的用途与建筑物的历史兼容。重建并巩固连接两座大楼的中座结构，设置伤健人士升降机、消防设施，既保持了建筑物的原貌，亦符合现行建筑物条例。更重要的是这项目的社会价值，它可为消费力较低的旅客，提供卫生、安全整洁并收费相宜的旅舍单位。同时亦能延续建筑物的原有用途，为它注入新生命。透过组织前美荷楼居民网络，加强地区凝聚力与及对公屋生活及历史的归属感。

活化后的设施预计于2013年内投入服务。

二、第二期活化计划

随着第一期活化计划的顺利推行，香港特别行政区政府在2009年8月推出第二期活化计划，并在2010年9月公布三幢历史建筑项目的甄选结果。活化工程将于2013年陆续展开。三个项目的获选原因分析如下：

（一）旧大埔警署

旧大埔警署建于1899年，由3幢单层历史建筑组成，其主楼楼房环绕中央庭院兴建，属一级历史建筑。旧大埔警署是首个位于新界的警察分区总部，亦是昔日殖民地政府在新界的权力象征。

委员会在20份申请书中选择了由嘉道理农场暨植物园公司提出的活化建议，将旧警署活化为一个实践可持续生活模式的绿汇学苑，提供教育课程和训练营。委员会认为这项目最有意义的地方在于它致力推广低碳及可持续的生活模式，同时它将会提供一系列启迪教育课程及培训，加深公众人士对生态保育的关注及认识。委员会亦特别欣赏这建议就旧大埔警署的历史、建筑、文化及生态特色提出的综合性保育理念，展示"人与自然融和"所衍生的独特文化地貌。这项目会重现古迹原有的建筑特色，并引入不同主题的园景以活化环境，同时亦会保育周遭的成龄树及具生态价值的鹭鸟林。

同时获选机构会开辟文物径，把旧大埔警署与大埔区的主要文物古迹景点连联起来，例如前政务司官邸、马屎洲特别地区和凤园蝴蝶保育区。绿汇学苑将成为大埔区的独特文化地标。

（二） 蓝屋建筑群

蓝屋建筑群由三幢3至4层高的唐楼组成。这些建筑物建于1920至1950年代，先后设有华佗庙、武馆及英文学校，现有1间跌打医馆及8个单位。蓝屋建筑群展现了20世纪早期香港唐楼的典型建筑结构，即以地下为店铺，楼上为居所。蓝屋为一级历史建筑，而黄屋则为三级历史建筑，橙屋则未被评级。

蓝屋建筑群将会由圣雅各布福群会活化为多功能的建筑群，名为We哗蓝屋，提供居所及多元化小区服务。这个活化项目的特别之处是它将会实践"留屋留人"方案。这不单是一项新的尝试，亦是一极大的挑战。在这项目下，原有的8家租户（包括7个住户和1间店铺）在建筑物活化后将会获安排居住单位，他们的居住环境将会获得改善，但租金水平将与现时一样；而圣雅各布福群会于施工期间会为他们在蓝屋建筑群内作调迁安排。余下住宅单位将会租予符合甄选准则[1]的新租户。这项安排既可让现有租户保留原有的邻里网络，又可让新租户为该建筑组群增添活力。

除了上述的社会裨益外，"We哗蓝屋"将会成为一个多功能的建筑组群，提供居所、餐饮服务、文化及教育活动[2]，及举办文物导赏团。这些活动将会促进邻里情谊，吸引本地居民及游客到访，同时亦促进旧小区的可持续发展。此外，这项目能透过租赁计划及强化小区网络，彰显唐楼的传统生活模式。同时亦透过有系统的口述历史记录，及小区人士共同发掘的小区故事，彰显该区的居住特色。另外透过文化导赏及展览等活动，展示旧小区和谐共融的人民精神。

这项目将会分阶段进行复修，让原居民于复修期间可继续在建筑群居住，共同见证复修过程，并维系小区网络。项目亦保留港式唐楼混合用途的特色，在保留原有特色的同时亦改善居住环境。

---

[1] 甄选准则包括申请人有关小区参与的经验、参与计划的能力及住屋需要。

[2] 文化及教育活动包括艺术、传统手作、传统饮食文化及烹饪工作坊、电影分享会、艺墟等。

（三）石屋

石屋建于1940年代初，是由日军兴建的"候王庙新村"的其中一幢两层高中式平房。第二次世界大战后，为逃避中国内战的新到港人士曾在村内平房栖身。其后石屋有部分转作工场用途。石屋用途的改变，展示了九龙乡村生活的转变。石屋现被列为三级历史建筑。

获选活化石屋的机构是永光邻舍关怀服务队有限公司（下称永光公司），它将会活化石屋为石屋家园，内设一间主题餐厅暨旅游信息中心。

委员会在拣选这活化项目时主要亦是考虑它为小区带来的裨益，首先石屋部分地方将会改建为以怀旧为主题、提供桌上游戏的餐厅，为青少年及弱势社群提供全职及兼职工作和培训机会。另外，石屋将会以"家"为主题，为青年提供身心语言程序学课程及其他学习经历活动，使石屋成为青少年的聚点。美化后的休憩用地将开放予公众使用。

在活化后，石屋部分地方将会改建为文物探知中心及旅游信息中心，以展示九龙城区及石屋的历史。石屋有部分地方将会修复原貌，重现昔日的陈设。

三、第三期活化计划

第三期活化计划于2011年10月推出，并于2013年2月公布了三幢历史建筑项目的评审结果。评审准则跟以往一样，均是采用上文提及的五个范畴。各获选机构正筹备进行工程前期的设计顾问以及勘测工作，三个获选的活化项目的评审详情如下：

（一）　虎豹别墅

虎豹别墅于1935年建成，是胡文虎家族的私人别墅。这座建筑象征1930年代商人家族的财富和权力，它糅合了中西建筑方法及特色，属中式文艺复兴风格，在香港甚为独特，别墅前方有私人花园，属一级历史建筑。

委员会最终拣选了胡文虎慈善基金提交的建议，将虎豹别墅活化为一所中西音乐训练中心，名为虎豹乐圃。委员会认为这项目甚有社会价值。获选机构会在这座中西建筑特色交错的大宅里提供中西乐训练，特别是中乐方面，申请机构将与香港中乐团合作，设计一套有香港特色的音乐课程，推广中乐文化。虎豹乐圃亦会安排学员参与小区及外展服务，包括长者音乐欣赏班，从而培养学员对社会的责任及团队精神，并将音乐文化带给社会不同年龄及阶层的人士。

这座建筑在复修后将会尽量保留其大宅及花园的原来模样，包括原有的艺术雕饰等，另外亦会于花园复制一些当年别具特色的塑像，回复别墅昔日的气氛。并且设有展览区，展示建筑物的历史及建筑特色，开放给市民参观。

（二）必列啫士街街市

这座街市建于1953年，楼高两层、设计属包浩斯风格，以实用为主，是二次大战后本港市区首个该类型的街市。这街市位于美国公理会布道所旧址，孙中山先生亦曾于该处居住和领洗，属三级历史建筑。

委员会一共收到15份申请，部分建议书的质素相当高，竞争颇为激烈。委员会最终拣选了由新闻教育基金香港有限公司的建议，将街市活化为香港新闻博览馆。在五个评审范畴中，委员会在社会价值这方面给这项目极高的分数。委员会认为香港是一个重视新闻及言论自由的城市，成立新闻数据馆，不但可以收集及整理日渐湮没流失的珍贵报业档案旧物，亦可以推动新闻通识教育、提升新闻从业员的质素及促进新闻界的交流。

由于必列啫士街街市所处区域是香港报业的发源地及香港最早期报刊出版的地方，将必列啫士街街市活化为新闻博览馆，能将中西区报业发展的历史传统继续保留；博览馆亦会展示有关孙中山先生和街市的历史联系，以彰显建筑物的历史重要性；由于新闻博览馆是香港首座新闻资料馆，这将令街市成为另一文化地标。

（三）前粉岭裁判法院

这座建筑建于1960年代，是新界第一座裁判法院。建筑物正面外墙有窄长形窗户，属新古典建筑风格，是当时典型的城市建筑。它现被列为三级历史建筑。获选活化这建筑的是香港青年协会，它会把法院活化为香港青年领袖发展中心。

与其他获选项目一样，委员会对这项目所带来的社会裨益十分重视。获选机构会在活化后的法院内为青年人提供有系统及全面的领袖训练，从而培育更多优秀人才，在社会各行业发挥领袖才能，推动香港各方面的长远发展。这个项目另一吸引委员会的地方是它将透过与香港大学通识教育部合作，制作智能手机程序（APP）。公众可透过智能手机，重现建筑物的保育过程和历史意义。另外活化项目完成后，部分保留下来的前法院设施会开放给市民参观，中心亦会安排导赏团给公众人士，帮助市民了解旧法院以及香港法律的历史。而导赏团的路线除了前裁判法院这幢建筑外，亦包括整个新界北区其他的历史文物景点，例如龙跃头文物径、客家围、旧联和墟市场等。

总结经验及启示

从过去三期12个获选项目的评审经验可见，委员会对建议项目所带来的社会裨益详加考虑。大部分获选项目除了能达到文物保育外，亦能推动香港社会在艺术文化、创意工业、旅游、中医药业等范畴的发展。同时这些历史建筑大多位于较旧的小区，获选的项目能引进新经济活动，对当地小区带来正面效应，吸引人流及创立新地标，为旧小区注入新动力。

委员会亦留意到这些历史建筑很多时都难以恢复其原有的用途，故此委员会在评审建议时主要考虑到有关建议的新用途是否与原来用途相配合，以及项目对公众的开放程度。

就财政可行方面，由于活化计划要求申请机构经营社会企业及在财务上自负盈亏，故此委员会认为申请机构是不应过分依赖捐款或其他形式的资助，只有在极其困难的时期，捐款或可视作后备入息来源。委员会因此并不会考虑申请机构筹集捐款的能力及有关捐款的数目。技术范畴方面，委员会发现大部分申请均能符合保育及现行法例的要求，包括设立走火通道、无障碍设施等。但仍有部分建议书提出的活化建议对现有历史建筑的改动颇大，违返了"最少干预"的保育原则，委员会对此并不能接受。

综观三期活化计划，委员会采用五个清晰而客观的评审准则选出了12个具创意的活化项目，每个项目均需符合这五个准则并且取得较高的评分才会获选。这些项目不单将破旧及闲置的历史建筑翻新及复修，并且赋予建筑物新的用途及新生命，让市民可参观有关建筑物或享用其设施。这五个评审准则既客观且合理，值得继续沿用。

林筱鲁　活化历史建筑咨询委员会委员

建筑遗产保护与再利用的设计方法
——同济大学建筑与城市规划学院和法国夏约高等研究中心查济联合教学案例

周俭　邵甬

　　"文物建筑"不应当被认为一件孤立的艺术作品，它是某个社会在某个特定时期的一种有形的文化表达。因此，对建筑遗产进行科学的再利用需要对其物质特征、演变过程、社会文化作用进行系统的研究，同时还需要从城镇或村落现在的功能发展（转型）的视角去比选恰当的功能，从而使它继续成为当代社会生活的一部分。

　　建筑遗产保护与再利用是一个融为一体的过程，不应该相互分开。这一过程包含了遗产特征认知、遗产价值解读、建筑病理诊断以及保护与再利用设计四个阶段。遗产特征的认知、遗产价值的解读和建筑病理诊断是保护与再利用设计的基础研究工作，其中建筑病理诊断是针对建筑安全性和适用性（特别是在结构和材料方面）进行科学的分析判断，为修缮和修复设计提供技术性依据，同时也可为建筑再利用提供限制性的条件；而遗产特征的认知和遗产价值的解读则是从历史、文化、艺术、科学、传统、技艺、空间、环境、景观、社会等多方面去判断某个建筑遗产其自身独特性以及在使用上和与城镇（村落）的发展上存在的问题。

　　建筑遗产的保护与再利用设计是一个综合修缮、修复设计与利用设计的复合性工作。某个建筑遗产如果要谈到"再利用"，往往其原有的使用功能已经消失或衰退，也有因为现有使用功能会对建筑遗产的保护产生负面影响时而提出使用功能变更的"再利用"需求。不论哪种情况，"再利用"的核心首先是使用功能的确定。这需要综合两方面的因素来考虑：建筑遗产如何结合所处环境融入城镇（村落）的发展并为发展作出重要的甚至是关键性的贡献，同时要根据建筑遗产本身的特征和价值保护的要求排除在空间使用上和安全性上可能会对建筑遗产造成损害的使用功能；其次是设计。一个好的保护与再利用设计应该将建筑遗产的修缮、修复和再利用统一考虑，特别是对已经缺失的部分是否要修复（部分后全部）的判断是极为重要的工作，这在未考虑再利用的修缮修复或保护与再利用分开考虑的情况下是不可能实现的。

因此，在遗产特征认知、遗产价值解读、建筑病理诊断的任何一个阶段，对建筑遗产"再利用"的分析是一直贯穿始终的。

一、综合分析

（一）认知阶段

目的：认知阶段的工作重点是从不同的历史层面、从区域环境的角度了解建筑遗产及其环境的变化以及本身的特点，对于地理特征、景观特征等进行记录和描述。强调设计者的亲身体验以及通过"调查"获得第一手资料，而不仅仅是对已有资料的学习分析。

方法：认知工作是从宏观层面着眼，强调对景观的阅读。尽可能全面地发现特征要素以及要素之间的关系，如地形、地貌、水利、植被、农作物、道路、聚落的分布、色彩等。

同时需要分析历史要素的分布特征、建筑群或独立构筑物与周边

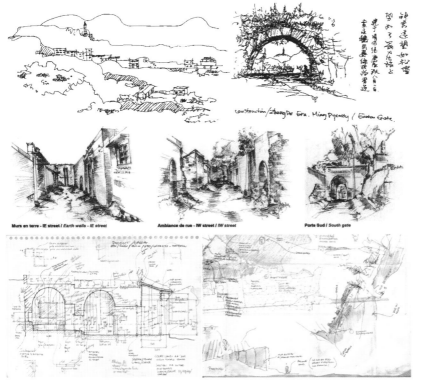

调查记录的资料

种植空间的关系特征等等。其中最重要的是结合地域社会经济文化背景的资料以及现场口头文献的收集，了解区域环境的演变与建筑遗产所处的城镇（村落）发展之间的关系。

"访谈"是认知阶段极为重要的工作，目的是为了将历史环境"还原"为一个生活场所加以认识。因此，寻找当地的老人，通过访谈并记录其"口述历史"是调查认知的一个重要内容。同时通过访谈还可以理解现代生活方式与传统空间之间的关系，了解使用者的需求，为设计阶段的保护、修复、利用提供科学的依据。

整个过程是一项集观察、思考与研究于一体的过程，它不是简单的单个要素的数据采集记录，而是试图发现特征要素以及要素之间的历史关系。

（二）解读阶段

目的：解读的过程就是在观察要素的基础上"破译"要素之间的关系特征的过程，理解该遗产所具有的共性和特性，从而为确定保护措施中如何维持和增强遗产特征提供具有说服力的依据。

方法：解读工作主要在中观层面开展，对物质要素和社会人文两大方面分析。前者通过观察公共空间、公共建筑体系、道路体系、民居院落、民居建筑进行空间肌理分析、空间结构分析、空间类型分析、街巷组织分析、建筑类型分析等等；后者则通过现场的口头文献的收集，了解使用者与使用空间之间的关系。

口述历史的访谈与记录

在微观层面，从文物建筑的周边环境出发，了解文物建筑所处的地形状况、水系状况、公共空间的状况等等。然后对文物建筑进行测绘，制作平、立、剖面图，了解建筑的空间组织、建造材料和结构、装饰等。最后需要观察文物建筑的病理特征、材料结构等的状况。

主要要了解建筑在选址、空间构成、维护结构、支撑结构、装饰等方面的关系，特别是要了解不同历史时期建筑的使用功能与物质空间的关系。

（三）诊断阶段

目的：诊断阶段需要确定遗产最主要的问题及其形成原因。通俗地说就是需要辨认病理的特征，并且要诊断病因。

方法：在宏观层面需要通过对现状社会文化背景的分析，诊断目前村落在经济发展、空间拓展、交通、景观等方面的问题。在中观层面针对街区物质空间的状况以及引起物质空间问题的宏观社会、经济和文化等方面的原因。在微观层面需要了解不同的建筑病理现象的成因，

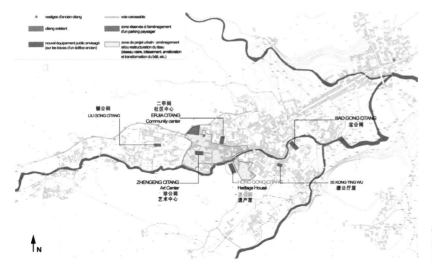

留公祠
LIU GONG CITANG
二甲祠 社区中心
ERJIA CITANG Community center
宝公祠
BAO GONG CITANG
ZHENGENG CITANG
Art Center
珍公祠 艺术中心
HONG GONG CITANG
Heritage House
洪公祠 遗产屋
DE KONG TING WU
德公厅屋

N

从查济村落功能发展规划的角度比选建筑遗产再利用的功能

特别需要辨别相似病例现象的不同病因。如物质状态的保存状况、破坏状况;如同样的墙面倾斜的病象,需要辨别是因为屋顶塌陷、地基下沉还是雨水上渗等原因造成的。

　　许多历史建筑"年久失修"不是简单的保护资金匮乏的问题,而是从"功能丧失"到"意义消失"再到"物质缺失"的过程。因此如果没有新的功能,花巨资的好心修缮往往也是不可持续的。

二、新功能比选

(一) 城镇 (村落) 发展规划层面

　　在综合分析阶段,对"再利用"的思考是一直在进行中的。在宏观和中观层面,建筑遗产所处的城镇(村落)的社会经济发展水平和需求是判断建筑遗产再利用的重要依据。建筑遗产再利用的目标是借助其独特的建筑价值,使其成为所在城镇(村落)最富有吸引力的项目之一,最理想的情况是成为一个最有特点、最具吸引力的公共场所。因此,其在城镇(村落)中的具体区位以及其周边的功能条件、交通条件等是其再利用功能分析的重要依据。

　　从这个意义上看,城乡规划是建筑遗产再利用功能研究的重要层面。通俗地说,就是建筑遗产所在的城镇(村落)目前缺什么?将来需要什么?以及建筑遗产所在位置缺什么?将来会发展什么?都可能是再利用可以考虑的功能。只有将建筑遗产再利用的功能融入到城镇(村落)的发展功能中去,才能建筑遗产的价值得到充分的发挥,也才可能使建筑遗产得到持续的保护。

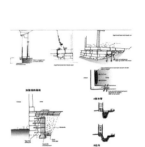

查济洪公祠的北立面的基础加固设计

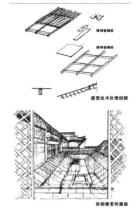

查济洪公祠二进院落屋檐的修复同时采取了"传统"和"现代化"材料的结合应用

展览空间

设计成果开幕式（左）

在查济包公祠堂举办成果
展览　（右）

（二）建筑遗产自身条件层面

在微观层面，建筑遗产本身的特点既是再利用的制约也是再利用
的优势所在。不同类型、不同规模、不同空间和结构特点的建筑所适用
的功能类型是不同的。为了不损害建筑遗产的价值，针对具体的建筑
遗产，基础性的调研和分析是十分重要的（如"综合分析阶段"所述）。
这些调研不仅仅是单纯为了维修和修复，同时也需要考虑其不适宜的
使用功能。与此同时，正因为不同建筑遗产的特征不同，特别是空间形
式和规模，往往特别适宜某些功能的使用，这时便需要结合城乡规划
的分析进行比选并予以确认。

应该注意的是，建筑遗产再利用功能的最终确定需要与所在地的文
化传统不相冲突，比较好的方式是将再利用的设计方案进行公开展览。

三、设计方案

设计阶段包括了四个方面的内容：保护、修复、利用、增值。

保护：鉴别确定需要真正保留下来的有价值的要素。包括建筑遗
产的环境景观要素和特征、聚落空间的要素和特征、建筑具有特征性的
空间布局、架构、装饰等等内容。具体的方法包括维护、加固等。（图4）

查济洪公祠再利用平
面布局设计——遗产
堂

修复：根据价值判断以及再利用的可能用途，决定是否恢复或恢
复多少已经消失的部分。如果恢复应保证其可读性，同时还要考虑采
取谨慎的表达方式，完全仿造并不是唯一的方法，最终结果是保持建
筑物整体的和谐与平衡。

利用：或者叫再利用。在再利用功能用途的确定需要综合宏观的
城镇（村落）、中观的街区（群体）的发展需求以及存在的功能性问题的
解决，在微观层面慎重考虑建筑遗产本身的价值保护要求和空间特征，
在遗产价值的永久保护与建筑再利用功能和措施的可逆性之间达成平
衡，在传统建筑空间和建造工艺与现代功能空间和建造标准之间达成
平衡，在本地人（居住功能、文化功能、宗教功能等）与外地人（商业功

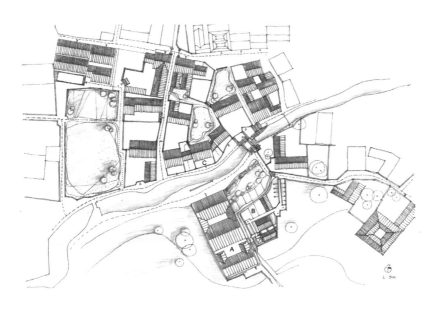

查济洪公祠遗产堂周边功能与环境设计——A遗产堂，B临时手工作坊，C教室

能、旅游功能等）之间达成平衡。因此，再利用设计既要考虑空间的物理特性，更好地适应现代的功能需求，同时也要考虑社会发展与文化的意义，这样的再利用方式才是可持续的、被接受的。

　　增值：通过整治和修理周边的环境，使建筑遗产、街区、城镇（村落）的整体环境更加和谐、富有特色。同时，因为再利用而对遗产建筑进行的任何改变（包括修复）不仅不应该损害或掩盖建筑遗产的价值，而是使这些改变成为建筑遗产的有机部分，更加彰显建筑遗产的特征，甚至成为其价值构成的一部分。

周俭　邵甬　同济大学

试论历史建筑活化利用中的公众参与

谭镭

摘要

文化遗产保护中的公众参与是近年来逐渐受到关注的一部分，其重要性也日益得到认同。而对于建筑遗产的活化利用也在文化遗产保护进一步发展的过程中被提上了议事日程。香港近年推行了关于活化利用的活化历史建筑伙伴计划。本文就该计划中对活化利用过程中的公众参与的关注及已实施的计划中该部分内容的效果进行分析，从而探讨在对历史建筑的活化利用过程中，应如何权重这一方面的内容。

关键词：活化历史建筑伙伴计划，香港，公众参与，活化利用，历史建筑

Abstract

The essay is about the situation of public participation in the revitalisation of historic buildings in China, especially in this case, in Hong Kong, an SAR of China, who established a scheme called Revitalising Historic Buildings through Partnership Scheme in recent years. Public participation in cultural heritage conservation has been drawing more and more attention and its significance has been recognized. On the other hand, how to revitalise historic buildings to make the best out of them is also under discussion. Via analysing the impact of public participation and the attention to it in the scheme mentioned above, the essay will discuss how we should weigh public participation in revitalising historic builidngs.

Keywords: Revitalising Historic Buildings through Partnership Scheme, Hong Kong, public participation, historic buildings

一、总述

随着我国文化遗产保护工作的进一步展开，越来越多的历史建筑的价值被逐步地认识到。逐渐增长的数量和不断丰富的建筑种类给保

护工作提出了一个新的挑战。正如《加拿大古迹保护标准及导则》[1]中所提到的：持续的日常维护是最简单、最有效以及最平实的对建筑进行持续保护的方法。[2]持续的日常维护需要建筑的使用者去实施。但我国的历史建筑在时代更迭的过程中大部分已丧失了原来的功能，其产权和使用权也常常几经易主。适当的使用功能和可靠的使用者对历史建筑的日常维护起到至关重要的作用。因此在未来的保护工作中，除了对于建筑本体的保护工程逐步展开以外，后续的保护利用也成为一个亟待讨论和思考的问题。

但对历史建筑的保护利用的参与者绝不仅仅是使用者或管理者，跟文化遗产保护的其他环节一样，其公众参与是必不可少的。首要原因是文化遗产本身就是社会生活及发展的产物，它的诞生、延续和发展都与公众密不可分。历史建筑本身作为地区发展过程的见证以及多方面突出价值的载体，其存在及保护应得到当地社区及民众的广泛关注及参与；作为其中与当代社会结合特别紧密的一个类型，它就存在于公众身边，它包含了公众的集体记忆。作为文化遗产，它是社会公众教育的教材，是该地区历史及社会发展的载体；对于它们的保护，需要公众的集体参与和监督。

因此在讨论历史建筑的保护利用问题时，如何在决策和实施过程中提高公众参与的程度，以及活化利用之后的成果如何反馈于公众，使公众有所得益（包括教育及社会裨益），是其中不可忽略的一部分。

关于历史建筑的活化利用，我国香港地区近年已作出了不少的尝试。这些尝试既是政府主导的针对文化遗产保护的具体措施，也包含了香港社会公众对本地区文化遗产保护和了解的需求。而近年推出的活化历史建筑伙伴计划即为其中一项。

二、香港文物保育工作中的公众参与

在香港的文物保育工作中，公众参与是其中的重要一环。在香港，与公众参与相关的角色有[3]：

政府。政府负责制订文物保育政策和执行相关措施，并透过不

[1] Standards and Guidelines for the Conservation of Historic Places in Canada, 2010。

[2] "Ongoing maintenance is the simplest, mosteffective and least glamorous method toensure the lastingconservation of buildings. "——Standards and Guidelines for the Conservation of Historic Places in Canada, Chapter 4, Section 4.3 Guidelines For Buildings , pp.128。

[3] 《香港文物保育政策通识教材》课题三《公众参与@文物·保育》。

同方式,进行公众教育和宣传工作,让公众认识其政策方向、了解各项措施的执行情况,并参与其中。活化历史建筑伙伴计划即属于其中一项。

学术机构及专业团体。学术机构主要包括各大专院校和研究所。主要从事教育和研究工作。专业团体由各相关专业的业界人士组成。包括香港建筑师学会(HKIA)、香港工程师学会(HKIE)、香港规划师公会(HKIP)、香港测量师学会(HKIS)等。这些专业团体就文物保育政策提供意见,并作出研究和提供相关专业服务,还会举办活动增加市民对文物保育的关注。

非政府组织。非政府组织独立于政府及商界,他们通过发起社会行动推动市民参与文物保育议题、出版刊物提高市民的文物保育意识,同时举办各类公众教育和宣传的活动。

市民。市民作为历史建筑的持份者[1]可主动向政府相关部门表达自己的立场和意见,或自行就重要文物保育议题组织关注组,筹办各种活动和发表意见。[2]

因此,在香港文化遗产保护工作的各个环节中,公众参与是得到鼓励及重视的。而在活化历史建筑伙伴计划中也体现了这一点。

三、活化历史建筑伙伴计划

(一)背景

香港特别行政区行政长官在2007~2008年度《施政报告》中公布,香港特区政府会在未来数年致力推动文物保育工作。有关工作将有清晰的文物保护政策声明作为根据,并会采取一系列相关及创新的措施,以便运用预留作文物保育工作的公共资源。有关措施包括推行活化历史建筑伙伴计划,作为政府文物保育政策一系列措施的主要部分。根据活化计划,非牟利机构将获邀提交建议,以活化指定的历史建筑,而

---

[1] 从英文stakeholder翻译而来,内地译作"利益相关者"。即在某一组织、议题或事件上拥有相关利益连系和考量的个人或群体。因此就着某一组织、议题或事件作出讨论和决策时,需要考虑和咨询这些个人或群体的意见。例如活化一栋历史建筑,政府、建筑物的业主、租户和附近居民等,都是持份者。Freeman, R. Edward, Strategic Management: A Stakeholder Approach.Boston: Pitman, 1984.香港文物保育政策通识教材,香港发展局文物保育专员办事处/古物古迹办事处,2010.Freeman, R. Edward, Strategic Management: A Stakeholder Approach. Boston: Pitman, 1984. 活化历史建筑伙伴计划申请指引,香港发展局文物保育专员办事处http://www.heritage.gov.hk/tc/rhbtp/application_arrangements3.htm.

[2] 《中华人民共和国文物保护法》,2002年。

建议用途须以社会企业（社企）[1]形式营运。香港政府已分别于2008年2月和2009年8月推出了第一、二期的活化计划。同时已成立由政府和非政府专家组成的活化历史建筑咨询委员会，负责审议接获的建议书和就相关事宜向政府提出意见，以及监察成功申请机构日后的运作情况方面。在过去两期中有9个项目获选。第三期也于2013年2月22日公布了获选项目。

（二）政策措施及审核指引中体现的公众参与

在香港政府公布的最新一期《活化历史建筑伙伴计划申请指引》中，提出了该计划的宗旨：

1. 保存历史建筑，并以创新的方法，予以善用；

2. 把历史建筑改建成独一无二的文化地标；

3. 推动市民积极参与保育历史建筑；

4. 创造就业机会，特别是在地区层面方面。[2]

其中第三和第四条都与公众参与相关。第三条包括了在决策和实施过程中公众可参与的咨询活动，以及历史建筑被活化利用之后公众在历史建筑中可受到的教育和裨益。而第四条则与历史建筑所在地区的社区服务相关，香港政府在此尤其强调了历史建筑的活化利用应该裨益于其所在的地区，为该地区创造就业机会。这与一栋历史建筑作为该地区的文化地标和社会发展历史信息的载体的地位是相契合的。

此外，指引中亦提出了对审核申请机构提交计划的标准共五项，其中第三项[3]为：

---

[1] "社企没有统一的定义，而这个概念亦正在不断演变。一般来说，社企是一盘生意，要做到可以赚取盈利和以自负盈亏形式营运。不过，社企机构的主要目标不应该是追求最大利润；最重要的，是要为小区带来社会价值。此外，社企所得的利润亦不可分发，而应该主要再投资于本身业务或社会，以达到社企所追求的社会目的。"《活化历史建筑伙伴计划申请指引》，第14页。

[2] 《活化历史建筑伙伴计划申请指引》，第1～2页。

[3] 其余四项分别为：（a）彰显历史价值及重要性：建议如何彰显有关建筑的历史价值或重要性；如何保存建筑真确性；建议的性质如何配合历史建筑的原有用途；计划如何把历史建筑改建成独一无二的文化地标。（b）技术范畴：保育概念计划及设计意念、设施明细表、符合现行规定（如符合《建筑物条例》（第123章）的规定）、环保元素，以及翻新历史建筑的建设成本。（d）财务可行性：业务计划的财务部分、预期收支预算表、开办成本、假设的营业额及销售成本的计算基准、对有关服务的需求、假设的开支项目的计算基准、员工薪酬开支预算表、成本控制措施、财政可持续性、非政府资助来源，以及需要政府多少财政资助（如有）以支付开办成本和营运赤字。（e）管理能力及其他考虑因素：管理能力（包括组织体制、是否有足够资源推展有关计划、过去推行相关计划的记录（如有）、投入程度等）、申请机构的历史、宗旨、所提供的主要服务、经费来源、第三者支持、任何跨界别合作等。委员会会一并评审协办机构在这方面的表现。

5. 社会价值及社会企业的营运：业务计划的非财务部分、计划的目标、计划简介、对于社区的裨益、有形和无形的社会价值、计划服务对象、历史建筑开放予公众的程度，以及预期创造的职位。

这一项在总体评审标准中占据约20%的比重，在对该条的注释中，指引特别指出：历史文物是我们独一无二的宝贵资产。申请机构应在不影响社企营运的情况下，让公众欣赏全部或部分历史建筑。申请机构可划出建筑物的部分范围作为博物馆或展览场地，或可利用接待处及／或走廊作为陈列区，以彰显建筑物的历史重要性。申请机构应在适当情况下，容许公众免费进入上址范围。申请机构亦应尽可能安排开放日及导赏团。

即在申请机构提交的计划中，应考虑到公众对历史建筑的可达性，包括有多少比例的面积以及建筑的哪一部分作为对公众开放的区域，同时应安排开放日。同时从该标准中可看出，该计划也很注重历史建筑在活化之后对附近社区的裨益，如创造就业机会等。

（三）决策及审议过程中的公众参与

决策与审议过程中所涉及的公众，除了泛指广大市民之外，还包括社会各界的专业人才，以在审核过程中提供专业意见，使决策者在做出决议时，可以在保护利用的前提下平衡社会各界的利益。因此，在组建活化历史建筑咨询委员会时，为"配合广邀公众参与文物保育工作"的主导原则，邀请来自历史研究、建筑、测量、社会企业、财经等界别的非官方成员。其职责包括就该计划提供意见，协助审核活化计划的申请书，以及监察成功申请的机构在计划实施过程中的运作情况等。

此外，对于广大的社会公众，亦将被邀请参与到审议过程中，主要以公众咨询的形式进行。按照《申请指引》中规定，申请机构应按规定拟备所需的简介资料，包括影像和文件，并出席参与公众咨询。最后所有的获选计划将在香港多个区域进行巡回展览，介绍获选的活化项目。

前两次活化计划中在历史建筑所在地区举行了若干次公众论坛，如2009年12月19日举办的"'活化历史建筑伙伴计划'在深水埗的利弊得失论坛"，但公众认为在前两次计划审议过程中公众参与的程度较低，在论坛举办时已到了审议阶段，公众讨论的余地太小。[1]因此在第

---

[1] 2009年3月16日香港电台制作电视节目《议事论事——活化历史建筑伙伴计划》提要：政府的保育政策强调保留和活化历史文物建筑，让公众及下一代共同分享，可是，作为受众–在有关政策的制订和落实能够参与多少？最近标榜以崭新概念出台的首轮"活化历史建筑伙伴计划"，有舆论批评有关政策始终摆脱不了由政府主导的思维，公众意见仍未能有效受到重视。

三期计划接受申请的活化项目公布后，活化历史建筑咨询委员会随即举办公众论坛，让利益相关者或当区的居民有机会发表意见，方便申请机构因应公众意见，制定标书内容。

对于活化计划的申请机构，从制订计划至入选，如果能持续通过公众论坛获取民意，并做出修改，整个计划的审议和决策过程以公开透明的形式向公众公开，保证利益相关者享有知情权和话语权，最终的成果将更符合各利益相关者的利益，同时可节省申请机构修改计划的次数和投入。

此外，从计划开始到投递申请到两轮评审的过程，都会即时在政府网站上公开，以方便公众同步获取资讯，并及时提供建议和意见。更新的资讯包括投递申请的数量、评审的会议记录、公众论坛所征询意见的记录等。

（四）计划实施过程及投入使用后的公众参与

审议与决策之后的公众参与，主要分为计划实施过程和投入使用后公众在计划中所受裨益或影响，以及公众通过各种途径对这些影响的反馈。

1. 计划实施过程中的公众参与

计划实施过程中的公众参与，主要以一般市民或机构通过个体或媒体的形式对计划实施过程进行监督。这种监督的前提包括政府对这些计划的进程跟踪结果的及时公布，或者该栋建筑在改造过程中对公众传达的信息，如是否与其所提交计划一致等。此外获选机构实施其计划的方式也会引起广泛的关注，尤其是涉及对原使用者的动迁的，如蓝屋的活化计划中包括了先将居民迁出修缮后作为居住功能的部分仍将原住民回迁，而回迁之后的租价是否提高，提高多少，引起了社会广泛的讨论。

2. 投入使用后的公众参与

在一般公认的概念中，公众参与主要以公众讨论监督、参观或使用该历史建筑为主。事实上，历史建筑在活化之后对社区的影响和作用也是公众参与的一个重要组成部分。除了具有展示的作用之外，社区居民的参与也是其中的一项。在活化历史建筑伙伴计划中，投入使用之后的公众参与主要包括为社区提供的就业机会、历史建筑对公众平日开放以及定期举行的开放日等等。

目前已投入使用的基本为第一期计划中的项目，共六处，第二期主要处于动工阶段。第一期的六处项目在计划实施过程中及营运后均创造了不少就业岗位。其中营运创造的为周边社区创造的就业机会分别为：

历史建筑	活化后用途	创造就业
北九龙裁判法院	萨凡纳艺术设计（香港）学院	147（营运全职）67（营运兼职）
旧大澳警署	大澳文物酒店	10（营运全职）10（营运兼职）
雷生春	香港浸会大学中医药保健中心——雷生春堂	27（营运全职）
前荔枝角医院	饶宗颐文化馆/香港文化传承	53（营运全职）47（营运兼职）
芳园书室	旅游及教育中心暨马湾水陆居民博物馆	6（营运全职）40（营运兼职）
美荷楼	美荷楼青年旅舍	42（营运全职）63（营运兼职）

历史建筑活化后所提供的就业机会，是历史建筑活化对社会公众除了保存文化遗产之外的重要社会裨益之一。活化后的历史建筑为周边的社区提供就业机会，可以提升社区居民对该历史建筑的关注和认同感，从而达到公众教育的目的。

此外，对于公众可达性，尽管在申请指引中明确规定各活化计划应保留一定的面积或区域向公众开放。但这一项，由于没有规定一定的百分比，在过去两期的计划中对公众开放的面积仍然相对比较少。这一点也在公众对活化计划的讨论中受到比较多的批评。现在已投入运营的项目中，除了本来就作为展陈或社区活动中心功能的建筑以外，每一栋建筑大约仅有低于20%的面积是向公众开放的，这已是在计划中的每一栋历史建筑均为公共资产的前提之下。尽管在每一份计划书中，都被要求指出该计划将带来何种社会裨益。前两期对于这一点的关注都是比较笼统的。在经过前两期的公众讨论之后，第三期的计划书中开始出现了对开放区域的更多关注。可见公众的讨论对于计划的进一步完善是有一定的影响力的。当然，如果由于功能的原因实在不能实现对公众开放更多面积，增加开放日也是其中一种方式。

四、内地建筑遗产活化利用中关于公众参与的现状及建议

（一）现状

目前，内地的建筑遗产在保护利用方面的限定比较严格。《中华人民共和国文物保护法》第二章不可移动文物中关于保护利用的规定有

以下两条：

第二十三条　核定为文物保护单位的属于国家所有的纪念建筑物或者古建筑，除可以建立博物馆、保管所或者辟为参观游览场所外，如果必须作其他用途的，应当经核定公布该文物保护单位的人民政府文物行政部门征得上一级文物行政部门同意后，报核定公布该文物保护单位的人民政府批准；全国重点文物保护单位作其他用途的，应当由省、自治区、直辖市人民政府报国务院批准。国有未核定为文物保护单位的不可移动文物作其他用途的，应当报告县级人民政府文物行政部门。

第二十六条　使用不可移动文物，必须遵守不改变文物原状的原则，负责保护建筑物及其附属文物的安全，不得损毁、改建、添建或者拆除不可移动文物。对危害文物保护单位安全、破坏文物保护单位历史风貌的建筑物、构筑物，当地人民政府应当及时调查处理，必要时，对该建筑物、构筑物予以拆迁。

从用途上，第二十三条中的规定主要是鼓励将建筑遗产作为展示或保管场所为主，初衷实际上也是为了保证大部分的国有建筑遗产能保证对公众开放。但实际情况是现在有很大一部分的国有建筑遗产并不一定适合作为博物馆或作为景点供公众参观。而对于作为其他用途的建筑遗产在利用过程中如何保证对公众的可达性，则目前还没有详细的规定。

随着现代社会信息化的迅速发展，对于建筑遗产在利用过程中的公众监督影响也在不断扩大。近年通过公众举报和媒体报道而被曝光的不当利用的案例不断增多，也促进了管理部门对这些问题的清查。但是对于比较得当的保护利用案例，由于没有合适的法律法规提供支持，针对建筑遗产的保护利用也没有比较具体的计划或措施，公众的认知和关注是比较缺乏的。

（二）建议

随着建筑遗产保护利用的议题日益引起关注，对其制定管理的规章是迫在眉睫的。但正如前文所述，在对建筑遗产保护利用的过程中保证公众的参与是不可或缺的一部分。因此，希望在制定相关规定时，对以下几个方面能有相应的条款：

在方案制定及审核过程中应保证向公众公开，并及时更新信息；

在信息公开之后应举行或鼓励一定次数的公众讨论会或听证会，尤其是针对该利用方案中可能牵涉到的利益相关者，以加深公众认知并广泛听取意见。

在决策及方案实施的过程中，应接受公众监督。

对于国有建筑遗产的保护利用方案中，应保证有一定百分比面积作为对公众开放的区域，并应设定每年数次的开放日，以保证公众可达性。

关注该保护利用方案对于建筑遗产所在社区的裨益。

五、结论

总体而言，香港地区的历史建筑活化利用中的公众参与相对内地而言是比较活跃的。综观其原因主要有以下几点：

首先，香港地区对历史建筑的活化利用开展得比较早，同时对于文物保育的公众教育活动比较丰富，通过政府和媒体的宣传在公众中已形成一定的认知基础，这种认知基础是香港在进行文物保育工作时能形成比较多的公众参与的前提。

其次，相关信息的公开程度较好。针对活化历史建筑伙伴计划，关于每栋建筑的基本的信息、整个计划的流程、提交计划的情况、计划实施的进度等都能比较及时地向公众发布。只有在了解的前提下公众才有可能参与其中。因此信息公开也是公众参与的一大前提。

再次，公众参与的渠道比较多。公众可以以个人或组织的形式，通过论坛、媒体报道、最直接的网络媒体参与讨论并发表自己的意见。同时政府对于公众的意见也会采集成稿，并及时发布。计划实施者对于公众的意见也会有一定的反馈。同时公众还可以通过社区参与的形式实际参与到历史建筑活化之后的营运中。

不足的方面主要是，在计划的决策和审核的过程中，公众参与的程度还有待进一步加深。此外，在法规或管理条例的制定之初，对于公众参与方面的内容虽然有明确的提出，但应有更具体的条款支持。这一点恰恰是内地在进行关于建筑遗产的活化利用的前期可以特别关注而避免走弯路的。

综上所述，对于建筑遗产的活化利用，在活化过程中公众参与能产生积极的影响，是促成建筑遗产被更好地保护利用的条件之一；而在活化之后的使用运营过程中，公众参与又应作为活化利用的其中一个目的，从而使建筑遗产的活化利用除了能起到保护作用之外，还能带来社会裨益，最终达到加强公众对于文化遗产的认知及对文化遗产保护的关注的目的。

谭镭　清华文化遗产保护研究所

参考文献：

1　"Standards and Guidelines for the Conservation of Historic Places in Canada"，2010。

2　香港发展局文物保育专员办事处/古物古迹办事处：《香港文物保育政策通识教材》，2010年。

3　Freeman, R. Edward：《Strategic Management: A Stakeholder Approach》，Boston: Pitman,1984。

4　香港发展局文物保育专员办事处：《活化历史建筑伙伴计划申请指引》，网址：http://www.heritage.gov.hk/tc/rhbtp/application_arrangements3.htm。

5　《中华人民共和国文物保护法》，2002年。

6　《活化历史建筑伙伴计划搜集所得意见及初步评估结果》，网址：www.aab.gov.hk/form/AAB11-A2-chi.pdf .

古迹价值优先与保存再利用

阎亚宁　郑钦方

摘要

文化资产保存价值优先的观念在国际上已是普遍的共识，无论在保存修复以及再利用阶段皆是如此。由于文化资产多属兴建时间久远，于再利用过程中，与现代建筑、消防等法规多有抵触，因此如何于修复与再利用实务中确保保存价值优先是一项重要的课题。

台湾文资法于第22条中明定："为利古迹、历史建筑及聚落之修复及再利用，有关其建筑管理、土地使用及消防安全等事项，不受都市计划法、建筑法、消防法及其相关法规全部或一部之限制。"这是一项重要的突破。本文研究以文献与案例分析方法，探讨该法令执行的主要架构与成效。

研究结果发现：价值评估应与国际观念接轨，并结合本土特质，以建立清楚的指认流程与评估方法；保存再利用程序中，应结合减灾（Disaster Mitigation）观念强化价值的保存；价值的评估、指认与保存，应于各个前期研究、修复及再利用阶段持续进行。

关键词：价值评估，保存再利用

Abstract

Value priority in the conservation and reuse of cultural heritage has been an international awareness. Most heritages were built for a long time. It is difficult for their physical condition to meet the modern codes as well as preserving the important values. How to integrate the value priority and the needs of reuse has become an important issue in the field of conservation.

In 2005, Taiwan had amended and promulgated the cultural heritage preservation Act. Article 22:

To facilitate the restoration and reuse of Monuments, Historical Buildings and Settlements, matters relating to the construction management, land use and fire safety of such sites shall be exempted, in whole or in part, from the restrictions of the Urban Planning Law, Building Code, Fire Act and other related laws and regulations….

It is an advanced announcement to declare the value priority policy. This research takes theses review and case study methods to analysis the implementation framework and the effects of the above Act.

The results are:The value priority concept should integrate the international trend and domestic condition as to establish its implementation process; The disaster mitigation idea has to put into the conservation procedure as an important tool to preserve the value; The value assessment, identification and preservation should be proceeded in the lifecycle of conservation.

Keywords: Value assessment, conservation, reuse

一、价值保存优先

古迹建筑及其附属文物蕴含的文化资产价值，是保存文化资产的核心标的。国际间在联合国教科文组织（UNESCO）的策动下推动世界遗产公约（Convention Concerning the Protection of the World Cultural and Natural Heritage,1972）与世界遗产（World Heritage, WH.）的登录，将保存文化遗产建构在"杰出普世价值"（Outstanding Universal Value, OUV）的重要观念，借由各项配合登录WH的活动以及国际文献（宪章、宣言、文件、指南等），逐步地影响全球各国。

近十余年间，受社会快速变迁与全球化的影响，在价值认知评估方面，除了最重要的"真实性"（Authenticity）与"整体性"（Integrity）外，明显的加强了"多样性"（Cultural diversity）的思考。在正向发展方面，积极考虑保存的社会功能与经济功能；为了强化民众的参与，2008年公告了"文化遗产的诠释与呈现宪章"（The Charter On Interpretation and Presentation of Cultural Heritage Sites），另一方面，2011年的国际古迹遗址理事会（International Council of Monuments and Sites, ICOMOS）第十七届大会，更以"将文化遗产作为发展的驱动器（Heritage, Driver of Development）"作为主要宣示，也标志着文化资产在未来将承担着更为积极的社会责任。

台湾文资法自1982年开始施行，对"价值"的总体描述为"历史、文化、艺术"，2005年修法时加入了"科学"；这四项价值于"古迹"的进一步界定则载于"古迹指定及废止审查办法"第2条的6项。综归上述法条多为抽象定义，在相关条文中亦未说明如何落实，致使"文化资产价值评估"的核心议题，在文资法施行近三十年间仍处于模糊论域，遑论与国际观念的结合。在未能取得共识的情况下，修复的原则、质量以及再利用的基准等议题，在实务上与法令规范的落差甚大，社会颇有非议也就在所难免。近年来在台湾推动申报世界遗产准备工作影响下，"OUV"和"古迹价值优先"的重要性逐渐受到重视，但仍未能在法令和实务上形成运行机制。

《世界遗产公约执行作业指南（作业指南）》（The Operational Guidelines for the Implementation of the World Heritage Convention, OG）第77款提出10项世界遗产标准，并于第78款指出，必须同时符合"整体性"和/或"真实性"的条件，并有适当的保护和管理系统。

二、真实性的观念与落实

国际对文化资产的保存，藉上世纪30年代的《雅典宪章》和60年代的《威尼斯宪章》的推动已然形成一种普世价值。1972年的《世界遗产公约》及其后续文件，更在操作面上建立起一套世界共通的价值标准与作业规范。1994年的《奈良真实性文件》再次提出真实性观念，并以东方观点提出在地自明性。

以《奈良真实性文件》为基础提出真实性的价值判断，与信息的可信度与真实度有关，并随着不同文化而有差异。《作业指南》基本上延续了《奈良真实性文件》，但因着时间与空间的转变，在指标上做了少许的重要更动，兹表列如下：

真实性条件比较表

奈良真实性文件（1994）The Nara Document on Authenticity		世界遗产公约执行作业指南（2012）The Operational Guidelines for the Implementation of the World Heritage Convention	
形式与设计	form and design	形式与设计	form and design
材料与物质	materials and substance	材料与实体	materials and substance
利用与机能	use and function	用途与功能	use and function
传统与技术	traditions and techniques	传统、技术与管理系统	traditions, techniques and management systems
区位与场合	location and setting	位置与背景	location and setting
		语言与其他类型的无形遗产	language, and other forms of intangible heritage
精神与感情	spirit and feeling	心灵与感受	spirit and feeling
其他内在或外在之因素	other internal and external factors	其他内、外在因素	other internal and external factors

由上表可知，《作业指南》是经由《奈良真实性文件》转化，并增加了管理系统与无形遗产两项指标。指南第109款提出："管理系统的目

的是为现在与未来的世代确定提名遗产将受到有效管理。"一套有效的管理计划必须要"有一系列完整的规划、执行、监测、评鉴与反馈作业"，管理计划必须要能够执行并随时调整。作业指南除了考虑价值判断外，也将后续管理系统加入，即可说明此项观念。

此外，1997年第29届ICOMOS大会正式通过了建立"人类口述遗产和无形遗产代表作"的决议。2000年开始首次申报、评选工作，2001年公布了第一批19个无形遗产。至此无形遗产已普遍受到重视，此观念影响了作业指南，并将"语言与其他类型的无形遗产"加入真实性判断条件，至为合理。

三、整体性的意义与延伸

整体性（Integrity）亦有中译为完整性，与真实性同在《威尼斯宪章》中述及。整体性原指文化遗产建筑或构造不同时期的遗存均应完整尊重之意，随着世界遗产的发展，整体性的意涵已逐渐展开，扩及遗产与环境的整体性、遗产与民众生活一并保存的整体性以及参与保存机制与成员之间合作的整体性。这种扩展的进程，主要可反映在下列几项重要文件上。

（一）世界遗产公约执行作业指南

作业指南由世界遗产委员会（The World Heritage Committee）于1976年定订第一版的草案，经过四年评估修正，在1980年正式公布。随着时代演进全球化观念及环境的变迁等影响，作了14次的修订版本。响应长时间保存观念的演化，以及2004年ICOMOS提出《世界遗产名录的未来行动计划——填补落差》（The World Heritage List : Filling the Gaps – an Action Plan for the Future），《作业指南》在2005年做了一次根本性的版本修正，不仅内容扩充了一倍，并在2005年版本中首次将"真实性"与"整体性"加入作业指南的本文内，作为评估是否具有杰出普世价值的基准。《作业指南》第87~95款中，详细说明"整体性"在评估过程中"应包含显着比例的要素，足以陈述遗产全部的价值"（89款）。

（二）华盛顿宪章

1987年的《华盛顿宪章》（The Washington Charter）由ICOMOS第十届大会通过，宪章指出在社会发展和工业化冲击过程中，对于历史城镇和都市地区维护的各项原则，保存的对象包括了实体和民众的生活文化，并鼓励透过民众参与共同完成。

（三）文化景观相关文件

1992年，世界遗产委员会第10届大会通过，将文化景观（Cultural Landscapes）视为世界文化遗产的一种特殊类型，并在2005年版的〈作业指南〉详细描述其执行方式。这种作法，将文化遗产的视野由单一场所展开扩大人、产业、环境的互动关系，并对其价值和保存提出新的观点。在其影响下，多元的且广域的文化遗产如文化路径、运河、产业遗产等成为人们重新认知文化遗产的新观点。

（四）非物质遗产公约

1997年，第29届ICOMOS大会正式通过了建立"人类口述遗产和非物质遗产代表作"的决议。2000年开始首次申报、评选工作，2001年公布了第一批19个非物质遗产。就观念上的思考，UNESCO于2003年的〈非物质遗产公约〉（Convention For The Safeguarding Of The Intangible Cultural Heritage）虽然与世界遗产的登录无关，但文件的内容已将保存的观念从有形拓展至无形遗产保存，经由各项文件的阐述和诠释，使得人类对于文化遗产保存标的价值与内涵的整体性有了更为深入与全面的观点。迄今非物质遗产和世界遗产虽分属"无形"与"有形"的不同范畴，也各有其"公约"推动保存。但在整体性的观点下，两者整合作为价值的评估重点已然成为重要的国际趋势。

（五）魁北克宣言

2008年10月4日，ICOMOS第十六届大会中，通过了全名为"魁北克经由有形与无形遗产的监护保存场所精神宣言"的《魁北克宣言》，

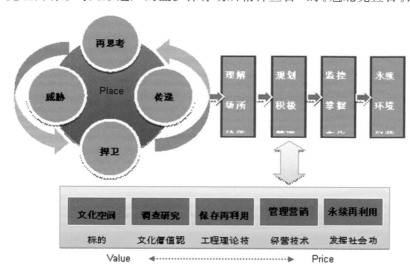

魁北克宣言揭示价值优先的整合性保存观念

正呼应了第十六届的主题"寻找场所精神",文中提到"场所精神的再思考：无形文化遗产可为整体遗产提供更丰富、更完整的意义,所以,所有文化遗产相关立法,都应将其纳入"。以往仅重视有形资产的保存而忽略无形的文化价值,在2008年的魁北克宣言中,说明了基于整体思考而保存的重要性。

文化遗产的保存概念,因观念的改变以及尊重文化遗产多元价值,已由过往的单栋保存扩展至区域的保存概念。就观念上的思考,结合UNESCO于2003年的《非物质遗产公约》,使我们对文化资产保存再利用有了更开阔的整合视野。

四、台湾的情况

台湾对保存的观念起于日据时期,经光复初期至今,已有颇多转变。1982年颁布的文资法至今已跨进了第二个世纪。另因经济的发展与变迁,社会结构也跟着转变;文化资产保护的观念由过去消极的冻结式保存进而发展到积极再利用。

（一）首次颁布1982年5月26日

1982年5月和1995年2月,分别颁布了文资法及其施行细则,并由主管部门共同组织专家学者进行古迹的勘察与指定工作。初期文资法的保存原则以消极的冻结、静态的保存为主,评定古迹的项目也趋向以"等级"来评列,尚无"价值评估"的观念。1997年的1月和5月,分别进行了第一阶段的两次修法,主要是因应行政制度与社会变迁下的观念转变。重要条文如下：

30条：将原貌修复修正增加了"文化风貌"并加入了再利用的观念。

31条之1：增列民众捐资维护古迹可依法列举扣除税额及赞助行政程序。

36条之1：增列私有古迹楼地板面积转移。

（二）修正2000年2月9日

921地震对古迹与历史建筑所造成的重大损伤,突显出当时的文资法无法应变突发事件发生时对"历史建筑"的保护,因而促成了第三次修法。重点包括：

第3条：a.将古迹的内容增加传统聚落和古市街。

　　　　b.将历史建筑增列为第六项文化资产。

第27条之1：增列历史建筑之登录程序及补偿、减税等措施。

第30条：增列文化风貌，古迹修复必要时得采用现代科技与工法，以增加其防震、防灾、防蛀等机能。

第30条之1：列入古迹不受采购法限制。

第30条之2：增列古迹与历史建筑应订定重大灾害应变处理办法。

921地震后，文资法增列了历史建筑，然价值判断却没有"艺术"一项，使得在判断上出现了不同的标准；并提出了"再利用"，即已纳入永续的观念。评定古迹的项目多了"其他有关事项"，显示已考虑多元价值的认同观念。

（三）重新发布2005年2月5日

2005年是文资法实施二十三年来第一次全面性的改变，将事权统一，明确了除自然地景外文化资产的各级主管机关，并强调预防性保存概念的落实、保存与再利用并重、与相关法令政策间之平行整合等。

现行法规架构可整理如下图所示，可清楚的了解保存的目的，在保存其"价值"，经由制度的设计和法令的规范，执行的重点在于价值的保存应贯穿整个保存机制，并作为教育宣扬的依据。然就执行层面而言，此项最重要"价值优先"的具体落实，却一直未作进一步厘清且没有受到应有的重视，各项子法之间的实质串联更是落差极大，难以呼应。法令看似和国际接轨，实质程面仍存在颇大落差。

文资法所称的古迹，须具有历史、文化、艺术价值，这三项价值虽均属于抽象名词，但可以透过实存构造物的辨识解析而与指认；并反映在"原有形貌"或变迁过程的"文化风貌"之上。原有形貌一般的认知多指古迹创建或可考证的最早形貌，在执行面而言，砖石造的坊、墓、碑碣、桥梁、灯塔较容易保存其原始形貌；其他为数甚多采木砖土石等混合式构造的建筑物，则因多有增修改建之举，现况几乎都是好

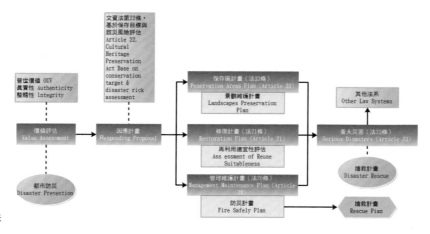

台湾现行文资法规架构关系图

几次不同时期的遗存,因此文化风貌的指认就显得格外重要。

由 1982 年立法之初的"保存原有形貌",到 1997 年修法增加了"文化风貌"、"再利用",2000 年的"必要时得采用现代科技与工法"以及 2005 年的"增加必要设施";都充分反映了保存的观念,由既往静态"物"的保存,进而采动态的活化保存为主要思考方向。

台湾历经了不同时期的历史发展,文化呈现出多元性的特色,所面临的保存问题更具复杂性与挑战性,正如《威尼斯宪章》所言,保存原则必须建构在自身文化中,因此必须考虑到台湾历史发展的本土特殊性,进而了解其所蕴涵的历史文献讯息与价值,以作为保存与维护的基础。

五、再利用适宜性

2011 年第十七届 ICOMOS 的主题为"以文化遗产作为发展的驱动器"(Heritage, Driver of Development)宣示着文化遗产保存,将在人类未来生活中扮演更为积极角色的企图心,此种重要的世界趋势实不容忽视,但更重要的是在此之前,保存和再利用最根本"古迹价值优先"的观念,才是整个推动体系的关键。

台湾文资法第 22 条规定,明确规定古迹、历史建筑及聚落修复与再利用,不必受都市计划法、建筑法及消防法等制约之法律依据,并于 2007 年 6 月 25 日订定"古迹历史建筑及聚落修复或再利用建筑管理土地使用消防安全处理办法",同办法又于 2010 年 10 月 19 日修正公告共 8 条。

其中,古迹历史建筑及聚落修复或再利用建筑管理土地使用消防安全处理办法,第 4 条明订"古迹、历史建筑及聚落修复或再利用"于适用建筑、消防相关法令有困难时,所有人、使用人或管理人除修复或再利用计划外,应基于该文化资产保存目标与基地环境致灾风险分析,提出因应计划,送主管机关核准。

前项因应计划内容如下:

文化资产之特性、再利用适宜性分析。

土地使用之因应措施。

建筑管理、消防安全之因应措施。

结构与构造安全及承载量之分析。

其他使用管理之限制条件。

由于文化资产的特殊性,故在价值认知与评估是保存文化资产的基础工作,后续的修复设计、再利用规划及经营管理等任何作为都不得减损或灭失文化资产的价值。此价值必须持续不断的被检视与评估，各阶段的工作规划与参与人员，都应确保其价值能正确无误地保存下来，同时更能凸显其价值。

文资法于2005年大幅修订并增订相关子法，有关古迹历史建筑修复、再利用及采购等事项尤为重要。文资法第20条授权的"古迹修复及再利用办法"，确立了古迹、历史建筑修复的相关作业内容，办法又于2012年6月18日作了必要的调整，并再次修订公告。

综上，按文资法的意旨，"价值"的保存与延续为主要关键，透过21条的修复再利用计划保存修复，20条的管理维护计划则扮演延续的重要工作。文资法22条授权的"因应计划"则在两者之间，担任承上启下的关键角色。

价值指每个文化资产的特质，并应符合真实性与整体性，此外致灾因子评估则是探讨对文化资产的负面影响因子，并做出不减损价值下的事前规划，透过修复和后续的管理、保存并延续其价值，是一项极为重要的观念。

六、管理与监控——减灾（Disaster Mitigation）观念的导入

进入21世纪，文化遗产保护除了既往基于文化延续的功能外，更注重保存过程中藉民众教育、参与、管理等方式扩展保存的积极功能。民众参与和认知，一直都是世界遗产推动过程中的思考重点。

台湾2005年版文资法第20条订定出古迹维护管理之办法，共分古迹日常维护、定期保养、古迹使用或再利用经营管理、防盗防灾保险以及紧急应变、记录建立文件等，是古迹维护管理最基本的依据。

2012年5月2日公布新修订"古迹管理维护办法"，依实际执行需要，将原有诸多说明不清或造成混淆之内容检讨修正计划，使管理维护观念与执行方法更趋完整。其中，第4条（定期维修内容）指出"在不涉及古迹文化资产价值变化之前提下"，应定期的检测与维修；第12条（防灾计划）"应兼顾人身安全之保护及文化资产价值之完整保存"提出灾害风险评估、灾害预防、灾害抢救及防灾演练四大重点，明确说明防灾计划内容；而第14及16条也将相关人员纳入紧急应变计划及社区发展计划；第18条（定期查核或访视）及第19条（建立管理维护数据文件），将监控与记录加入。综上所述，从"定期维修"到"灾害预防"及"社区参与"皆指出管理的重要性，而"监控纪录"将是落实的手段。

文化资产主管部门为了落实文化资产的管理维护计划，于2010

年度推动"古迹历史建筑及聚落分区专业服务中心",将全台分为六个分区中心。执行至今已第三年,主要以落实管理维护为执行重点,辅导所指定古迹执行管理维护计划,进行古迹历史建筑及聚落日常管理维护及补助计划执行访视;协助县市文化局办理古迹历史建筑紧急抢救;办理古迹历史建筑防灾及管理维护实务讲习等,以建立古迹历史建筑之所有权人(单位)及管理人(单位)应有的管理维护观念及技巧,减少大规模修复工程频率,以收防微杜渐之成效。本计划将价值优先的观念,配合法令具体的置入文化资产保存的生命周期,目前已逐步展开;并有如台北市景美集应庙、桃园大溪李腾芳古宅等案例。

　　综上,台湾内部对于文化遗产防灾已建立清楚观念,着重于整合架构的制定,从上而下建构出一套较完整的防灾体制。近年除了考虑文化遗产灾害风险"防护(救灾)"外,同时结合国际"预防(减灾)Disaster Mitigation"观念的导入。

七、结论

　　保存并延续价值是最重要的目的,再利用则是重要的手段,并可使民众在此过程中充分了解文化资产的价值。承上,再利用的目的在保存价值,亦即不能为了再利用而减损任何重要的价值。

　　文化资产经常因时间、环境或构造等因素无法符合现代法规,倘要强加适应配合而减损文化资产的价值,是一种明显不当的做法。

　　2005年文资法的设计,明显地指出价值的保存与延续,是整部法令的核心主轴,法22条则是执行此项观念的重要工具,并透过21条(修复再利用)、20条(管理维护)等法条作完整的配套。与高校资源整合具体的"古迹历史建筑及聚落分区专业服务中心"等作为,亦在持续深化2005年修法的精神。

基于价值保存、致灾因子,提出文化资产保存方式与再利用适宜性的评估,是世界的趋势也是台湾目前努力的方向,使生命周期占5%以下的修复阶段的成果可以在95%的管理阶段里正确的持续保存。综上所述,文化资产保存再利用各阶段应具备:价值评估应与国际观念接轨,并结合本土特质以建立清楚的指认流程与评估方法;保存再利用程序中,应结合减灾(Disaster Mitigation)观念强化价值的保存;价值的评估、指认与保存,应于各个前期研究、修复及再利用阶段持续进行。

阎亚宁　台湾中国科技大学建筑系副教授
郑钦方　台湾中国科技大学室内设计系讲师、台湾东南大学建筑学院博士生

附件

文化资产保存法第22条

"为利古迹、历史建筑及聚落之修复及再利用,有关其建筑管理、土地使用及消防安全等事项,不受都市计划法、建筑法、消防法及其相关法规全部或一部之限制;其审核程序、查验标准、限制项目、应备条件及其他应遵行事项之办法,由主管机关定之。"

古迹历史建筑及聚落修复或再利用建筑管理土地使用消防安全处理办法(2010年10月19日)

第1条

本办法依文化资产保存法第二十二条规定订定之。

第2条

为处理古迹、历史建筑及聚落修复或再利用事项,就建筑管理、土地使用及消防安全等事项,其相关法令之适用,由主管机关会同土地使用、建筑及消防主管机关为之。

第3条

古迹、历史建筑及聚落修复或再利用所涉及之土地或建筑物,与当地土地使用分区管制规定不符者,于都市计划区内,主管机关得请求古迹、历史建筑及聚落所在地之都市计划主管机关迅行变更;非都市土地部分,依区域计划法相关规定办理变更编定。

前项变更期间,古迹、历史建筑及聚落修复或再利用计划得先行实施。

第 4 条

古迹、历史建筑及聚落修复或再利用,于适用建筑、消防相关法令有困难时,所有人、使用人或管理人除修复或再利用计划外,应基于该文化资产保存目标与基地环境致灾风险分析,提出因应计划,送主管机关核准。

前项因应计划内容如下:

一、文化资产之特性、再利用适宜性分析。

二、土地使用之因应措施。

三、建筑管理、消防安全之因应措施。

四、结构与构造安全及承载量之分析。

五、其他使用管理之限制条件。

第 5 条

主管机关为审查前条因应计划,应会同古迹、历史建筑及聚落所在地之土地使用、建筑及消防主管机关为之。

前项审查结果得排除部分或全部现行法令之适用;其因公共安全之使用有特别条件限制者,应加注之,并由所有权人、使用人或管理人负责执行。

第 6 条

古迹、历史建筑及聚落修复或再利用工程竣工时,由主管机关会同古迹、历史建筑及聚落所在地之土地使用、建筑及消防主管机关,依其核准之因应计划查验通过后,许可其使用。

前项竣工书图及因应计划,应送古迹、历史建筑及聚落所在地之土地使用、建筑及消防主管机关备查。

第 7 条

主管机关应依竣工书图及因应计划,进行古迹、历史建筑及聚落修复完成后之日常管理维护之查核。必要时,得会同古迹、历史建筑及聚落所在地之土地使用、建筑及消防主管机关为之。

第 8 条

本办法自发布日施行。

参考文献:

1 台湾:《文化法规汇编》,2010年。

2 台湾中国科技大学：《古迹、历史建筑与聚落修复准则》，2007年。

3 台湾中国科技大学：《古迹、历史建筑及聚落保存维护准则指导纲要之研拟》，2008年。

4 台湾中国科技大学：《古迹、历史建筑修复或再利用建筑管理、消防安因应计划之书图制表作业及审查作业方式研究》，2008年。

5 台湾中国科技大学：《古迹、历史建筑及聚落保存维护准则指导纲要之研拟成果报告书》，2008年。

6 台湾中国科技大学：《文化资产维护管理教育推广委托专业服务案》，2009年。

7 台湾文化部门：《世界遗产公约执行操作指南》，2011年。

8 傅朝卿：《国际历史保存及古迹维护 宪章·宣言·决议文·建议文》，2002年。

9 台湾警察大学：《古迹防灾指针及古迹防灾计划之研究》，2010年。

10 Jukka Jokilebto, 2008 "What is OUV？" Hendric Babler Verlag, Berlin.

11 UNESCO, 2010 "Parparing World Heritage Nominations" UNESCO.

12 UNESCO, 2010 "Guidelines on Heritage Impact assessment for Cultural World" UNESCO.

13 ICOMOS, 2012 "The Operational Guidelines for the Implementation of the World Heritage Convention" ICOMOS.